高等学校部级重点教材

岩土钻掘工程学

鄢泰宁　孙友宏　彭振斌
石永泉　张拔川　　编著

中国地质大学出版社

内 容 简 介

“勘查技术与工程”专业是以原传统学科“探矿工程”的全部和“工程地质、水文地质”的一部分为依托，通过学科交叉和拓宽发展起来的。

《岩土钻掘工程学》经1998年2月在长春由原地质矿产部教育司主持召开的全国勘查技术与工程专业教学指导委员会讨论决定作为部级重点教材。本教材力图反映岩土钻掘破碎原理，钻孔弯曲原理，浆液护壁堵漏原理，施工过程最优化准则，现代钻掘设备的工作原理与选用原则，地质钻探、工程钻探工艺及取样技术，岩土掘进工程基本作业与辅助作业的工作原理及施工技术，岩土钻掘现场工程管理等内容，以适应本专业毕业生今后面向矿产资源的探采和城乡建设基础工程(含岩土加固、地质灾害治理)的勘查、设计、施工与管理以及交通水利等行业的工作需要。

本教材将主要用于“勘查技术与工程”专业的本科生，亦可作为来自相近专业的“地质工程”硕士生的补修教材，还可作为地质矿产、冶金、煤炭、油气钻采和岩土工程行业中相关技术人员的参考书。

图书在版编目(CIP)数据

岩土钻掘工程学/鄢泰宁主编.—武汉:中国地质大学出版社，2001.8(2017.5重印)
ISBN 978-7-5625-1630-9

I.岩…
II.鄢…
III.岩土工程－高等学校－教材
IV.TU4

中国版本图书馆CIP数据核字(2007)第198694号

岩土钻掘工程学　　鄢泰宁　主编

责任编辑：张华瑛　　技术编辑：阮一飞　　责任校对：胡义珍

出版发行：中国地质大学出版社(武汉市洪山区鲁磨路31号)　　邮编：430074
电话：(027)67883511　　传真：67883580　　E-mail：cbo@cug.edu.cn

开本：787毫米×1092毫米 1/16　　字数：480千字　印张：18.625
版次：2001年8月第1版　　印次：2017年5月第10次印刷
印刷：荆州市鸿盛印务有限公司　　印数：25001—27000册

ISBN 978-7-5625-1630-9　　定价：26.00元

前　言

随着社会进步和国民经济的繁荣，人类与赖以生存的地球资源、环境及以岩土地质体为基础的各类建筑物的关系越来越密切。“勘查技术与工程”正是适应这一需求，以原传统学科“探矿工程”的全部和“工程地质、水文地质”的一部分为依托（详见原国家教委颁布的新一轮“普通高等学校本科专业目录（草案）”），相互交叉渗透发展起来的。它以现代钻掘技术为手段，以岩、土体为工作对象，服务于矿产资源的勘查、开发与技术管理，基础工程（含岩土加固、地质灾害治理）的勘查、设计、施工与管理和地下深部的科学探测等领域。本专业有两个方向与“石油钻井工程”、“土木工程（岩土工程、地下建筑）”的部分内容相近。

1998年春，在长春由原地质矿产部教育司主持召开的全国勘查技术与工程专业教学指导委员会会议上，来自全国原地质矿产部、石油天然气总公司、有色金属总公司、煤炭工业部、核工业总公司等部门所属的8所高等学校的代表一致认为，新的“勘查技术与工程”专业比原“探矿工程”专业覆盖面更宽、知识面更广；同时，在知识经济时代来临之际，我们专业原有的学习前苏联的旧教材体系到了非改革不可的时候。会议决定编写出版国家级重点教材《勘查技术方法概论》和部级重点教材《岩土钻掘工程学》，并确定了主编人选和参编单位，会后由主编会同参编单位的专家一起商定了编写大纲与分工。

本教材在编写的内容安排上力图反映岩土钻掘破碎原理，钻孔弯曲原理，浆液护壁堵漏原理，施工过程最优化准则，现代钻探及掘进施工设备、有关仪器的工作原理与选用原则，矿产资源（固、液、气态）钻探、工程钻探工艺及取样技术，岩土掘进工程基本作业与辅助作业的工作原理及施工技术，岩土钻掘现场工程管理及技术经济分析方法等内容，以适应本专业毕业生今后面向矿产资源的探采结合和城乡建设、交通水利、油气钻采等行业的工作需要。预计本教材将主要用于三级学科“勘查技术与工程”专业的本科生，亦可作为二级学科“地质工程”专业中来自其他三级学科的硕士生的补修教材。还可作为在地质矿产、冶金、煤炭、油气钻采和岩土工程行业中从事相关工作的技术人员的技术培训参考书。

本教材的编写分工如下：绪论、第一章、第四章、第五章，鄢泰宁教授；第二章、第三章、第十章，石永泉副教授；第六章、第七章、第八章，孙友宏教授；第九章、第十一章，彭振斌教授；第十二章、第十三章、第十四章、第十五章，张拔川副教授。全书由主编鄢泰宁教授统稿。在统稿过程中，为了尽量求得全书的风格统一，层次清晰，覆盖本专业拓宽后的知识领域并力求文字精练，主编对许多章节进行了内容上的删节和文字上的修饰，并补写了第三章的§5和第六章的§5。

虽然早在2 000年前我们的祖先就开始用原始的工具进行岩土钻掘施工，虽然探矿工程学科在我国诞生与发展已有近50年的历史，但是由于该学科的许多工艺过程发生在地下深处，所受到的影响因素非常复杂，加之所用技术的不断更新，所以《岩土钻掘工程学》作为一门应用性的技术学科，其学科体系还处在不断完善与定型的过程中。在学科内容中属于生产经验总结与定性分析的叙述性内容还占有较大比例，在新一轮教材的编写中这一特点也难以避免。该书的编者们均是长期从事原探矿工程专业教学与科研的专家或骨干教师，近年来又积极参与了向岩土基础工程设计与施工领域的拓宽。但是，毕竟他们的学术经历和实践体会存在着差异，因此在教材的分工编写中必然会反映出一些学术观点难以完全统一的现象。我们认为，这种情况对学科的发展并非坏事。希望使用该书的教师和广大技术人员提出自己的见解，以促进学科的发展和教材的进一步完善。

本教材在编写过程中，参考了原探矿工程专业的多本统编教材和兄弟专业（石油钻井、地下建筑工程）的一些教材与教学参考书，得到了各参编学校有关院系领导和同行的支持与协助，在该书的编辑出版过程中，中国地质大学出版社给予了积极热情的帮助。在此，我们一并表示衷心的谢意。

由于编者的水平有限，加之时间仓促，书中的缺点错误在所难免，恳请读者给予批评指正。

编　者

目　录

绪　论

“岩土钻掘工程学”课程的内容、地位和任务

“岩土钻掘工程学”和其他学科一样，是人类长期以来与自然界斗争和协调发展的经验总结。它的研究对象及内容是如何借助机械方式或化学方式（爆破能）破碎岩土层，在地下形成其规格和质量符合设计要求的钻孔或坑道，以达到寻找和开采矿产（固、液、气态）及其他工程建设的目的。它与地质学、机械工程、矿业科学、土木工程等有着密切的关系。“岩土钻掘工程学”主要包括工艺和设备两大部分。这两部分是相辅相成的，即首先是施工工艺的需求刺激了设备的发展，而设备的进步又促使工艺水平得以不断提高。

近年来，为了适应科技发展和社会进步的需要，我国教育主管部门对原有的分工过细的专业目录进行了大幅度调整。把涵盖旧专业目录中“探矿工程”专业全部和“工程地质、水文地质”一部分内容的专业定名为隶属于二级学科“地质工程”的“勘查技术与工程”。《岩土钻掘工程学》正是在这一形势下，为国家三级学科“勘查技术与工程”、二级学科“地质工程”的本科高年级学生或研究生新编的专业必修课或选修课教材。该教材于1998年2月在长春召开的课程教学指导委员会上经国内各有关院校的代表讨论，决定作为部重点教材组织编写并正式出版。顾名思义，岩土钻掘工程应包括原有“钻探工程”和“坑探工程”的全部内容。但是，目前在市场经济条件下，本专业毕业生不再仅仅局限于单打一的“探矿”职业，他们大部分面向为土木工程服务的岩土施工基础工程领域，少部分从事地质找矿工作。在他们涉及的业务范围内，与“钻”有关的工作量将更大，服务领域更宽。因此，本教材在选材上也体现了这一点，以“钻”为主，兼顾“探”与“掘”。

“岩土钻掘工程学”区别于基础课和技术基础课，是一门实践性很强，多种学科综合应用的技术学科，其自身的理论正处于不断发展和完善的过程中。由于经验总结的成分在课程中占有较大比例，故而叙述性和定性分析的内容较多。这是实践性技术课程的固有特点，也是阅读和学习本教材时应注意的地方。

通过本课程的学习可使学生掌握岩土钻掘工艺及设备的“三基”内容。也就是说，本课程的任务是讲授有关岩土钻掘工艺与设备的基本原理，综合分析国内外先进的钻掘技术及其成功的经验，介绍钻掘生产过程的基本程序、施工组织与管理方面的知识与技能，帮助学生熟悉岩土钻掘工程的基本规律和基本生产程序，了解和掌握本专业的新技术、新方法及其发展方向，培养学生运用所学知识和技能解决实际技术问题和组织钻掘施工的能力。为今后从事本专业技术、管理工作和进一步深造奠定必要的基础。

岩土钻掘工程的渊源和发展概况

中国是世界上最早开始进行岩土钻掘工作的国家。它起源于我国劳动人民钻凿盐井。大约在公元前3世纪，汉人便开始在四川南部开挖取盐水的深井，当时这些盐井中不时喷出天然气，从而以“火井”而闻名。最迟在公元前1世纪我们的祖先已开始有组织地钻这种井来采盐水，同时提取地层深处的天然气用于燃烧和照明。这些情况在公元2世纪已见诸文字记载。先

民们用传统的方法于清道光 6 年(1835 年)钻成了第一口超 1 000m(1 001.42m)的燊海井，使钻井技术达到了新高峰，该井被联合国教科文组织定为 19 世纪中叶前的钻井世界纪录。英国著名科学史专家李约瑟博士在其《中国古代科学技术文明史》一书中认为，中国钻探科学技术对世界石油天然气勘探开发技术产生了巨大的启蒙、奠基和推动作用，在国际上领先数百年至一千多年。因此，在美、英、德、俄等国出版的石油钻井教材和钻探手册中，开篇总是介绍一些中国的古代钻探史料。有的学者还将中国这一伟大的创造誉为是继指南针、火药、造纸、印刷术之后中国古代的第五大发明。

随着工业技术的进步，直接破碎岩石的磨料、钻具形式及与之相适应的钻探设备都在不断改进。

19 世纪初叶，硬质合金的问世给岩土钻掘业开辟了新时代。以碳化钨为基体的硬质合金比以前各种钢制切削具具有更高的硬度和耐磨性。利用这种切削具做成不同类型的钻头或钎头，在Ⅶ～Ⅷ级以下的岩层中可以有效地进尺。

19 世纪末期，美国工程师提出在硬岩，特别是在裂隙性岩石中使用钢粒钻进。因为钻进这种岩石时，昂贵的天然金刚石钻头消耗量甚大。前苏联、东欧和我国在推广人造金刚石钻进之前，也是主要采用钢粒作为磨料来钻进坚硬、研磨性高的岩石。钢粒钻头可以在Ⅷ级以上的岩层中取得不错的钻探效率。即使在金刚石钻进技术已普及的今天，由于成本关系，钢粒钻进仍在硬岩大口径钻进中得到应用。

自 1862 年法籍瑞士工程师莱舒特首先将天然金刚石应用于矿山钻探以来，西方国家的金刚石钻探技术已有百余年的历史。金刚石是世界上最硬的矿物，是钻进深孔和坚硬、强研磨性岩石最理想的磨料。但是，天然金刚石资源有限，价格昂贵，从而制约了它的大面积推广普及。

1953 年、1954 年瑞典和美国通用电气公司分别宣布用人工方法合成了单晶人造金刚石，几年后投入了工业生产，从此世界各国的人造金刚石产业有了突飞猛进的发展。前苏联 1966 年开始研制人造金刚石孕镶钻头。我国 1963 年成功地合成了第一颗人造金刚石后，逐渐掌握了人造金刚石钻头的制造技术，从 20 世纪 70 年代末开始大批量生产。把人造金刚石钻头用于硬岩钻进是我国岩土钻掘工程界的一大突破，在短短十几年的时间里普及率和生产效率迅速提高，得到了国际上的一致好评。

除了碎岩材料的长足进步外，绳索取心工艺、反循环连续取样工艺、多孔底定向钻进技术、钻探和掘进生产过程的自动化与最优化、高分子聚合物材料护壁堵漏技术、光面爆破和控制爆破技术、新奥法掘进工艺体系等等方面的技术创新，都在多年的岩土钻掘实践中经受了考验，并产生了明显的经济效益。

岩土钻掘工艺的技术进步，促进了钻掘设备的更新换代。19 世纪中期制造出了可以采取岩心的回转式钻机，这种钻机在基岩中钻进效率高，地质效果好，因而逐渐在地质找矿和工程施工的钻进领域中占据了主导地位。目前各类新型液压钻机、转盘钻机和轻便多功能钻机，无论在功能上、结构上和自动化程度上都与老一代钻机截然不同。掘进机械也在不太长的时间里完成了从风镐到现代凿岩台车、自动化全断面掘进机的跨越。与此同时，配套的辅助机具、检测仪表、产品的标准化、新型材料和信息技术的应用等方面都不断走向成熟。使得岩土钻掘工程学逐渐形成了一个相对独立的学科门类。

随着科学技术的进步和经济的高速发展，岩土钻掘工程在国民经济中发挥着越来越大的作用，应用范围也越来越广。据统计，为探明 1 亿吨铁矿，需要完成 10 万米的钻探工作量；为生产 1 000 万吨石油，需投入几百万米的钻井工程；为建设 1 km 高架道路立交桥，要打上百根大口径钻孔灌注桩。十分明显，岩土钻掘工程已广泛应用于：

(1) 矿产资源勘探和部分矿产的开采；

(2) 水文地质勘探和水井钻；

(3) 工程地质勘查和生态环境研究；

(4) 地质灾害的防治与环境治理；

(5) 工民建和道路桥梁的基础工程；

(6) 海洋研究及海运码头工程；

(7) 国防工程；

(8) 地球岩石圈、水圈的科学研究。

面向新的世纪，我们相信，随着与相关学科的交叉和高新技术的引入，岩土钻掘工程将展现出更强的生命力和适应性。

钻探生产过程简介

岩心钻探是地质构造填图、固体矿产勘探、工程地质和水文地质勘查、石油天然气勘探和各种工程施工中最常用的技术手段。此外，还可以用岩心钻探的方法钻出为大型工程或矿山服务的大口径浅井或探井。

下面以岩心钻探为例说明基本的钻探生产工作过程。钻探设备及孔内概况如图 0-1 所示。开钻前要在设计的孔位处平整场地，挖好钻进冲洗液的循环槽、池和安装钻塔 14、钻机房 15 必须的基坑。按设计的钻孔方向在钻塔中安装钻机 7、泵 18 和驱动钻机与泵的电动机 19(在不方便用电的地方用柴油机)。用安装好的钻机按设计的方向开孔，然后在孔口固定孔口管 6。

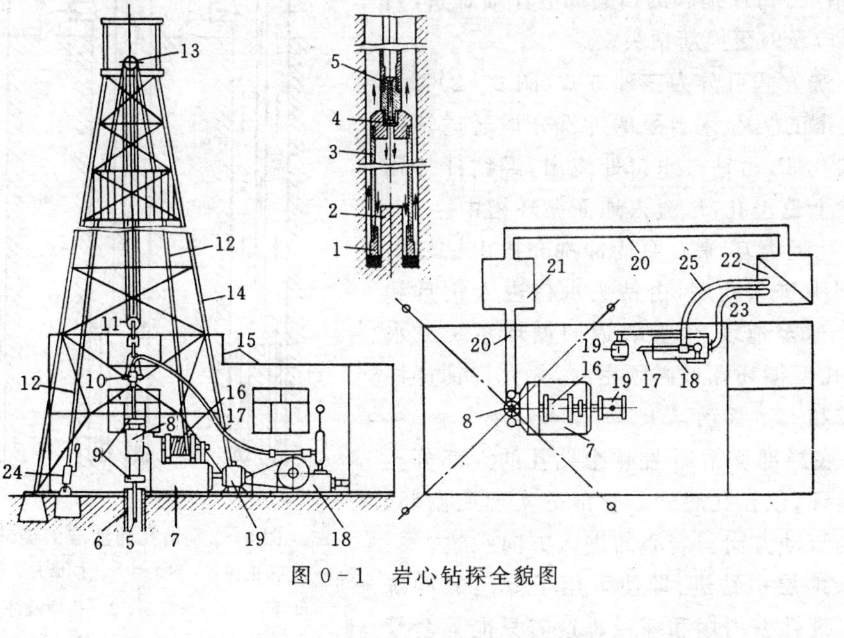

图 0-1　岩心钻探全貌图

正常钻进时，首先用绞车 16 向孔内下放钻柱，钻柱由钻头 1、岩心管 3、异径接头 4 和钻杆柱 5 组成，钻杆柱的总长度应大于孔深，各部分钻柱之间用密封的螺纹连接。钻杆柱上部穿过钻机的回转立轴 8，并用卡盘 9 夹持住。在钻杆柱顶端装有钻探水龙头 10，用高压胶管 17 把它与泵 18 相连。一边冲洗钻孔，一边回转，小心地把钻头下至孔底并开始钻进。

根据所钻岩石的物理-力学性质、钻头直径、钻头类型和孔深，选择合理的规程参数，通过给进机构、调速机构和立轴向钻柱传递钻头所需的轴向压力和回转速度(在深孔条件下轴向力并不等于钻柱的质量)。在轴向力和回转力的共同作用下，钻头在孔底钻出一个环形空间，并产生了岩心 2，随着钻孔加深岩心将充满岩心管 3。

为了冷却钻头，清除孔底破碎下来的岩屑并把它带至地表，要用冲洗介质冲洗钻孔。一般在稳定地层中钻进时，可用技术水作为冲洗介质，而在不稳定的岩层中钻进要用泥浆，在缺水的地区还可用压缩空气或泡沫来冲洗钻孔。用泵经过吸水管 23 把冲洗液从泥浆池 22 中吸出，通过高压软管 17、水龙头 10 和钻杆柱 5 压向孔底。冲洗液清洁孔底、冷却钻头切削具后，携带着岩屑沿钻孔上返流出孔口，再沿沉淀槽 20、沉淀池 21 流动，在这里清除掉岩屑后，清洁的液体流回泥浆池 22。再从这里压向孔内，如此循环。

岩心充满岩心管时，应可靠地卡取岩心，并把它从岩心管的下部弄断。然后关泵，通过绞车 16、钢丝绳 12、天轮 13 和游动滑车 11 把钻杆柱提至地表。在硬岩和研磨性岩层中钻进，有时虽然岩心管未满，但由于钻头已磨钝或岩心在岩心管中自卡，使钻速明显下降，也不得不中途提钻。

提钻时把钻杆柱卸成单独的立根，并把它们摆放在立根台上。立根一般由 2～4 根钻杆用螺纹连接而成，立根长度取决于钻塔的高度，一般应比钻塔低 3m 左右。提钻时可通过拉力表 24 测出钻杆柱的质量。

把钻具提至地表后，拧下钻头，从岩心管内取出岩心。冲洗并去掉岩心上的泥皮，丈量岩心长度，再按顺序摆放于岩心箱中，标明取心的孔段和岩心采取率。与此同时，重新配好钻具，再把它们下放至孔内，继续钻进。每次提起的钻头都应仔细观察，当其已磨损时应及时更换新钻头。

钻孔冲洗方式可分为三种方式(图 0－2)：

(1) 全孔正循环 来自泵的冲洗介质通过钻杆柱中心进入孔底，由钻头水口处流出，经钻杆与孔壁环状间隙上返至孔口，流入地面循环槽中。

(2) 全孔反循环 来自泵的冲洗介质由钻杆与孔壁环状间隙进入孔底，由钻头水口进入钻具和钻杆柱中上返至地表，经胶管返回循环系统或水源箱中。全孔反循环孔口必须密封，并允许钻杆柱能自由回转和上下移动。

(3) 孔底局部反循环 在整个钻孔的大部分孔段仍是正循环，仅在孔底岩心管部分实现反循环，使冲洗液的流动方向与岩心的进入方向一致。

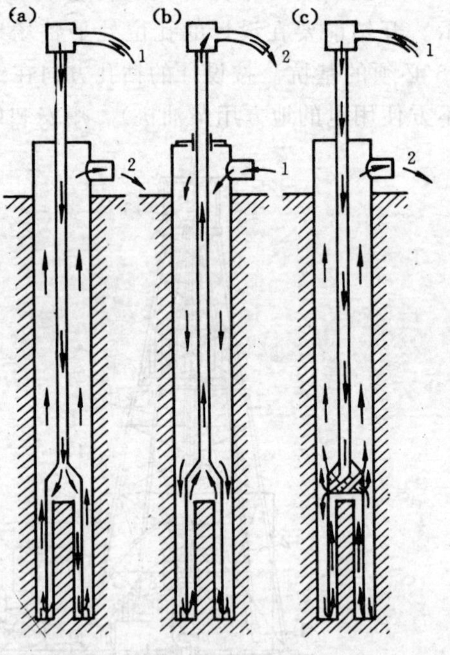

图 0－2 钻孔冲洗液的循环方式

(a)—全孔正循环；(b)—全孔反循环；(c)—孔底局部反循环. 1—来自泵；2—往冲洗液沉淀系统

在复杂地层中钻进，即使采用了专门的冲洗液也可能出现孔壁坍塌和缩径。这时只能下套管封隔不稳定的岩层，然后用小一级口径的钻头继续钻进。一般钻过 50～100 m 后要测量钻孔的顶角和方位角。当钻孔达到地质目的(例如穿过了矿层)或工程目的后，应进行钻孔测量(孔斜、孔径、地下水位、温度、校验孔深等)，此后便可终孔。终孔工作一般包括：起拔套管，灌注水泥或混凝土，对水井施工则要下滤水管完井。最后拆卸钻塔和钻机，并把它搬往新的孔位。

常用的钻进方法及选用原则是:在软岩和中硬岩层中用带硬质合金切削具的回转钻头钻进;在中硬及部分中硬以上岩层中采用铣齿牙轮钻头钻进;在硬岩中采用金刚石钻头或(少量)钢粒钻头钻进;在硬-脆岩层中采用液动(气动)孔内冲击器钻进或镶齿牙轮钻进更有效;在已知的岩层中或无矿的孔段,在仅为工程目的的钻孔中可使用无岩心全面钻进,从而大大缩短升降钻具的时间消耗,提高生产效率。其中,钢粒钻头只能往下钻进,而硬质合金、金刚石等钻进方法可钻进任何方向的钻孔。钻孔的直径取决于钻进目的、钻孔结构和钻进方法。金刚石钻头主要用于59 mm、76 mm 的小口径;钢粒钻头主要用于91 mm 以上的口径;硬质合金和牙轮钻头则既可钻进小口径孔,又可钻进直径达2 000 mm 以上的大口径水井、工程施工孔和浅井。钻孔的深度可在几米至几千米的范围内变化,例如南非就用59 mm 和48 mm 口径的金刚石钻头钻至4 500 m 深。

第一章 岩土的物理-力学性质及其破碎机理

岩土钻掘工程的任务是根据勘探、开发和基础工程施工的需要在地下钻(掘)不同方向的孔(井)、峒。我们的工作对象是岩土,一方面要提高岩土破碎的生产效率,另一方面要保证孔(井)、硐壁岩层的稳定,这些都基于对岩土物理-力学性质及其破碎机理的认识和了解。

构成地壳的岩石是由一种或多种矿物在一定地质环境中形成的自然集合体,按岩石的成因,可分为岩浆岩、沉积岩和变质岩三大类。地表岩石遭受风化作用后,易溶物质被水溶解而流失,难溶物质及新生的稳定矿物则残留于原地,形成残积物。若残积物的表层富含腐殖质时则成为土壤。既然土壤是岩石的风化产物,所以下面我们着重讨论岩石的物理-力学性质,而对于土的物理-力学性质仅介绍其与钻掘工程有关的特性。

§1 岩石的物理-力学性质概述

岩石的物理性质取决于它的物理成分。在形形色色的物理性质中我们研究那些直接或间接影响岩石破碎过程的物理性质,如粘结状态、孔隙度、密度、结构和构造等。

岩石的力学性质是物理性质的延伸,它在外载作用下才表现出来,通常表现为岩石抵抗变形和破坏的能力,如强度、硬度、弹性、脆性、塑性和研磨性等。

一、岩石按粘结状态的分类

按粘结状态可把岩石分成以下 4 个基本类别。

1. *坚固岩石*

坚固性岩石的特征在于通常具有高硬度,无论在高压力还是在湿润条件下,当岩石破碎后,其矿物质点之间的分子连接力都不会恢复。坚固岩石分成含石英和不含石英两类,其中前者硬度高,难以钻掘。通常在生产中会遇到完整(无裂纹)的和裂隙性的两种坚固岩石。在完整的坚固岩石中施工时,孔(井)壁稳定不必加固,而在强裂隙性岩石中穿过的孔(井)壁必须加固。

2. *粘结性岩石*

粘结性岩石(粘土、亚粘土、白垩、铝矾土)由粘土矿物或主要由粘土矿物粘结的碎屑岩细粒组成,其特征是:① 在湿润条件下,粘结状态被破坏之前可以有大的残余变形;② 质点之间的内聚力,随湿润的程度不同可以在很宽的范围内变化;③ 在粘结状态被破坏之后,可采取高压和增加湿润的办法使其内聚力得以恢复;④ 某些粘结性岩石(粘土岩、白垩)具有膨胀性,即在湿润状态下体积膨胀,易造成孔(井)壁缩径或坍塌。

3. *松散性岩石*

松散性岩石由相互之间无粘结性的不同形状与尺寸的细粒(砂、砾石、卵石、漂砾等)聚集而成。在这类岩石中钻掘的同时必须加固孔(井)壁,以防止坍塌。

4. *流动性岩石*

流动性岩石(或流砂层)由含水的砂质粘土类岩石(细砂、亚砂土)组成。当砂粒之间存在着极细小的粘土颗粒时,这类岩石具有较强的流动性。如果位于上覆岩层形成的高水头压力之下，则流砂会沿着钻孔上涌。因此在这类岩石中施工必须一边钻掘一边加固孔(井)壁。

二、岩石的孔隙比与孔隙度

岩石的孔隙比　$k_P = V_P/V_c$　(1-1)

式中：V_P——岩石中的孔隙体积；V_c——岩石中固相骨架的体积。

岩石的孔隙度　$P=\frac{V_P\times 100\%}{V}=\frac{V_P\times 100\%}{V_c+V_P}=\frac{V_P/V_c}{1+V_P/V_c}\times 100\%=\frac{k_P}{1+k_P}\times 100\%$　(1-2)

式中：V——岩石的总体积。

岩石的孔隙性削弱了岩石的强度。一般沉积岩具有高的孔隙度(砂岩55%，灰岩0～45%)，随着埋深的增大，岩石的孔隙度降低。

三、岩石的密度与容重

均质物质的密度为质量与体积之比。但岩石的孔隙中可能充有水或气体，所以必须分别考虑岩石的骨架密度和体积密度。体积密度指在自然状态下岩石的质量(m)与带孔隙的岩石体积之比。体积密度：

$$\rho_s=\frac{m}{V}=\frac{m}{V_c+V_P} \tag{1-3}$$

岩石的骨架密度γ_c是单位体积岩石固相骨架的质量：

$$\gamma_c=G/V_c \tag{1-4}$$

式中：G——岩石固相骨架的质量。

岩石的容重γ_s是单位体积岩石的质量：

$$\gamma_s=\gamma_c(1-P) \tag{1-5}$$

式中：P——岩石的孔隙度。

可用岩石的容重来计算岩体的压力，而确定液柱对孔壁的压力时则须用到钻井液的密度。

四、岩石的结构与构造

岩石的结构反映岩石的微观组织特征，体现了岩石中矿物或碎屑的粒度、形状和表面性质。从岩土钻掘工程的角度看，岩石的结构反映着岩石的非均质性和孔隙性。

岩石的构造反映岩石的宏观组织特征，它与岩石中矿物或碎屑彼此之间的组合形式和空间分布情况有关。它决定着岩石的各向异性和裂隙性(有时称作节理)。

岩石的结构和构造与岩石的成因类型、形成条件及存在环境有密切的联系。

岩浆岩主要具有块状结构，其构造特征对钻掘破碎岩石没有显著影响。

沉积岩的成因广泛，故其结构也比较复杂。例如，碎屑岩具有碎屑结构，按碎屑的大小可分为砾状结构(碎屑直径>2mm)、粗粒结构(碎屑直径1～2mm)、中砂结构(碎屑直径0.1～1mm)和粉砂结构(碎屑直径0.01～0.1mm)。碎屑岩的胶结形式也对岩石的力学性质有着显著影响。沉积岩通常具有层状构造，它是由层理决定的。层理反映岩石在垂直方向上成分的变化，即岩石颗粒大小在垂直方向上的改变，不同成分颗粒的交替，或者某些岩石颗粒的定向排列。层理导致岩石的各向异性。

变质岩是在高温高压下生成的，一般具有晶体结构、片理状构造。所谓片理就是岩石沿平行平面分裂为薄片的能力。片理也会引起岩石的各向异性。

用各向异性系数来表征岩石在不同的方向上力学性质的差异：

$$K_a = x_{\parallel} / x_{\perp} \tag{1-6}$$

式中：$x_{\parallel}$——平行于岩石层理方向上的力学性质；$x_{\perp}$——垂直于岩石层理方向上的力学性质。

五、岩石的强度

强度是固态物质在外载（静或动载）作用下抵抗破坏的性能指标。岩石在给定的变形方式（压、拉、弯、剪）下被破坏时的应力值称为岩石的强度极限 σ。

影响岩石强度的因素基本上可分为自然因素和工艺因素两大类。

(1) 一般造岩矿物强度高者其岩石的强度也高。但沉积岩的强度取决于胶结物所占的比例及其矿物成分。胶结物所占的比例愈大，则胶结物强度对岩石强度的影响愈大，被胶结的造岩矿物的强度对岩石强度的影响愈小。细粒岩石的强度大于同一矿物组成的粗粒岩石。

(2) 岩石的孔隙度增加，密度降低，其强度则降低，反之亦然。因此，一般岩石的强度随埋深的增大而增大。

(3) 岩石的强度具有明显的各向异性。垂直于层理方向的抗压强度最大，平行于层理的抗压强度最小，在与层理斜交方向上的抗压强度介于两者之间。

(4) 岩石的受载方式导致岩石的强度值差异很大。不同受载方式下的岩石强度相对值如表 1-1 所列。由表中数据可见，岩石在受压时表现出最大的抵抗破坏能力，而在大多数情况下岩石的抗剪强度极限几乎是抗压强度极限的 10%左右。因此，我们希望在岩石钻掘过程中，破岩工具应主要以剪切的方式来破碎岩石。

表 1-1 不同受载方式下的岩石强度相对值

岩　石	不同受载方式下的岩石强度相对值			
	抗　压	抗　拉	抗　弯	抗　剪
花岗岩	1	0.02～0.04	0.08	0.09
砂　岩	1	0.02～0.05	0.06～0.20	0.10～0.12
石灰岩	1	0.04～0.10	0.08～0.10	0.15

(5) 多向应力状态下的岩石强度比简单应力状态下的强度高出许多倍。

(6) 加载速度的影响主要表现在两个方面：① 外载作用速度的增加使岩石的应变速率增大，大幅度地提高了岩石的强度；② 加载速度对塑性岩石强度的影响大于对脆性岩石强度的影响。应该指出，在当前技术条件下用牙轮钻头破碎岩石时，其牙齿冲击岩石的速度不大于 5m/s，这时岩石的力学性质并未呈现出本质性的差异。

岩石的单轴抗压强度在液压试验机上测定。抗压强度极限的值按下式计算：

$$\sigma_c = P/F \qquad (\text{MPa}) \tag{1-7}$$

式中：P——岩石破坏瞬时的轴向载荷，N；F——岩石试样的截面积，m^2。

由于岩石为非均质物质，故其抗压强度极限应取多次重复试验的算术平均值

$$\sigma_c = \frac{\sigma_{c1} + \sigma_{c2} + \cdots + \sigma_{cn}}{n} \tag{1-8}$$

式中：$\sigma_{c1}, \sigma_{c2}, \cdots, \sigma_{cn}$——岩样各次试验的抗压强度极限；$n$——岩样试验的次数（对均质岩石，$n=3$；而非均质岩石，$n=6$）。

六、岩石的硬度

岩石的硬度反映岩石抵抗外部更硬物体压入(侵入)其表面的能力。

硬度与抗压强度有联系,但又有很大区别。抗压强度是固体抵抗整体破坏时的阻力,而硬度则是固体表面对另一物体局部压入或侵入时的阻力。因此,硬度指标更接近于钻掘过程的实际情况。因为回转钻进中,岩石破碎工具在岩石表面移动时,是在局部侵入(可能非常微小)的同时使岩石发生剪切破碎。由前面的分析知道,工具压入岩石是很难的,而压入后剪切破岩却较容易。所以我们说,硬度对钻掘工程而言是一个主要力学性能参数。

影响岩石硬度的因素也可分为自然因素和工艺因素两大类:

(1)岩石中石英及其他坚硬矿物或碎屑含量愈多,胶结物的硬度越大,岩石的颗粒越细,结构越致密,则岩石的硬度越大。而孔隙度高,密度低,裂隙发育的岩石硬度将会降低。

(2)岩石的硬度具有明显的各向异性。但层理对岩石硬度的影响正好与对岩石强度的影响相反。垂直于层理方向的硬度值最小,平行于层理的硬度最大,两者之间可相差1.05~1.8倍。岩石硬度的各向异性可以很好地解释钻孔弯曲的原因和规律,并可利用这一现象来实施定向钻进。

(3)在各向均匀压缩的条件下,岩石的硬度增加。在常压下硬度越低的岩石,随着围压增大,其硬度值增长越快。

(4)一般而言,随着加载速度增加,将导致岩石的塑性系数降低,硬度增加。但当冲击速度小于10m/s时,硬度变化不大。加载速度对低强度、高塑性及多孔隙岩石硬度的影响更显著。

在测量岩石硬度的过程中,应注意区分造岩矿物颗粒的硬度和岩石的组合硬度。前者主要影响钻掘工具的寿命,而后者则对钻进中的机械钻速起重大影响。

目前国际上普遍采用如图1-1所示的装置测定岩石的硬度值 H_y(通常称为压入硬度):

$$H_y = P_{\max}/S \qquad (\mathrm{Pa}) \tag{1-9}$$

式中:$P_{\max}$——在压入作用下岩石产生局部脆性破碎时的轴载,N;S——压头底面积,常用的硬质合金压头底面积为1~5($10^{-6}\mathrm{m}^2$)。

通常岩石的压入硬度 H_y 大于其单轴抗压强度 σ_c,例如抗压强度 σ_c 为180MPa的花岗岩,其压入硬度 H_y=600MPa。这可解释为在压头作用下,岩石某一点上处于各向受压的应力状态。

我国研究者研制的摆球硬度计如图1-2所示,它是一种冲击回弹式仪表,实质是观察通过能量转换方式实现的摆球回弹现象,以回弹次数来确定岩石的硬度。

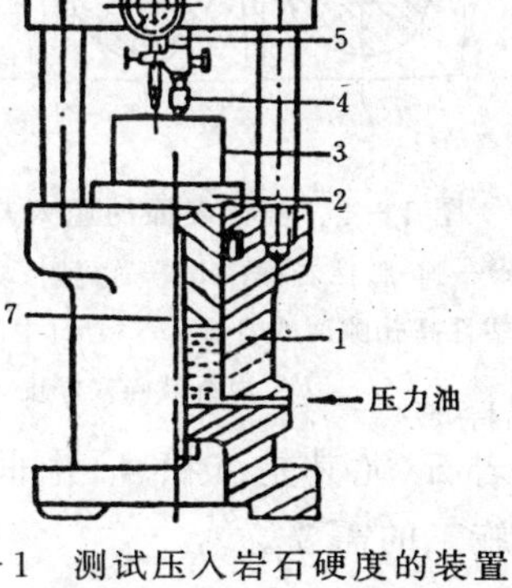

图1-1 测试压入岩石硬度的装置

1—液压缸;2—液压柱塞;3—岩样;4—压头;5—压力机上压板;6—千分表;7—柱塞导向杆

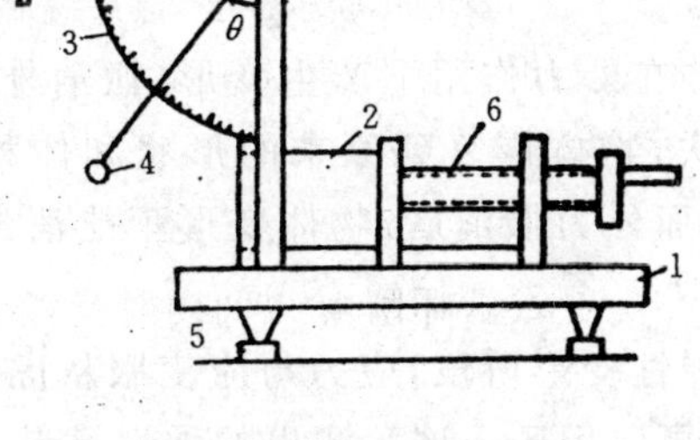

图1-2 摆球硬度计

1—底盘;2—岩样;3—刻度盘;4—摆球;5—水平调节螺丝;6—岩样固定器螺杆

七、岩石的变形特征及其分类

做压入试验时，记录下载荷 P 与侵入深度 δ 的相关曲线。按岩石在压头压入时的变形曲线和破碎特性（图 1－3）可把岩石分成以下三类：

1．*弹-脆性岩石*

弹-脆性岩石（花岗岩、石英岩、碧石铁质岩）在压头压入时仅产生弹性变形，至 A 点最大载荷为 P_{max} 处便突然完成脆性破碎，压头瞬时压入，破碎穴的深度为 h［图 1－3(a)和图 1－4(a)］。这时破碎穴面积明显大于压头的端面面积，即 $h/\delta>5$。

2．*弹-塑性岩石*

弹-塑性岩石（大理岩、石灰岩、砂岩）在压头压入时首先产生弹性变形，然后塑性变形。至 B 点载荷达 P_{max} 时才突然发生脆性破碎［图 1－3(b)和图 1－4(b)］。这时破碎穴面积也大于压头的端面面积，而 $h/\delta=2.5\sim5$，即小于第一类岩石。

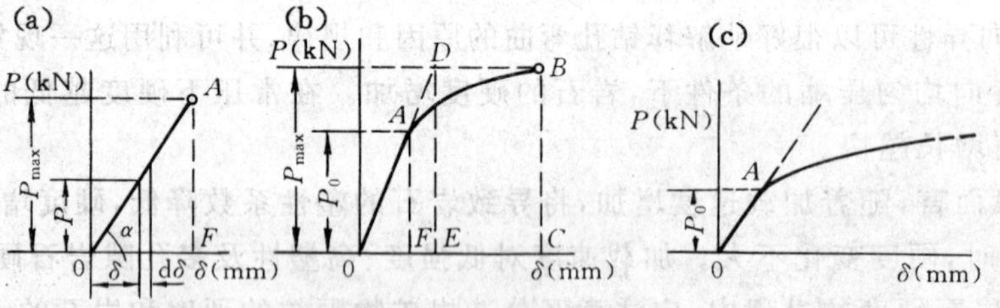

图 1－3 压头压入条件下的岩石变形曲线图

(a)—弹-脆性岩石（石英岩）；(b)—弹-塑性岩石（大理岩）；(c)—高塑性岩石（盐岩）；P—压头载荷；P_0—从弹性变形过渡到塑性变形的载荷；P_{max}—岩石产生脆性破碎的载荷；δ—岩石产生弹性变形的侵深；α—变形角

3．*高塑性和高孔隙性岩石*

高塑性（粘土、盐岩）和高孔隙性岩石（泡沫岩、孔隙石灰岩）区别于前二类，当压头压入时，在压头周围几乎不形成圆锥形破碎穴，也不会在压入作用下产生脆性破碎［图 1－3(c)和图 1－4(c)］，$h/\delta=1$。因此，计算这类岩石的硬度时只能用 P_0 代替公式（1－9）中的 P_{max}。

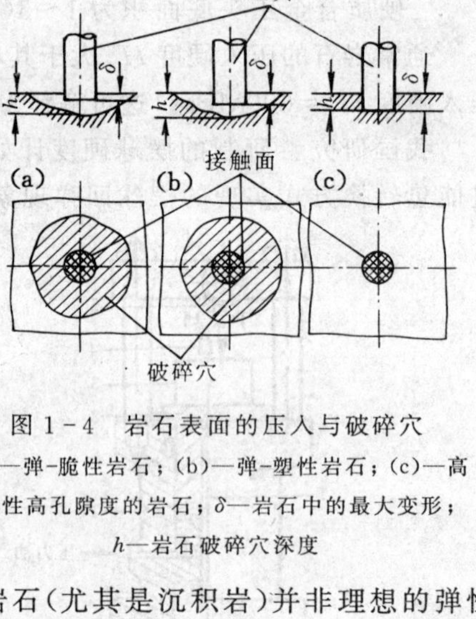

图 1－4 岩石表面的压入与破碎穴

(a)—弹-脆性岩石；(b)—弹-塑性岩石；(c)—高塑性高孔隙度的岩石；δ—岩石中的最大变形；h—岩石破碎穴深度

八、岩石的弹性和塑性

物体在外力作用下产生变形，撤消外力后，变形随之消失，物体恢复到原来的形状和体积的性质称为弹性；而外力撤消后，物体变形不能消失的性质称为塑性。

在弹性变形阶段，应力与应变服从虎克定律。虽然岩石（尤其是沉积岩）并非理想的弹性体，但仍可以用压入试验测出的弹性模量 E 来满足工程施工的需要。

弹性模量的表达式为

$$E=\sigma/\varepsilon \tag{1-10}$$

用岩石的塑性系数来定量地表征岩石塑性及脆性的大小。

塑性系数 K 为岩石破碎前耗费的总功 A_F 与岩石破碎前的弹性破碎功 A_E 之比。

在图 1-3(a)中，对于弹-脆性岩石，岩石破碎前耗费的总功 A_F 与弹性破碎功 A_E 相等，$K=1$；对于高塑性岩石，很明显 $K\to\infty$。

而弹-塑性岩石

$$K=\frac{A_F}{A_E}=\frac{OABC\ 面积}{ODE\ 面积}>1 \tag{1-11}$$

岩石按塑性系数的大小可分成三类六级，如表 1-2 所示。

表 1-2 岩石按塑性系数的分级

岩石类别	弹-脆性	弹-塑性 低塑性⟶高塑性				高塑性
级 别	1	2	3	4	5	6
塑性系数	1	>1～2	2～3	3～4	4～5	>6～∞

一般岩浆岩和变质岩的弹性模量大于沉积岩，而塑性系数则相反。影响岩石弹性和塑性的主要因素有：

(1) 对岩浆岩和变质岩而言，造岩矿物的弹性模量越高，岩石的弹性模量也高，但后者不会超过前者。沉积岩的弹性模量取决于岩石的碎屑和胶结物及胶结状况。在碎屑颗粒成分相同的条件下，岩石弹性模量由大到小的次序是：硅质胶结最大，钙质胶结次之，泥质胶结最小。

(2) 造岩矿物的颗粒越细，岩石越致密，岩石的弹性模量越大。岩石的弹性模量也具有各向异性，平行于层理方向的弹性模量大于垂直于层理方向的弹性模量。

(3) 单向压缩时岩石往往表现为弹-脆性体，但在各向压缩时则表现出不同程度的塑性，破坏前都产生一定的塑性变形。这意味着在各向压缩下需要更大的载荷才能破坏岩石的连续性。

(4) 温度升高岩石的弹性模量变小，塑性系数增大，岩石表现为从脆性向塑性转化。在超深钻和地热孔施工中应注意这一影响。

九、岩石的研磨性

用机械方法破碎岩石的过程中，工具本身也受到岩石的磨损而逐渐变钝，直至损坏。岩石磨损工具的能力称为岩石的研磨性。

在钻进过程中存在着两种类型的磨损：① 破岩过程中的摩擦磨损，它与所钻岩石的研磨性、破岩工具上切削具的耐磨性及钻进规程参数有关；② 磨粒磨损，它与从孔底分离出来的岩屑的硬度和研磨性、孔底区域内岩屑的数量有关，即取决于钻进速度、冲洗或吹洗孔底的程度。在金刚石钻进中这种磨损形式起着重要的作用。因为岩粉能磨蚀金刚石钻头的胎体，帮助孕镶金刚石出刃。

(一) 影响岩石研磨性的自然因素和工艺因素

(1) 岩石颗粒的硬度越大，岩石的研磨性也越强，富含石英的岩石具有强研磨性。

(2) 岩石胶结物的粘结强度越低，岩石的研磨性越强。

(3) 岩石颗粒形状越尖锐，颗粒尺寸越大，则岩石的研磨性越强。

(4) 孔隙性岩石表面粗糙，在与工具接触的局部易产生应力集中，从而增强岩石的研磨性。

(5) 硬度相同时，单矿物岩石的研磨性较低，非均质和多矿物的岩石(如花岗岩)研磨性较强。因为这类岩石中较软的矿物(云母，长石)首先被破碎下来，使岩石表面变得粗糙，同时石英颗粒出露，从而增强了研磨能力。

(6) 试验证明，当工具与所钻岩石表面摩擦时，在轴向压力未达到岩石的压入硬度值之前，动摩擦系数是轴向力和滑动速度的增函数，而达到和超过后，动摩擦系数便保持恒定或有所下降。

(7) 介质会改变岩石的研磨性，湿润和含水的岩石硬度和研磨性都会降低。

(二) 常用测定岩石研磨性的方法

岩石的研磨性决定着破岩工具的效率和寿命，对钻掘工艺的参数选择、钻头设计及使用具有重大影响。但是，到目前为止国际上还没有统一的测定岩石研磨性的方法。通常采用模拟某种钻进过程的方法来研究岩石的研磨性，因此不同方法测得的结果难以相互比较。常用测定岩石研磨性的方法有：

1. 钻磨法

钻磨法以金属棒在给定载荷、转速和一定时间内与岩石摩擦后的失重作为研磨性指标[图 1-5(a)]。

2. 磨削法

磨削法用硬质合金刀具在给定的压力下与旋转的岩石试件摩擦，以一定时间内刀具的失重作为岩石研磨性指标[图 1-5(b)]。

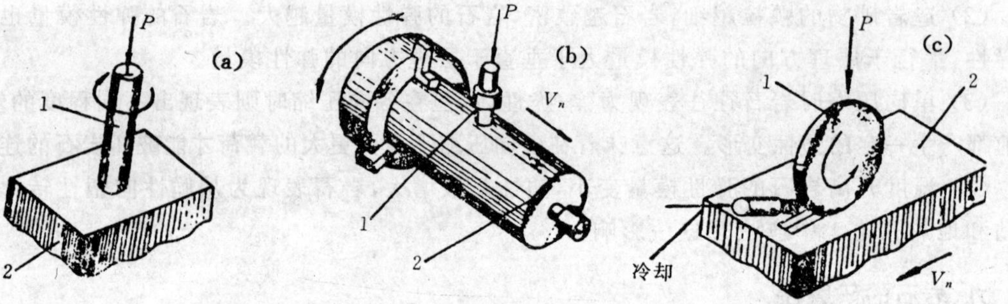

图 1-5　研究岩石研磨性的主要方法

(a)—钻磨法；(b)—在岩心表面的磨削法；(c)—标准圆盘磨损法

1—金属试样；2—岩石试样；P—加在金属试样上的载荷；V_n—给进速度

3. 微钻头钻进法

微钻头钻进法用微型模拟钻头在一定的规程参数下钻磨岩样，测出一定时间内微型钻头唇面的磨损程度，以比较不同岩石的研磨性。

4. 标准圆盘磨损法

标准圆盘磨损法，是前苏联学者用圆盘金属试样在压力作用下对岩石作滑动摩擦[图 1-5(c)]，以金属圆盘的磨损量表示岩石的研磨性指标的方法。按此方法可把岩石的研磨性分成 12 个级别(表 1-3)，而我国有关部门习惯于把岩石的研磨性分成弱、中、强三个等级。

表 1-3 按单位摩擦路径上的相对磨损量对岩石的研磨性分级

研磨性级别	岩石	对淬火钢的相对研磨性	对硬质合金的相对研磨性
1	泥岩和碳酸盐岩	1～3	1～3
2	石灰岩	6.5	6
3	白云岩	6.0	12
4	硅质结晶岩石	9	20
5	含铁-镁岩石及含 5%石英的弱研磨性岩石	10	25
6	长石岩	12	30
7	石英含量>15%长石岩石及含 10%石英的研磨性较弱的岩石	13	40
8	石英晶质岩石	16	45
9	石英碎屑岩，硬度 H_y>3 500MPa	16～25	50
10	石英碎屑岩，硬度 H_y 为 2 000～3 500MPa 及含 10%～20%石英的岩石	25～35	50
11	石英碎屑岩，硬度 H_y 为 1 000～2 000MPa 及含 30%石英的岩石	35～60	50
12	石英碎屑岩，硬度 H_y<1 000MPa	60～95	50

§2 土的物理-力学性质特征

通常土被当作三相体系来研究，它由相互作用着的固体、液体、气体三部分组成。固体矿物颗粒（土粒）是土的骨架。在骨架间的孔隙中存在着液体（一般为水）和气体，在低温下还可能有冰。孔隙完全被水充满的土称为饱和土，孔隙完全被气体充满时称为干土，它们均属二相体系。从岩土钻掘工程的角度出发，我们除了注意与岩石类似的物理-力学性质指标（密度、孔隙度、弹性等）外，还必须掌握土的以下物理-力学特征。

一、土的物理性质特征

土粒的大小、形状、矿物成分是决定土物理力学性质的基础。粗大土粒往往是岩石经风化后形成的碎屑，或是岩石中未产生化学变化的矿物颗粒，如石英、长石等。而细小土粒主要是化学风化作用形成的次生矿物和生成过程中混入的有机物质。

1. 土的含水量

含水量是表示土的湿度的重要指标。天然土层的含水量变化范围很大，一般干的粗砂土含水量接近于零，而饱和砂土可达 40%。同类土，含水量增大，则强度降低。

土的天然含水量 $$w=\frac{w_W}{w_S}\times 100\% \tag{1-12}$$

式中：w_W、w_S——土中水的质量、土粒的质量，kg。

2. 土的密实度

天然状态下的无粘性土呈疏散状态时，其压缩性与透水性较高，强度较低；密实后其压缩性小，强度较高，可作为良好的地基。工程上常用密实度来评定无粘性土的地基承载力。碎石土和砂土的密实度可根据野外鉴定结果分成密实、中密、稍密和松散几个等级。

3. 土的塑性指数和液性指数

粘性土在一定的含水量范围内，可用外力塑成任何形状，而当外力移去后仍保持原有形状，这种性能称为可塑性。土由可塑状态转为半固态的界限含水量叫做塑限(w_P)；土由流动状态转为可塑状态的界限含水量叫做液限(w_L)。土处在可塑状态的含水量变化范围用塑性指数(I_P)来表示，而判断粘性土的软硬程度则用液性指数(又称稠度)(I_L)表示。

$$I_P = w_L - w_P, \qquad I_L = (w - w_P)/I_P \tag{1-13}$$

4. 土的渗透系数

水通过土中孔隙的难易程度可用渗透系数来表示，在地基处理和沉降计算过程中常要用到这一指标。土的渗透系数：

$$k = v/i \quad (\mathrm{cm/s}) \tag{1-14}$$

式中：v——水在土中的渗透速度，cm/s；i——水头梯度。

二、土的力学性质特征

1. 土的压缩性

土的压缩性通常用天然原状土在室内做有侧限压缩试验来确定。这种只受垂向压缩，侧向不变形的受力条件与自然土层承受大面积均匀载荷很接近。土的压缩系数：

$$\alpha = \frac{e_2 - e_1}{P_2 - P_1} \quad (\mathrm{MPa}^{-1}) \tag{1-15}$$

式中：P_1、P_2——地基某深处土的竖向自重应力和该处自重应力与附加应力之和，MPa；e_1、e_2——相应于 P_1、P_2 作用下压缩稳定后的孔隙比，其物理概念同式(1-1)。

在《建筑地基基础设计规范》中以 $P_1=0.1\mathrm{MPa}$，$P_2=0.2\mathrm{MPa}$ 时对应的压缩系数作为土的压缩性分类标志。

2. 土的抗剪性

对于无粘性土，颗粒间的连接力很微弱，其抗剪力主要来自土粒间的内摩擦力和嵌合力，与土粒表面的粗糙度、密度、颗粒大小及粒度级配有关。对于粘性土，由于颗粒间存在着一定的连接力，除了内摩擦力外，其颗粒间连接力往往起着更重要的作用，同时它的内摩擦力随含水量的增高而降低。土的抗剪强度：

$$\tau_f = C + \sigma \mathrm{tg}\varphi \tag{1-16}$$

式中：C——土的粘聚力，kPa；σ——剪切滑动面上的法向总应力，kPa；φ——土的内摩擦角，°。

常用的抗剪强度测定方法有：直接剪切试验，三轴剪切试验，无侧限抗压试验和十字板剪切试验。

3. 土的极限平衡条件

当土体中任一点在某方向平面上的剪应力达到土的抗剪强度时，该点即处于极限平衡状态。它取决于 C、φ 与主应力 σ_1、σ_3 之间的关系。由土的极限平衡条件可得出，剪切面上剪应力 $\tau = \tau_f = \frac{\sigma_1 - \sigma_3}{2}\sin 2\varphi$ 时，土体的剪切破碎面与最大主应力 σ_1 的夹角为 $45° + \frac{\varphi}{2}$。

三、土的工程分类

1. 碎石土

粒径大于 2mm 的颗粒含量超过全重 50%的土称为碎石土。可分为块石(漂石)、碎石(卵石)、角漂(圆砾)等。

2. 砂土

粒径大于 2mm 的颗粒含量不超过全重 50%及粒径大于 0.075mm 的颗粒超过全重 50%的土称为砂土。可分为砾砂、粗砂、中砂、细砂和粉砂。

3. 粉土

粒径大于 0.075mm 的颗粒不超过全重 50%,且塑性指数等于或小于 10 的土称为粉土。可分为砂质粉土和粘质粉土。

4. 粘性土

塑性系数大于10 的土称为粘性土。粘性土分布最广,据塑性指数可分为粘土和粉质粘土。

§3　岩石在外载作用下的破碎机理

从目前广泛采用的机械式破岩的特点来看,切削具都必须对岩石有一定的侵入量,所以压入破碎在孔底过程中起着重要作用。在实际钻进中,孔底岩石是在垂直载荷与水平载荷同时作用下破碎的,为了简化起见,我们首先讨论碎岩工具在垂直载荷下对岩石的压入作用及其破碎机理。

一、压入时岩石的弹性应力状态

首先假设岩石是均质的,各向同性的弹性体,只承受垂直方向静载,从而可在弹性力学的布希涅司克问题的基础上得出一些近似的结论。

1. 平底圆柱压头压入时应力分布情况

刚性平底压头以作用力 P 沿 z 轴压入弹性半无限体,其接触面上的压力分布在初期是不均匀的(图 1-6),边缘处的应力集中使岩石产生局部破碎或塑性变形,而在后期压力便趋于均匀分布。因此可根据布希涅司克问题的解和应力叠加原理,求出岩体内沿对称轴上各应力分量的变化情况(图 1-7)。可看出剪应力 τ 随 z 的变化开始由小到大,到一个临界深度 z_0 处 τ 达最大值。图 1-8 以相对值给出了平底压头作用下半无限体中最大剪应力与压应力之比(τ_{max}/p)的分布情况。剪应力等值线在压头边缘处合拢,边缘处的剪应力最大,为第一危险极值带。在对称轴的 $z/a\approx1$ 处及其邻近区域,剪应力也达最大(τ_{max} 约为平均压力 p 的 1/3)是第二危险极值带。

2. 球体压入时应力分布情况

在载荷下球体与岩石的接触面呈半径为 a 的圆形,球体底下的应力场与平底压头压入时的情况类似,也存在着二个危险极值带。一个在对称轴上 $z\approx a/2$ 处,最大剪应力为接触面中

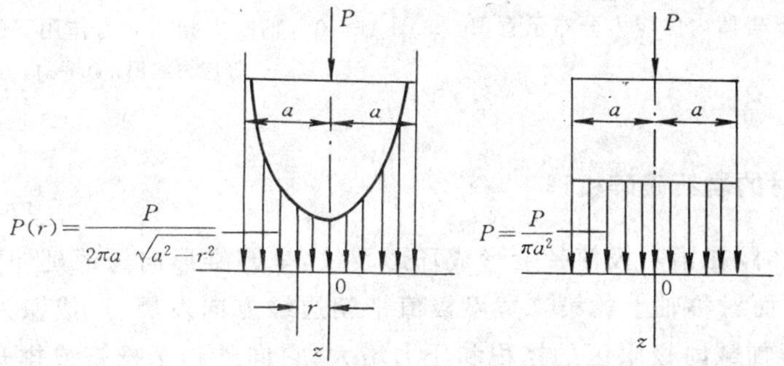

图 1-6　平底压头接触面上的压力分布示意图

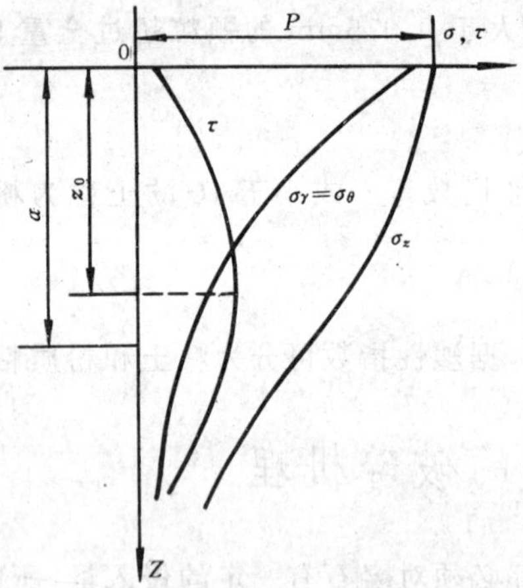

图 1-7 圆柱压头压入时沿对称轴的应力分布图

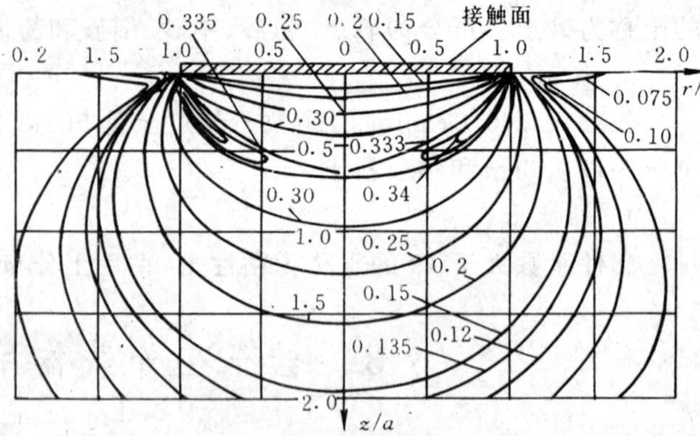

图 1-8 压头下相对剪应力的等值线图

心处($z=0$)最大压应力的 1/3 左右。另一个在接触面周边，此处剪应力大于接触面中心的剪应力，还存在沿径向产生的拉应力。

3. 轴向力和切向力共同作用下岩石中的应力分布

钻进中破岩工具上往往同时作用有轴向力和切向力。光弹试验表明，仅有轴向力时，半无限体内的等应力线是对称均匀分布的(图 1-9)。在轴向力和切向力共同作用下等应力线发生了畸变(图 1-10)。各向压缩区 Ⅰ 随着切向力的增大而缩小，出现了各向拉伸区 Ⅱ 和过渡区 Ⅲ。在过渡区中既有压应力又有拉应力的作用。如果切向力的相对值越大，则应力畸变越严重，极值带沿切向朝接触面边缘偏移越明显，破碎越容易。

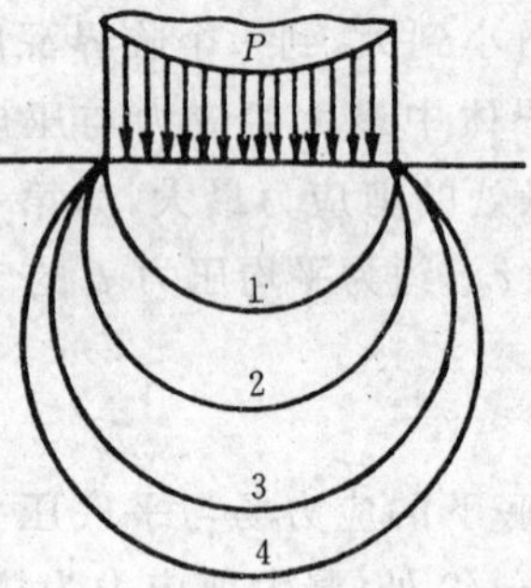

图 1-9 轴向力作用下岩体内的应力分布示意图

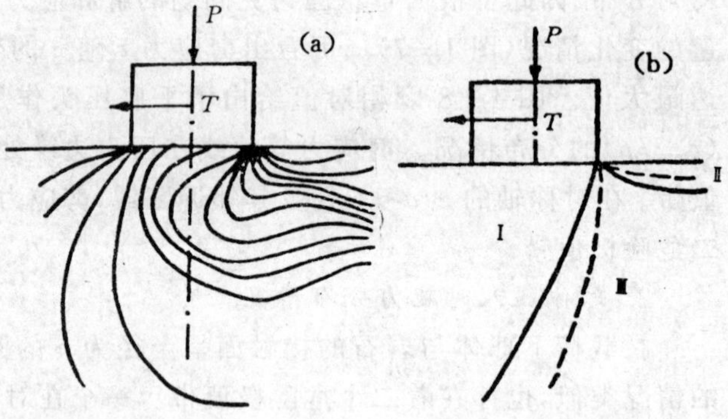

图 1-10 轴向力和切向力作用下的应力分布示意图
(a)—等应力线图；(b)—应力状态特征

二、工具静压入时的岩石破碎机理

当平底压头受载时，在第一极值带会形成环形裂纹，呈圆锥形向深部延伸[图 1-11(a)]，到一定深度后截止。而对称轴上的第二危险极值带朝边缘方向发展，形成镰刀状极限状态区[图 1-11(b)]。继续加载时极限区的体积和压力增大，它向外趋于推挤或排开周围岩石的力也增大。由于岩石的抗剪、抗拉强度很小，一旦侧压力达到某一极限值，周围岩石便突然崩离，并形成破碎穴[图 1-11(c)]。周围岩石崩离后，压头下方的圆锥体被压碎，压头突然侵入到一定的深度。

一般破碎穴的形成是瞬时发生的具有“跳跃性”，图 1-12 给出了尖形压头侵入岩石深度 δ 与轴载 P 的关系图。初期发生一定的塑性变形，侵深小于 δ_0 时，两者呈线性关系。然后由于脆性破碎，侵深增大到 δ_1，继续加载又重复上述跳跃过程。只有当载荷达到一定值后才能产生大的体积破碎，这时破岩效果最好。如果载荷不足，则只能在岩石上产生压裂作用形成一些裂纹。

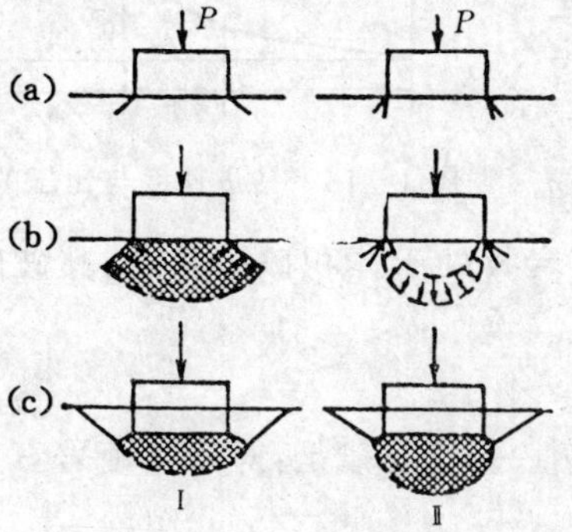

图 1-11　平底压头压入时岩石破碎示意图

Ⅰ—据 P.M. 埃格莱斯；Ⅱ—据 Л.А. 史立涅尔

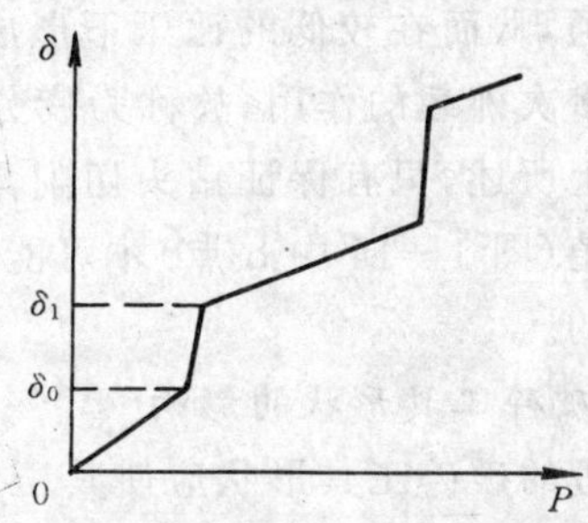

图 1-12　尖形压头压入岩石时的跳跃过程示意图

其他形状压头(球形、方柱状)压入时，岩石破碎机理与前述情况类似，不再赘述。

三、动载荷作用下的岩石破碎机理

研究表明，动载荷作用下的岩石破碎机理与静压入时没有本质性区别。当冲击能量不大时，在岩石表面只能见到压头冲击的痕迹——边缘出现裂纹带[图 1-13(a)]。增加冲击能后，在边缘之外便出现环形崩离体[图 1-13(b)]，称之为脆性破碎第一形态。随着冲击能的增大，崩离体的体积稍有增加。冲击能量达一定值后，压头底下的岩石发生与静压入时相似的脆性破碎[图 1-13(c)]，称之为脆性破碎第二形态。再继续增大冲击能，不会引起破碎形态明显的质的变化。余裕的能量使压头的侵深有所增加，并使接触面周围有岩石崩离体出现。当冲击能达到相当大的数值时，则出现新的稳定的第三破碎形态[图 1-13(d)]。整个岩石破碎过程同样具有跳跃性。

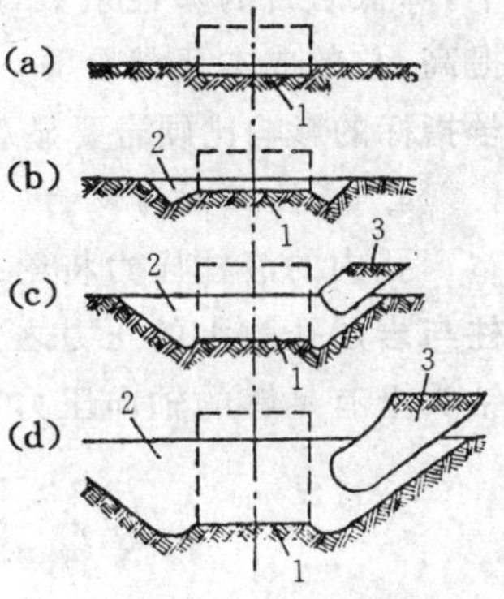

图 1-13　压头动压入时岩石破碎带发展示意图

1—压头与岩石的接触面；2—破碎穴；3—崩离的岩石碎屑

四、影响碎岩效果的因素

1. 载荷大小的影响

实践表明，钻进速度 v_m 与比压 P 的关系曲线(图 1-14)可分成三个区段：

在区域Ⅰ内，钻压很小，切削具上的比压不足以侵入岩石，仅存在由摩擦力引起的表面磨削。钻速很低，钻速与比压呈线性关系——称为表面破碎区。

在区域Ⅲ内，接触面上的压力等于或大于岩石的压入硬度，已能产生体积破碎，破岩的速度比区域Ⅰ大得多，钻速与比压呈更陡的线性关系——称为体积破碎区。

由表面破碎（区域Ⅰ）到体积破碎（区域Ⅲ），要经过一个渐变的过程（区域Ⅱ），在该区域内 v_m 与 P 呈曲线关系。这时接触面上的比压没有达到岩石的压入硬度，显然不会发生体积破碎，但也非表面破碎。这时在岩石的弱面处形成裂纹，经多次作用后使其扩展增多，甚至相互沟通，从而在较低的比压下形成小剪切。由于该过程需经多次外载的作用，故称为疲劳破碎区。

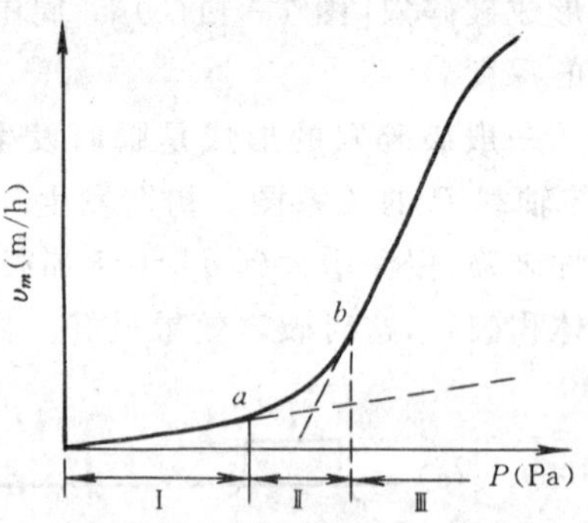

图 1-14 钻进速度与比压的关系

综上所述，只有保证钻头切削具上的比压达到或超过一定值（图 1-14 中 b 点）才可能使 v_m 达最大值，使岩石处于体积破碎状态，其破碎效率才是最高的。

2. 破碎工具形状的影响

合理的破碎工具形状应使其压入岩石时的阻力最小。一般规律是：对于坚硬岩石采用球形工具较合理，对于较软的岩石宜选用楔形工具。

3. 破碎工具加载速度的影响

一般的规律是：对于弹-塑性岩石中的硬岩，采用冲击方式可在压入硬度增加不多的前提下，降低岩石的塑性系数，从而增大脆性破碎深度。虽然单位体积破碎功有所增加，但由于钻速提高，总的成本仍然合算。而对高塑性的软岩或多孔隙岩石，其强度较低，动载效应对硬度等力学指标的影响比硬岩要显著得多，故不宜采用冲击方式，而应采用压入回转切削方式破碎岩石。

4. 液柱压力的影响

孔内的液柱压力将给孔底破碎穴处的裂纹扩展和剪切体崩离造成阻力。也就是说，孔内液柱与岩层孔隙水的压力之差对破岩效率有显著影响。因此不论采用什么钻进方法都需要保证钻头上有足够的轴向压力，并尽量使用低密度、低固相的冲洗液，使孔底的压力差达最小。

§4 岩石的可钻性指标及坚固性系数

在岩土钻掘工程设计与实践中，人们常常希望能事先知道所施工岩石的破碎难易程度，以便正确选择合理的钻（掘）进方法、钻（钎）头的结构及工艺规程参数，制定出切合实际的岩土钻掘工程生产定额。岩石的可钻性及坚固性指标，在实际应用中占有重要地位。

一、岩石的可钻性

岩石的可钻性是在一定钻进方法下岩石抵抗钻头破碎它的能力。它反映了钻进作业中岩石破碎的难易程度，它不仅取决于岩石自身的物理-力学性质，还与钻进的工艺技术措施有关，所以它是岩石在钻进过程中显示出来的综合性指标。由于可钻性与许多因素有关，要找出它与诸影响因素之间的定量关系十分困难，目前国内外仍采用试验的方法来确定岩石的可钻性。不同部门使用的钻进方法不同，其测定可钻性的试验手段，甚至可钻性指标的量纲也不尽相同。例如，钻探界在回转钻进中以单位时间的钻头进尺（机械钻速）作为衡量岩石可钻性的指标，分成 12 个级别，级别越大的岩石越难钻进；在冲击钻进中常采用单位体积破碎功来进行可钻性分级。而在石油钻井部门则以机械钻速与钻头进尺的乘积或微型钻头的钻时作为衡量指标，分成10个级别。

几种有代表性的划分岩石可钻性级别的方法是：

1. 力学性质指标法

采用单一的岩石力学性质来划分岩石的可钻性级别。据压入硬度值把岩石分成6类12级(表1-4)，据摆球的回弹次数把岩石分成12级(表1-5)。如果用上述两种方法确定的可钻性级别不一致，可按包括压入硬度值 H_y 和摆球硬度值 H_n 的回归方程式(1-17)来确定可钻性 K 值。

$$K = 3.198 + 8.854 \times 10^4 H_y + 2.578 \times 10^{-2} H_n \quad (1-17)$$

表1-4 按压入硬度值对岩石的可钻性分级表

岩石类别	软		中软		中硬		硬		坚硬		极硬	
岩石级别	1	2	3	4	5	6	7	8	9	10	11	12
硬度(MPa)	≤100	100～250	250～500	500～1 000	1 000～1 500	1 500～2 000	2 000～3 000	3 000～4 000	4 000～5 000	5 000～6 000	6 000～7 000	>7 000

表1-5 按摆球硬度计的回弹次数对岩石的可钻性分级表

岩石级别	2	3	4	5	6	7	8	9	10	11	12
回弹次数	≤14	15～29	30～44	45～54	55～64	65～74	75～84	85～94	95～104	105～125	≥125

2. 实际钻进速度法

在规定的设备工具和技术规范条件下进行实际钻进，以所得的纯钻进速度作为岩石的可钻性级别。这种方法随着技术的进步，必须实时修正。原地质矿产部曾制定了适合于金刚石钻进的岩石可钻性分级表，如表1-6所列。

表1-6 适合于金刚石钻进的岩石可钻性分级表

岩石级别	钻进时效(m/h) 金刚石	钻进时效(m/h) 硬合金	代表性岩石举例
1～4		>3.90	粉砂质泥岩，碳质页岩，粉砂岩，中粒砂岩，透闪岩，煌斑岩
5	2.90～3.60	2.50	硅化粉砂岩，滑石透闪岩，橄榄大理岩，白色大理岩，石英闪长玢岩，黑色片岩
6	2.30～3.10	2.00	黑色角闪斜长片麻岩，白云斜长片麻岩，黑云母大理岩，白云岩，角闪岩，角岩
7	1.90～2.60	1.40	白云斜长片麻岩，石英白云石大理岩，透辉石化闪长玢岩，混合岩化浅粒岩，黑云角闪斜长岩，透辉石岩，白云母大理岩，蚀变石英闪长玢岩，黑云角石英片岩
8	1.50～2.10	0.80	花岗岩，矽卡岩化闪长玢岩，石榴石矽卡岩，石英闪长玢岩，石英角闪岩，黑云母斜长角闪岩，混合伟晶岩，黑云母花岗岩，斜长闪长岩，混合片麻岩
9	1.10～1.70		混合岩化浅粒岩，花岗岩，斜长角闪岩，混合闪长岩，钾长伟晶岩，橄榄岩，斜长混合岩，闪长玢岩，石英闪长玢岩，似斑状花岗岩，斑状花岗闪长岩
10	0.80～1.20		硅化大理岩，矽卡岩，钠长斑岩，斜长岩，花岗岩，石英岩，硅质凝灰砂砾岩
11	0.50～0.90		凝灰岩，熔凝灰岩，石英角岩，英安岩
12	<0.60		石英角岩，玉髓，熔凝灰岩，纯石英岩

3．微钻法

采用模拟的微型孕镶金刚石钻头，按一定的规程，对岩心进行钻进试验。我国原地质矿产部的规范是以微钻的平均钻速作为岩石可钻性指标，其分级情况如表 1－7 所列。而原石油部 1987 年颁布的岩石可钻性分级办法是用微钻在岩样上钻三个孔深 2.4mm 的孔，取三个孔钻进时间的平均值为钻时 t，对式(1－18)的结果取整后作为该岩样的可钻性级别 K_d，据此值可把各油田地层的可钻性分成 10 个等级，等级越高的岩石越难钻。

$$K_d=\log_2 t \tag{1-18}$$

4．破碎比功法

用圆柱形压头作压入试验时，可通过压力与侵深曲线图求出破碎功，然后计算出单位接触面积破碎比功 A_S，根据破碎比功法是对岩石进行可钻性分级的方法，如表 1－8 所列。

表 1－7　按微钻的平均钻速对岩石可钻性分级表

岩石级别	3	4	5	6	7	8	9	10	11	12
微钻钻速(mm/min)	216～259	135～215	85～134	53～84	34～52	21～33	14～20	9～13	6～8	≤5

表 1－8　按单位面积破岩比功对岩石可钻性分级表

岩石级别	1	2	3	4	5	6	7	8	9	10
破碎比功 A_S $(N\cdot m/cm^2)$	≤2.5	2.5～5.0	5.0～10	10～15	15～20	20～30	30～50	50～80	80～120	≥120

二、岩石的坚固性系数

由俄罗斯学者于 1926 年提出的岩石坚固性系数(又称普氏系数)至今仍在矿山开采业和勘探掘进中得到广范应用。岩石的坚固性区别于岩石的强度，强度值必定与某种变形方式(单轴压缩、拉伸、剪切)相联系，而坚固性反映的是岩石在几种变形方式的组合作用下抵抗破坏的能力。因为在钻掘施工中往往不是采用纯压入或纯回转的方法破碎岩石，因此这种反映在组合作用下岩石破碎难易程度的指标比较贴近生产实际情况。岩石坚固性系数 f 表征的是岩石抵抗破碎的相对值。因为岩石的抗压能力最强，故把岩石单轴抗压强度极限的 1/10 作为岩石的坚固性系数，即

$$f=\sigma_c/10 \tag{1-19}$$

式中：σ_c——岩石的单轴抗压强度，MPa。

f 是个无量纲的值，它表明某种岩石的坚固性比致密的粘土坚固多少倍，因为致密粘土的抗压强度为 10MPa。岩石坚固性系数的计算公式简洁明了，f 值可用于预计岩石抵抗破碎的能力及其钻掘以后的稳定性。根据岩石的坚固性系数(f)可把岩石分成 10 级(表 1－9)，等级越高的岩石越容易破碎。为了方便使用又在第Ⅲ，Ⅳ，Ⅴ，Ⅵ，Ⅶ级的中间加了半级。考虑到生产中不会大量遇到抗压强度大于 200MPa 的岩石，故把凡是抗压强度大于 200MPa 的岩石都归入Ⅰ级。

这种方法比较简单，而且在一定程度上反映了岩石的客观性质。但它也还存在着一些缺点：

(1) 岩石的坚固性虽概括了岩石的各种属性(如岩石的凿岩性、爆破性，稳定性等)，但在有些情况下这些属性并不是完全一致的。

表 1-9　按坚固性系数对岩石可钻性分级表

岩石级别	坚固程度	代表性岩石	f
Ⅰ	最坚固	最坚固、致密、有韧性的石英岩、玄武岩和其他各种特别坚固的岩石。	20
Ⅱ	很坚固	很坚固的花岗岩、石英斑岩、硅质片岩，较坚固的石英岩，最坚固的砂岩和石灰岩。	15
Ⅲ	坚　固	致密的花岗岩，很坚固的砂岩和石灰岩，石英矿脉，坚固的砾岩，很坚固的铁矿石。	10
Ⅲa	坚　固	坚固的砂岩、石灰岩、大理岩、白云岩、黄铁矿，不坚固的花岗岩。	8
Ⅳ	比较坚固	一般的砂岩、铁矿石。	6
Ⅳa	比较坚固	砂质页岩，页岩质砂岩。	5
Ⅴ	中等坚固	坚固的泥质页岩，不坚固的砂岩和石灰岩，软砾石。	4
Ⅴa	中等坚固	各种不坚固的页岩，致密的泥灰岩。	3
Ⅵ	比较软	软弱页岩，很软的石灰岩，白垩，盐岩，石膏，无烟煤，破碎的砂岩和石质土壤。	2
Ⅵa	比较软	碎石质土壤，破碎的页岩，粘结成块的砾石、碎石，坚固的煤，硬化的粘土。	1.5
Ⅶ	软	致密粘土，较软的烟煤，坚固的冲击土层，粘土质土壤。	1
Ⅶa	软	软砂质粘土、砾石，黄土。	0.8
Ⅷ	土　状	腐殖土，泥煤，软砂质土壤，湿砂。	0.6
Ⅸ	松散状	砂，山砾堆积，细砾石，松土，开采下来的煤。	0.5
Ⅹ	流沙状	流沙，沼泽土壤，含水黄土及其他含水土壤。	0.3

(2) 普氏分级法采用实验室测定来代替现场测定，这就不可避免地带来因应力状态的改变而造成的坚固程度上的误差。

第二章　钻具与钻塔

钻具和钻塔是钻进(井)设备中重要的组成部分。钻具一般是指钻头以上,水接头以下的全部钢管柱,它由岩心管、异径接头、取粉管、扶正器(或扩孔器)、钻铤、钻杆和主动钻杆等组成。钻杆是钻具组成中的主要成员,多根钻杆借助接头或接箍连接成相当于孔深长度的钻杆柱。钻塔的主要任务是升降钻具和套管。钻塔的高度应与钻杆立根的长度相匹配。

§1　钻杆柱的功能与组成

一、钻杆柱的功用

钻杆柱是连通地面钻进设备与地下破岩工具的枢纽。钻杆柱把钻压和扭矩传递给钻头,实现连续给进;钻杆柱为清洁孔底和冷却钻头提供输送冲洗介质的通道;钻杆柱还是更换钻头、提取岩心管和进行事故打捞的工作载体。同时,在绳索取心钻进和水力反循环连续取心钻进中,钻杆柱还是提取岩心的通道;用孔底动力机钻进时,靠钻杆柱把动力机送至孔底,输送高压液体或气体并承担反扭矩。

随着钻井深度的增加,对钻杆柱的要求也越来越高。例如,当用 ϕ 50 钻杆钻进孔深达 1 000m的钻孔时,钻杆柱是一根细长比(直径与长度之比)达 1∶20 000 的细长轴。它在非常恶劣的孔内工作条件下承受着复杂的交变应力,因此往往是钻进设备与工具中最薄弱的环节。在日常生产中,钻杆脱扣、刺漏、折断是常见的孔内事故,并常导致孔内情况进一步复杂化。因此研究钻杆柱在孔内的工作条件与工艺要求,合理地设计和使用钻杆柱,对于预防恶性事故,实现快速优质钻进具有重要的意义。

二、钻杆柱的材质

常规的钻杆是由不同成分的合金无缝钢管制成,现用合金成分有 Mn、MnSi、MnB、MnMo、MnMoVB 等,并且限制磷、硫等有害成分不得大于 0.04%,按照 GB3423－82 的规定,用作钻杆柱的钢管力学性能如表 2－1 所列,钻杆的钢级越高,其屈服强度越大。

表 2－1　钻杆钢管的力学性能(不小于表中数据)表

钢　　级	屈服点 σ_s(MPa)	抗拉强度 σ_p(MPa)	伸长率 δ_s(%)
DZ40	400	650	14
DZ50	500	700	12
DZ55	550	750	12
DZ60	600	780	12
DZ65	650	800	12
DZ75	750	850	10

为了确保钻杆质量，轧制的钢管必须经正火、回火处理或调质处理。由于钻杆柱在回转过程中，经常与孔壁摩擦，为了强化其表面抗磨能力，必须对钻杆表层进行高频淬火。但是为了不影响钻杆抗疲劳破坏的性能，淬火加硬的表层深度必须控制在1mm以内。

钻杆连接螺纹是钻杆柱中最薄弱的部位。为了克服该弱点，常常须把钻杆端部管壁向外或向内镦厚，成为外加厚或内加厚的钻杆。但是在镦厚的过程中对钻杆会造成热损伤，所以镦厚的钻杆必须进行正火、淬火和高温回火处理。钻探管材螺纹是专门设计的，并已定为国家标准(GB3423－82)。一般钻杆采用螺距4～8mm每边倾斜5°的梯形螺纹，为了防止应力集中，螺纹根部有规定的圆弧角。螺纹部分承受着交变应力，所以它既要有足够的强度，又要能在经常拧卸中耐磨。同时钻管中承受着冲洗液流的高压作用，要求在钻杆接头端部有专门的端面密封。

三、钻杆柱的结构

1. 主动钻杆

主动钻杆(又称机上钻杆)位于钻杆柱的最上部，由钻机立轴或动力头的卡盘夹持，或由转盘内非圆形卡套带动回转，向其下端连接的孔内钻杆传递回转力矩和轴向力。主动钻杆上端连接水笼头，以便向孔内输送冲洗液。主动钻杆的断面尺寸大，便于卡盘夹持回转，不易弯曲，其断面形状有圆形、两方、四方、六方和双键槽形。主动钻杆的长度应比钻杆的定尺长度与回转器通孔长度之和略长一些，常用的长度是4.5m或6m。

2. 钻铤

在大口径钻进中常会用到钻铤。钻铤直径大于钻杆，位于钻杆柱的最下部。其主要特点是壁厚大(相当于钻杆壁厚的4～6倍)，具有较大的质量、强度和刚度。钻铤的主要作用是：① 给钻头施加钻压；② 保证复杂应力条件下的必要强度；③ 减轻钻头的振动，使其工作稳定；④ 控制孔斜。

3. 钻杆柱的连接方式(图2－1)

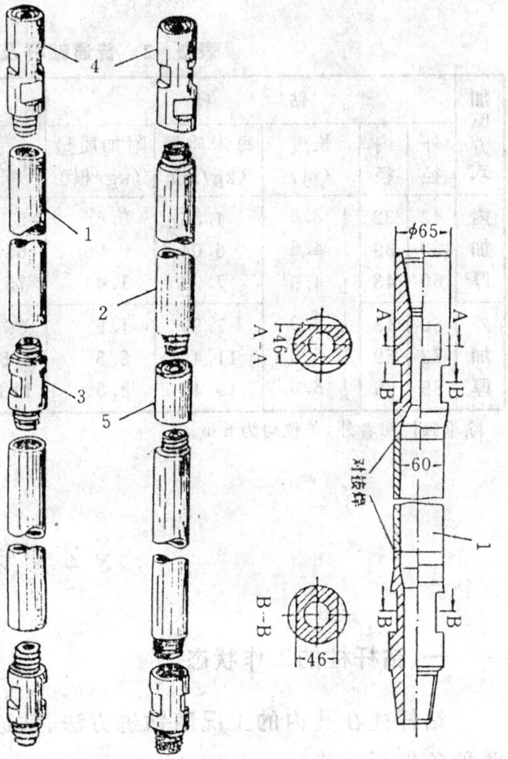

图2－1 钻杆柱的连接方式

1—内丝钻杆；2—外丝钻杆；3—公锁接头；4—母锁接头；5—接箍

3.1 内丝钻杆

用接头连接的内丝钻杆两端内壁车有扁梯形螺纹。我国金刚石岩心钻进(非绳索取心)均采用内丝钻杆，这是金刚石钻进的特点所决定的。因为金刚石钻进孔径小、转速高，必须使钻杆外径和孔壁之间的环状间隙很小。因此要求整个钻杆柱的外表面基本是平滑一致的，从而决定了其只能用内丝钻杆连接方式。

3.2 外丝钻杆

用接箍连接的外丝钻杆两端管壁有内、外加厚，并车有带锥度的三角螺纹。接箍外径较钻杆大，可减少钻杆磨损和其在孔内的弯曲程度，但却占用了较大的钻杆外环状间隙。在合金和钻粒钻进中，基本是采用外丝钻杆。

3.3 用焊接接头连接

这种钻杆的两端与钻杆接头之间用焊接的方法连接起来，接头之间再用螺纹。在水井、地热井钻进中常采用烘装焊接连接方式的钻杆，在金刚石绳索取心钻进中则采用对焊连接的钻杆。

为减少升降工序中拧卸钻杆的次数与时间，由 2～4 根钻杆连接成立根，一次升降一个立根，在钻孔过程中不再卸开。为便于拧卸，立根之间用两个一组的公母锁接头连接(图 2－1)，其外径与接箍相同。为了升降钻具拧卸与挂提引器方便，公母锁接头上均开有方切口。公母锁接头上的连接螺纹锥度大、螺距大，自动对中好，拧卸省力又省时。

常用的普通钻杆及其连接件的规格如表 2－2 所列，用于大口径工程施工的钻杆可查阅原石油部的规范，而金刚石岩心钻探用的钻杆规格可查阅 GB3423－82。

目前国外已推广铝合金钻杆，国内也在试制。使用铝合金钻杆可以减小钻杆柱的质量，减少回转和提升钻杆柱所消耗的功率，所以在同样的条件下可以增大钻机的可钻深度，提高转速，同时可以减少升降钻杆柱的时间。

表 2－2 普通钻杆及其连接的主要规格[YB235－70]

加厚方式	钻杆					接箍			锁接头					
	外径	内径	长度(m)	每米质量(kg/m)	附加质量(kg/根)	外径	长度	质量(kg/个)	外径	内径	切口宽	公锁接头长	母锁接头长	连接后全长
内加厚	42	32	3.0	4.56	0.65	57	130	1.4	57	22	40	165	230	355
	50	39	4.5	6.04	0.96	65	140	1.7	65	28	45	190	255	395
	60	48	4.5	7.99	1.44	75	140	2.04	75	38	50	215	290	445
外加厚	60	48	6.0	7.99	1.5	86	140	2.7	86	44.5	50	241	310	481
	73	59	6.0	11.4	2.5	105	165	4.7	105					
	89	69	8.0	19.48	3.5	118	165	5.2	121	68	50	355	280	533

除单独说明者外，单位均为 mm。

§2 钻杆柱的工况

一、钻杆柱的工作状态

钻杆柱在孔内的工况随钻进方法、钻进工序的不同而异。钻杆柱主要是在起下钻和钻进这两种条件下工作。

在起下钻时，钻杆柱不接触孔底，整个钻杆柱处于悬持状态，在自重作用下，钻杆柱处于受拉伸的稳定状态。

在正常钻进时，由于钻杆柱自身的偏心和由于自重失稳而产生的某些弯曲，造成钻杆柱有一定的质量偏离回转中心。这些偏心质量在回转运动中则产生离心力，更促使钻杆柱弯曲。与此同时，钻杆柱给孔底工作的钻头传送所需钻压主要依赖于钻杆柱自身的质量，多余的部分由钻机提拉而减压；如果压力不足，则需靠钻机补充(即所谓加压钻进)。因此，钻杆柱上还有由自重、钻机给进力及摩擦力合成的纵向压力。在离心力、纵向压力和扭矩的联合作用下，钻杆柱轴线一般呈变节距的空间螺旋弯曲曲线形状。弯曲程度取决于这三种力作用的大小。由于钻杆柱愈往下，所受重力愈大，因此，弯曲的钻杆柱轴线在孔底螺距最小，往上逐渐加大。如图 2－2 所示。

我们把钻杆柱中心线和钻孔的轴线相交两点间的一段纵向长度称为半波长，以 l 表示。根据萨尔基索夫的理论推导，距零断面（零断面的概念见本节后续内容）距离为 Z 处的半波长可按式(2-1)计算。

$$l=\frac{100}{\omega}\sqrt{\pm 0.5Z+\sqrt{0.25Z^2+\frac{0.235J\omega^2}{q}}}\quad (\mathrm{m}) \qquad (2-1)$$

式中：q——钻杆柱在冲洗液中单位长度的质量，kg/m；ω——钻杆柱转速，r/min；Z——所求断面距零断面的距离，在零断面以下压缩部分取负号，反之取正号，m；J——钻杆柱横断面的轴惯性矩，cm^4。

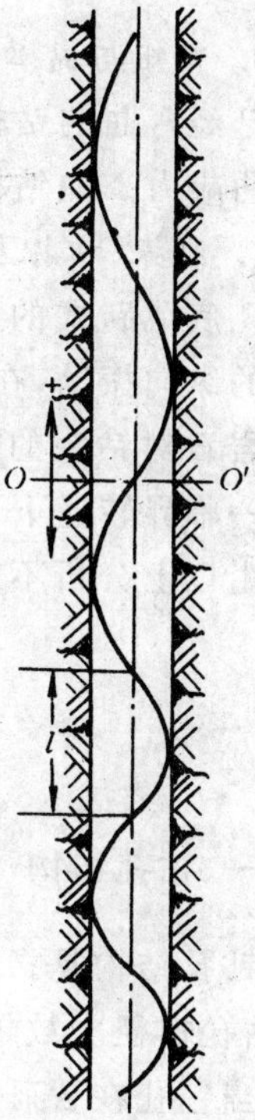

图 2-2　钻杆在孔内的波形弯曲

萨尔基索夫公式的前提条件是理想的钻杆柱在孔壁完整的钻孔中以钻孔轴线为中心作公转运动，并呈平面弯曲，该公式仅表示了钻杆柱在孔内弯曲的基本状态。

螺旋弯曲的钻杆柱在孔内是怎样旋转的呢？这是一个极为复杂的问题。钻杆柱在孔内的旋转运动可能有三种形式。

(1) 钻杆柱围绕自身弯曲轴线旋转（自转）。钻杆柱自转时在整个圆周上与孔壁接触，产生均匀的磨损，但受到交变弯曲应力的作用。

(2) 钻杆柱围绕钻孔轴线旋转并沿着孔壁滑动（公转）。钻杆柱公转时不受交变弯曲应力的作用，但产生一边偏磨。

(3) 钻杆柱围绕钻孔轴线旋转，但不是沿着孔壁滑动而是沿着孔壁反向滚动（公转与自转的结合），钻杆柱同时围绕自身轴线和钻孔轴线旋转。其磨损均匀，也受到交变弯曲应力的作用，但循环次数比第一种形式低得多。

从理论上讲，如果钻杆柱的刚度各方向是均匀一致的，那么钻杆柱以何种形式旋转就取决于外界阻力的大小，按照常规是以消耗能量最小的形式转动。当钻杆柱自转时，旋转经过的行程比其他运动形式都小，克服泥浆阻力及孔壁摩擦力所消耗的能量也较小。因此，一般认为呈半波弯曲的钻杆柱的主要形式是自转，但也可能产生两种形式的结合，即有时以自转为主＋公转，有时以公转为主＋自转。

二、钻杆柱的受力

在钻进过程中，钻杆柱承受着各种载荷的作用。

1. 轴向压力和拉力

当钻孔达到一定深度时，孔内钻杆柱的重力已超过了钻头所能承受的钻压值，则必须减压钻进。即上部钻杆柱受拉，其中孔口处拉力最大，向下逐渐减小；下部钻杆柱受压，孔底压力最大（图 2-3）。在某一深处轴向力等于零，称之为零断面或中和点。在施工中我们应该设计使中和点落在刚度大、抗弯能力强的钻铤上，保证上部的钻杆处于受拉伸的稳定状态。即使在小口径的条件下不可能使用钻铤，也应避免落在强度和刚度较弱的旧钻杆上，以免加剧其受压弯曲，在自转中造成疲劳破坏。

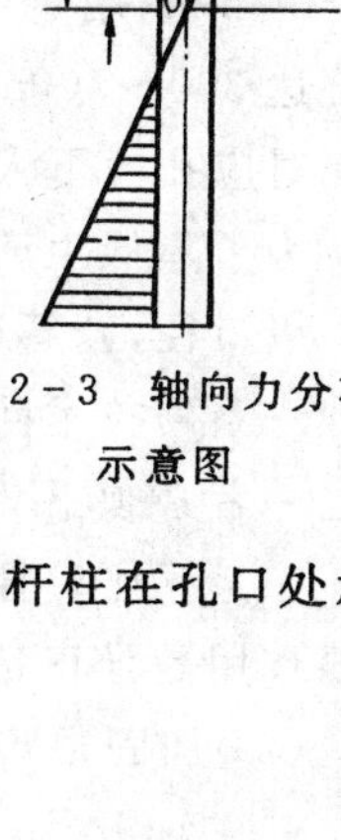

图 2-3　轴向力分布示意图

2. 扭矩

钻进中钻杆柱受到扭矩的作用，在钻杆柱各个截面上都产生剪应力。钻杆柱在孔口处承受的扭矩最大，在孔底最小。

3. 弯矩与离心力

已经弯曲的钻杆柱在轴向力的作用下,将受到弯矩的作用,如绕自身轴旋转则会产生交变的弯曲应力。如钻杆柱公转,则产生离心力。离心力又将加剧钻杆柱的弯曲变形。

4. 纵振、扭振与摆振

孔底跳跃式的破碎岩石(尤其是冲击钻进、牙轮钻进或钻进破碎岩石的条件下)会引起钻杆柱的纵向振动,在中和点附近产生交变的轴向应力。当产生共振时,钻杆柱容易疲劳破坏。当孔底岩石对钻头的回转阻力不断变化时,会引起钻杆柱的扭转振动,从而产生交变的剪应力。在某一临界转速下,钻杆柱会出现摆振,其结果是迫使钻杆柱公转,引起钻杆柱严重的偏磨。

由以上分析不难看出,钻杆柱受力严重部位是下部、孔口处和零断面附近。

§3 套管柱

一、钻孔结构

钻孔结构是指,钻孔由开孔至终孔,孔身剖面中各孔段的深度和口径的变化情况。一般来说,钻孔换径次数越多,钻孔结构越复杂。

当钻孔在含砾石、卵石和漂砾的砂质-粘土质岩土中施工时,孔壁可能坍塌,在水敏性地层中钻孔可能缩径,在流砂层中则成孔非常困难,所以在复杂地层中必须加固孔壁。如果用泥浆或专门配制的处理剂护壁无效的话,则必须用套管来隔离不稳定的孔壁。有时虽然钻孔不深,也需要下一层、二层甚至三层套管,形成多级台阶形的钻孔结构。所以开孔直径将比终孔直径大好几级。

开孔前根据以下资料来设计钻孔结构:

(1) 所钻岩石的物理-力学性质,尤其是它们的硬度、稳定性和水敏性等;

(2) 钻孔的设计深度和倾角;

(3) 在该钻孔中拟采用的钻进方法,钻探设备的技术参数和孔内测量仪器的外径尺寸;

(4) 与钻孔目的有关的终孔直径,如果属找矿勘探孔,则取决于矿产类型是否对岩心的最小直径有特殊要求。

通常采用自下而上的方法设计钻孔结构,即首先确定所需的终孔直径。一般规律是:金刚石钻进推荐的终孔直径为 46mm 或 59mm;钢粒钻进为不小于 91mm;硬质合金钻进常用 59mm、76mm、91mm 的钻头终孔,但用于煤系地层时应不小于 76mm,用于无机盐勘探时应不小于 91mm;用于工程地质勘查的终孔直径一般应不小于 110mm,用于水井和工程施工的孔径可达 300～500mm 以上。确定了终孔直径以后,根据地层剖面找出需要加固的危险孔段,再设计对应孔段下人套管的直径和深度。

为了降低生产成本,应尽量简化钻孔结构,少下或不下套管。因为每下一层套管钻孔便缩小一级口径,套管柱的上下端固定与密封、套管间的丝扣连接强度及保持钻孔方向等方面都会出现一系列技术问题。往往钻孔结构越复杂,套管层数越多,则孔内事故隐患越多。有下列情况之一者必须下套管:

(1) 下孔口管,以保护孔口处岩土层不被冲坏,并将冲洗液导向循环槽,孔口管的另一个重要作用是导正钻孔方向;

(2) 加固很难用泥浆护壁的不稳定地层;

(3) 隔离漏水层与涌水层；

(4) 当设备负荷能力不足或处理孔内异常需要缩小一级孔径，而上覆地层又有坍塌掉块、缩径危险时。

在设计钻孔结构时(尤其在新区)通常要留一级备用口径，万一出现无法处理的孔内复杂情况，还可以补下一层套管，以保证工程结束时能达到终孔直径的设计要求。

二、套管柱

套管柱的连接方法主要有三种。

1. 直接连接

直接连接时单根套管的一端有外丝扣，另一端是内丝扣，连接后具有光滑的内外表面，便于下放和起拔套管柱，也便于升降钻具，适用于浅孔，我国金刚石钻进均用此种套管柱。

2. 接头连接

采用接头将单根套管连接成套管柱，连接后外表面光滑，有利于下放套管，所有规格套管均可采用接头连接，我国合金和钢粒钻进用的套管都采用接头连接。

3. 接箍连接

采用接箍将单根套管连接成套管柱，连接后的内表面是光滑的，保证有足够的强度，但不利于下放或起拔套管柱，多用于石油钻，而在岩心钻中基本不用此种连接方式。

单根套管一般长 3～6m。丝扣采用牙距 4mm 或 6mm 的梯形螺纹。由于套管柱在孔内承受着很大的应力，故必须用优质无缝钢管制成。

在下套管柱之前，应根据自重和最大起拔力的实际需要对其抗拉强度、丝扣连接强度进行校核。以防长套管柱有可能断裂或因丝扣损坏而脱开。此外，在钻开气层或向孔内压注水泥时，套管柱会受到较大的内压力；在软而松散的地层中，或遇到含有液体和气体的地层时，套管柱会受到较大的外压力；在弯曲的钻孔中下套管时，套管柱上会产生很大的弯曲应力。因此，在往深孔中下套管时，应通过强度验算来确定套管的最大允许下入深度。

§4　钻　塔

钻塔的主要功能是：起下钻具(套管)、减压钻进时悬挂钻具、处理孔内事故并为空中作业提供平台。为了提高效率，保证施工安全，要求钻塔必须具有足够的强度和刚度，有合理的高度和方便的工作空间，并便于安装拆卸与运输。

一、钻塔的结构

按结构特点可把钻塔分为：四脚钻塔、三脚钻塔、A 型钻塔和桅杆四种类型。

1. 四脚钻塔

四脚钻塔是由 4 个桁架面构成的空间桁架。其内部具有较大的空间，承载能力和稳定性均较好。按其用途可分为直塔和斜塔两类，分别用于钻进直孔和斜孔。

四脚钻塔已经形成产品系列。原地质矿产部系统生产的钻塔，以钻塔的名义高度作主要参数规划产品，如四脚金属管子斜钻塔的代号为 SGX -□，其中：S 代表四脚，G 代表管子，X 代表斜塔(直塔无此符号)，□为钻塔名义高度数字。比如 SG－18、SG－23 型号分别指的是塔高为 18m 和 23m 的四脚管子直塔；SGX－13、SGX－17 型为塔高 13m 和 17m 的管子四脚斜塔；

SGZ－23 型则指的是塔高为 23m 的重型直塔。

图 2－4 为 SG－18 管子四脚钻塔结构示意图。塔腿和横拉手为钢管构件，斜拉手为钢筋构件。每组斜拉手中的一根是定距斜拉手，另一根是安装有调距器的调距斜拉手。根据力学计算，十字形桁架结构中的两根斜拉手，当钻塔承受水平风载时，其中一根为受压杆，而另一根为受拉杆。该钻塔设计中采用调距斜拉手，以便斜拉手拉紧后承受一定的预应力，从而保证了结构的刚度。

图 2－5 为 12m 角钢四脚斜塔结构示意图。其特点是前后桁架面结构相同，但不对称。前面桁架面与水平面的夹角是打斜孔的最大角度。若以后面桁架面作正面安装钻机时，则可用于垂直孔钻进。侧面桁架面由于横拉手长度较大，采用人字形结构。

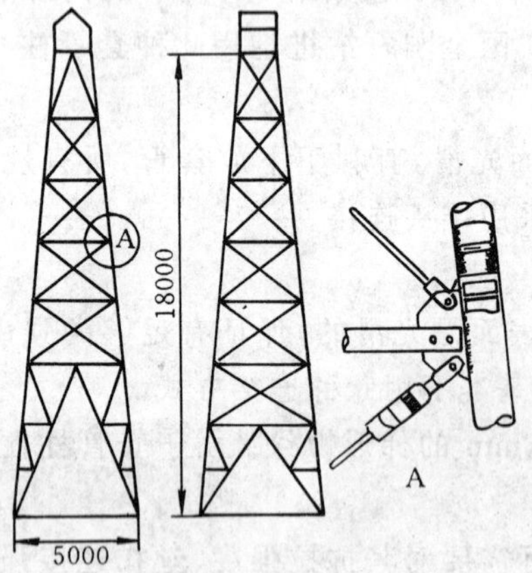

图 2－4 SG－18 管子四脚钻塔结构示意图

数字单位为 mm

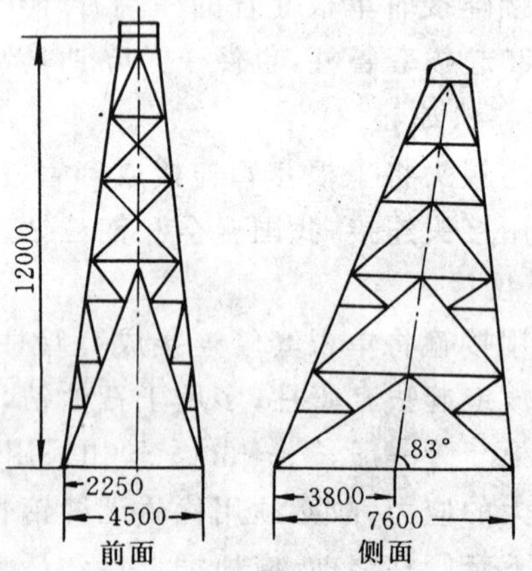

图 2－5 12m 角钢四脚斜塔结构示意图

数字单位为 mm

2. A 型钻塔

A 型钻塔是一种结构简单、质量轻、可整体竖立和安装、运移方便的轻便钻塔。广泛应用于石油钻井设备中。现在已开始应用于地质和工程钻探中。

A 型钻塔的两根塔腿有管式和桁架式两种，可用于钻进直孔和斜孔。使用中钻塔用四根钢绳对角绷住。绷绳是保持钻塔整体稳定性的关键，其固定必须牢靠。

3. 三脚钻塔

三脚钻塔塔高 9～12m，提升高度 6～9m。底脚呈等边或等腰三角形放置。根据塔高不同，可设置一组或两组横拉手和斜拉手以加固塔腿，构成三棱锥状空间桁架体。一般适用于深度 300m 以内 90°～70°的钻孔。三脚钻塔（图 2－6）结构简单，拆、迁、安装均简易。

4. 桅杆

桅杆式钻塔的使用日益广泛，其结构形式也日渐增多。从其结构特点来看，大致可以分为三种形式：① 小断面桁架式；② 板式结构封闭式；③ 适应动力头运行的前面敞开式。桅杆可用于钻进不同深度倾角为 90°～70°的钻孔。与同级承载能力的钻塔相比，其自重较轻，拆装零件少，可以整体竖立、折叠竖立或伸缩竖立，安装拆卸方便。

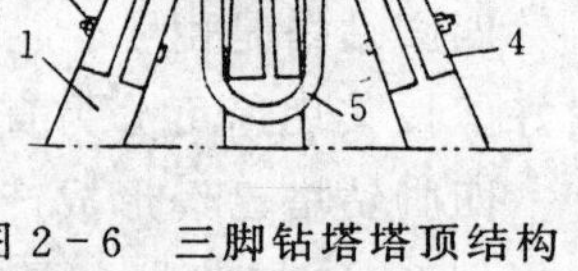

图 2－6 三脚钻塔塔顶结构

1—塔腿；2—螺钉（栓）；3—穿钉；4—铁皮；5—U 形环

二、钻塔基本参数的确定

1. 塔高的确定

钻塔高度取决于所采用立根的高度(图 2-7),其总尺寸为

$$H=\sum h+L=h_1+h_2+h_3+h_4+h_5+L \tag{2-2}$$

式中:h_1——孔口装置的高度及垫叉厚度,可根据所采用的拧管装置而确定,mm;h_2——立根拧卸开时所必须的最小距离(决定于丝扣高度),mm;h_3——提引器的高度(一般为 500~600mm);h_4——提引钩和动滑车的高度(一般为 800mm);h_5——过塔安全高度(一般采用 2~4m),当塔高为 12m 时取其为 3m,塔高为 22~25m 时取其为 4m;L——立根高度的经验数据如表 2-3 所列。

表 2-3　立根高度的经验数据

孔深(m)	<100	100~300	300~500	>500
立根长度(m)	6~9	9~12	12~15	15~18

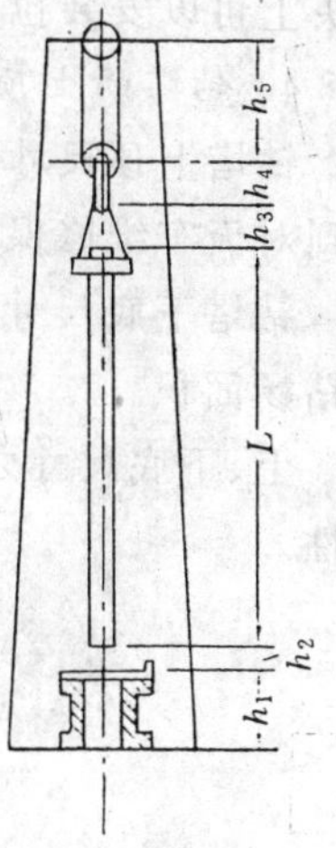

图 2-7　钻塔高度尺寸示意图

2. 钻塔大钩起重量

钻塔大钩起重量是钻塔承受钻进过程中所产生载荷的能力。有额定起重量和最大起重量两项指标。

钻塔大钩的额定起重量是相应于额定孔深和额定终孔直径时所用钻具或套管柱质量而产生于钻塔的静负荷。可用下式计算:

$$Q_n=qH_0k_1k_2 \tag{2-3}$$

式中:H_0——孔深,m;k_1——接头加重系数($k_1=1.05\sim1.1$);k_2——考虑泥浆浮力的系数,$k_2=\dfrac{1-r_m}{\gamma_s}$,$\gamma_m$——泥浆密度,$\gamma_s$——钻杆钢材密度,一般 $k_2\approx0.85$。

大钩最大起重量,除了静负荷外,还应考虑提升钻柱时的摩擦阻力,动载,卡钻等因素。

$$Q_{\max}=qH_0k_1k_2k_3\left(1+\frac{a}{g}\right) \tag{2-4}$$

式中:k_3——卡钻系数,$k_3=1.5\sim2$(浅孔取 2,深孔取 1.5,石油钻井取 1.25);a——提升钻具时大钩处的平均加速度。

3. 钻塔的天车负荷 Q_0

钻塔的天车负荷能力根据大钩最大载荷确定。钻塔内的升降系统采用两种不同的滑车系统:有死绳的滑车系统和无死绳的滑车系统(图 2-8)。

若不计滑车系统的效率,则滑车系统中钢绳(包括动绳和死绳)的拉力 P 均相等

$$P=Q_{\max}/m \tag{2-5}$$

式中:m——滑车系统中工作钢绳数目。

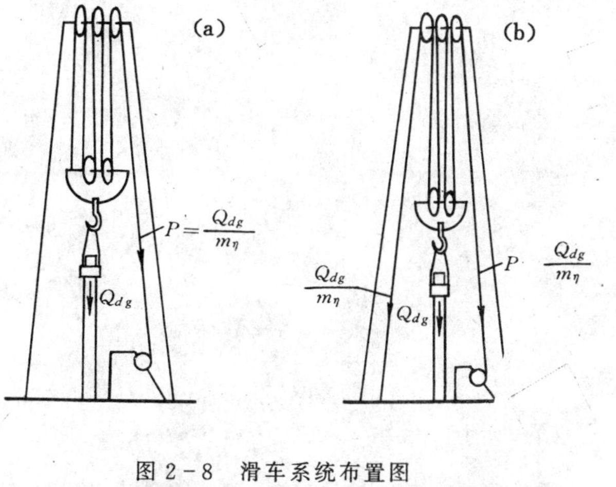

图 2-8　滑车系统布置图

(a)—没有死绳的滑车系统;(b)—有死绳的滑车系统

于是，钻塔天车的负荷可分别计算为：

3.1 有死绳的滑车系统

$$Q_0=Q_{max}+2P=Q_{max}(1+\frac{2}{m}) \tag{2-6}$$

3.2 无死绳的滑车系统

$$Q_0=Q_{max}+P=Q_{max}(1+\frac{1}{m}) \tag{2-7}$$

式中忽略了动绳和死绳拉力方向与铅垂线间微小夹角的影响。从式(2-6)、(2-7)可以看出，用无死绳端的滑车系统可以减少天车负荷。但从图2-8可知，用无死绳端的滑车系统时钻塔载荷不对称。因而，一般施工中常采用有死绳端的滑车系统，不仅使钻塔稳定性好，而且在死绳头上可以安装拉力表，便于观测。

4. 钻塔的上顶、下底尺寸

钻塔上顶尺寸是指安装天车梁底面的平面尺寸。它决定于天车的尺寸及其布置方法。考虑到对天车维修保养方便及操作安全，天车轮缘到上顶框架边的距离应不小于0.4～0.6m。

钻塔下底尺寸应根据设备的布置、操作、维修及安全规程的要求确定，并考虑存放钻具所需钻场面积。

上、下底尺寸之间是相互关联的。其尺寸之间的合理配备，关系到钻塔的整体稳定性和经济性。

第三章　钻机与泵

钻机是完成钻进施工的主机，它带动钻具和钻头向地层深部钻进，并通过钻机上的升降机来完成起下钻具和套管、提取岩心、更换钻头等辅助工作。泵的主要功能则是向孔内输送冲洗液以清洗孔底、冷却钻头和润滑钻具。

§1　钻机概述

岩土钻掘工程的目的与施工对象各异，因而钻机种类较多。钻机可按用途分类，如岩心钻机、石油钻机、水文地质调查与水井钻机、工程地质勘查钻机、坑道钻机及工程施工钻机等。按钻进方法可把钻机分成四类：

(1) 冲击式钻机：钢丝绳冲击式、钻杆冲击式钻机。

(2) 回转式钻机：立轴式——手把给进式、螺旋差动给进式、液压给进式钻机；
转盘式——钢绳加减压式、液压缸加减压式钻机；
移动回转器式——全液压动力头式、机械动力头式钻机。

(3) 振动钻机。

(4) 复合式钻机：振动、冲击、回转、静压等功能以不同组合方式复合在一起的钻机。

原地质矿产部在部标《DZ3－79》中规定了钻机类别标志(表3－1)，均用汉语拼音字母标注。

表3－1　原地质矿产部钻机型号类别标志

钻机类别	类别代号	第一特征代号 (传动结构)	第二特征代号 (装载及其他)
岩心钻机、砂矿钻机 水文钻机、工程钻机 坑内钻机、浅孔钻机 地热钻机	X(岩心)、SZ(砂钻) S(水文)、G(工程) K(坑内)、Q(浅钻) R(地热)	Y(液压操纵机械传动) D(全液压动力头) P(转盘)	C(车装) S(散装)

立轴式钻机应用较为广泛。原地质矿产部立轴式钻机系列定名为XY型，原冶金工业部立轴式钻机系列定名为YL(冶立)型，有色金属工业总公司立轴式钻机系列定名为CS(穿山)型，原煤炭工业部立轴式钻机系列定名为TK(探矿)型(表3－2)。

表3－2　立轴式钻机系列

原地质矿产部	原冶金工业部	有色金属工业总公司	原煤炭工业部
XY－1(100)，XY－2(300)	YL－3(300)	CS－1(100)	TK－1(1 300)
XY－3(600)，XY－4(1 000)	YL－6(600)	CS－3(600)	TK－3(1 000)
XY－5(1 500)，XY－6(2 000)	YL－10(1 000)	CS－4(1 000)	TK－4(600)，TK－5(300)

表中括号内的数字为钻进深度，单位为m。

§2 立轴式钻机

机械传动、液压给进的立轴式钻机，是目前国内外广泛使用的一种主要机型。现代立轴式钻机为了适应金刚石钻进工艺的需要，并兼顾硬质合金及钢粒钻进工艺的要求，提高了立轴转速(最高达2 500r/min)，扩大了调速范围，增加了速度档数(6～8档，多的达12～24档)。为了缩短升降和辅助工序的时间，采用上、下两卡盘，实现“不停车倒杆”、自动倒杆，以及加长立轴行程(600～800mm)等措施。由于绳索取心金刚石钻进的广泛应用，钻机上增加了绳索绞车。有些钻机升降机的升降手柄采用液压控制，在深孔钻机中采用涡轮变矩器。采用调速电机为动力，采用双联齿轮泵或变量叶片泵作为液压系统的动力源，给进液压缸操纵阀改用“OH”或“OY”型滑阀，为给进液压缸下腔油路设置给进速度控制阀，从而减少功耗，并能在液压泵卸荷的情况下，实现减压钻进、自重钻进和“称重”等等，都是钻机设备新的发展趋势。

下面结合XY-4型立轴式钻机，说明立轴式钻机的结构原理。XY-4型钻机主要适用于进行固体矿床勘探、工程地质勘查，也可用作浅层石油、天然气、地下水钻探和堤坝灌浆、坑道通风、排水孔的钻进。

一、立轴式钻机的机械传动系统

1. 机械传动系统的组成

立轴式钻机的总传动系统由机械传动系统和液压传动系统组成(图3-1)。

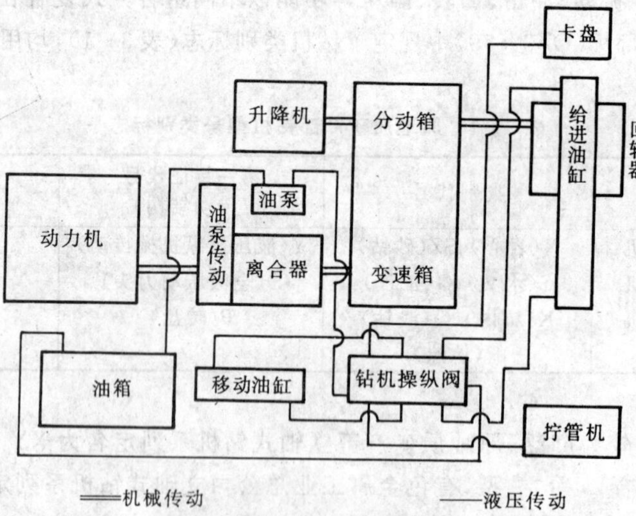

图3-1 机械传动式钻机总传动系统方框图

机械传动系统一般包括三个传动链：回转器传动链、升降机传动链和液压泵传动链。

回转器与升降机传动链是机械传动系统的主要组成部分，它们往往共用一个传动链。传动路线为：

```
输入传动──┬离合器—变速箱—分动箱─┬回转器
          └液压泵               └升降机
```

液压泵传动链:动力经输入传动、液压泵传动装置传至液压泵。

2. 机械传动系统的任务

根据钻机的运动形式与特点,传动系统的任务是:

(1) 接通和切断动力;

(2) 变速与变矩,一般采用齿轮变速箱,深孔钻机也有带涡轮变矩器的;

(3) 分配动力和改变旋转方向;

(4) 改变运动形式,如将旋转运动转变为往复运动;

(5) 实现柔性传动与过载保护。

3. XY-4 型钻机的机械传动系统

XY-4 型钻机的机械传动系统如图 3-2 所示。该系统包括:摩擦离合器 1、变速箱 2、万向轴 3、分动箱 4、回转器 5、升降机 6 等部件。变速箱与分动箱之间采用万向轴连接。变速箱输出 4 个正转速度与一个反转速度。分动箱对回转器来说还是一个两速变速箱,因而,回转器具有自 101～1 191r/min 的 8 个正转速度和 83r/min、251r/min 两个反转速度。升降机具有自 43～164r/min 的四档速度。

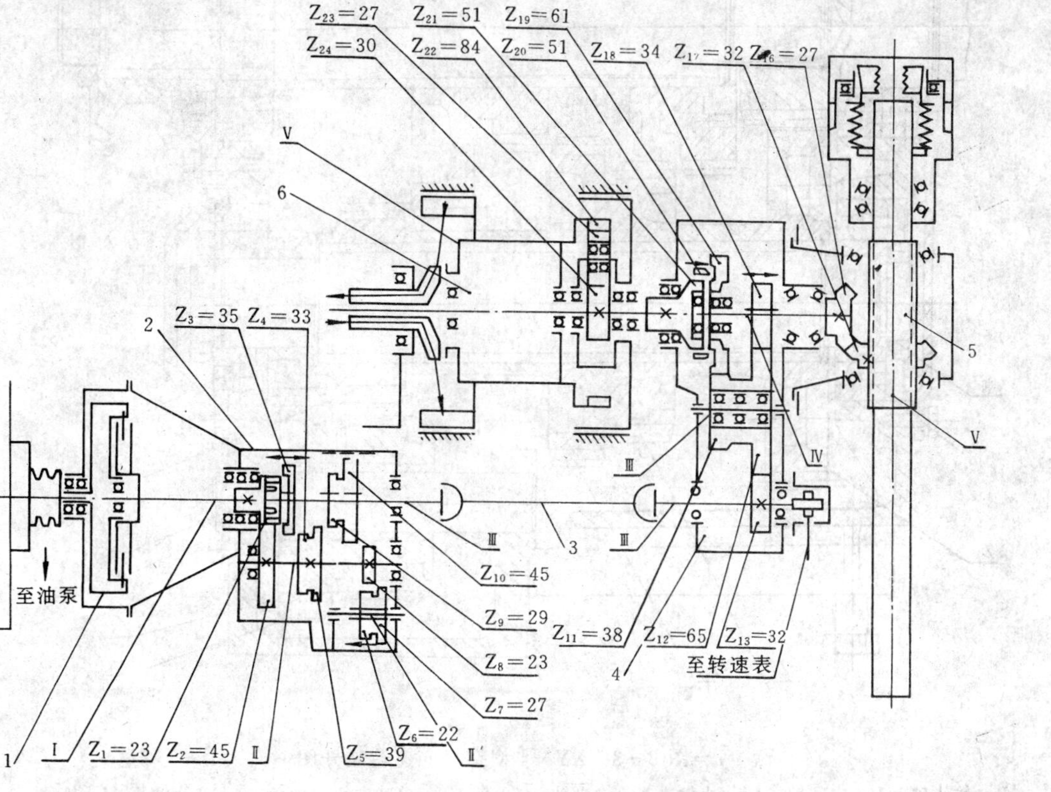

图 3-2　XY-4 型钻机机械传动系统图

1—离合器;2—变速箱;3—万向轴;4—分动箱;5—回转器;6—升降机

4. 变速箱的结构

变速箱的功用是变更回转器和升降机的转速和扭矩。机械传动式钻机几乎全部采用齿轮变速箱,这类变速箱一般由 2～4 根传动轴和轴间诸齿轮副构成。按照结构形式,基本上可分为两种类型:① 简单的两轴一级传动变速箱;② 三轴两级传动跨轮机构变速箱。两轴一级传动变速箱结构简单、零件少，但是只有一个变速组，减速比受到限制。新型钻机已广泛采用三轴两级传动跨轮机构变速箱。

XY－4 型钻机采用的四速变速箱（图 3－3）结构式为 $1\times3+1=4$。这种变速箱有四根轴和五对齿轮，输出轴和输入轴在同一轴线上。在变速箱输出轴上有两个滑动齿轮，一个为单齿轮 Z_3，另一个为双联齿轮 Z_9 与 Z_{10}，能在输出轴上变更位置，从而变换转速。副轴Ⅱ′上的双联滑动齿轮，是变反档用的。

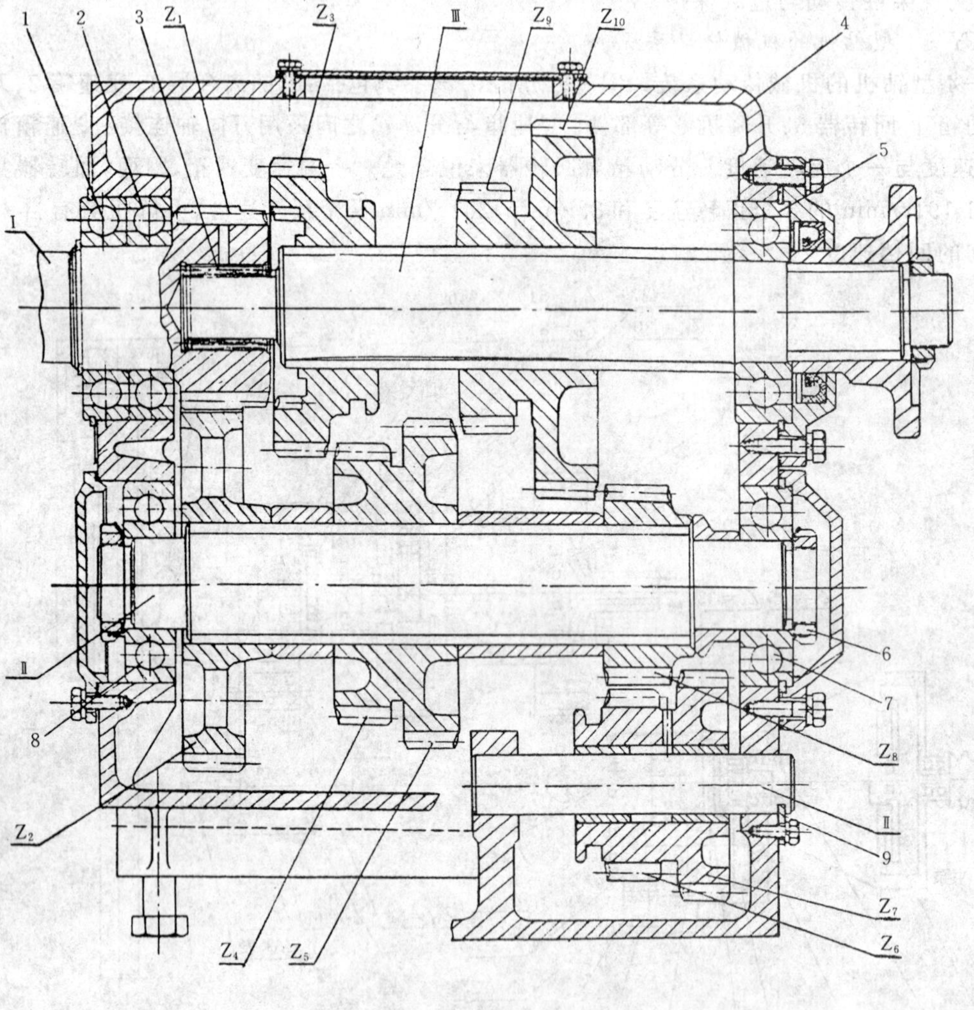

图 3－3 XY－4 型钻机变速箱展开图

Ⅰ—输入轴；Ⅱ—中间轴；Ⅱ′—小轴；Ⅲ—输出轴；1,2,5,7,8—单列向心球轴承；3—滚针轴承；4—箱体；6—圆螺母；9—止动片；Z_1—碗形齿轮；Z_2,Z_4,Z_5,Z_8—齿轮；Z_3—滑动齿轮；Z_6,Z_7—双联齿轮；Z_9,Z_{10}—双联滑动齿轮

5. 分动箱的结构

分动箱的功用是将变速箱传来的动力分配给回转器和升降机，并使它们同时或分别回转。XY－4 型钻机的变速箱与分动箱各自独立，变速箱与分动箱之间，用万向轴连接，分动箱还有变速的功能（图 3－2）。这种型式的解体性好，便于拆装，但传动件多。

6. 摩擦离合器

摩擦离合器的功能在于:① 接通和切断钻机的动力;② 在钻机变速和分动操作中、或在完成套岩心与扭断岩心等特殊操作时,利用离合器进行微动操作;③ 当钻机超载时,利用摩擦片打滑起过载保护作用。钻机的摩擦离合器,通常设置在动力机(或减速箱)与变速箱之间,而且不影响液压泵的传动。

XY－4 型钻机的摩擦离合器(图 3－4)由主动件、从动件、压紧分离机构、操纵机构及调隙机构组成。压紧分离机构由滑套 16、连杆 15、连杆压脚 14 等组成。操纵机构由轴承 18、滑套 17、拨叉 19 及拨叉轴 20 等组成。调隙机构由调整螺母 22、保险片 13 等组成。

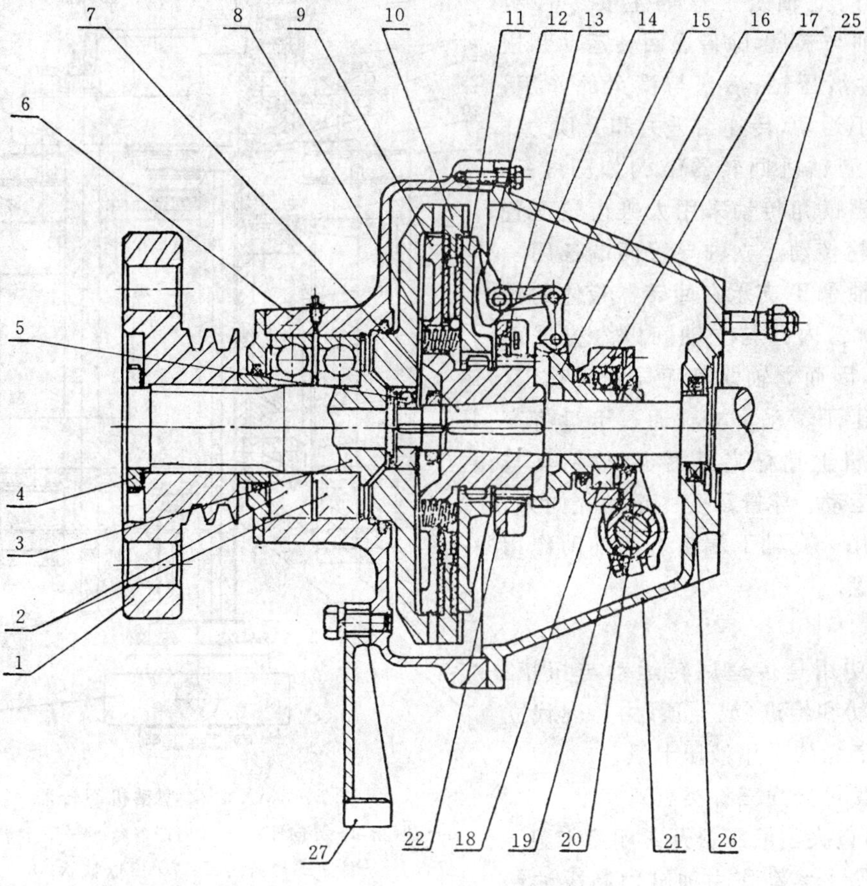

图 3－4　XY－4 型钻机摩擦离合器

1—半弹性联轴器;2—单列向心球轴承;3—主动轴;4—锁母;5—单列向心球轴承(60206);6—壳体;7—从动轴;8—弹簧;9—被动摩擦盘;10—主动摩擦盘;11—动盘(压力盘);12—弹簧片;13—保险片;14—连杆压脚;15—连杆;16—滑套;17—松紧滑套;18—单列向心球轴承;19—拨叉;20—拨叉轴;21—罩壳;22—调整螺母;23—半圆键;24—离合手柄;25—双头螺栓;26—骨架式橡胶油封;27—支架

离合器的接合与分离通过手柄转动拨叉轴来实现。向左转动拨叉,带动轴承盒、滑套、连杆与压脚,推动压力盘(动盘)向左压紧(弹簧 8 被压缩),使主动摩擦盘 10 与静盘 9、动盘 11 紧密贴合在一起,此时旋转着的摩擦盘带动动盘、静盘、压紧分离机构和变速箱输入轴一起转动,这就是离合器的接合工况。向右转动拨叉动力被切断。离合器的压紧分离机构是一种连杆机构,它还起“自锁”作用,以保证离合器能保持其状态而不自行变换。

必须指出,摩擦离合器由分到合及由合到分,都是处于不稳定状态,片间出现摩擦片相对滑动而磨损发热。因此合理操纵十分重要。

二、立轴式钻机的回转器与卡盘

1. 回转器

回转器的功用是传递动力,使钻具以不同转速和扭矩作正转或反转,并导正钻具方向。立轴回转器由箱壳、横轴、锥齿轮副、立轴导管、立轴及卡盘等主要零件组成。其中立轴与卡盘,除传递回转运动和扭矩外,还通过液压缸、活塞与横梁的作用,带动钻具上下运动,传递给进力和上顶力。

XY－4 型钻机回转器结构如图 3－5 所示。回转器的角传动采用大锥齿轮下置式弧齿锥齿轮传动。立轴导管两端各用一盘 46221 型轴承 T 支承在回转器箱体的镗孔中,立轴导管内孔与立轴间以六方截面作滑动配合,因而立轴既可随导管转动,又可在导管内上下滑动。立轴通过卡盘将穿过其内孔的机上钻杆夹紧固定,故钻具与立轴作同步运动。导管承受一定的径向力,并起导向作用。立轴下端装有起辅助作用的手动下卡盘。

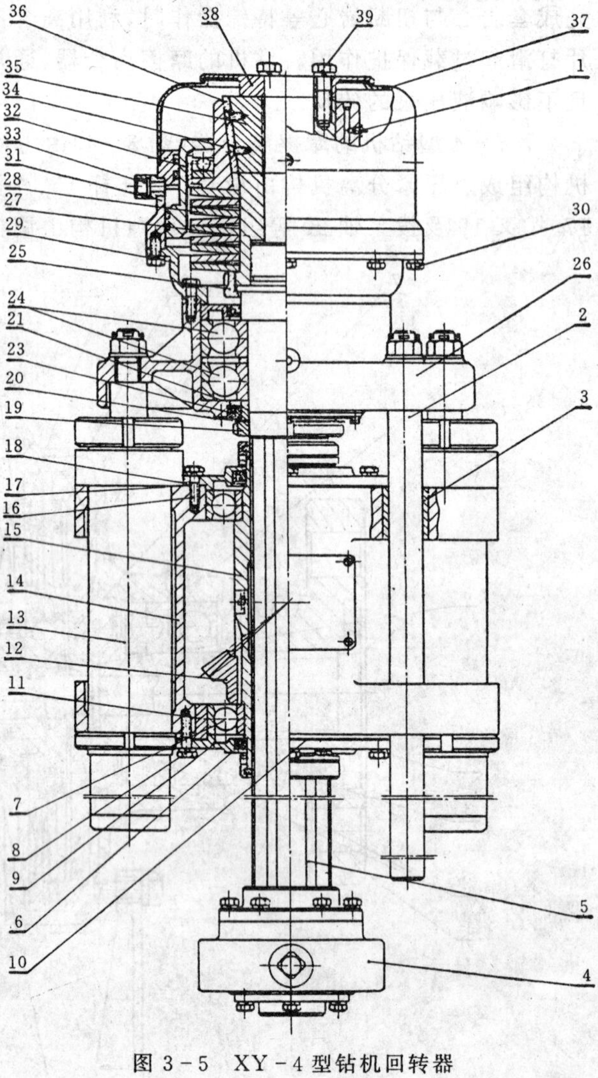

图 3－5　XY－4 型钻机回转器

1—油咀；2—导向杆；3—导向杆铜套；4—下卡盘组件；5—立轴；6—骨架式橡胶密封；7—滚球轴承；8—六角螺栓；9—下压盖；10—纸垫；11—轴承套；12—大弧形锥齿轮；13—油缸组件；14—回转器体；15—立轴导管；16—六角螺栓；17—垫；18—上压盖；19—圆螺母；20—止退垫片；21—间隔环；23—骨架式橡胶油封；24—向心推力轴承；25—防松螺母；26—横梁；27—卡瓦座；28—碟簧；29—卡盘下壳；30—螺钉；31—卡盘上壳；32—活塞；33—油管接头；34—卡圈；35—卡瓦；36—压板；37—防护罩；38—顶盖；39—螺钉

2. 卡盘

卡盘的功用是传递回转运动与扭矩；传递轴向运动和给进(或上顶)力。现代立轴式钻机上卡盘均采用液压卡盘。

液压卡盘可分为三种类型：

2.1　弹簧夹紧液压松开常闭型卡盘

该卡盘的夹紧动作由油缸内高压油卸荷来完成,在弹簧张力作用下,卡圈上移,卡圈斜面使齿瓦向内产生径向位移,并增力夹紧机上钻杆。因为楔面角小于斜面摩擦角,具有自锁作用。松开时,油缸内接高压油,在活塞上面产生大于弹簧负荷的向下的轴向力,卡圈随之下移,使齿瓦向外径方向位移,松开机上钻杆。

2.2　液压夹紧弹簧松开常开型卡盘

这种卡盘与前者基本相似,只是弹簧与油缸位置相互调换了,因此动作原理也要互换。这种卡盘靠弹簧力松开,当夹持钻杆过紧时,有时发生不易松开现象。

2.3　液压紧松式卡盘

这类卡盘有两种型式:齿条齿轮-螺旋增力式和楔面增力式。

XY-4 型钻机的上卡盘为液压卡盘,下卡盘为机械卡盘。下卡盘只传递回转运动和扭矩,并帮助保持主动钻杆的回转稳定性,通常在深孔钻进或强力起拔钻具时才使用。

XY-4 型钻机液压卡盘(图 3-5)是弹簧夹紧液压松开常闭型卡盘。卡盘由卡盘上壳 31、卡盘下壳 29、活塞 32、碟簧 28、卡圈 34、卡瓦 35、卡瓦座 27 等组成。环状活塞装在液压缸内,构成单作用液压缸。卡瓦座 27 以内左旋方螺纹与立轴上端连接,卡瓦座外右旋螺纹拧有防松螺母 25,通过立轴轴肩将立轴与卡瓦座固紧,形成能承受正反扭矩的螺纹联接结构。卡瓦座上部均布 3 个长方槽,3 块卡瓦座装在槽内,可作径向移动。卡瓦背面是 6°斜面,用沉头螺钉拧接压板 36,压板装在卡圈 34 的"T"形斜槽中,卡圈可作轴向移动。9 片碟簧 28 套座在卡瓦座外圆上,卡圈 34 坐在其上,在卡圈凸缘处装有单向推力球轴承。卡瓦座上端用螺钉固定有顶盖 38。

三、立轴式钻机的升降机

升降机的功用是升降钻具、套管和悬挂钻具、在处理事故时进行强力起拔等。升降机的主要组成部分包括传动机构、卷筒和制动器。为增强深孔制动器的效能,下降制动器带有水冷装置或水刹车装置。几乎所有现代钻机均采用行星传动式升降机。按照传动原理,行星式升降机有两种类型,即定轴轮系传动型和行星轮系传动型。

定轴轮系传动升降机的结构如图 3-6 所示。卷筒与内齿圈固定连接,提升靠内齿圈带动。其工作原理如下:

(1) 提升钻具　刹紧提升抱闸 8,同时松开制动抱闸 9。行星轮 5 及其轴 4 不能绕升降机轴 1 公转。在角速度为 ω_a 的中心轮带动下,行星轮绕自身轴以 ω_g 自转,并带动内齿圈以 ω_b 转动,缠绕钢绳,提升钻具[图 3-6(a)]。提升时,定轴轮系行星式升降机的传动比 i_{ab}^{H} 为

$$i_{ab}^{H}=-Z_b/Z_a \tag{3-1}$$

式中:Z_b、Z_a——分别为内齿圈与中心轮齿数;"-"号——转向相反。

(2) 制动钻具　抱闸 9 刹住下降制动盘,同时松开抱闸 8。因卷筒与内齿圈被闸住不转,钻具停止升降。此时行星轮自转又公转[图 3-6(b)]。

(3) 下降钻具　两抱闸均松开,在钻具自重作用下钻具下降[图 3-6(c)]。

(4) 微动升降(ω_b、ω_H 可控)　即慢速控制升降工况。若松开提升抱闸 8,控制制动抱闸 9,钻具会出现下降、停止和慢速下降运动状况;若松开制动抱闸 9,控制提升抱闸 8,行星轮出现三种运动状态,即钻具提升、停止(不稳定)和下降运动状况。因此,行星式升降机能够并允许微动升降操作,两抱闸只要不同时刹死,两者制紧程度配合得当,微控升降操作就会得心应手。

XY-4 型钻机的升降机(图 3-7)属于定轴轮系传动行星式升降机。升降机由卷筒、行星传动机构、水冷装置及抱闸组成。升降机轴 19 右端的花键部插入分动箱的轴齿轮的花键中;升降机轴 19 的左端通过水套轴 8、单列向心球轴承 11、支架 13 等支承在支架上;轴左端头是四方轴头,作为人力传动升降机轴用;卷筒用两盘 313 型轴承 16、36 支承在升降机轴 19 上。行星传动机构由中心齿轮 24、游星齿轮 32、内齿圈 20 等组成。中心齿轮以花键连接装在轴 19 的右侧。行星齿轮用两盘 207 型轴承 30 装在行星轮轴 29 上,行星齿轮共三组,均布安装在左右支架 27 上;行星轮轴的左右支架分别用一盘 313 型轴承 36 和两盘 111 型轴承 26 支承在升降机轴上;右支架 27 外侧用平键 28 与提升制动盘 34 联结,并用螺钉将端盖 23 固紧在支架右侧,防止提升制动盘外串,两个支架用 3 个均布的螺栓连接成一体。水冷装置由水套轴 8、引水环

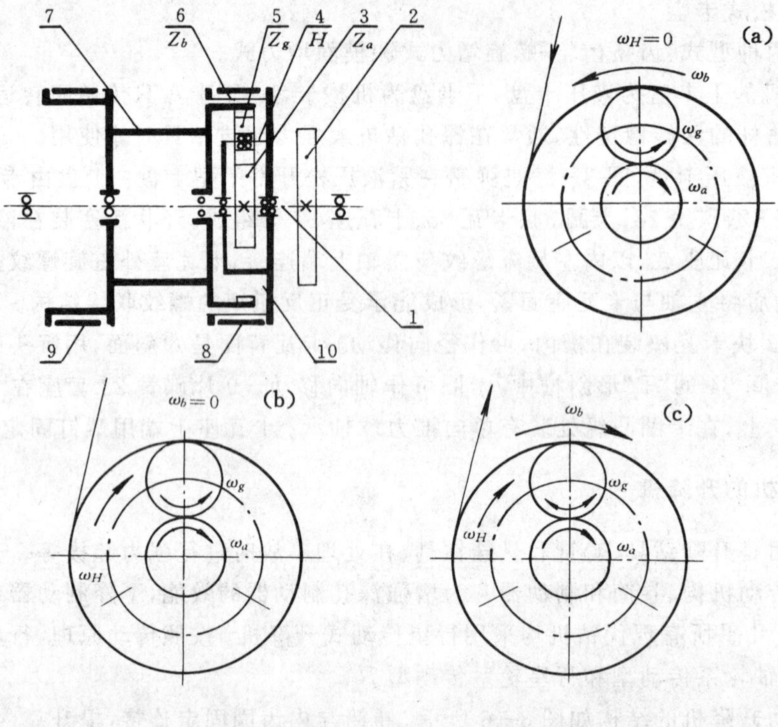

图 3-6 定轴轮系行星式升降机结构示意图

1—升降机轴；2—升降机传动齿轮；3—中心轮 Z_a；4—行星轮轴；5—行星轮 Z_g；6—内齿圈 Z_b；7—卷筒；8—提升抱闸；9—制动抱闸；10—行星架

9、压盖 10、水管 3 及制动盘水套等组成。

四、立轴式钻机的液压系统

立轴式钻机液压系统的功用是用于钻具称重、加压或减压给进钻具、倒杆、提动或悬挂钻具、强力起拔钻具、松紧卡盘、移动钻机等操作。当配有液压拧管机时，还用于拧卸钻杆的操作。其液压系统由动力元件、执行元件及辅助元件组成。

XY-4 型钻机的液压系统(图 3-8)属于单泵(定量泵)、多液动机并联、开式循环系统。

1. 动力元件

XY-4 型钻机采用 CB-33/80 型定量齿轮泵，其作用是将原动机输出的机械能转换成液压能，向液压系统提供压力油，驱动液动机。有些立轴式钻机采用双联泵或变量叶片泵，可提高液压系统能量利用率及元件寿命。

2. 控制元件

控制元件的作用是控制液压系统的压力、流量和液流方向，以保证执行元件(液动机)得到所要求的力、速度和运动方向。

2.1 压力控制阀

XY-4 型钻机有两个压力控制阀：调压溢流阀Ⅱ和限压切断阀 8。调压溢流阀的作用是通过旋转手轮微调系统的液压和工作油量；通过增压手柄快速增压及限制系统最高液压。限压切断阀作用是当给进液压缸传来的液压超过 6MPa 时能切断油路，保护钻压表。

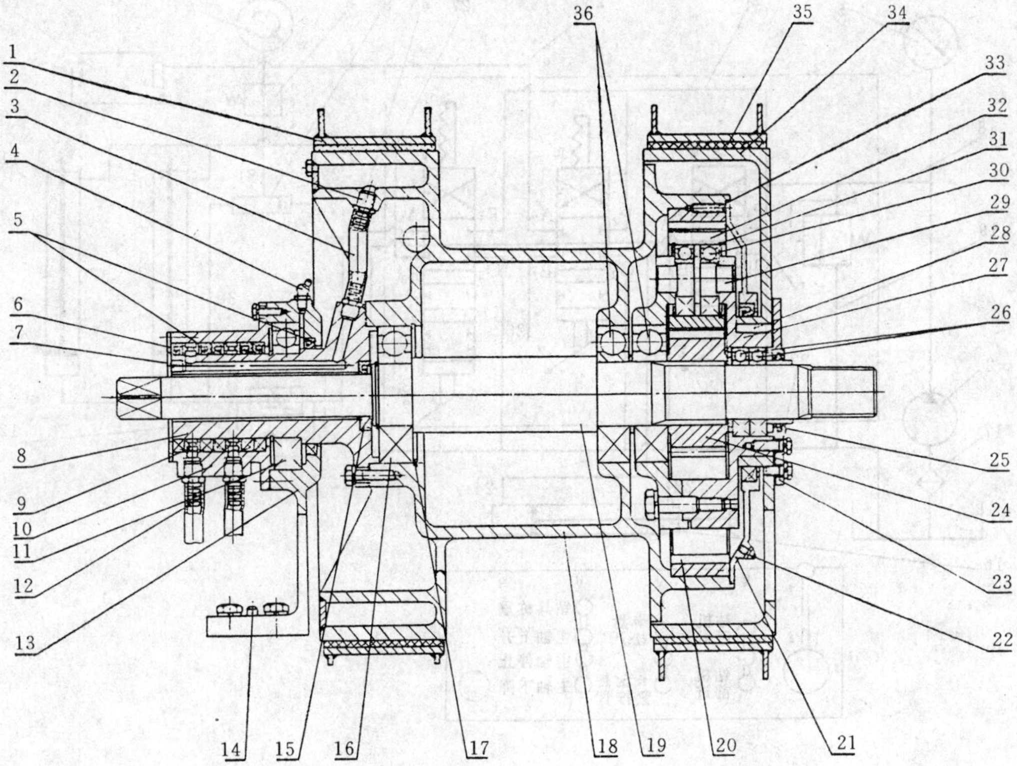

图 3-7 XY-4 型升降机

1—制动抱闸；2—水管接头；3—水管；4—接头式压注油杯；5—骨架橡胶油封；6—档板；7—堵丝；8—水套轴；9—引水环；10—压盖；11—单列向心球轴承；12—水管接头；13—支架；14—内螺纹圆柱锁；15—骨架式橡胶油封；16—单列向心球轴承；17—孔用弹性挡圈；18—卷筒；19—升降机轴；20—内齿圈；21—密封盖；22—直通式压注油杯；23—端盖；24—中心齿轮；25—毡封油圈；26—单列向心球轴承；27—游星轮支架；28—平键；29—游星轮轴；30—单列向心球轴承；31—孔用弹性挡圈；32—游星齿轮；33—骑缝螺丝；34—提升制圈；35—提升抱闸；36—单列向心球轴承

2.2 流量控制阀

流量控制阀是一个单向可调节流阀。在加压或减压钻进时，转动针阀手轮，可以调节回油量，从而控制给进速度。在快速倒杆时，单向阀可使给进液压缸下腔油路畅通，立轴全速上升。

2.3 方向控制阀

方向控制阀包括给进液压缸换向阀——四位六通滑阀Ⅴ、卡盘控制阀——三位六通滑阀Ⅳ、钻机移位换向阀——三位六通滑阀Ⅲ、梭阀 9 及单向阀等。

3. 执行元件

执行元件将液压能转换为机械能（力、力矩），驱动工作机构完成所要求的各种动作。

3.1 立轴给进液压缸的动作

将换向阀Ⅴ手柄扳到“立轴下降”位置“1”，则 P_3 与 A_3 相通，B_3 与 O_3 相通，立轴下降；将换向阀Ⅴ的手柄扳到“立轴上升”位置“2”时，此时 P_3 与 B_3 相通，A_3 与 O_3 相通，立轴上升；换

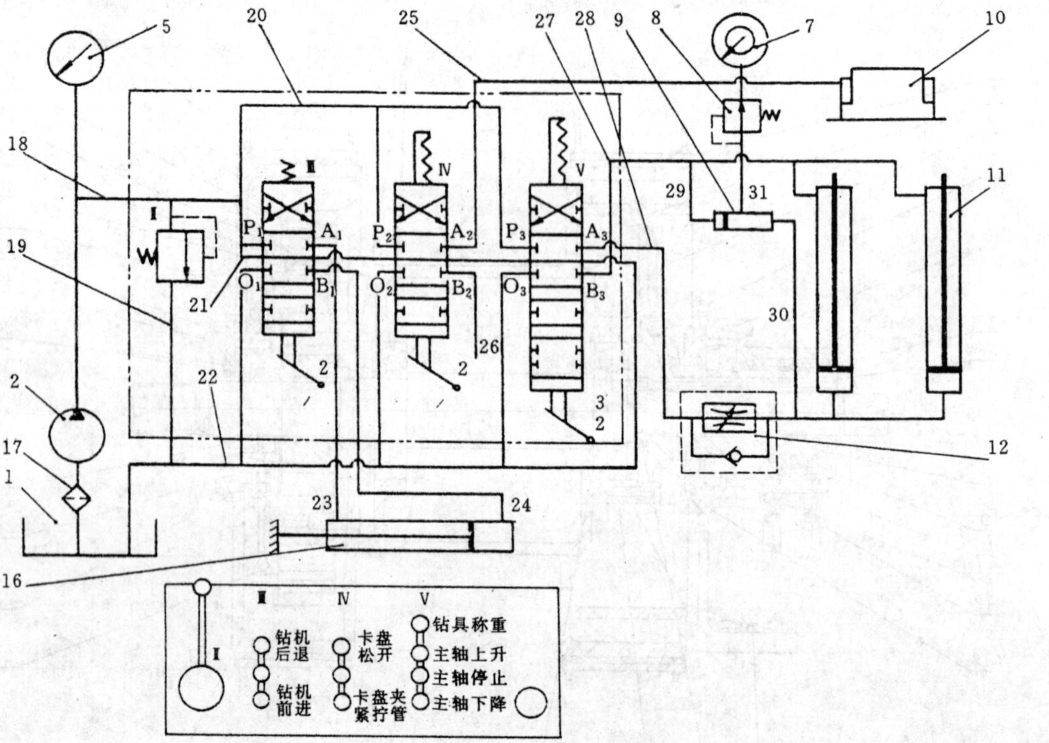

图 3-8 XY-4 型钻机液压系统工作原理图

1—油箱；2—液压泵；5—压力表；7—孔底压力指示表；8—限压切断阀；9—梭阀；10—液压卡盘；11—立轴给进液压缸；12—给进控制阀；16—移动钻机液压缸；17—滤油器；18～31—油管；Ⅱ—调压溢流阀；Ⅲ—钻机移位换向阀；Ⅳ—卡盘控制阀；Ⅴ—给进液压缸换向阀；B_2 腔连接拧管机操纵阀

向阀Ⅴ仍处“2”位，微调阀Ⅱ，可实现减压钻进；将换向阀Ⅴ置于“0”位(图示位置)，则 P_3、O_3、A_3、B_3 4 个油口均被封闭，立轴停止；首先将换向阀Ⅴ置于“2”位，微调阀Ⅱ，使钻具提离孔底一定高度后，再将阀Ⅴ置于“3”位，便可对钻具进行称重。

3.2 卡盘液压缸的动作

当换向阀Ⅳ置于“2”位，卡盘 10 液压缸经 25、A_2、O_2、22 至油箱卸荷，卡盘夹紧钻杆；当换向阀Ⅳ置于“1”位，阀Ⅱ快速增压，则 P_2 与 A_2 相通，碟簧压缩，卡盘松开钻杆；当阀Ⅳ置于“0”位，卡盘液压缸处于液压锁紧状态，保持松开。

3.3 钻机前后移动液压缸的动作

将换向阀Ⅲ的手柄扳到“前进”位置“2”位，阀Ⅱ增压，则 P_1 与 B_1 相通，A_1 与 O_1 相通，钻机前进；当将阀Ⅲ手柄扳到钻机“后退”位置“1”位，阀Ⅱ快速增压，则 P_1 与 A_1 相通，B_1 与 O_1 相通，钻机后退。

3.4 拧管机的液压马达的动作

换向阀Ⅳ置于“2”位，P_2 与 B_2 相通，而 B_2 经过输油管路与拧管机操纵阀的进油孔相通，使拧管机拧卸钻具。

五、立轴式钻机驱动设备的选择

1. 动力机类型的选择

1.1　钻机负载特性及其对动力机的要求

回转器带动钻具回转并刻取岩石，其所需的功率、转速随孔深和所钻岩石的不同而变化；升降机起下钻作业时，钻杆柱质量不仅随孔深而变化，而且在提升过程中经常有可能出现“提升遇阻”，甚至是强力起拔的情况，因此要求驱动动力机具有良好的调速性能及一定的超载能力。此外，钻机流动性大，还要求动力机使用和维修方便、经济，单位马力质量小，便于搬迁。

1.2　动力机的特性

立轴式钻机一般采用交流电动机和柴油机驱动，有的使用直流电动机。

三相交流感应电动机在额定转矩时，其调速范围很小，而超载系数较大。由于感应电动机使用方便，调速性能可用变速箱来改善，因此几乎在有电力供应的地区均采用交流电机驱动。

柴油机的超载系数不大。虽然其调速范围略大于交流电动机，但是其输出功率与转速成正比，降低转速将使功率降低，不能产生增大扭矩的效果。显然柴油机的工作特性与钻机的适应性较差。大型柴油机可配备液力偶合器或液力变矩器以改善其输出特性。

用于钻探设备的直流电机，通常是以串激为主的复激直流电机。直流电机驱动有许多优点，超载系数和调速系数较大。但因直流电机笨重、结构复杂，在中小型钻探设备中尚未应用。

2. 钻机所需功率

立轴式钻机基本是采用单独驱动方案。钻机所需功率，根据钻进与提升时所需的功率确定。中、浅孔时按两者中的大值计算功率；深孔时则按提升功率确定。

2.1　钻进时钻机所需功率 N_{zj}：

$$N_{zj}=N_1+N_2+N_3 \quad (\mathrm{kW}) \tag{3-3}$$

式中：N_1——破碎孔底岩石与克服摩擦所需功率，kW；N_2——回转钻杆柱所需功率，kW；N_3——钻机传动损失的功率，kW。N_1、N_2、和 N_3 的计算式请查阅有关文献。

2.2　提升时钻机所需功率 N_{ts}：

$$N_{ts}=\frac{Q_d \cdot V_d}{1\,000\eta_z} \quad (\mathrm{kW}) \tag{3-4}$$

式中：Q_d——大钩载荷，N；V_d——大钩提升速度，m/s；η_z——钻机传动效率，取 0.85。

§3　转盘式钻机

以转盘为回转器的钻机叫做转盘式钻机，如 SPJ－300 型、SPC－600R 型、GPS－15 型、红星－400 型、TSJ－1000 型和 GJC－40HF 型等，它们多用于水井和基础工程施工，一般具有多功能性。

一、转盘的结构型式

1. 转盘的二种减速型式

按减速方案分类，转盘有一级传动(图 3－9)和两级传动(图 3－10)两种型式。二级传动的结构使齿轮制造工艺大为简化，转台轴承布置较为合理，主副轴承距离较大，增加了转台回转稳定性。但结构比较复杂，小圆锥齿轮受力过大，容易损坏。相反，一级传动的转盘，齿轮副少，齿轮副和各轴承的润滑条件较好，故寿命较长。但主副轴承距离太近，受力情况较差。

2. 转盘的二种传扭方式

转盘向主动钻杆传递扭矩的方式有大小补心式(图 3-9)和回转梁式两种。

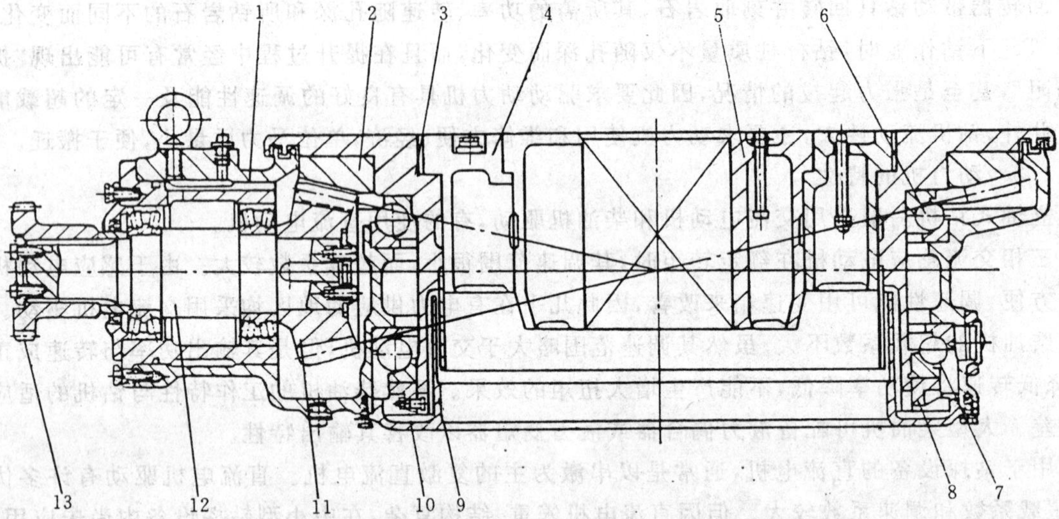

图 3-9 转盘结构图

1—壳体；2—大锥齿轮；3—转台；4—大补心；5—小补心；6、7—球轴承；8—螺母；9—托油盘；10—螺栓；11—小锥齿轮；12—轴；13—联轴器

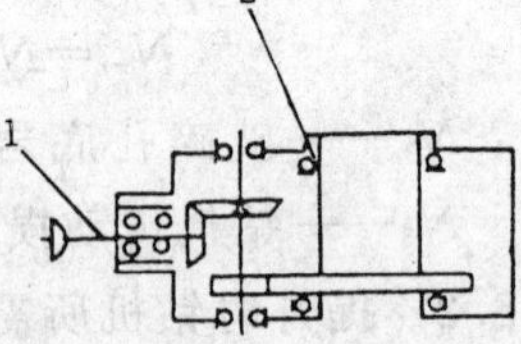

图 3-10 两级传动示意图

1—轴；2—转盘

大、小补心是沿用石油钻机转盘的一种主动钻杆传动装置。即在转台中央开有方形或六方形内孔，内置两块呈半方形或半六角形的大补心。大补心的内孔也呈方形或六方形，可再放置两块小补心。小补心放入后组成方形内孔，可通过并带动方钻杆回转。大、小补心传扭装置的同心度靠转台和补心的尺寸配合来保证，回转稳定性较好。取出大、小补心后，可以通过较大直径的钻头。升降钻具时，只需用卡瓦取代小补心，即可利用转盘承受钻具质量和拧卸钻具的反扭矩，而不必使用垫叉。但是，大小补心尺寸、质量较大，靠人力提放，费力费时。SPJ-300、GPS-15 和红星-400 型钻机都采用这种传扭装置，而在大口径工程施工钻机中较少使用。

回转梁式传扭装置是靠转台上的两个拨柱拨动回转梁回转，回转梁再利用中心的方形孔带动方钻杆回转。升降钻具时靠下垫叉承受孔内钻具质量和拧卸钻杆的反扭矩，利用转台、上垫叉带动上部钻具正、反向回转以拧卸钻具。回转梁式传扭装置，结构简单，尺寸、质量较大的回转梁可随主动钻杆一起由卷扬机提放，操作省力方便。但这种传扭装置难以保证方钻杆与转盘的同心度，故钻具回转稳定性较差。多用于中、小型转盘。SPC-600R、TSJ-1000 型水井钻机和 SH30-2、CH50-2 型工程地质勘查钻机都用这种传扭装置。

二、GPS-15 型钻机

GPS-15 型钻机为整体组装式的大口径转盘钻机，适用于钻桩基孔和大口径水井的施工。

1. 钻机的组成及机械传动系统

GPS－15 型钻机包括主机、反循环泵组及一些辅助设备和工具。主机的部件有：转盘、升降机组、传动装置、减速器、底座、液压系统、钻塔及动力机等。

钻机的动力传动系统如图 3－11 所示。电动机 1 的动力经摩擦离合器 9 输入变速箱 2，变速箱为三轴二级三速。从变速箱输出的动力再经双向齿状离合器 8 及锥齿轮副，可将正、反不同方向的动力输入二级减速的减速箱 5，以降低转盘转速，增大扭矩。动力经减速箱输入转盘，使转盘获得 3 档正、反转的速度。在变速箱输出轴的末端还将动力分别传至主升降机 7 和副升降机 3。该钻机的 3 个传动链可由下式表示：

动力机→摩擦离合器→变速箱→万向轴→转盘

↓

牙嵌器→齿轮副→主升降机

↓

摩擦离合器→副升降机

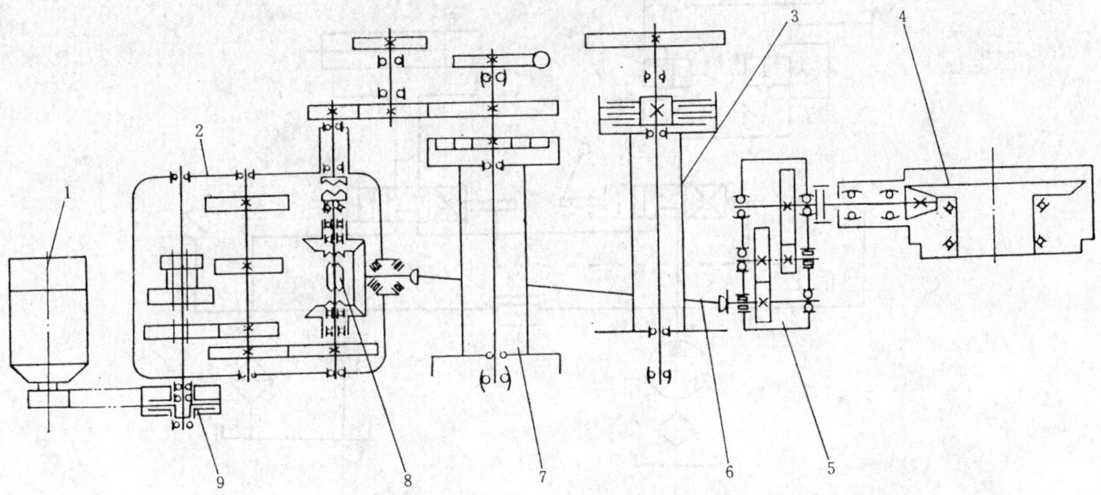

图 3－11 GPS－15 型钻机动力传动系统示意图

1— 电动机；2—变速箱；3—副升降机；4—转盘；5—减速箱；6—万向轴；7—主升降机；8—双向齿状离合器；9—摩擦离合器

2. 主要部件

2.1 转盘

转盘为如图 3－9 所示的一级传动转盘。带内齿的联轴器 13 用花键安装于横轴上，联轴器的内齿与减速箱的联轴齿轮相啮合，以输入动力。小锥齿轮 11 呈悬臂状。与小锥齿轮啮合的大锥齿轮 2 装于转台 3 上，转台 3 通过上下两盘球轴承 6、7 安装于壳体 1 中。在转台的中心位置放置大、小补心 4、5，断面为方形的主动钻杆插于其中，以传递扭矩。

2.2 升降机

GPS－15 型钻机配备有主、副两个升降机。

主升降机的结构为定轴轮系传动行星式结构。在升降机主轴左端装有单向超越离合器，通过手轮操作，可实现微调给进。单向超越离合器是一种滚柱式定向离合器，只能单向传递扭矩。在机械传动中，主要用于防止逆转及完成定向传动。当动力机发生故障时，还可用作人力提升。

2.3　钻塔

钻塔高8m，塔门间距1.9m，有较大的操作空间，便于大直径器具上下和钢筋笼下井。钻塔的起落由2个起塔油缸完成，钻塔可以整体放倒后随主机一同装车运输。

在钻塔上焊有U形导轨，作水龙头上下运动的导向。导轨上设有单向岔道，水龙头及主动钻杆可以沿岔道移动，让开井口，并将水龙头及主动钻杆悬吊于钻塔上，工作极为方便。

3. 液压系统

GPS-15型钻机的液压系统主要功能是用于钻塔起落、钻机滑台移动和孔口板的开合。该系统为开式系统(图3-12)。

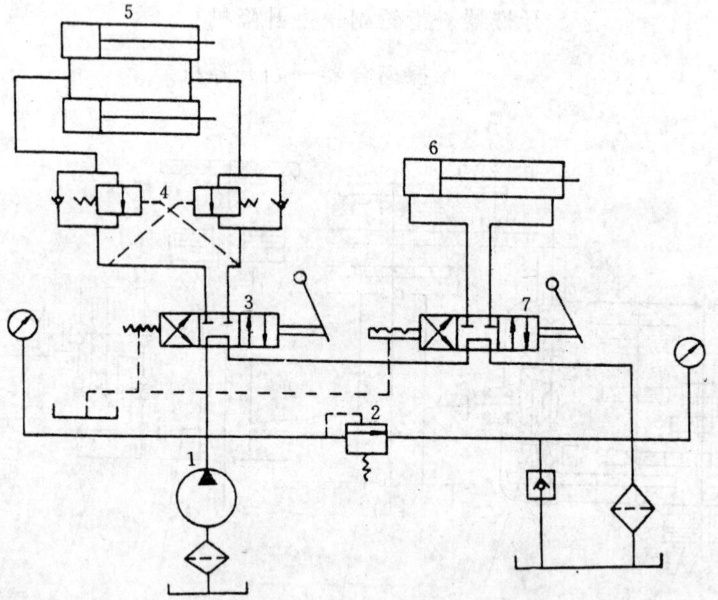

图3-12　GPS-15型钻机液压系统图

1— 齿轮泵；2—溢流阀；3、7—三位四通手动换向阀；4—平衡阀；5—起塔油缸；6—滑台和孔口板油缸

用手动换向阀3控制钻塔的竖立和放倒，平衡阀4的作用是当钻塔竖立过程中，一旦动力机或液压系统发生故障，平衡阀使油路关闭，不致使钻塔倒下。用换向阀7操纵油缸6完成机组滑台移动和孔口板开合动作。

4. 反循环泵组

为了适应大口径工程钻孔的施工，GPS-15型钻机配备有泵吸式反循环系统。该系统为注水起动的三泵反循环系统，三泵是指6BS型砂石泵、3PNL型泥浆泵和2BL-6型清水泵。

系统以6BS型单级卧式离心砂石泵作为反循环的主泵，其吸水管直径152mm，吸程7.5m，排量180m^3/min；以3PNL型单级立式离心泥浆泵作为正循环钻进时的主泵，它在反循环钻进时可服务于砂石泵的灌注起动(又称为灌注泵)和作为补浆泵；2BL-6型离心泵主要用于向6BS型砂石泵和3PNL型泥浆泵的水封环处注水，使两泵得到密封和冷却盘根。

泵组(图3-13)采用各泵单独驱动的方式，将泵、电气控制箱、闸阀及管线等安装于同一底座上。该泵组可用于正循环及反循环钻进，其使用方法如下：

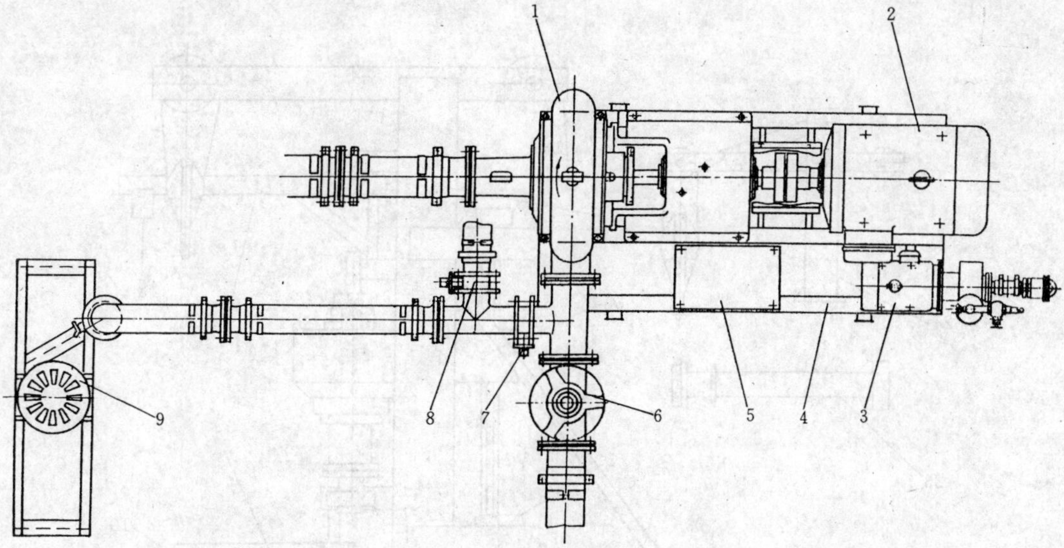

图 3-13　泵组组装图

1— 砂石泵；2—砂石泵电动机；3—清水泵；4—底座；5—电气控制箱；6—闸阀；
7、8—碟阀；9—泥浆泵(3PNL)

4.1　正循环钻进

先将碟阀 8 关闭，打开碟阀 7，关闭闸阀 6，再起动 3PNL 泥浆泵 9。这时，泥浆泵排出的泥浆经碟阀 7，进入砂石泵到水龙头，经钻杆中心送至孔底，再从钻杆与井壁之间的间隙返回泥浆池，完成正循环。

4.2　反循环钻进

各泵和阀门在正循环的工况下，先起动 3PNL 泥浆泵，向砂石泵注浆。此时应注意观察砂石泵上的压力表。待压力下降接近于 0Pa 时，起动砂石泵，同时用 2BL-6 泵保证砂石泵的水封压力。接着打开碟阀 8，关闭碟阀 7，待砂石泵达到额定转速后，打开闸门，即可进行泵吸式反循环钻进。正常运转时，砂石泵吸水管真空表读数应为－90～－100kPa。

§4　动力头式钻机

动力头式钻机分为：机械动力头式（如 G-1、G-2、G-3、GJD-1500 型等钻机）和液压动力头式（如钻石-300、JK-1、YDC-100 型等钻机）。下面仅介绍 GJD-1500 型钻机。

GJD-1500 型钻机是一种机械动力头式多功能工程钻机，具有回转、冲击两种钻进功能和正、反循环两种洗孔方式，但以回转钻进、反循环冲洗排碴为主。该钻机适用于公路、铁路、桥梁和其他大型建筑物基础施工中钻大直径桩基孔，也可用于地基与基础处理的连续墙槽孔施工。

一、动力头式钻机的组成

GJD-1500 型钻机（图 3-14）由主机、泵组及泥浆净化装置三大部分组成。主机包括有：回转、冲击、给进调压和升降 4 个工作机构；滑架、底座和孔口装置；纵、横向液压步履机构；钻

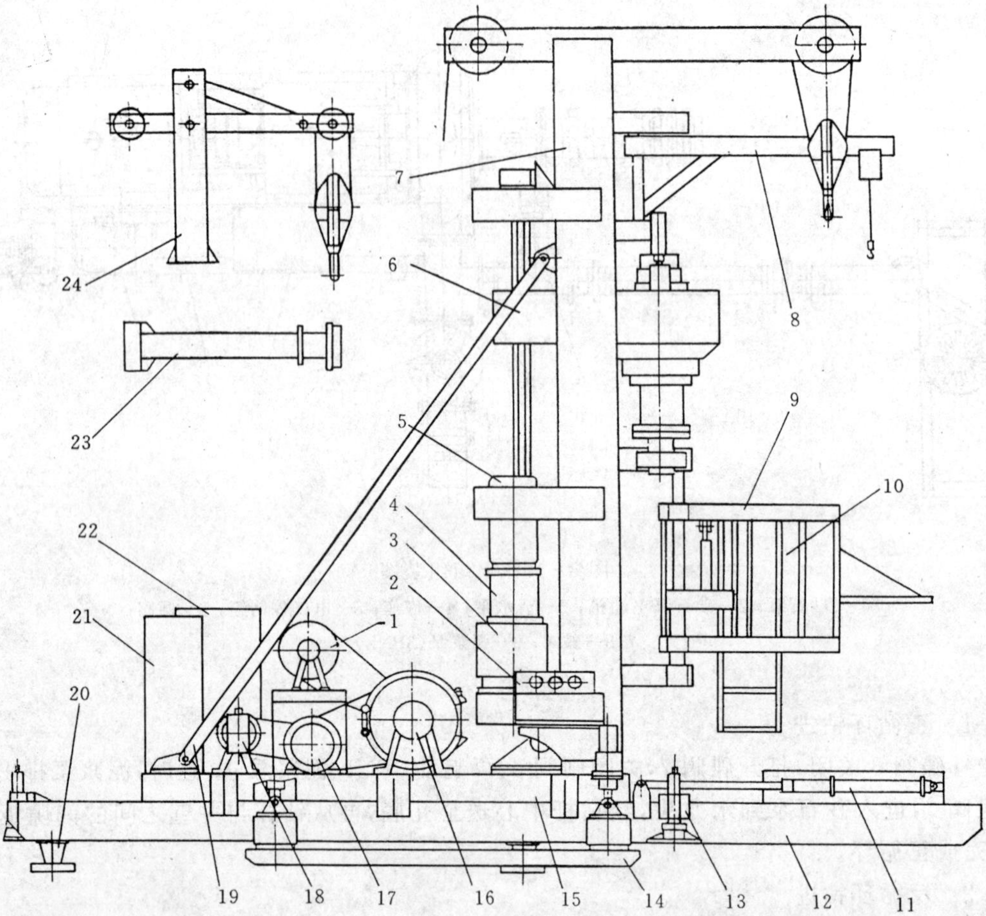

图 3-14 GJD-1500 型钻机外貌图

1—冲击双卷筒；2—仪表盘；3—变速箱；4—离合器；5—电动机；6—动力头；7—钻塔；8—电动小绞车；9—摆管器；10—工作笼；11—孔口装置；12—底座；13—千斤顶；14—步履支座；15—滑架；16—主升降机；17—主油泵电机；18—主油泵；19—斜撑；20—横向步履机构；21—电气控制箱；22—油箱；23—钻杆；24—附加架

塔、电动滑车和液压摆管等辅助装置。钻机的主要组件(包括钻塔)均安装于滑架上，滑架后部安装有主升降机、主油泵及其电机等。滑架前部安装钻塔和动力头。滑架两侧与步履机构连接。钻塔立柱内侧装有给进油缸，立柱后面固定了离合器、变速箱和辅助油泵等。钻塔上部装有用于提吊单根钻杆的电动小绞车。在钻塔前部右侧安装有摆管器和工作笼。升降钻具时，作业者可在工作笼内操纵小绞车和摆管器。钻机的底盘可借助纵向步履油缸作相对滑移。孔口装置装于底座的前部，当需下入或提出大直径钻具及其他施工构件时，借助两侧的移动油缸，孔口装置可在底座上对孔口作相对移动。

钻机的泵组是一个三泵反循环系统，与 GPS-15 型钻机相同。钻机的动力头传动系统和升降机、主油泵传动系统的详细内容不再赘述。

二、动力头式钻机主要部件的结构

1. 动力头

GJD－1500 型钻机采用的是一种非贯穿式机械动力头(图 3－15)。动力头的任务是减速、传动(回转和上下移动)和传力(给进)。动力头主轴 1 是一根空心轴,轴的下部与钻具连接;上部连接水龙头,并通过弯管 9 接砂石泵。动力头支架 5 两侧与动力油缸的活塞杆相连,以控制动力头的给进和升降。动力头左右两侧装有导向板 12,可沿钻塔两侧的导轨上下滑移。钻塔上的滑道既起导轨作用,又起平衡动力头的反扭矩作用。

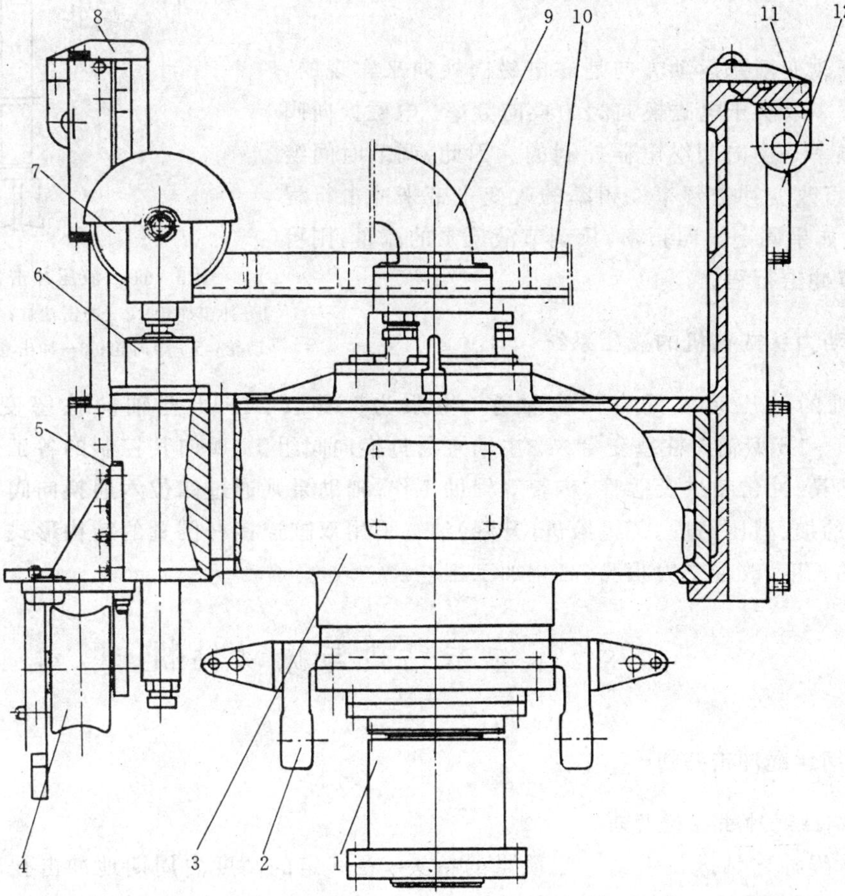

图 3－15 非贯穿式机械动力头结构图

1—动力头主轴;2—吊架;3—箱体;4—制动轮;5—动力头支架;6—冲击油缸;7—冲击绳轮;8—左导轨;9—弯管;10—冲击横梁;11—右导轨;12—导向板

除采用主升降机升降钻具外,亦可用动力头的给进油缸,通过其下部的吊架来升降钻具。

2. 液压冲击机构

GJD－1500 型钻机装置有双液压缸-钢丝绳式液压冲击机构,用于钢丝绳冲击钻进。冲击机构的系统和原理如图 3－16 所示,2 根钢丝绳从冲击卷筒 6 引出,分别绕过同一侧钻塔的导向轮5、制动轮4、冲击绳轮1,后接孔内冲击钻具7。制动轮与轮轴之间可插入固定销。冲击钻进时,调节好钢丝绳长度,插入固定销,操纵液压冲击机构,使活塞—冲击绳轮上下往复运动,实现钻头向孔底冲击。其工作原理是:由电磁换向阀控制油缸活塞的换向,当活塞上行时,带动冲击绳轮上行,由于制动轮的钢丝绳被制动,绳轮上升提起孔内钻具,当活塞上行至上止点时,换向阀使油缸上、下两腔均处于回油卸荷状态,因此,钻具在自重作用下向孔底以加速度向下坠落,使钻头冲击孔底岩石,与此同时带动绳轮和活塞下移复位。如此反复地进行工作。

由于改变活塞运动方向是靠电磁阀换向来实现的,而冲击频率取决于电磁换向阀的换向频率。电磁换向阀的换向频率是由时间继电器控制的。因此,调节时间继电器,即可改变冲击频率。频率的改变也带来冲击行程的变化。如果固定换向频率,只调节液压泵的流量,则可单独调节冲击行程。

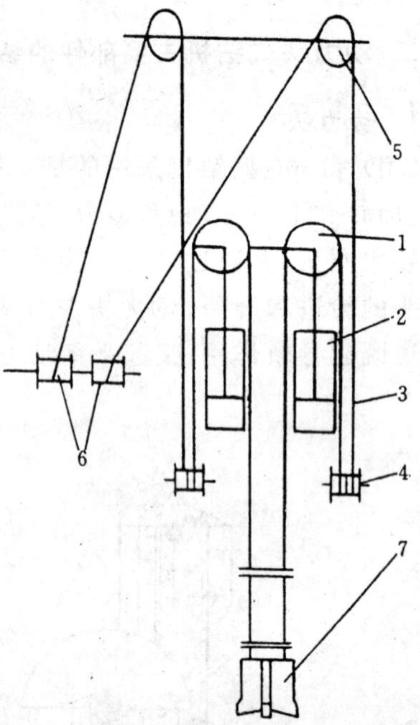

图3-16 液压冲击机构示意图

1—冲击绳轮;2—冲击油缸;3—钢丝绳;4—制动轮;5—导向轮;6—冲击卷筒;7—冲击钻具

三、动力头式钻机的液压系统

钻机的液压系统配有两台油泵,主泵为63SCY14-1B型轴向柱塞变量泵;副泵为10SCY14-1B型轴向柱塞变量泵。主油泵通过换向阀组Ⅰ、Ⅱ向其控制的各工作油缸供油,完成升降钻具、冲击钻进及摆管、步履等辅助工作。辅助泵则通过四位六通换向阀,控制给进(升、降)机构的加、减压钻进。每组给进(升降)油缸采用双缸连接杆倒置的结构形式,可缩短油缸和活塞杆的长度,改善受力状况,简化加工工艺。

§5 冲击钻机与振动钻机

一、钢丝绳冲击钻机

1. 钢丝绳冲击钻进原理

钢丝绳冲击钻进是借助一定质量的钻头,在一定的高度内周期地冲击孔底,使岩石破碎而获得进尺。每次冲击之后,钻头在钢丝绳带动下回转一定的角度,从而使钻孔形成圆形断面。被破碎的岩屑与水混合形成岩粉浆,当岩粉浆达到一定浓度后,即停止冲击,利用掏砂筒将稠浆掏出,同时向孔内补充液体。

由于钢丝绳冲击钻机都是装在汽车或拖车上,设备轻便搬迁方便,操作与管理简单,钻进成本低。因此在水文水井钻、砂矿勘探和大口径工程施工项目中常用这种方法。它对于大砾石、漂石及脆性岩层特别有效。

2. 冲击钻机的结构

我国使用的钢丝绳冲击钻机有仿苏YKC型的CZ系列和自行研制的"丰收"型钻机,结构大致相似。以CZ-22型为例,其外貌如图3-17所示,其传动系统如图3-18所示。图中电动机 1 通过三角皮带带动主轴 2，再通过离合器分别传给冲击机构 3、工具卷筒 4、抽筒卷筒 5 和辅助卷筒 6。钻机的操作手把都集中在左后角，操作者的视野可清楚地控制孔口。

3. 冲击机构

冲击机构(图 3－19)由冲击齿轮 1、带曲柄的连杆 2、带缓冲器的冲击梁 3 和压轮 4 组成。它是将回转运动变为往返运动的四连杆机构。冲击机构工作时，钢丝绳一端缠绕在工具卷筒 6 上，另一端经导向轮 5、压轮 4 、再经桅杆上的天轮与钻具相连。当冲击齿轮 1 旋转时，通过齿轮轴经曲柄带动连杆运动，连杆带动冲击梁，使其作以导向轮为中心的弧线上下摆动。当压轮受到冲击梁带动而向下运动时，它压紧钢丝绳，使钢丝绳提起钻具。而压轮向上运动时，钢丝绳放松，钻具靠自重下落。如此往复，使钻具不断上下运动冲击孔底。

改变曲柄长度可调整冲击高度。CZ 型钻机的曲柄上有 4 个距离不等的孔，通过不同的孔与连杆连接可以调整冲击高度。冲击次数的调整则是改换动力机输出轮的直径来实现的。通常每台钻机都配有不同直径的皮带轮。

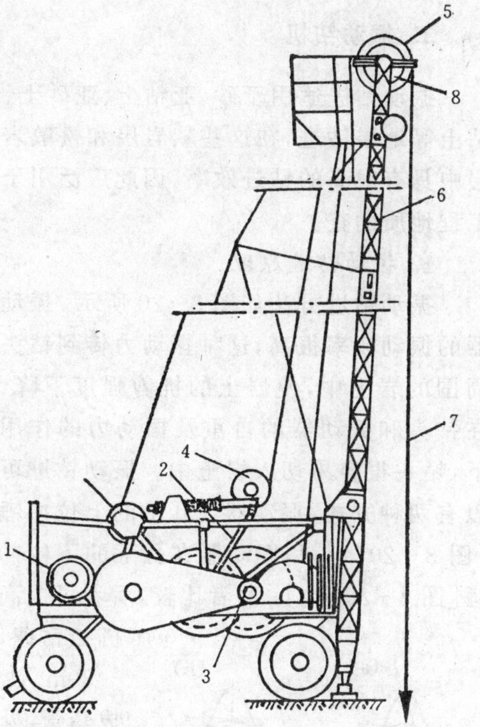

图 3－17　CZ－22 型冲击钻机外貌

1—电动机；2—冲击连杆；3—主轴；4—压轮；5—钻机天轮；6—桅杆；7—钢丝绳；8—抽筒天轮

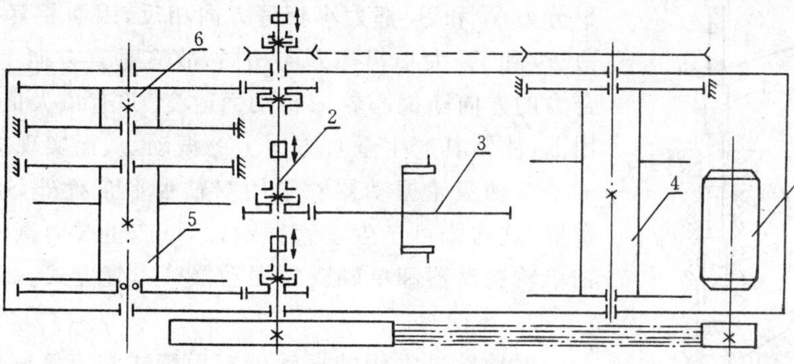

图 3－18　CZ－22 型冲击钻机传动系统示意图

1—电动机；2—主轴；3—冲击机构；4—工具卷筒；5—抽筒卷筒；6—辅助卷筒

在冲击梁的两臂上装有较大的弹簧，起缓冲作用，以保护钻机免受过大冲击动能的破坏。

4. 卷筒与桅杆

CZ 型钻机有 3 个分别独立操作的卷筒。① 工具卷筒：用于升降钻具，钻进时控制放绳，以调节钻具的悬距，从而适应各种地层的给进速度；② 抽筒卷筒：用于捞取岩粉；③ 辅助卷筒：帮助操作者做辅助工作。

桅杆是伸缩式的，以适应不同长度的钻杆。运输中可以倒放在机架上。

二、振动钻机

振动钻进适用于砂、亚粘土、亚砂土、粘土等地层钻进，在这些软岩层和松散岩层中具有很高的钻进效率。因此广泛用于工程地质勘查。

1. 振动钻进原理

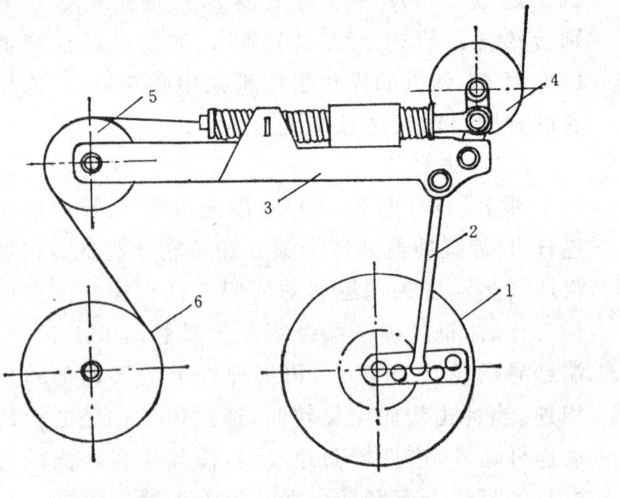

图 3-19 冲击机构示意图

1—冲击齿轮；2—连杆；3—冲击梁；4—压轮；5—导向轮；6—卷筒

振动钻进方法如图 3-20 所示。振动器的振动频率很高，这种振动力传到钻头周围的岩土中，使岩土的抗剪强度下降，在钻具和振动器的自重及振动力的作用下，钻头很容易切入岩土中。振动钻进可以有两种方式：振动器在孔上的上位冲锤[图 3-20(a)]和振动器在孔下的下位冲锤[图 3-20(b)]。两者比较，后者可提高机械钻速，扩大振动钻的应用范围，使振动钻进的孔深可达 25～30m，钻进 4～5 级岩石。钻进过程中还可以利用振动器来下、拔套管，处理孔内事故等。

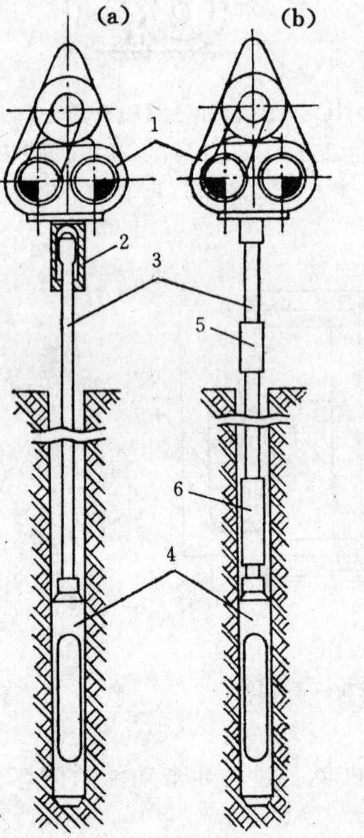

图 3-20 振动钻进示意图

1—振动器；2—地表冲击筒；3—钻杆；4—振动钻头；5—接头；6—潜孔冲击筒

振动钻进常采用机械式双轮双轴振动器(图 3-21)。两轮用齿轮传动，使两个偏心轮的旋转方向相反，而相位角和角速度都相等。不论两偏心轮处于什么位置，两个偏心轮的离心力之水平分力 S_1 和 S_2 都大小相等方向相反，因而相互抵消。而垂直分力 P_1 和 P_2 大小相等方向相同，故有垂直方向上的合力 Q_1、Q_2。合力的方向随偏心轮的转动而改变，并有最大值。在垂直力的作用下，使钻具产生垂直方向上的振动，从而实现振动钻进。

双轴双轮振动器除采用双轴水平布置外，还可以上下平行布置。这样既可产生垂直振动，又可产生横向振动。此外，还有单轴单轮振动器和单轴双轮振动器等布置方式。

2. 振动器

振动钻进常用的振动器有无簧式和有簧式两类。图 3-22 所示为有簧式振动锤，它由电动机、振动器、弹簧、冲头、砧子和接头组成。其特点是振动器与钻具分开，冲头与砧子可以接触，也可不接触，这样既可振动钻进，又可进行冲击振动钻进。冲击振动钻进的效率高，适用于在致密土壤中钻进。通过改变偏心轮静力矩和偏心轮转速可调整振动力的大小。如在偏心轮上钻一些孔，在孔中增减质量可改变偏心轮的静力矩；用直流电机或采用液压马达无级变速来改变偏心轮的转速。

在工程钻探中，除单纯采用振动钻进方法外，还发展了振动与回转、振动与冲击相结合的多功能钻机，在此不再赘述。

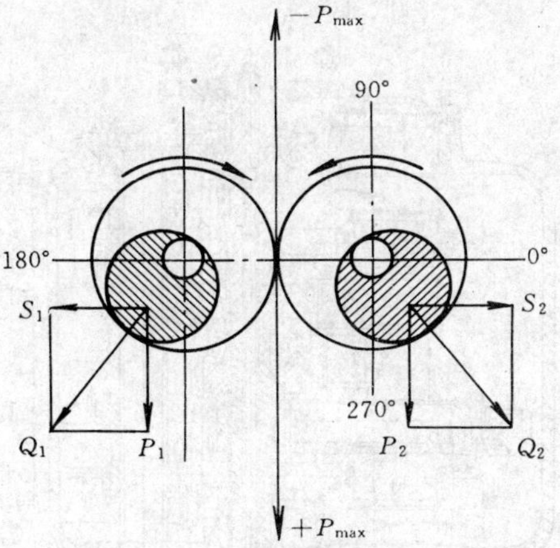

图 3-21　双轴双轮振动器示意图

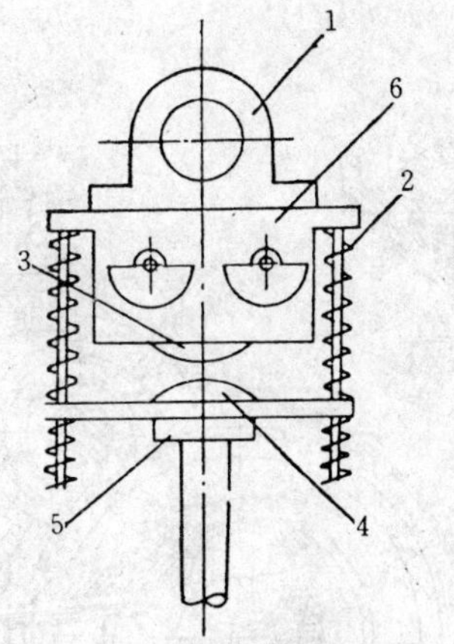

图 3-22　振动锤示意图

1—电机(或液压马达)；2—弹簧；3—冲头；4—砧子；5—接头；6—振动器

§6　钻探用泵的典型结构

钻探用泵主要是洗孔用泵，一般多选用往复式泵，而净化设备中常用的砂石泵，泵吸反循环用泵，以及现场供水泵等多为离心泵。

一、往复泵的结构

钻探用往复泵是按钻探施工条件及其工艺过程的要求而研制的一种专用泵。按 DZ3-79 规范规定，泥浆泵代号为 BW-□，其中 B 为类别代号(泥浆泵)，W 为特征代号(往复)，□数字为系列序号。

1. BW-250 型泵

BW-250 型往复式泥浆泵是卧式三缸单作用活塞泵。该泵用改变活塞往复次数和更换缸套的方法改变泵量，泵量的变化范围为 35 L/min (泵压 7MPa)至 250 L/min(泵压 2.5MPa)，共 8 级。适用于孔深 1 000～1 500m 的各种岩心钻探。该泵的主体结构由动力端和液力端组成。

1.1　动力端

动力端结构如图 3-23 所示。动力经摩擦离合器传到轴 18。齿轮变速机构由轴 18、19、21 和装在各根轴上的齿轮组成。轴 19 上的两组双联滑动齿轮是变速齿轮。当变速齿轮分别与轴 18 和轴 21 上的对应齿轮相啮合时，可使轴 21 获得四档转速。再经过一对减速齿轮 25 和 26 传至曲轴。曲柄连杆机构由曲轴、连杆组件和十字头组件组成。该泵是三缸泵，故有 3 个互成 120°的轴颈和连杆 10 的大头连接。连杆组件将曲轴的旋转运动变成活塞的往复运动。十字头 13 是起导向作用的零件，它与连杆 10 和活塞杆 15 连接，并传递动力。十字头在滑套 14 中作直线往复运动。

1.2　液力端

BW-250 型往复式泥浆泵的液力端如图 3-24 所示。图中画出了一个液缸的剖视图。它属于直通式结构，即每个液缸的吸入阀和排出阀均布置在液缸端头的同一垂直轴线上。

液力端由三个卧式单作用液缸并联而成。它们有共同的吸入管路和排出管路。缸套与泵

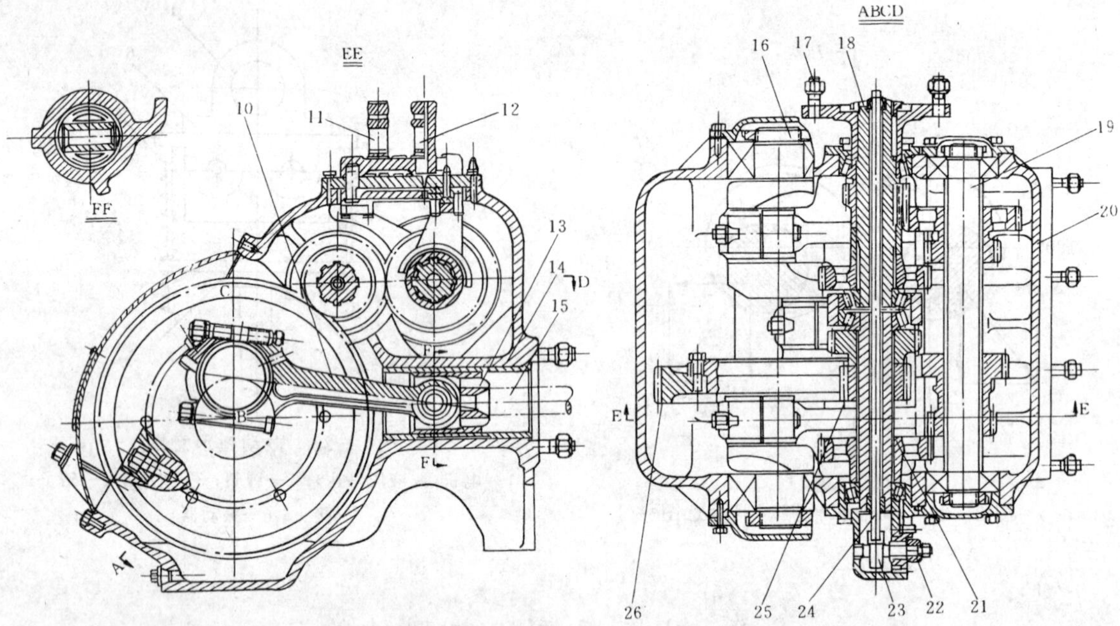

图 3-23 BW-250 型泥浆泵的动力端结构示意图

10—连杆；11、12—变速手柄；13—十字头；14—滑套；15—活塞杆；16—曲拐轴；17—联轴器；18—输入轴；19—中间轴；20—曲轴箱体；21—输出轴；22—操纵手柄；23—偏心轮轴；24—顶杆；25、26—减速齿轮

头体动配合，并通过顶套、缸盖及双头螺栓固定在泵头体中。活塞由弹性橡胶密封圈等零件组成。泵阀采用球阀结构，置于液缸端部。吸入阀和吸入管路在下部，排出阀和排出管路在上部。排出阀上部有阀盖，阀盖既是拆装和检查泵阀的窗口，也是阀球升高的限制器。

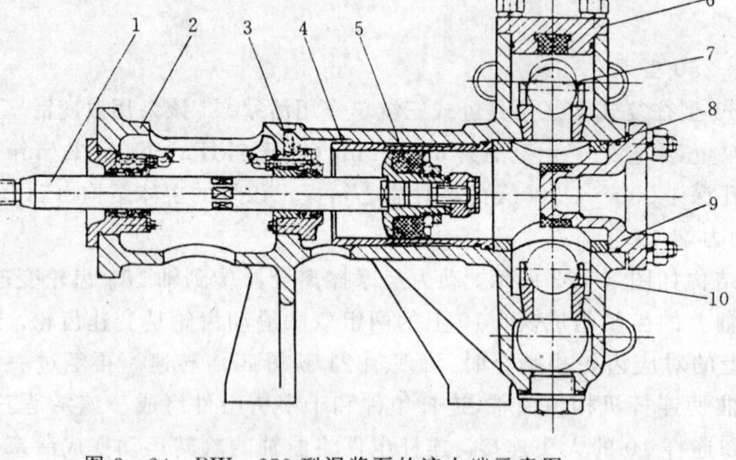

图 3-24 BW-250 型泥浆泵的液力端示意图

1—活塞杆；2—泵头体；3—隔水密封圈；4—缸套；5—活塞；6—阀盖；7—排出阀；8—顶套；9—缸头盖；10—吸入阀

2. BW-1200 型泵

BW-1200 型往复式泥浆泵是卧式双缸双作用活塞泵。该泵通过改变活塞往复次数实现两级泵量。泵量为 1 200L/min 时，泵压可达 2MPa；泵量为 800L/min，泵压可达 4MPa。它与

600m 水文水井钻机配套使用。

由于该泵是双缸双作用泵，所以液力端由两个液缸组成 4 个工作腔。为此，活塞杆和泵头体之间必须设密封圈。4 个工作腔有共同的吸入管路和排出管路。

二、螺杆泵的结构

螺杆泵是一种回转式容积泵。由于它具有结构简单、体积小、流量和压力脉动小、运转较平稳等特点，因而在钻探施工部门受到了重视。但由于螺杆和衬套工作运动副的制造工艺较复杂，使用寿命低，因此，目前仅用于低压输送含砂量少的钻井液。

目前钻进施工中采用的单螺杆泵(图 3-25)主要由动力端和液力端两部分组成。

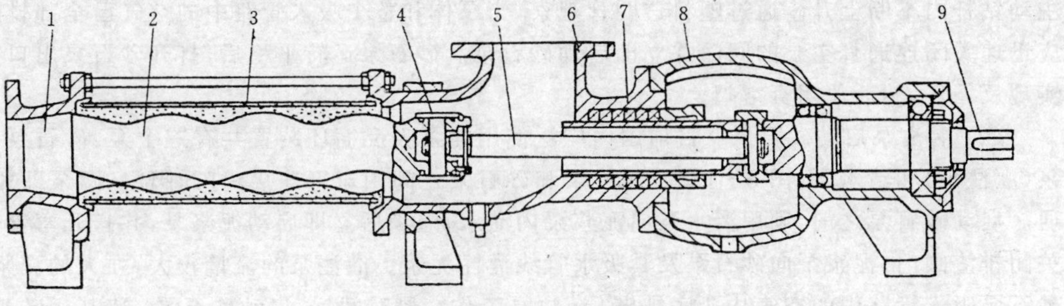

图 3-25 单螺杆泵结构示意图

1—排出端；2—螺杆(转子)；3—衬套(定子)；4—万向联轴器；5—万向轴；6—泵体；7—密封圈；8—轴承箱；9—传动轴

1. 动力端

动力端的主要部件为轴承箱 8，其中用滚动轴承安装一传动轴。轴的一端通过联轴器与动力输入部分直接连接，亦可在其中间装置离合器和变速机构。轴的另一端，通过一套万向机构将动力传递于螺杆。为了防止钻井液进入轴承箱，在传动轴和泵体之间设有密封装置。

2. 液力端

液力端主要是由泵体 6、定子 3(即衬套)和转子 2(即螺杆)三部分组成。泵体一般为铸钢件。转子置于定子中前端直接与万向轴连接，后端为活动端。转子纵向外形呈螺旋波状，其断面呈圆形。转子为泵的主要工作零件，其材料多采用耐磨、耐蚀的铬钢。定子的纵向为双头螺旋波状，其断面为长圆形。定子的材料外层为金属材料圆筒，内层为耐磨橡胶。泵体右端有轴承箱体和进水管道，另一端为出水管道，用螺栓将定子两端连成一个整体。

三、离心泵的结构(砂石泵)

离心泵是叶片式泵的一种。属于叶片式泵的还有轴流泵、混流泵、旋涡泵等。它们都是依靠旋转的叶轮对液体的动力作用，把机械能连续地传给液体，增加液体的速度能和压力能，实现液体的输送。由于读者在其他课程中已接触过离心泵，故本书不再赘述一般性的离心泵结构，而把工程施工钻作业中常用的砂石泵作为一个特例，加以介绍。

1. 用于泵吸反循环钻进的砂石泵

砂石泵是进行泵吸反循环钻进的关键设备。砂石泵的吸入口通过胶管与整个钻杆柱相连，砂石泵的排出管对着沉淀池。泵吸反循环就是利用砂石泵将钻杆内带有钻屑的泥浆抽到沉淀池，经沉淀后的泥浆再流回钻孔，从而实现冲洗液的反循环。通常离心泵的叶片数目越多，泵的效率越高，但叶片数目越多将使通道直径越小。砂石泵为了增大通道直径，一般为2个叶片，效率在50%～60%左右。反循环钻进对砂石泵的要求是吸程要足够大，对扬程则要求不高。

2. *砂石泵的启动方式*

由于离心泵抽吸空气的能力很有限，要启动砂石泵形成反循环，就必须先排出砂石泵吸入管路中的空气。常借助真空泵或灌注泵两种方法来实现砂石泵的启动。

(1) 真空泵启动砂石泵　我国生产的QZ系列反循环钻机采用真空泵来启动砂石泵。在砂石泵出口处装有碟阀，关闭碟阀即封住了砂石泵的出口。启动真空泵，将砂石泵吸入管线中的空气抽出。随着空气被抽出，砂石泵吸入管路中的真空度增大，在大气压力的作用下，泥浆在主动钻杆内不断上升。通过塑料透明管观察，当泵体和整个吸入管路中的空气已全部排除时，应迅速关闭连通真空泵的阀门并立即启动砂石泵。砂石泵运转平稳后，打开砂石泵出口碟阀，实现反循环，然后关闭真空阀。

(2) 灌注泵启动砂石泵　目前国内广泛使用的泵吸反循环装置共有三个泵：砂石泵、泥浆泵(灌注泵)和清水泵(图3-13)。泥浆泵和砂石泵之间用弯管连接，打开阀门，两泵即相互连通。启动砂石泵之前，利用清水泵向泥浆泵内灌水，灌满后立即启动泥浆泵，并打开弯管阀门，关闭排渣阀门，泥浆泵向砂石泵及其吸水管线灌注泥浆。灌注泵的流量较大，强大的泥浆流将砂石泵吸入管路中的空气从孔底排出。灌注泵工作一段时间后，启动砂石泵。待其运转正常后打开排渣阀门，关闭弯管阀门，即可实现反循环。当只开动灌注泵且关闭排渣阀门时，系统实现正循环。若反循环管路被堵，可用正循环冲堵。

§7　钻探用泵基本性能参数的确定

一、冲洗参数的确定

1. *冲洗液量的确定*

冲洗液量是指单位时间内通过孔底和钻杆与孔壁间环状空间上返的冲洗液的体积量。确定冲洗液量的前提是保证有效地排出岩粉和冷却钻头。一般认为，满足排粉需要的冲洗液量能够满足冷却钻头的需要。从确保排出岩粉出发，冲洗液量的确定可用下式计算：

$$Q=\beta\frac{\pi}{4}(D^2-d^2)v \qquad (\mathrm{m^3/s}) \tag{3-5}$$

式中：Q——冲洗液量，$\mathrm{m^3/s}$；β——上返速度不均匀系数，$\beta=1.1\sim1.3$；D——钻孔直径或最大套管内径，m；d——钻杆外径，m；v——冲洗液上返流速，m/s。

冲洗液的上返流速 v 必须大于质量最大的岩屑在冲洗液中的沉降速度，即：

$$v=v_0+u \qquad (\mathrm{m/s}) \tag{3-6}$$

式中：v_0——冲洗液使岩屑处于悬浮状态的临界速度，或岩屑在冲洗液中的等速沉降速度，m/s；u——岩屑的上升速度，可取 $u=(0.1\sim0.3)v_0$，钻孔越深，钻进速度越高，u 值越大。

确定岩屑在冲洗液中的沉降速度 v_0 的思路是：假定岩屑为球形，其重力为 G，岩屑在液体中的浮力为 P，球形岩屑在液体中的沉降阻力为 R。当 $G>P$ 时，岩屑下降，速度逐渐增大，R 值也随之增大。当 R 值达到足以使作用在岩屑上的三种力保持平衡时，即 $R=G-P$ 时，岩屑将以恒速 v_0 下降。通过推导可得出沉降速度(即雷廷格尔公式)为

$$v_0=\sqrt{\frac{4g}{3c}\frac{\delta(\rho_s-\rho)}{\rho}}=k\sqrt{\frac{\delta(\rho_s-\rho)}{\rho}} \tag{3-7}$$

式中：δ——球形岩屑的直径，m；ρ_s——岩屑的密度，kg/m^3；ρ——冲洗液的密度，kg/m^3；k——岩屑的形状系数，圆形岩屑 k 为 4～4.5，不规则形状的岩屑 k 为 2.5～4。

岩屑的最大尺寸与硬质合金钻头、金刚石钻头的切削具出刃或牙轮钻头的牙距有关。根据最大岩屑直径可求出 v_0，从而求得冲洗液量。一般金刚石钻进时冲洗液的上返流速 $v=0.3$～$0.5m/s$ 就能有效地排除岩粉和冷却钻头。合金钻进时应使 $v\geqslant 0.3m/s$。

2. 压力损失的确定

洗孔过程中，为了克服冲洗液在循环系统中遇到的各种阻力，促成冲洗液的循环流动，冲洗液必须具有一定的压力能。压力能的消耗称压力损失。确定泵压值时必须考虑以下压力损失：

(1) 在钻杆内的压力损失 p_1；

(2) 在环状空间中的压力损失 p_2；

(3) 在接头中的压力损失 p_3；

(4) 岩心管和钻头中的压力损失 p_4，其中包括：冲洗液通过岩心和岩心管之间环状间隙流动的压力损失；通过钻头流动的压力损失；通过岩心管与孔壁环状间隙流动的压力损失。这些损失，可参考经验数据或实验得到。一般单管岩心钻进的这些损失之和约为 5～12(10^4Pa)。

冲洗液在循环系统中的总压力损失为：

$$p=k(p_1+p_2+p_3+p_4) \tag{3-8}$$

式中：k——附加阻力系数，一般取 1.3～1.5。

在得出由洗孔参数确定的泵量和泵压值基础上，便可选用泵的型号。

二、泵的参数的确定

1. 泵的吸入高度

泵正常工作时，吸入过程中泵内的压力应小于大气压力，同时又必须大于被输送液体的饱和蒸汽压力，否则，液体将在泵内汽化，占据一定的体积，使吸入充满度降低。显然，泵的吸入高度与当地大气压力、泵吸液体（给定温度时）的蒸汽压力及液体密度等因素有关。若当地大气压力低，液体的蒸汽压力和密度大，则泵的吸入高度会降低，使用泵时应尽量降低泵的安装高度，并且泵的安装位置尽量靠近水池，以缩短吸入管的长度。

2. 泵的流量

泵的流量，一般是指泵在单位时间内排送的液体体积量。

2.1 往复泵的流量

往复泵的流量取决于在单位时间内泵的各液缸活塞完成的排出行程中扫过的体积总和，其流量 Q 在一般情况下可按下式计算：

$$Q=k\eta_0\frac{FSn}{60} \quad (m^3/s) \tag{3-9}$$

式中：F——排出件（活塞或柱塞）的断面积，m^2；S——排出件的行程，m；n——每分钟往返行程次数；k——泵工作腔室数量；η_0——泵容积系数，通常取容积系数为 0.8～0.95 左右。

实际上，式(3-9)计算的是泵的平均流量，泵的瞬时流量存在周期性的波动。

2.2 螺杆泵的流量

单波齿螺杆泵的理论流量 Q_t 等于螺杆每一转的理论排量乘以螺杆的转速。螺杆每一转的

理论排量 q 等于衬套密封腔的截面积乘以衬套的导程。即：

$$q=8eRT=8eR\cdot 2t=16eRt \qquad (m^3)$$

式中：e——偏心距，即螺杆的质心与衬套中心之间的距离，m；R——衬套内腔的圆弧半径，即螺杆截面半径，m；T——衬套的导程，m；t——螺杆的螺距，m。

$$Q_t=\frac{qn}{60}=0.27eRtn \qquad (m^3/s) \tag{3-10}$$

式中：n——螺杆的转速，r/min。

排出过程中螺杆和衬套之间的密封线两侧存在液体压力差，会产生泄漏，有流量损失。所以，泵的实际流量还应乘以螺杆泵的容积效率。

3. 泵的压力

在泵的液体进、出口处各安装一块压力表。设这两块表读得的吸入和排出压力分别为 p_{st}、p_{dt}。由于管中是不稳定流，p_{st}和 p_{dt}均有周期性的波动。用 p_s 和 p_d 分别表示 p_{st}和 p_{dt}的平均值，γ 为输送液体的重度。则泵的排出压力

$$p_2=p_{dt}+\gamma H_d \tag{3-11}$$

式中：H_d——液缸或定子腔中心线至出口压力表的距离。

由于 p_d 远大于 p_s 和 γH_d，故一般认为泵的排出压力为 p_{dt}或 p_d，而泵的全压力为

$$p_r\approx p_d \tag{3-12}$$

总之，泵的全压力应是考核泵的性能的主要参数之一。但在工程计算中通常用排出压力代替全压力，排出压力的严格定义为(3－11)式，但实际作业中又认为排出管压力表的平均读数为泵的排出压力，也称泵的工作压力，简称泵压。

4. 泵的功率和效率

泵的有效功率是指单位时间内通过泵输出的液体所获得的能量，用 N_e 表示，

$$N_e=Q\cdot p_r \quad (W)或 \quad N_e=Q\cdot p_d \quad (W) \tag{3-13}$$

式中：Q——泵的实际流量，m^3/s；p_r、p_d——泵的全压力和泵的排出压力，Pa。

泵的输入功率(泵的轴功率)为机械功率，用 N 表示，

$$N=M\omega \quad (W) \tag{3-14}$$

式中：M——泵传动轴的转矩，N·m；ω——泵传动轴的角速度，rad/s。

泵的有效功率与轴功率之比称为泵的总效率，用 η 表示，

$$\eta=\frac{N_e}{N} \tag{3-15}$$

第四章　回转钻进用钻头

当今世界上所有的岩土钻进(井)方法可分为机械方式和物理方式两大类。物理方式中只有热力钻进法在俄罗斯有少量工业应用,其余的如等离子体法、水力法、电脉冲法还停留在实验室研究阶段。实际生产中绝大多数采用的是机械方式,主要有:① 伴有循环冲洗介质的硬质合金、金刚石、钢粒、牙轮钻头回转钻进和长螺旋干式回转钻进;② 采用液动、气动孔底冲击器的冲击回转钻进;③ 钢丝绳冲击钻进;④ 振动钻进。上述方法中使用最广泛的是回转钻进。冲击回转钻进也是在回转的基础上增加孔底冲击载荷,以提高脆性岩石的破碎效果。而钢丝绳冲击钻进主要用于水井施工,振动钻进主要用于在土壤和软岩中打浅孔。

选择回转钻进用钻头的一般原则是:在软岩和中硬岩层中用硬质合金回转钻头;在中硬及部分中硬以上岩层中采用铣齿牙轮钻头;在硬岩中采用金刚石钻头或钢粒钻头;在硬-脆岩层中采用镶齿牙轮钻头。钻孔的直径取决于钻进目的、钻孔结构和钻进方法。金刚石钻头主要用于 59mm,76mm 的小口径;钢粒钻头主要用于 91mm 以上的口径;硬质合金和牙轮钻头则既可钻进小口径,又可钻进大口径水井、工程施工孔和浅井。

§1　硬质合金钻进的孔底碎岩过程

一、钻探用硬质合金

钻探工作量中有 50%以上是用硬质合金钻头完成的。几乎可钻性Ⅰ～Ⅵ级的所有岩石都可用硬质合金钻进,不含石英的Ⅷ～Ⅸ级火成岩也可用硬质合金回转钻进(尤其是小口径钻头)。

1. 硬质合金的特性

通常钻头切削具采用钨-钴类硬质合金。碳化钨为骨架材料,它的高硬度保证了硬质合金的耐磨性;钴粉为粘结剂,保证了硬质合金的韧性。表 4-1 中列出了 YG 类硬质合金的性能对比资料。由表中数据可知,随着含钴量的增大,硬质合金的耐磨性有所减弱,而抗弯强度、冲击韧性有所提高。在成分相同的钨钴类硬质合金中,WC 的颗粒越细,则硬质合金的硬度越大,耐磨性越强。反之抗弯强度提高,韧性增强。实践证明,采用含钴量不高的粗颗粒硬质合金切削具有助于提高钻进效率,并保证一定的钻头寿命。

2. 选用硬质合金切削具的基本原则

按照我国的行业标准,硬质合金切削具主要有薄片状、方柱状、八角柱状和针状等形状。在确定硬质合金的牌号后,选择切削具形状与规格的一般原则是:片状硬质合金刃薄易于压入和切削岩石,但抗弯能力差,适用于Ⅰ～Ⅴ级软岩,它在钻头体上的出刃应大些。柱状硬质合金抗弯能力较强,压入阻力也较小,主要适用于Ⅳ～Ⅶ级中硬岩石,其中八角柱状切削具抗崩能力强,利于排粉和破岩,并易于焊牢,故在较硬岩层和裂隙发育的地层中得到广泛的应用。针状和薄片状硬质合金,主要用于镶焊自磨式钻头,在硬地层或研磨性岩石中使用。

表 4-1 YG 类硬质合金的性能表

合金牌号*	化学成分(%)		物理机械性质			特性及用途
	WC	Co	密度(g/cm³)	硬度(HRA)	抗弯强度(MPa)	
YG3x	97	3	15.0～15.3	92	1 050	耐磨性最好,冲击韧性最差,用于金属切削
YG4c	96	4	14.9～15.2	90	1 400	适用于均质和软硬互层地层中回转钻进
YA6	91～93	6	14.4～15.0	92	1 400	加有少量 TaC 成分,提高了硬度
YG6	94	6	14.6～15.0	89.5	1 400	适用于回转钻进,使用效果仅次于 YG4c
YG6x	94	6	14.6～15.0	91	1 350	细粒合金,强度接近 YG6,耐磨性较 YG6 高
YG8	92	8	14.0～14.8	89	1 500	地质勘探和石油回转钻进用主要品种
YG8c	92	8	14.0～14.8	88	1 750	粗粒合金,冲击韧性较高适于冲击回转钻进
YG11c	89	11	14.0～14.4	87	2 000	耐磨性最差,冲击韧性最高,适于冲击回转凿岩
YG15	85	15	13.9～14.1	87	2 000	

* 硬质合金中的附加字母"x"表示细粒合金,"c"表示粗粒合金。

二、硬质合金钻进的孔底碎岩过程

回转钻进时,切削具在轴向力的作用下压入岩石,在回转水平力的作用下沿孔底破碎岩石。轴向力和水平力的共同作用导致孔底岩石以薄的螺旋层形式连续被破碎。

回转钻进的机械钻速 v_m 取决于切削具切入岩石的深度和钻头转速

$$v_m = 60nmh_1 \tag{4-1}$$

式中:n——钻头转速,r/min;m——钻头上切削具个数;h_1——每个切削具每转切入岩石的深度。

影响切入深度的主要因素有:

(1) 岩石破碎工具上的轴向力大小;

(2) 岩石的物理-力学性质及破碎下来的岩屑从孔底清除的速度;

(3) 切削具的硬度、几何形状及其在钻头工作唇面上的布置方式;

(4) 钻头的转速与切削具的磨钝程度。

1. 塑性岩石的孔底破碎过程

图 4-1 示出的是一个磨锐式硬质合金切削具,假设切削具在轴载 P_y 作用下切入岩石,切削具切入的条件是

$$P_y \geqslant H_y F_0 \tag{4-2}$$

式中:H_y——岩石的压入硬度;F_0——切削具刃尖处与岩石的接触面积。

当磨锐式钻头上的切削具未磨钝时,切入深度可用下式表达

$$h_0 = \frac{\eta P_y}{b H_y \mathrm{tg}\beta} \tag{4-3}$$

式中:P_y——切削具上的轴载力,N;b——切削具的刃宽,mm;β——切削具的刃角,度;H_y——岩石的压入硬度;η——考虑到摩擦力的系数(η 永远小于 1)。

上式表明,对塑性岩石而言切削具的切入深度 h_0 与轴向力 P_y 成正比,而与切削具的刃角 β、刃宽 b、岩石的压入硬度 H_y 成反比。虽然 β 角越小切削具刃尖切入岩石越容易,但如果 β 很

小则切削具会很快崩裂，实际上β角的最小值为45°～50°。对于装有薄片状或针状硬质合金的自磨式钻头，因为β角等于90°，故不能采用(4-3)式。

钻进过程中，切削具前面的岩石在分力F的作用下不断产生塑性流动，并向自由面滑移，即所谓切削作用(图4-2)。这和软金属的切削加工没有多大区别，切削过程基本上是平稳的，水平力P_x变化不大。同时，切削具在塑性岩石中形成的切槽与刃宽基本吻合。

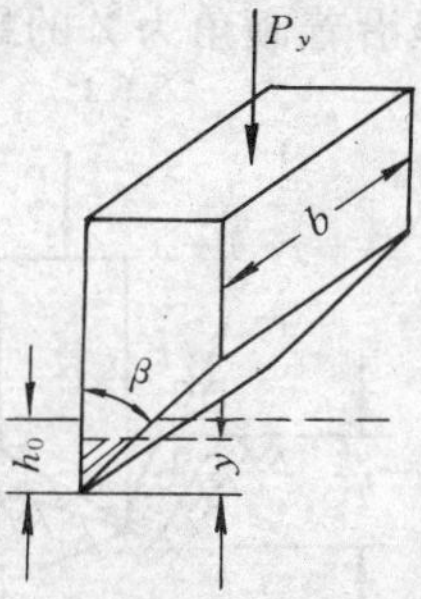

图4-1　单个切削具示意图

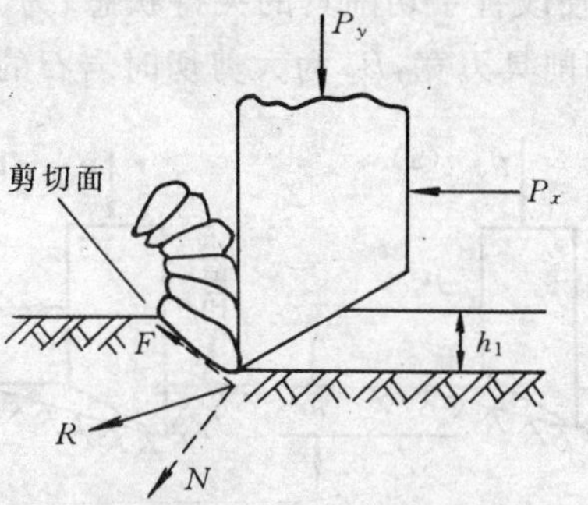

图4-2　切削具在双向力作用下破碎塑性岩石

实际上，由于孔底钻具的振动和重复破碎，加之冲洗液的循环，塑性岩石被切削下来的岩屑不可能像金属切削那样成为连续的切屑，而是碎裂成岩粉被冲洗液带至地表。图4-2中的切入深度为h_1而不是h_0，这是由于在P_y和P_x共同作用下比P_y单独作用下切入更容易，故$h_1>h_0$。

2. 弹-塑性岩石的孔底破碎过程

在实际生产中，硬质合金钻头的主要钻进对象是弹-塑性岩石。硬质合金切削具破碎弹-塑性岩石的机理虽与塑性岩石有相似之处，但更有不同的特点。

从理论上讲，只有当切削具与岩石接触面上的压强达到或超过岩石的压入硬度时，才能有效地切入岩石。但是，弹-塑性岩石的压入硬度远大于塑性岩石，若仅靠P_y力来形成h_0的切深，则需要在切削具上施加很大的轴向压力。例如，硬石膏的塑性系数为2.9～4.3，属弹-塑性岩石，其压入硬度为1 000～1 500MPa，若用镶焊6块方柱状硬质合金的ϕ91钻头钻进，当切削具高度磨损1mm时，则按(4-2)式算得要在钻头上施加48～72kN的轴压才能切入岩石。而在实际生产中，仅需加10kN左右的轴压便可在硬石膏中获得理想的钻速。究其原因，主要是切削具并非以静压入的方式破岩，而是在双向力的同时作用下破碎岩石。实验表明，在P_y和P_x共同作用下岩石的抗破碎能力比静切入时小得多(达6～13倍)。这说明切削具在双向力作用下，岩石中的剪切作用比纯压入时要大得多。

前面已讲过，塑性岩石破碎是以连续平稳的切削为主，而弹-塑性岩石破碎的显著特点则是在切削具的作用下以跳跃式的剪切破碎为主(图4-3)。岩石破碎大体分三个阶段：

(1) 切削具在双向力作用下吃入岩石，使刃前岩石沿剪切面破碎，P_x力减小，继续前移，碰撞刃前岩石[图4-3(a)]。

(2) 切削具刃前接触岩石的部分面积很小，对前方岩石产生较大的挤压力，压碎刃前的岩石，随着P_x力增大，使岩石产生小的剪切破碎[图4-3(b)]。继续向前推进可能重复产生若干次小剪切，碎裂的岩屑向自由面崩出[图4-3(c)]。

(3) 当切削具前端接触岩石的面积较大时，前进受阻。一方面切削具继续挤压前方的岩石(部分被压成粉状)；另一方面P_x力急剧增大，当P_x力达到极限值时，迫使岩石沿剪切面产生大的剪切破碎，并在刃尖前留下一些被压实的岩粉，然后 P_x 力突然减小[图 4-3(d)]。

切削具不断向前推进，重复着碰撞、压碎、小剪切、大剪切的循环过程。在每次循环中，切削具两侧的岩石也会和刃前岩石一样，分别产生一组相近似的小剪切体和大剪切体，使切槽断面近似于梯形[图 4-3(e)]。由于剪切过程是在孔底局部夹持和小剪切、大剪切交替出现的条件下进行的，故孔底和切槽边沿都是粗糙不平的，而且有规律地变化着。当数次小剪切使槽壁也产生侧崩时，便改善了切削具的夹持状态，为大剪切创造了条件，如图 4-3(f)、(g)所示，图 4-3(f)中 b 为切削具刃宽，B_1 为大剪切时岩石的切槽宽。整个破碎过程沿着倾角为 γ 的螺旋面进行。

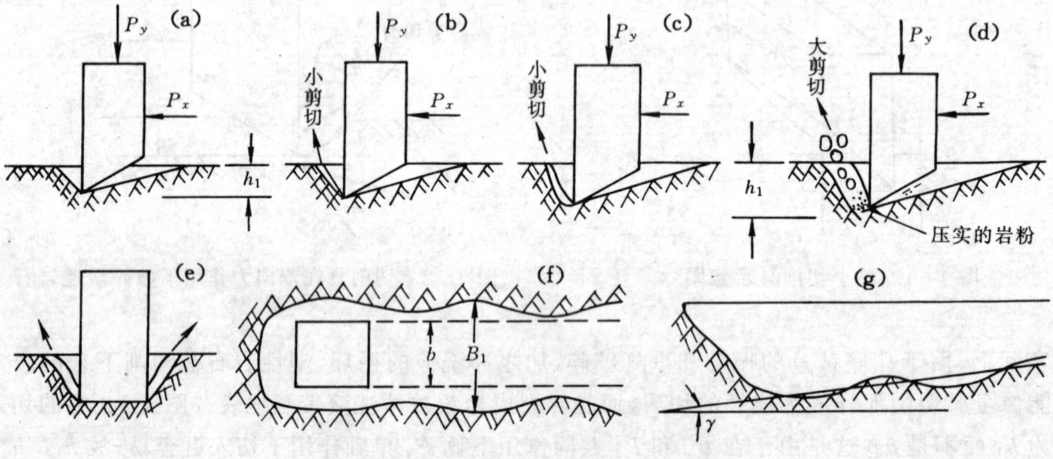

图 4-3 切削具破碎弹-塑性岩石的过程

综上所述，用切削具破碎弹-塑性岩石时，在每个剪切循环中和各个循环之间，水平力 P_x 都是跳跃式的有规律地变化着(图 4-4)；而在塑性岩石中，水平力 P_x 没有显著的变化，基本上可以认为是常量。

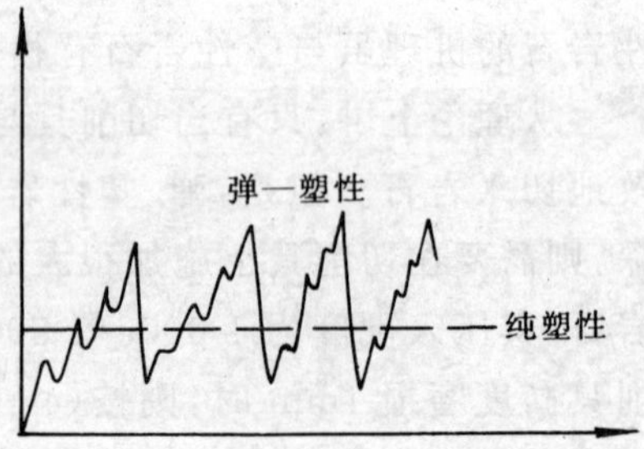

图 4-4 水平力的跳跃过程

三、硬质合金切削具的磨损

钻进中由于切削具被磨损，钻速将逐渐衰减，切削具磨损越快，则衰减越厉害。

1. 关于切削具磨损和钻速问题的研究

费得洛夫等人用鱼尾钻头对硬质合金切削具的磨损问题进行过大量研究，得出如图 4-5 中的磨损曲线。该曲线反映了切削具单位时间磨损量 W 与切削具刃端面积上比压 σ 的关系。横坐标上的分界点 σ_0 表示岩石的压入硬度，在其前后属于两种不同性质的磨损。

(1) 曲线 Ⅰ 当 $\sigma<\sigma_0$ 时，切削具未能有效地吃入岩石，钻进处于表面破碎状态。此时切削具单位时间的磨损量 W 正比于切削具上的比压 σ。

(2) 曲线 Ⅱ 当 $\sigma>\sigma_0$ 时，岩石呈体积破碎。随着切削具上的比压 σ 增大，单位时间的磨损量 W 不仅未增加，反而出现下降的趋势。即在体积破碎条件下，切削具的磨损主要不取决于轴向压力，而取决于岩石的硬度、切削具的材质及切削具的磨钝面积。

费得洛夫提出，在一定条件下切削具的磨钝面积与其初始面积和钻进时间有关

$$S(t)=S_0+\theta t \tag{4-4}$$

式中：S_0——切削具的初始面积，mm^2；t——磨损时间，min；θ——取决于岩石性质的磨损系数，mm^2/min。

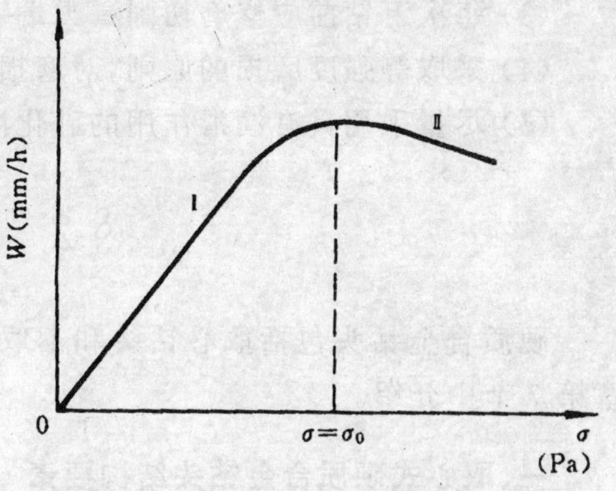

图 4-5 不同比压下切削具的磨损情况

Ⅰ—表面碎岩；Ⅱ—体积碎岩

硬质合金钻进的机械钻速随着切削具接触面积的增大而下降，其瞬时机械钻速 v_m 与切削刃磨钝面积的平方成反比

$$v_m=\frac{A}{(S_0+\theta t)^2} \tag{4-5}$$

式中：A——系数，当岩性、钻进规程及钻头一定时它为常量。

设钻进的初始钻速为 $v_0=A/S_0^2$，(4-5)式可写成

$$v_m=\frac{v_0S_0^2}{S_0^2+2S_0\theta t+\theta^2t^2}=\frac{v_0}{(1+k_0t)^2} \tag{4-6}$$

式中：$k_0=\theta/S_0$，k_0——钻速下降的特征系数。

钻头在 t 时间内的总进尺为 $H=\int_0^t v_m \mathrm{d}t$，将(4-6)式代入，则有 $H=\frac{v_0t}{(1+k_0t)}$。因此，平均钻速为 $\bar{v}_m=\frac{v_0}{(1+k_0t)}$，通过变换可写成

$$\bar{v}_m=v_0-k_0H \tag{4-7}$$

(4-7)式表明，平均钻速可写成以进尺 H 为自变量的一元线性方程，其中，v_0 是在纵坐标上的截距，k_0 为直线的斜率。进尺 H 是在钻进过程中容易准确测得的参数，我们可以用一元回归分析的方法，在若干观察值的基础上求出 k_0 值，从而利用(4-7)式来预测切削具磨损对钻速的影响。

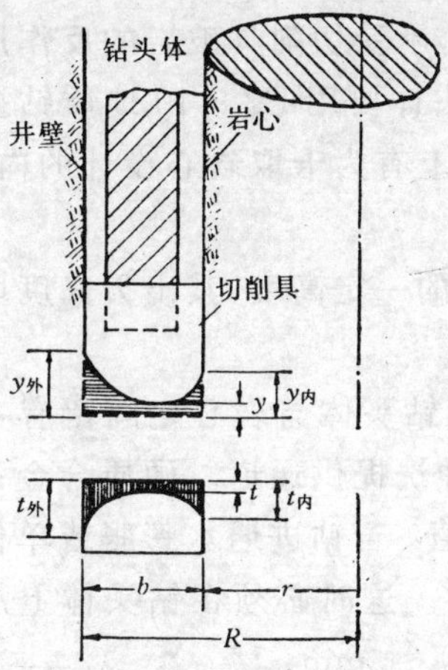

图 4-6 切削刃的实际磨损情况

y—切削刃磨损高度；$y_内$，$y_外$—切削刃内、外侧磨损高度；t—刃端磨损宽度；$t_内$，$t_外$—刃端内、外侧磨损宽度；b—环槽宽度；r，R—环槽内、外径

2. 切削具在孔底磨损的实际状况

前述理论分析的基础是假定切削具刃部为均匀磨损，实际上在钻进过程中，钻头硬质合金切削具出刃的内、外侧磨损量是不均匀的(图 4-6)，即

$$y_外>y_内>y, \ t_外>t_内>t$$

切削具底端也不是像想象的那样，被磨损成平面，而是呈圆弧形，刃前缘和后缘磨损更厉害(图 4-7)。

3. 减轻切削具磨损的措施

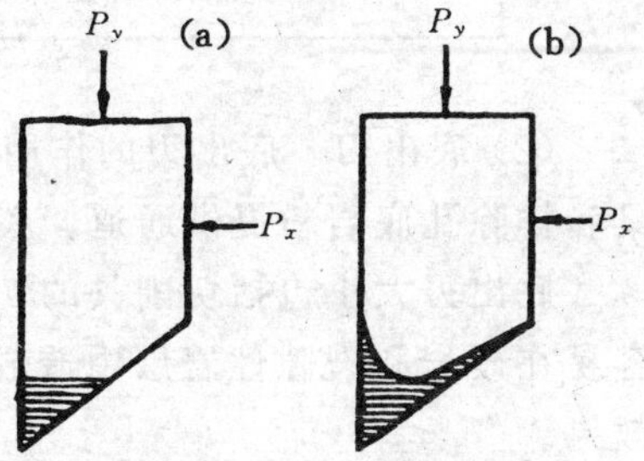

图 4-7 切削具刃端磨损的理想情况(a)与实际情况(b)

虽然切削具的磨损是不可避免的，但我们应设法把它控制在最低限度内。可采取的主要措施是：

(1) 避免切削具在表面破碎状态下工作。尤其在高转速、低钻压的条件下钻进研磨性岩石时，切削具磨损更快。

(2) 切削具的磨损速度取决于切削具的硬度与所钻岩石的硬度之比，岩石的研磨性、裂隙性等性质，还取决于切削具在钻头唇面的布置。应根据岩性选用合适的硬质合金牌号和型号，采用合理的钻头唇面结构。

(3) 每次下钻前应修磨切削具刃端，减小初始接触面积，以降低其磨损率。

(4) 采取等强度磨损的原则，对磨损严重的钻头切削具内外侧面进行补强。

(5) 尽量采用具有润滑作用的乳化液或泥浆洗孔，以减轻切削具的磨损。

§2 硬质合金钻头

硬质合金钻头包括取心钻头和不取心全面钻 头，本节仅讨论取心钻头，全面钻头放在本章第7节中介绍。

一、取心式硬质合金钻头结构要素

一定数量的硬质合金切削具，按一定的形式排布在钻头体上，可形成钻进不同地层的钻头结构。这些决定钻头结构的因素称为硬质合金钻头的结构要素。

1. 钻头体

钻头体是切削具的支撑体，它把轴载和扭矩传递给切削具，承受切削具破岩的反作用力和孔底的动载效应，并长时间处于孔底的摩擦环境中。因此，钻头体要用DZ－40地质钻探用无缝钢管制成。钻头体上端车有与岩心管连接的外螺纹，其内壁上有为卡取岩心设计的内锥度。

2. 切削具出刃

切削具出刃指的是切削具在钻头体内、外侧和底唇面突出的一定高度，其出刃高度取决于岩石的硬度、均质性和在该岩石中的钻进速度。

(1) 内、外出刃　内、外出刃的作用是保证钻头体与孔壁、钻头体与岩心之间留有一定的间隙，以避免钻头体承受来自孔壁和岩心的摩擦力，并为循环冲洗提供通道。硬质合金钻头出刃的参考值如表4－2所列。一般对于软岩层应取较大的出刃值。若钻进遇水膨胀或单位时间内产生大量岩粉的软地层，则一般地加大出刃也不能满足要求。这时必须在钻头体上加焊肋骨，以增大内、外环状空间，一般取内、外出刃3～6mm，底出刃4～5mm。

表4－2　硬质合金切削具出刃规格　　单位：mm

岩石性质	内出刃	外出刃	底出刃
松软、塑性、粘性、弱研磨性	2～2.5	2.5～3	3～5
中硬、强研磨性	1～1.5	1.5～2	2～3

(2) 底出刃　底出刃的作用是保证切削具能顺利地切入岩石，并为冲洗液及时冷却切削具和排除孔底岩粉提供通道。底出刃的概念应包括出刃大小和底刃排列方式两方面的内容。

底出刃大小包括切削具的切入深度和过水间隙(图4－8)，即 $H=h_1+h_2$。若 H 值过大，容易在硬岩和裂隙性岩层中造成切削具崩断，故应在钻头体上增加补强部分，有很好的防崩效果。

钻头的底出刃可以排成平底式，也可以排成阶梯式。后者可使孔底岩石破碎成台阶形(图4－9)，即在孔底形成掏槽。这样为上面一排切削具破碎岩石创造了第二个自由面，使体积破碎更容易。尤其对具有一定脆性及较硬的岩层效果更佳。

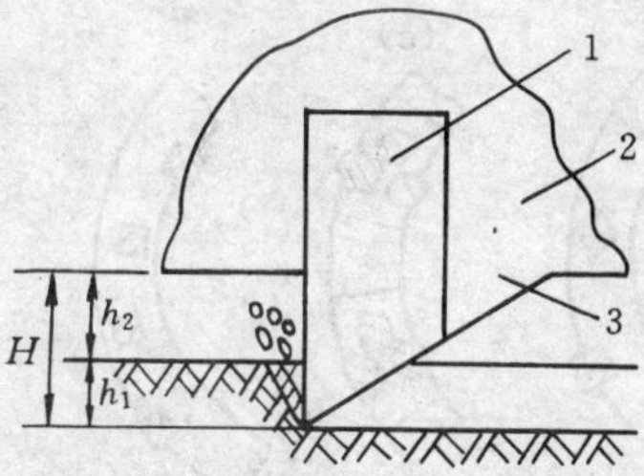

图 4-8　切削具底出刃和补强示意图

1—切削具；2—钻头体；3—补强

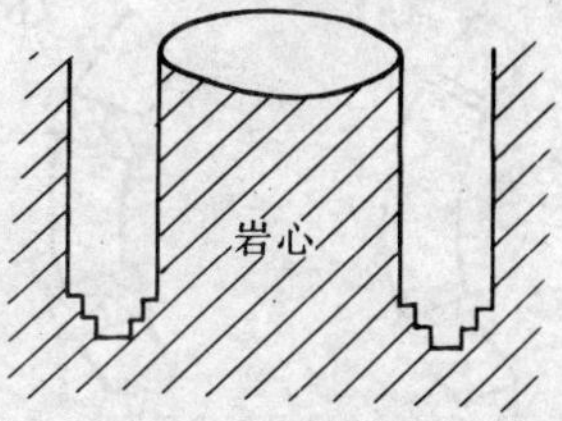

图 4-9　阶梯形环状孔底示意图

3. 切削具的镶焊角度

针对不同性质的岩层，可以把具有一定刃角 β 的切削具以不同的前角（亦称镶焊角）镶焊在钻头体上，从而获得不同的钻进效果。

切削具在钻头唇面上有三种镶焊方式：切削具以正前角斜镶的称为正斜镶[图 4-10(a)]，垂直摆放的为直镶[图 4-10(b)]，以负前角斜镶的称为负斜镶[图 4-10(c)]。

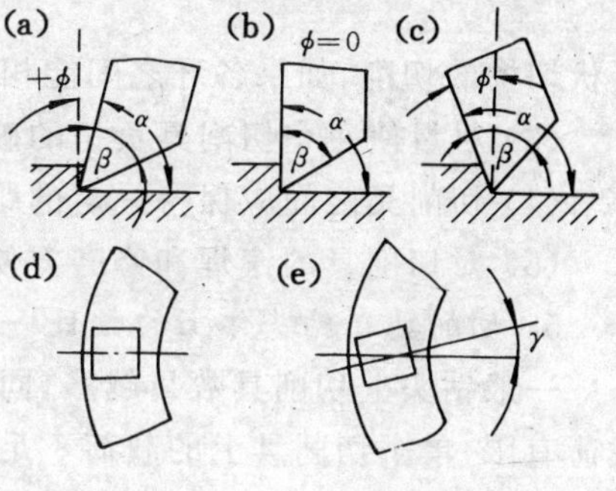

图 4-10　切削具的镶焊方式

α—切削角；β—刃角；φ—前角；γ—切削具相对于钻头径向的扭转角；(a)、(b)、(c)、(d)、(e)—切削具在钻头体上的不同状态

不同刃角的切削具使用范围也不同，其推荐值如下：

(1) $\beta=45°\sim50°$，用于Ⅰ～Ⅳ级非裂隙性岩石；

(2) $\beta=65°$，用于Ⅴ～Ⅶ级岩石；

(3) $\beta=90°$的小切削具，用于自磨式钻头。

切削角 α 的大小应根据所钻岩性来选择。一般来说，钻进软岩 α 应取小些，但不宜过小。因为 α 过小可能使切削具后面直接与岩面摩擦。

究竟选择何种镶焊角形式（正斜镶、直镶、负斜镶），应考虑下述原则：

(1) 对所钻岩石切入和回转阻力小；

(2) 某种镶焊形式可保证钻头体上的切削具有较大的抗弯和抗磨损能力；

(3) 有利于及时排除岩粉；

(4) 磨损后的切削具应保持一定的切削能力，即端面的接触面积不能过快地增大。

上述条件很难同时满足，设计钻头时应根据岩性，有所侧重地考虑。

分析表明，在切入深度相同的条件下，切入岩石所需的轴向力 P_y 和水平力 P_x 正斜镶最大，直镶次之，负斜镶最小；当磨损体积相同时，切削刃端的磨损面积正斜镶最大，直镶次之，负斜镶最小；当三者出刃大小一致时，切削刃上的弯矩正斜镶最大，直镶次之，负斜镶最小；排粉条件是正斜镶最好，直镶次之，负斜镶最差。所以，通常正斜镶的钻头在软岩中具有高钻速，而负斜镶钻头适用于硬岩和非均质岩层，最常用的是直镶。

4. 切削具在钻头体上的布置方式

硬质合金钻头切削具的排列方式很多，按切削具在钻头体唇面上的分布圈数，可分为单环排列、双环排列和多环排列（图 4-11）。再加上切削具摆放的密集程度，是否扭转一定的角度等因素都可有所变化，从而构成多种类型的钻头形式。确定切削具布置方式时应考虑以下原则：

(1) 能保证钻头在孔底工作平稳；

(2) 双环、多环排列或分组排列时，每个切削具只破碎孔底的一部分，叠加起来完成整个

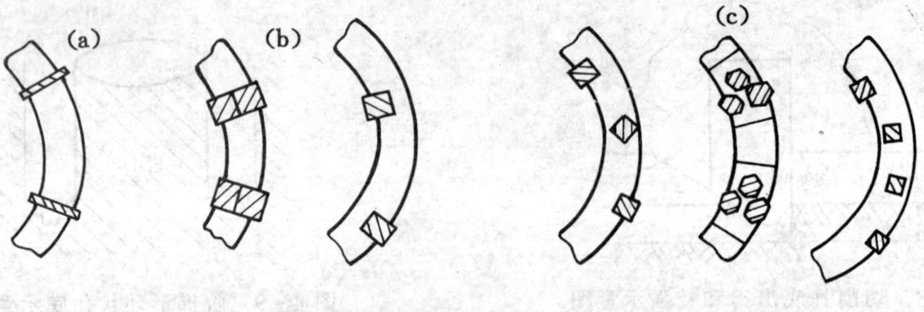

图 4-11 切削具在钻头体上的布置

(a)—单环排列；(b)—双环排列；(c)—多环排列

环状切槽的切削，如果各环之间能相互造成自由面，则破岩效果更佳；

(3) 尽量使每个切削具负担的破岩量接近，避免局部磨损过甚；

(4) 切削具之间应保持一定的距离，以利于排粉；

(5) 对切削具的镶焊和修磨方便。

5. 切削具在钻头体上的数目

一般钻头上切削具数目越多，同时参加破岩的切削点就多，钻头寿命较长。但是，由于轴向载荷有限，单个切削具上的载荷不足，只能形成表面破碎；加之切削具数目太多，则岩石破碎处于相互夹持状态，使剪切体变小，造成重复破碎，孔底冷却效果变差，最终严重影响钻进效率。实验表明，钻头体上两组(粒)切削具间的距离 l 与切削具厚度 b 之比应为 $l/b\geqslant 2.5$。

切削具数目取决于岩性、钻头直径和切削具形状。对软岩取较少的数量，对较硬和非均质及研磨性岩石，保证一定的钻头寿命是主要矛盾，一般应取密集式排列。

6. 钻头的水口和水槽

钻头上一定数量的水口和水槽(水槽下端应与水口顶端相通)，是冲洗液流经钻头，冲洗孔底并返回钻柱外环空间的通道。它直接影响着切削具的冷却和孔底及时排粉的效果。

硬质合金钻头体上的水口形状可以有矩形、半圆形、梯形和三角形，但效果最好的是三角弧形水口。水口的数目应等于钻头体上切削具的数目或组数。水口的总面积应大于或等于钻头外环空间(包括回水槽)的面积，以减少钻头处的水马力损失。

二、取心式硬质合金钻头

按切削具的磨损形态，可把硬质合金钻头分成磨锐式和自磨式两大类。

1. 磨锐式硬质合金钻头

磨锐式硬质合金钻头的切削具被磨钝后，可重新用砂轮修磨成具有锐角的单斜面切削刃，以利切入岩石。当然，修磨后的切削具下孔钻进时又会被磨损，随着切削具的磨损，机械钻速将逐渐下降，如图 4-12 的曲线 Ⅰ 所示。按钻头体的外形可把磨锐式钻头分成肋骨钻头和普通环状钻头。肋骨钻头是在钻头体外侧均匀分布地焊上数块肋骨片，并在肋骨上镶焊小刃角的切削具，从而保证很大的外出刃和外环通水面积，可用于水敏性地层和松软岩层。普通环状钻头使用最为广泛，可钻进中硬或中硬以上的弱研磨性地层，其主要矛盾是如何提高钻头

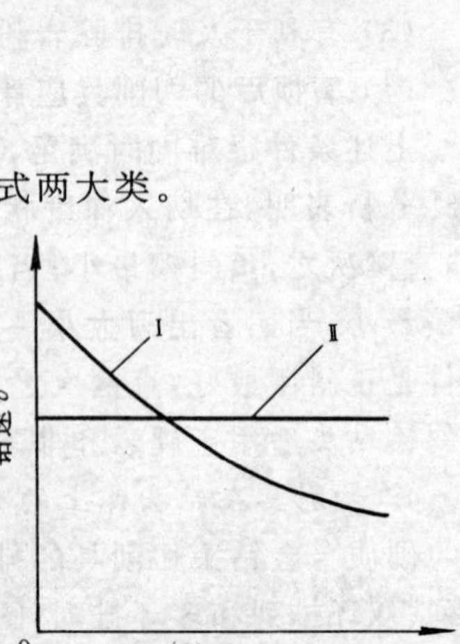

图 4-12 两种钻头的钻速曲线

Ⅰ—磨锐式；Ⅱ—自磨式

破岩效率和耐磨性。

2. 自磨式硬质合金钻头

钻进坚硬岩石时，除了采用金刚石钻头、钢粒钻头外，常用的是自磨式硬质合金钻头。自磨式钻头的切削具断面小，被磨损后其接触面积保持不变，不存在磨锐式钻头切削具逐渐变钝的弱点，故它的机械钻速基本平稳，如图 4－12 的曲线 Ⅱ 所示。由于小断面切削具的抗折断能力很差，所以必须用齿状软钢支撑切削具。如图 4－13 所示，在软钢支撑体上贴焊了薄片式硬质合金。在钻进过程中软钢的磨损超前于硬质合金，使切削具能永远保持一定的出刃。为了加强这种自磨出刃的效果，有时在软钢支撑体上钻两个小孔。如果把粗颗粒的铸造碳化钨焊接在钻头唇面上，这种自磨式钻头可在高转速、大钻压、较小泵量的规程下钻进强研磨性岩石。

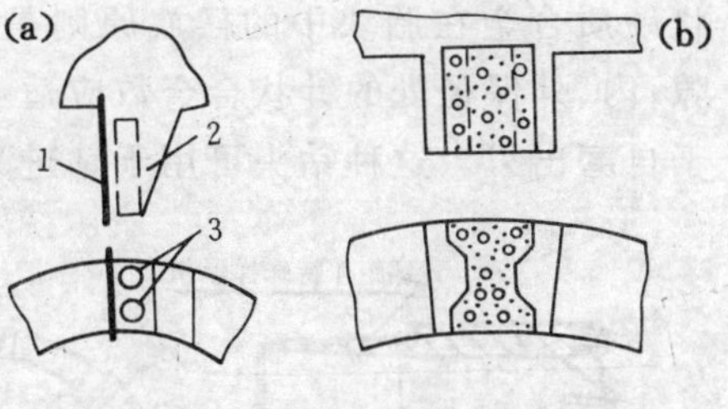

图 4－13　自磨式切削具示意图

a—薄片式；1—硬质合金薄片；2—软钢支撑体；3—小孔；b—铸造碳化钨自磨式切削具

3. 典型钻头结构举例

(1) 螺旋肋骨钻头　钻头体外侧焊有三块与底唇面呈 45°的螺旋肋骨(图 4－14)。回转钻进时，它可帮助液流上返，提高了清粉能力。切削具正斜镶，利于切削软岩石。由于通水截面积大，循环阻力小，使孔底比较干净，避免了重复破碎，从而提高钻进效率。该钻头适用于钻进 Ⅱ～Ⅳ 级(部分 Ⅴ 级)松软岩层、粘土层、风化砂岩及铝土页岩等。

(2) 薄片式硬质合金钻头　该钻头切削具锋利，采用掏槽刃的结构(图 4－15)，容易切入岩石，而且出刃较大，保证有较大的间隙来冲洗岩粉，主要用于钻进粘结性较小的软岩。

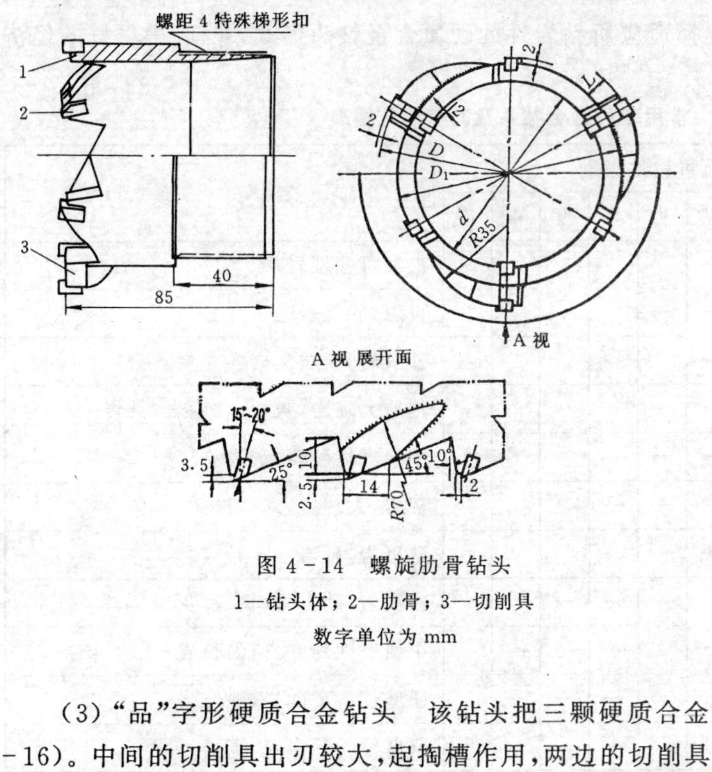

图 4－14　螺旋肋骨钻头

1—钻头体；2—肋骨；3—切削具

数字单位为 mm

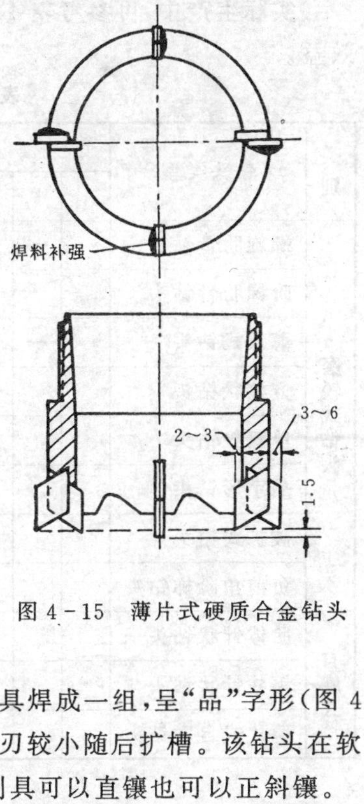

图 4－15　薄片式硬质合金钻头

(3)“品”字形硬质合金钻头　该钻头把三颗硬质合金切削具焊成一组，呈“品”字形(图 4－16)。中间的切削具出刃较大，起掏槽作用，两边的切削具底出刃较小随后扩槽。该钻头在软硬互层的条件下应用很普遍，主要用于钻进 Ⅳ～Ⅵ 级岩石。切削具可以直镶也可以正斜镶。

(4) 针状自磨式钻头　该钻头把预制好的胎块焊在钻头体上(图 4-16)。作为硬支点的针状硬质合金在胎块中的摆放原则是:保证切削具能均匀对孔底环状断面进行破碎,不留下空隙;内、外保径处的针状合金数应适当增加。作为支撑体的胎体硬度要合适,以保证超前磨耗利于自磨出刃。这种钻头可用于钻进Ⅵ～Ⅶ(部分Ⅷ)级的中等研磨性岩石。

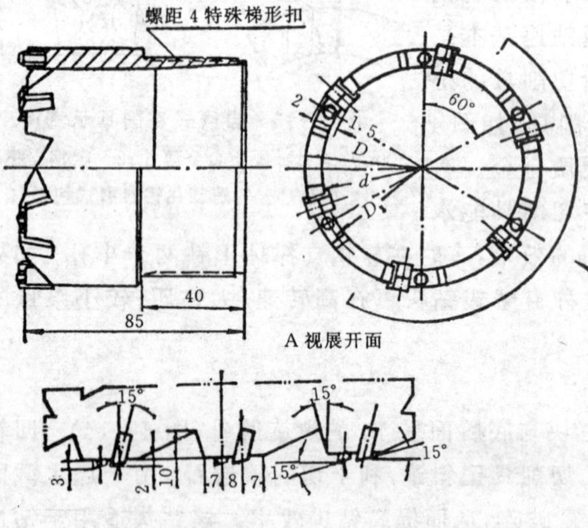

图 4-16　品字形硬质合金钻头

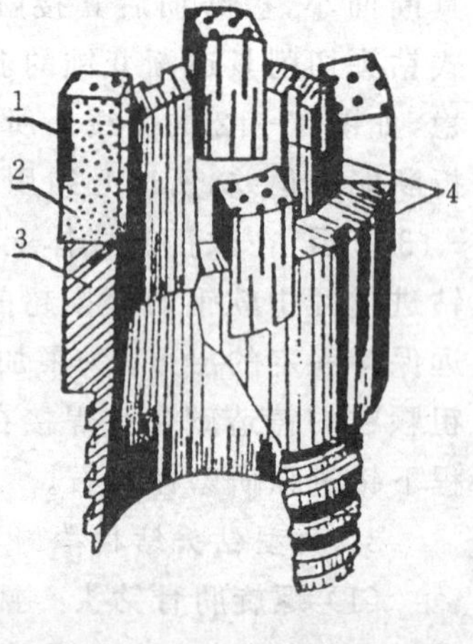

图 4-17　针状自磨式钻头

1—针状硬质合金;2—胎体;3—钻头体;4—水槽

三、硬质合金钻头选型表

实际生产中,可参考表 4-3 选择适应所钻岩性的硬质合金钻头形式,以取得更好的经济效益。

表 4-3　常用硬质合金钻头及其使用范围表

类别	钻头类型	岩石可钻性级别									岩石
		Ⅰ	Ⅱ	Ⅲ	Ⅳ	Ⅴ	Ⅵ	Ⅶ	Ⅷ	Ⅸ	
磨锐式钻头	螺旋肋骨钻头		—	—	—						松散可塑性岩层
	阶梯肋骨钻头			—	—	—					页岩,砂页岩
	薄片式钻头		—	—	—						砂页岩,碳质泥岩
	方柱状钻头			—	—	—					均质大理岩,灰岩,软砂岩,页岩
	单双粒钻头				—	—	---				中研磨性砂岩,灰岩
	品字形钻头				—	—	—				灰岩,大理岩,细砂岩
	破扩式钻头			—	—	—					砂砾岩,砾岩
	负前角阶梯钻头					—	—	—			玄武岩,砂岩,辉长岩,灰岩
自磨式	胎体针状钻头						—	—	---		中研磨性片麻岩,闪长岩
	钢柱针状钻头						—	—	—		研磨性石英砂岩,混合岩
	薄片式自磨钻头						—	—	—		研磨性粉砂岩,砂页岩

§3 钻探用金刚石及其孔底碎岩过程

金刚石是迄今为止人类发现的最坚硬的研磨切削材料，它在机械、采矿、冶金、光学仪器、电子等工业部门得到广泛的应用。地质钻探用金刚石约占世界工业金刚石用量的五分之一。

一、钻探用金刚石

1. 钻探用金刚石的分类

钻探用金刚石按成因分为天然的、人造的两大类。

国际上用于制造钻头的天然金刚石可分为“包布兹”(Bortz)，“刚果”(Congo)，“卡邦纳多”(Carbonado)，“巴拉斯”(Ballas)和“雅库特”(Якут)五类。其中，“包布兹”主要用于制造表镶钻头，“刚果”主要用于孕镶钻头，“卡邦纳多”和“巴拉斯”现已很少用于做钻头，产于俄罗斯的“雅库特”主要在前苏联境内使用。

人造金刚石包括单晶、聚晶和金刚石复合片等品种。其中，单晶是我国制造人造金刚石钻头的主要原料；聚晶是由细小的金刚石颗粒在粘合剂参与下，烧结成较大颗粒的多晶金刚石；金刚石复合片(国外称为PDC)是由一薄层金刚石多晶层加一层较厚的硬质合金层复合而成。

2. 天然金刚石的特性

金刚石为碳的结晶体，晶体结构为正四面体，碳原子之间以共价键相连，结构非常稳定[图4-18(a)]。典型的晶形有立方体、八面体和十二面体等[图4-18(b)]。金刚石是世界上最硬、抗压强度最大、抗磨损能力最强的材料，因此它是作为钻头切削刃最理想的材料。

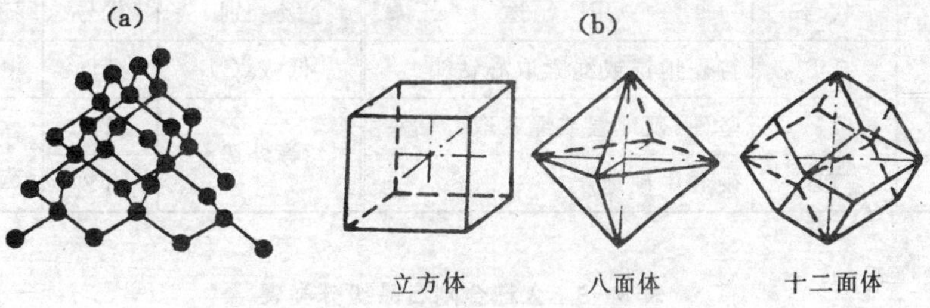

图4-18 金刚石晶体结构与理想晶形

(a)—晶体结构；(b)—理想晶体

但是，金刚石作为钻头切削具也存在着较大的弱点：① 它的脆性较大，遇到冲击载荷会出现碎裂；② 热稳定性较差，在高温下遇氧便氧化并被转化为石墨，称为“石墨化”。因此，在金刚石工具的制造过程中，须隔氧，避免长时间受高温；在使用中，须避免承受冲击载荷并及时冷却切削刃。

3. 与钻探有关的金刚石物理力学性质

(1) 硬度　硬度是金刚石最重要的性能之一。金刚石的硬度极高，莫氏硬度为10级，研磨硬度是刚玉的150倍，是石英的1 000倍。

(2) 强度　金刚石具有极大的抗静压强度。天然金刚石的抗压强度大约8 600MPa，约为刚玉的3.5倍，硬质合金的1.5倍，钢的9倍。用于钻探的人造金刚石一般要求强度达2 500MPa以上。

(3) 耐磨性　金刚石的弹性模量极大(8 800MPa)，在空气中与金属的摩擦系数小于0.1，所以具有极高的耐磨性,是刚玉的 90 倍,硬质合金的 40～200 倍,钢的 2 000～5 000 倍。用于钻探的人造金刚石聚晶体一般要求与中硬碳化硅砂轮的磨耗比在 1:30 000 以上。

(4) 热性能　金刚石是热的良导体,它散热比硬质合金刃具快。金刚石的线膨胀系数很低,仅为硬质合金的 1/4～1/5,钢的 1/8～1/10,但随温度的升高而增长较快,这对金刚石钻头的包镶和使用产生不利影响。金刚石容易受到热损伤,虽然温度尚低于其燃烧温度,但金刚石的强度、耐磨性已受到严重影响。所以钻进中必须充分冷却,防止发生金刚石钻头烧钻事故。

4. 钻探用金刚石的粒度和品级

国际上通用的金刚石计量单位是克拉① (carat)。钻探用金刚石常用一克拉多少粒或用过筛网目数(每英寸长度内的网格数)"目"来衡量。

钻探用的金刚石粒度:

粗粒——5～20 粒/克拉;

中粒——20～40 粒/克拉;

细粒——40～100 粒/克拉;

粉粒——100～400 粒/克拉。

其中,粗、中粒多用于表镶钻头和表镶扩孔器,细、粉粒多用于孕镶钻头和孕镶扩孔器,石油钻井表镶钻头常用 0.5～15 粒/克拉的金刚石。

关于金刚石的品级,尚无明确的国际统一标准,我国地矿系统的天然、人造金刚石品级标准列于表 4-4、表 4-5、表 4-6 中。

表 4-4　天然金刚石品级分类表

<table>
<tr><th>级　别</th><th>代号</th><th>用　　途</th><th>级　别</th><th>代号</th><th>用　　途</th></tr>
<tr><td>特级(AAA)</td><td>TT</td><td>特硬地层或绳索取心钻头</td><td>低级(C)</td><td>TD</td><td>中硬地层</td></tr>
<tr><td>优质级(AA)</td><td>TY</td><td>坚硬,硬地层或绳索取心钻头</td><td rowspan="2">等外级</td><td>TX</td><td rowspan="2">择优后用于制造孕镶钻头</td></tr>
<tr><td>标准级(A)</td><td>TB</td><td>硬和中硬地层</td><td>TS</td></tr>
</table>

表 4-5　人造金刚石品级分类表

金刚石品级	代　　号	单晶强度(MPa)	单晶强度(N/粒)	应　用　地　层
特　级	RT	＞2 200	＞50	坚　硬
优质级	RY	1 800～2 200	40～50	硬
标准级	RB	1 500～1 800	34～40	中硬—硬

表 4-6　人造金刚石聚晶品级分类表

聚　晶　级　别	代　　　号	磨　耗　比
特　级	RJT	＞1∶30 000
优质级	RJY	1∶20 000～1∶30 000
标准级	RJB	1∶15 000～1∶20 000

① 1 克拉＝2×10^{-4}kg。

二、金刚石钻进的孔底碎岩过程

1. 表镶金刚石钻头的孔底碎岩过程

把钻头上的一粒金刚石看作在轴向压力 P_y 和切向力 P_x 作用下沿岩石表面移动的切削具(图 4-19)，岩石破碎时切向力 P_x 消耗在克服岩石抵抗破碎的反力 P_g 和摩擦力 T 上，$T=P_yf$。

$$P_x=P_g+T=P_g+P_yf \tag{4-8}$$

式中：f——金刚石与岩石的摩擦系数；P_y——分配在一粒金刚石上的载荷。

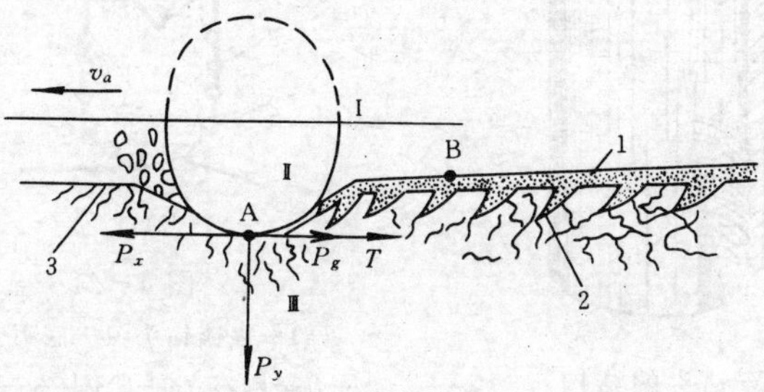

图 4-19 金刚石切削刃工作示意图

1—被压皱的岩石；2—岩石中的拉应力；3—被压碎，剪切的岩石；

Ⅰ—钻头体；Ⅱ—表镶金刚石出刃；Ⅲ—岩石

当金刚石沿同心圆运动时，它向岩石传递一定的能量，岩石吸收能量后产生破碎并形成小的沟槽。在弹-脆性岩石中，由于大、小剪切体的产生，沟槽的宽度大大超过了金刚石吃入岩石的深度。在破碎岩石的同时，金刚石逐渐被磨钝。这时磨钝的金刚石在轴载的作用下使岩石产生应变，应变的结果是在岩石中出现一些微小的裂纹，使岩石的致密结构被改变(图 4-19)。裂纹的数量及其深度取决于传递给每粒金刚石的轴载大小和钻头转速。金刚石被磨钝后，必须在孔底某一点处多次重复补充载荷才可能使岩石产生破碎，即这时的岩石破碎过程具有疲劳破碎的性质。

2. 孕镶金刚石钻头的孔底碎岩过程

孕镶金刚石钻头的孔底碎岩过程不同于表镶钻头。因为它用的金刚石颗粒小，且埋藏于胎体之中，孕镶钻头必须在钻进规程中保持自磨出刃的性能(称为“自锐”)，才能维持钻速恒定而不衰减。

总体来说，孕镶钻头的实际碎岩机理类似于砂轮磨削工件，即以唇面上多而小的硬质点(金刚石)对加工件(孔底岩石)进行刻划、磨削，并随着硬质点的逐渐磨损和消失及粘结胎体的不断磨耗，新的硬质点又裸露出来参加工作。当然，如果唇面金刚石出露较好时，也不排除在磨削的同时存在着孔底的微剪切和微压碎作用。实际上，砂轮在高速磨削工作中，自身也被磨耗，由于它的“自锐”作用而常处于锐利状态。对孕镶金刚石钻头而言，如果胎体性能与所钻岩石不适应或没有保证足够的钻压，胎体不能超前磨耗并让丧失破岩能力的金刚石颗粒自行脱落，则无法实现“自锐”。在孔底过程中表现为钻头“打滑”，钻速迅速下降。

无论表镶或孕镶钻头在孔底的工作过程都是非常复杂的。钻头被钻具紧压在孔底岩石表面，钻具的振动和弹性变形加强或减弱了加在孔底的钻压，而往复泵送出的压力流体也是脉动的，更加剧了钻具和钻头的振动。因此，学者们认为孔底还存在着微动载的破岩过程。

§4 金刚石钻头和扩孔器

钻进工作中最常用的是表镶和孕镶金刚石钻头(其结构如图 4-20,4-21 所示),在油气钻井和其他大口径钻进中则常用聚晶金刚石钻头(即 PDC 钻头)。

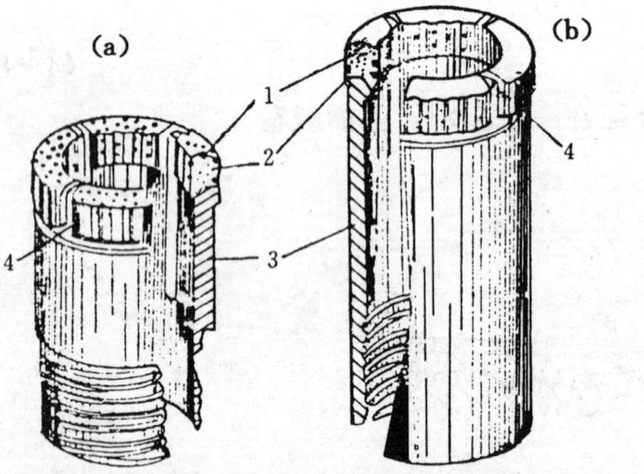

图 4-20 金刚石钻头的结构

(a)—表镶钻头;(b)—孕镶钻头;1—金刚石;2—胎体;3—钻头体;4—水口

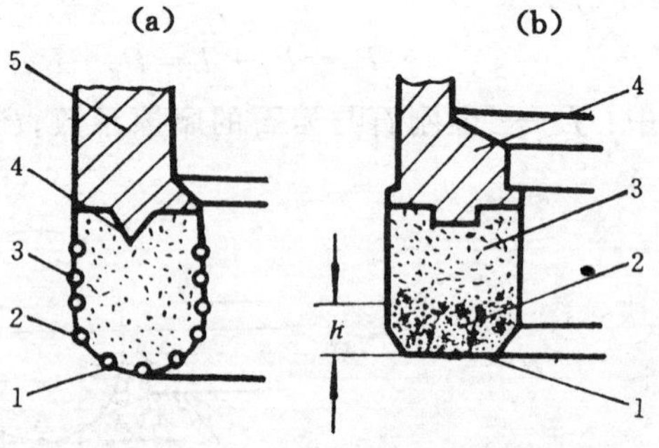

图 4-21 金刚石钻头刃部结构

(a)—表镶钻头:1—底刃金刚石;2—规径金刚石;3—侧刃金刚石;4—胎体;5—钻头体;(b)—孕镶钻头:1—金刚石;2—工作部分胎体;3—非工作部分胎体;4—钻头体;h—孕镶层高度

一、表镶金刚石钻头

1. 金刚石的粒度和选择

目前表镶金刚石钻头大都选用天然金刚石,常用的粒度为 15~60 粒/克拉,具体的粒度大小主要取决于岩石性质(表 4-7)。表镶用的天然金刚石随其质量不同往往事先进行圆化处理,或用热处理消除其内应力。

表 4-7 表镶钻头用的金刚石粒度

粒　度	粗　粒	中粒	细　粒
粒度(粒/克拉)	15~25	25~40	40~60
岩　层	中　硬	硬	坚　硬

2. 金刚石在唇面的排列

在钻进过程中,钻头外侧的规径刃和内边棱部的金刚石负担最重,其次为底刃,再次为侧刃。所以制造钻头时须选择优质金刚石作规径刃和内边刃,用回收的金刚石作侧刃,以求均衡磨损。

金刚石在钻头唇面上的排列方式有放射排列,螺旋排列和等距离排列等(图 4-22)。金刚石在钻头唇面厚度方向多采用同心环分列,并在径向必须有一定的重叠度,以保证钻进中不会在孔底形成"岩脊"。

3. 钻头的唇面断面形状

表镶金刚石钻头的唇面断面形状应根据岩性、钻头的壁厚和工作稳定性的要求不同来选

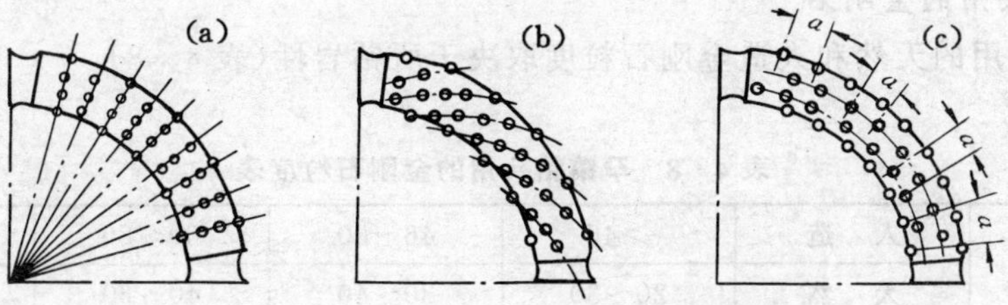

图 4-22　金刚石在钻头唇面上的排列方式

(a)—放射排列；(b)—螺旋排列；(c)—等距排列

择。一般的选用原则是：

(1) 圆弧形唇面(圆弧半径＞胎体厚度的一半)——可较好地保护钻头的内外径，适用于中硬和硬岩层，使用范围广；

(2) 半圆形唇面(圆弧直径＝胎体厚度)——可布置较多的金刚石，缓解了规径刃的过分磨损，适用于坚硬和软硬互层的研磨性岩层；

(3) 多阶梯形唇面——多用于壁厚大的钻头(如绳索取心)，适用于中硬和硬岩层，有利于破岩和导向；

(4) 内锥形唇面——适用于研磨性强的和破碎的岩层及容易引起钻头内边刃过早磨损的岩层，也可钻进砾岩，用于厚壁钻头；

(5) 外锥形唇面——适用于较软和易碎的地层，多用于双管和绳索取心钻头。

4. 钻头的水口与水槽

钻头的水路直接影响着孔底冲洗及钻进效果。常用的水口形状见图 4-23。由于表镶钻头的主水路是唇面与孔底之间的间隙，故水口和水槽的数目不能太多，这样可强制让冲洗液从主水路通过，以便有效地冷却唇面金刚石和及时排除孔底岩粉。

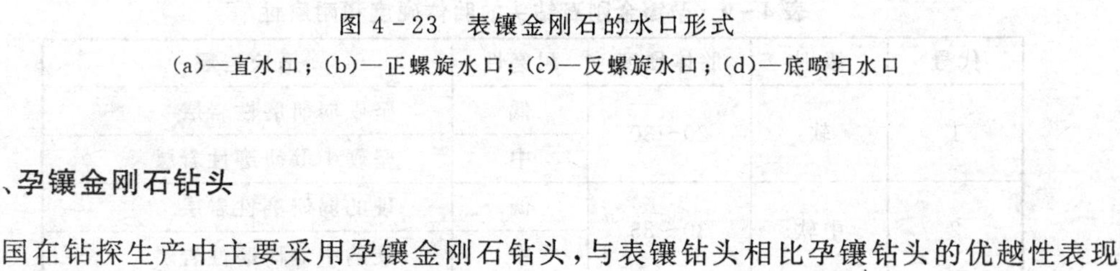

图 4-23　表镶金刚石的水口形式

(a)—直水口；(b)—正螺旋水口；(c)—反螺旋水口；(d)—底喷扫水口

二、孕镶金刚石钻头

我国在钻探生产中主要采用孕镶金刚石钻头，与表镶钻头相比孕镶钻头的优越性表现在：

(1) 对于金刚石品级的要求低于表镶钻头；

(2) 孕镶钻头抗冲击载荷的能力较好，如果钻头唇面的金刚石发生剪崩，对钻进效果的影响小于表镶钻头，对违反操作规程的敏感程度也小于表镶钻头。

(3) 因为不必按规定用手工布置摆放金刚石颗粒，孕镶钻头的工业制造过程更简单。

1. 孕镶钻头用的金刚石

孕镶钻头使用的天然和人造金刚石粒度取决于所钻岩性(表 4-8)。

表 4-8 孕镶钻头用的金刚石粒度表

粒度(目)	人 造	>46	46～60	60～80	80～100
	天 然	20～30	30～40	40～60	60～80
岩 层		中硬—硬		硬—坚硬	

2. 金刚石在胎体中的含量

孕镶钻头使用浓度来表示金刚石在胎体中的含量,它是影响孕镶钻头性能的重要结构参数。浓度的算法沿用砂轮制造业的“400%浓度制”,当金刚石的体积占胎体工作层体积的 1/4 时,其浓度为 100%,全部都是金刚石时,浓度为 400%。选择金刚石浓度的依据是所钻岩性、金刚石的品级和粒度,同时必须兼顾胎体的包镶能力和钻压值的大小。即岩石越坚硬致密,金刚石质量好,粒度细,浓度宜较低;唇面比压较大时可选较高的浓度,这样对提高胎体耐磨性也有好处。合适的浓度为 70%～120%,过高了将影响胎体的包镶能力和钻速。

3. 钻头的胎体性能

对孕镶钻头而言,根据所钻岩石正确选择胎体硬度(耐磨性)是非常重要的。为了保证孕镶金刚石能及时出刃,在钻进过程中孕镶钻头胎体的磨损应稍超前于金刚石。合适的胎体耐磨性应能使唇面金刚石正常出刃,并且在每粒金刚石的后面形成蝌蚪状支撑(图 4-24)。随着工作金刚石的磨钝,胎体应在岩粉的磨蚀下促进新的金刚石出刃。

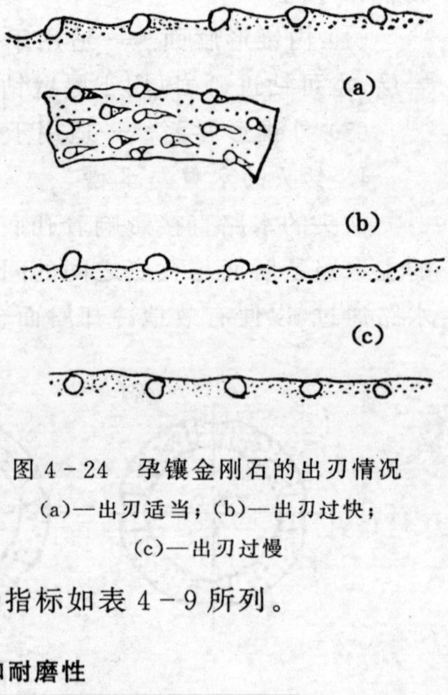

图 4-24 孕镶金刚石的出刃情况
(a)—出刃适当;(b)—出刃过快;(c)—出刃过慢

当岩石更硬时,金刚石磨损得更快,但这时产生的岩屑更薄,数量更少,因此岩屑对胎体的磨蚀作用弱于稍软的岩石。所以在坚硬的岩石中钻进时,必须选择低耐磨性(硬度较小)的胎体。

由于测定硬度的方法简单,虽然胎体的硬度不能完全代表其耐磨性,但目前仍习惯于用胎体的硬度来表示其耐磨性。我国孕镶金刚石钻头制造业采用的胎体硬度(耐磨性)指标如表 4-9 所列。

表 4-9 孕镶金刚石钻头的胎体硬度和耐磨性

代号	级别	胎体硬度	耐磨性	适应岩层
1	软	20～30	低	坚硬弱研磨性岩层
			中	坚硬中等研磨性岩层
2	中软	30～35	低	硬的弱研磨性岩层
			中	硬的中等研磨性岩层
3	中硬	35～40	中	中硬的中等研磨性岩层
			高	中硬的强研磨性岩层
4	硬	40～50	高	硬的强研磨性岩层

另外,胎体的强度(多用抗弯强度)和抗冲击韧性也是胎体性能的重要指标,不过常规的胎体配方是可以满足要求的。

4. 钻头的唇面形状

孕镶金刚石钻头的唇面形状比较简单,多为平底形,在孔内磨合一段时间后便自然形成圆弧形。如果坚硬、弱研磨性的岩石或钻头壁较厚,可把钻头唇面做成同心环槽、锯齿状或阶梯形(图 4-25),以使比压集中并在孔底形成破岩自由面。孕镶金刚石钻头常用聚晶保径,可取得满意的钻进效果。

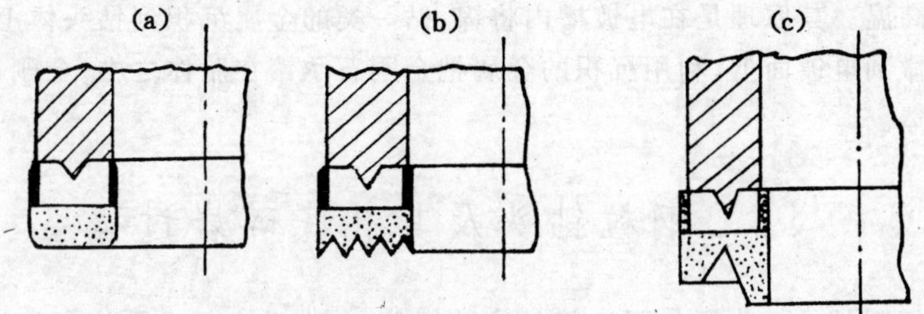

图 4-25 孕镶金刚石钻头的唇面形状

(a)—平底式;(b)—锯齿式;(c)—梯齿式

5. 钻头的水口与水路

对孕镶金刚石钻头而言,因为它的金刚石出刃非常小,故它的主水路不是钻头唇面与孔底的间隙,而是水口。在唇面扇形块的下面只存在漫流(或湿润)区,用于冷却和排粉的水流主要通过水口和水槽。因此,孕镶钻头往往设计成多水口、小水口,这样对防止烧钻有利。

三、金刚石扩孔器

金刚石扩孔器位于钻头和岩心管之间,它的直径略大于钻头直径(一般大 0.5mm),其结构如图 4-26 所示,其主要功能是:

(1) 修整孔壁,保持钻孔直径符合设计要求,从而减少新钻头下孔时的扫孔工作量;

(2) 保持孔内钻具在高转速条件下的工作稳定性。

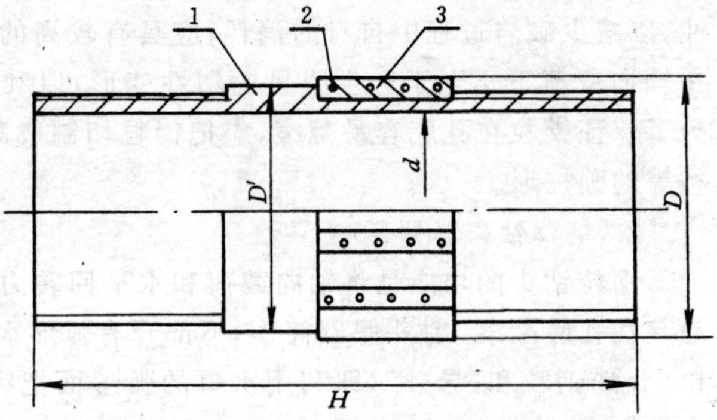

图 4-26 金刚石扩孔器结构示意图

1—钢体;2—金刚石;3—胎体;D'—扩孔器钢体外径;d—扩孔器内径;H—扩孔器长度;D—扩孔器外径

四、金刚石钻头及扩孔器的制造

1. 无压浸渍法

无压浸渍法主要用于制造表镶金刚石钻头和聚晶体钻头。先将金刚石按设计要求摆放入石墨模具上预先准备的坑内,再把骨架金属放入模槽,并安放钻头钢体。装模后轻轻敲击模壁使骨架粉末密实。最后把粘结金属碎片放于模心之内,上面撒上助熔剂和保温砂,即可放入马弗炉中加热烧结。当温度达 1 100℃ 时,粘结金属熔化,很快渗入骨架金属之中,形成有硬质点的胎体,把金刚石与钻头钢体粘结在一起,便制成了表镶金刚石钻头。金刚石扩孔器也可采用该方法来制造。

2. 热压法

热压法主要用于制造孕镶金刚石钻头。先将胎体的骨架金属粉末和粘结金属粉末按设计的比例混合，并在胎体的工作层中混入一定浓度的金刚石，装入石墨模具内。在电阻热压炉上烧结，边加温边加压，按照设计的烧结工艺流程(一般全压为10～15MPa，最高温度1 000°左右)即可制成孕镶金刚石钻头。

3. 电铸法

利用电镀方法制造孕镶金刚石钻头在我国发展较快，该方法的主要优点是在制造工艺中金刚石不接触高温。其原理是在电镀槽内将镍、钴一类的金属沉积到钻头体上，同时分层分次把金刚石微粒撒到电镀面上，利用沉积的金属把金刚石孕镶在胎体之中。金刚石扩孔器也可采用该方法来制造。

§5 钢粒钻头及其孔底碎岩过程

用未镶焊切削具的钻头压住可连续补给的钢粒，并带动它们在孔底翻滚而破碎岩石的钻进方法称为钢粒钻进。钢粒钻进曾广泛应用于Ⅶ～Ⅻ级的岩石，随着金刚石钻进的普及，它在中、小口径钻进中已逐渐被取代。但是，由于金刚石钻头价格昂贵，故钢粒钻进在大口径硬岩钻进中仍占有一席之地。

一、钢粒及钢粒钻进用钻具

1. 钢粒的特性

钻探用钢粒应具有较高的抗压碎强度，较高的硬度和耐磨性，以减少破岩过程中自身的消耗；应具有较高的屈服极限，使其在轴向载荷下不至于产生明显的塑性变形，以利于在孔底翻滚。为了保证钢粒在孔底容易翻滚，应把钢粒切制成高度和直径基本相等的圆柱形。

2. 钢粒钻头与钻具

钢粒钻头的功能是将轴向载荷和水平回转力传递给钢粒，带动其在孔底翻滚。钻头呈圆筒形，下部开有弧形水口，用于排除岩粉、分选钢粒和“导砂”(即利用水口的弧形面把完好的钢粒引导到钻头底唇面下)。整套钻具(图4-27)由钻头1、岩心管2、异径接头3、取粉管4和钻杆柱5组成。它的主要特点是：钻头体上不镶焊切削具，钻头体上只有一个高而倾斜的水口，异径接头上带有取粉管。

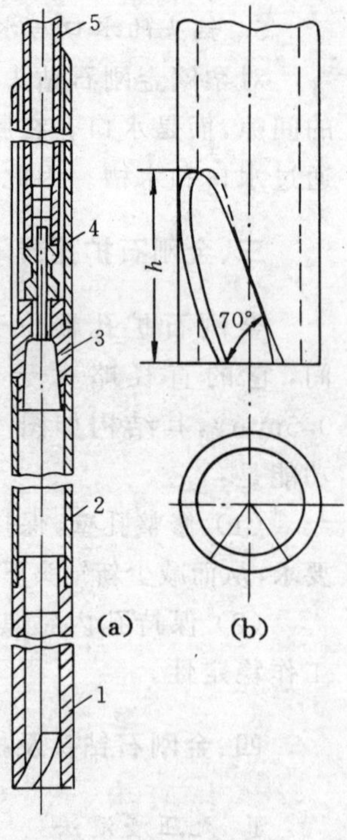

图4-27 钢粒钻进用钻具

(a)—概貌图；(b)—钢粒钻头

1—钻头；2—岩心管；3—异径接头；4—取心管；5—钻杆柱

二、钢粒钻进的孔底碎岩过程

圆柱形钢粒在钻头给予的轴向力和回转力(应理解为钻头唇面与钢粒间的联系力)作用下，在孔底岩石表面不断翻滚，主要以动压入体积破碎方式和动疲劳破碎(碾压)方式破岩。

1. 动压入体积破碎

圆柱形钢粒在孔底每翻滚一次都会给岩石一个微动载作用。当完整钢粒的棱边与岩石接触时，类似于楔形工具动压入破岩的情况[图 4-28(a)]，这时钢粒 A、B 与岩石的接触面积很小，造成压应力集中，周围的岩石首先出现裂纹，继而产生跳跃式体积破碎。由于孔底不平，可能轴载瞬时集中在少数钢粒上，更加强了这种动压入体积破碎。

2. *动疲劳破碎*

钢粒在不断翻滚中，逐渐被磨成椭球形或球形。它以一定的压力压于岩石表面时，可看成类似于球形压模动压入岩石的情况，其下部岩石中存在着两个危险极值带，其中压力边缘处存在拉伸应力，有助于产生一定深度的表面裂纹[图 4-28(b)]。随着众多钢粒的重复碾压，裂纹加深加密，加之冲洗液的侵蚀作用，使交叉发育的裂纹以岩屑的形式被剥离下来离开母体。这就是钢粒钻进的主要破岩方式——动疲劳破碎。若轴载越大，则造成疲劳破碎所需要的重复次数越少，破岩效果越好。

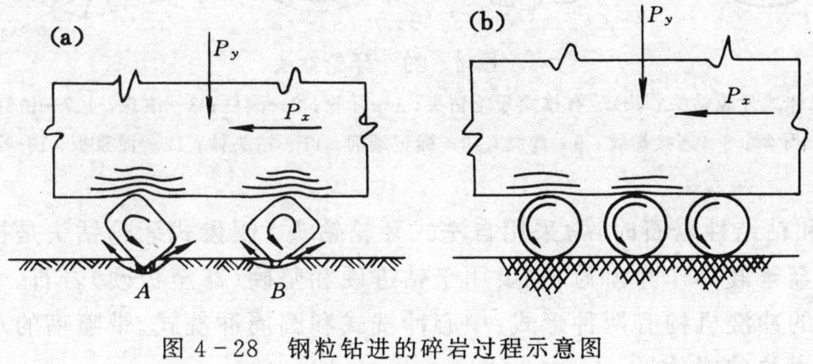

图 4-28　钢粒钻进的碎岩过程示意图

P_y—轴向压力；P_x—回转水平力

在实际生产过程中，上述两种破岩方式往往是同时发生的，只是新鲜的圆柱形钢粒以第一种分式为主，被磨圆的钢粒以第二种分式为主。由于孔底不平，经冲洗液分选后的钢粒形状不一、尺寸不均、压力不均，加之孔底环状间隙大，这些都造成钢粒钻具振动加剧，这种振动对钢粒动压入、动疲劳破岩是有利的。

§6　牙轮钻头及其孔底碎岩过程

牙轮钻头在油气钻井和大口径施工钻进中得到了广泛的应用，其中在油气钻井中用牙轮钻头完成的工作量占80%～90%左右。在大多数情况下，牙轮钻头钻进是不取心的全面钻进。以压碎-剪切方式破碎岩石的牙轮钻头(铣齿式、镶齿式)适用于Ⅰ～Ⅻ级的所有岩石，其中效果最好的是Ⅵ～Ⅹ级岩石。

一、牙轮钻头的结构

按牙轮的数量可分成单牙轮钻头、双牙轮钻头和三牙轮钻头，其中三牙轮钻头使用最广泛，双牙轮钻头主要用于小口径钻进。

按钻头体的结构可把牙轮钻头分成无体式和有体式。直径较小的(46～320mm)多为无体式[图 4-29(a)]，它把单独的结构单元——带牙轮 1 的牙掌 6 相互焊接成一体，然后在钻头体上车连接螺纹 8。有体式[图 4-29(b)]多为大口径(346～490mm)，它在钻头体 11 上焊接带牙轮 1 的牙掌 6，并在钻头体上加工内螺纹 8。

铣齿式牙轮钻头的牙齿是铣出来或锻压出来的，主要用于钻进软和中硬(部分硬岩)的岩

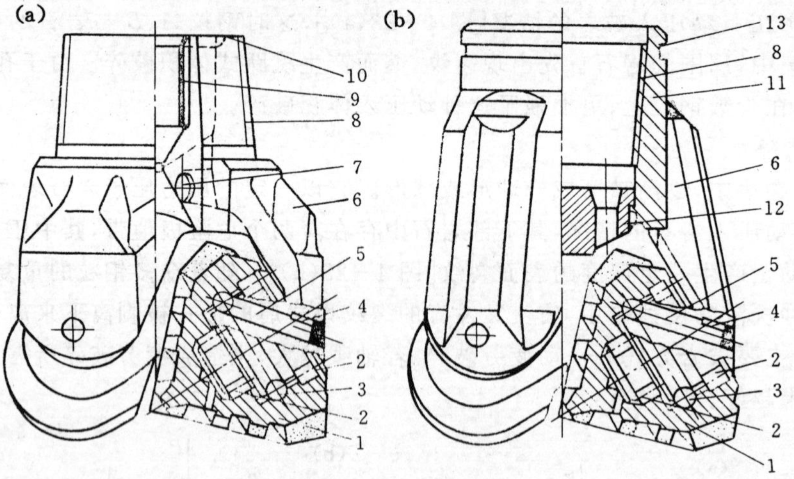

图 4-29 牙轮钻头

(a)—无体式牙轮钻头；(b)—有体式牙轮钻头；1—牙轮；2—滚柱；3—滚珠；4、7—销钉；5—堵销；6—牙掌；8—连接螺纹；9—焊缝；10—标记端面；11—钻头体；12—泥浆板；13—标记环

石。钻进塑性和粘结性岩石时，常采用自洗式牙轮钻头。镶齿式牙轮钻头是把用粉末冶金方法做成的硬质合金镶嵌体作为齿冠，主要用于钻进硬和坚硬(甚至极硬)岩石。

牙轮钻头的冲洗机构有两种形式：中心冲洗式和圆周冲洗式。带喷嘴的水力喷射式钻头更有利于提高软岩的破岩效果。

牙轮钻头的轴承承受着由钻柱质量和孔底振动造成的很大载荷，是最容易磨损的薄弱环节，必须注意加强润滑和保护。

二、牙轮钻头的孔底碎岩过程

1. 牙轮的自转与公转

牙轮钻头工作时，固定在牙轮上的牙齿随钻头一起绕钻头轴线顺时针旋转运动，称为公转，公转的速度就是钻机转盘的回转速度。牙轮上各排牙齿的公转速度是不同的，外排齿公转的线速度最大。牙齿绕牙轮轴逆时针旋转称为自转，自转转速与公转的转速及牙齿对孔底的作用有关。牙轮自转是破岩时牙齿与地层岩石之间相互作用的结果。

2. 钻头的纵向振动及对地层的冲击、压碎作用

钻进时，钻头上承受的钻压经牙齿作用在岩石上，除静载以外还有一冲击载荷，这是由牙轮的牙齿与孔底单齿、双齿交替接触造成的(图 4-30)。单齿接触孔底时，牙轮的中心处于最高位置；双齿接触时牙轮的中心下降。牙轮在滚动过程中，牙轮中心的位置不断上下交替，使钻头沿轴向作上下往返运动，这就是钻头的纵向振动。实际钻进过程中，在此基础上还由于孔底不平叠加了振幅较大的低频振动。

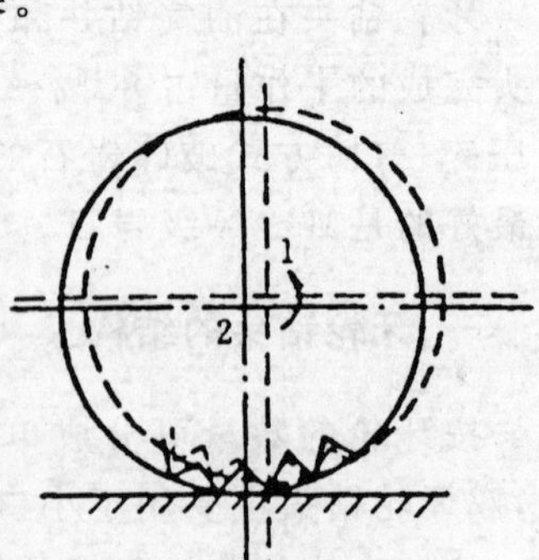

图 4-30 单、双齿交替接触孔底引起的牙轮纵向振动

钻头在孔底的纵向振动，使钻杆柱不断压缩与伸张，这种周期性变化的弹性能通过牙齿转化为对地层的冲击作用以破碎岩石，与静载压入一起形成了钻头对地层的冲击、压碎作用，这种破岩方式是牙轮钻头的主要形式。

3. 牙齿对地层的剪切作用

牙轮钻头除对岩石产生冲击、压碎作用外，还对地层有剪切作用。剪切作用主要是通过牙轮在孔底滚动的同时还伴有牙齿对孔底的滑动来实现的，产生滑动的原因在于牙轮采用了超顶、复锥和移轴三种结构。

3.1　超顶引起的滑动

如图 4-31 所示，牙轮锥顶超过钻头轴心的结构称为超顶，超过的距离 Ob 为超顶距 c。以下定性地分析由超顶引起的滑动。

设钻头工作时牙轮上每一点的公转与自转转速分别为 ω_b 和 ω_c。

由 ω_b 引起的牙轮与地层接触的母线上每一点 x 的速度 V_{bx} 是呈直线分布的，在 Oa 段方向向前，在 Ob 段向后，在钻头中心 O 处速度 $v_{bO}=0$。由 ω_c 引起的速度 v_{cx} 也是呈直线分布的，方向向后，在 b 点 $v_{cb}=0$。速度合成后，在 Ob 段形成一个向后的滑动速度 v_{sx}，此时牙轮受到一滑动阻力 P_s（其方向与滑动方向相反），因而有滑动阻力矩 $M_s(-)=P_sR$。该速度使牙轮的角速度 ω_c 降低。由于牙轮角速度降低，则在 Oa 段由 v_{bx} 和降低的 v_{cx} 合成一个滑动速度 v_{sx}（此滑动速度在靠近 O 的一端向后，靠近 a 的一端向前），同时在靠近 O 的部分产生一个与 $M_s(-)$ 方向相同的滑动阻力矩 $M_S'(-)$，在靠近 a 的部分产生一个与 $M_s(-)$ 方向相反的滑动阻力矩 $M_s(+)$。$M_s(-)$、$M_S'(-)$ 及 $M_s(+)$ 达到平衡，使 $\Sigma M_s=0$。于是牙轮的角速度便稳定在一个新数值下，不再减慢。$\overline{v}_{sx}=\overline{v}_{bx}+\overline{v}_{cx}$ 即牙轮相对于岩石的滑动速度，如图中的 $\overline{v}_s$，呈直线分布，它与 ab 线交于 M 点，$v_{sM}=0$ 为纯滚动点。点 M 相对于地层无滑动，bM 段滑动是向后的，aM 段滑动是向前的。

牙轮由超顶产生的滑动速度随超顶距 c 的增大而增大。

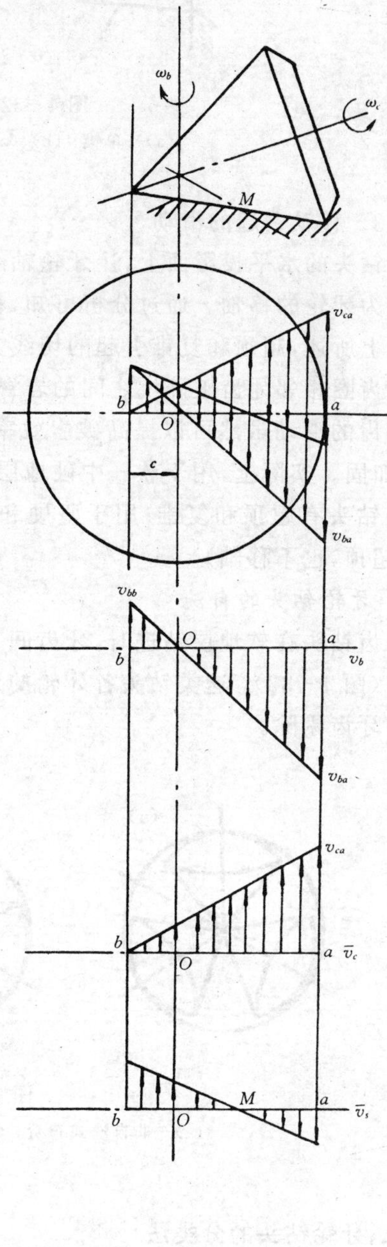

图 4-31　超顶产生的滑动

3.2　复锥引起的滑动

复锥牙轮包括主锥和副锥（图 4-32），主锥顶与钻头中心重合，而副锥锥顶的延伸线是超顶的。复锥牙轮之所以产生滑动，主要是牙轮线速度不再作直线分布，而是作折线分布。

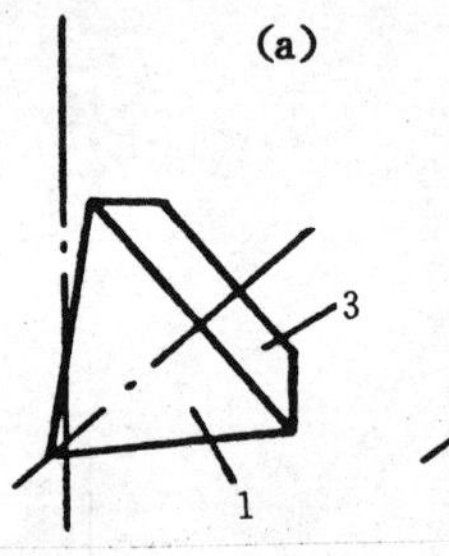

图 4-32　牙轮的几何形状与复锥

(a)—单锥；(b)、(c)—复锥；1—主锥；2—副锥；3—背锥

3.3　移轴引起的滑动

在钻头的水平投影面上，让牙轮轴线沿钻头旋转方向相对于钻头径向平移一段距离，这种结构称为牙轮的移轴。通过分析可知，移轴后将产生牙轮的轴向滑动。

综上所述，超顶和复锥引起的切线方向滑动，除以冲击、压碎作用破碎岩石外，还可以剪切掉同一齿圈相邻牙齿破碎坑之间的岩脊；移轴产生的轴向滑动，可以剪切掉齿圈之间的岩脊。

牙齿的滑动虽然可以提高破岩效率，但也造成牙齿磨损剧烈，因此须注意牙齿（尤其对铣齿）的加固。实际上，用于软—中硬地层的钻头一般兼有移轴、超顶和复锥；一部分用于中硬或硬地层钻头有超顶和复锥；用于坚硬和强研磨性地层的牙轮钻头是纯滚动而无滑动的（即单锥，不超顶，也不移轴）。

4. 牙轮钻头的自洗

牙齿钻头在软地层钻进时，牙齿间易积存岩屑产生泥包，影响钻进效率。为此，出现了自洁式钻头（图 4-33）。这类钻头各牙轮的牙齿互相啮合，一个牙轮的牙齿间积存的岩屑由另一个牙轮的牙齿剔除。

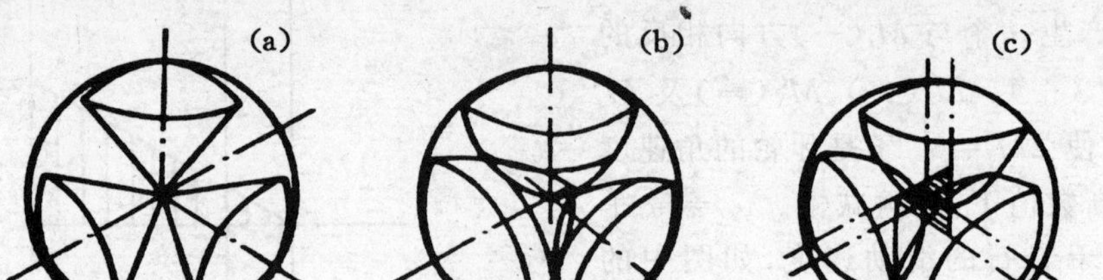

图 4-33　牙轮布置方案

(a)—非自洗式布置；(b)—自洗不移轴布置；(c)—自洗移轴布置

三、牙轮钻头的分类法

1. 我国三牙轮钻头的分类和代号

三牙轮钻头分为 2 大类 8 个系列，系列代号用汉语拼音表示（表 4-10），三牙轮钻头的型式与适应的地层如表 4-11 所列。钻头型号表示方法如下：

□ □ □
│ │ └──型号代号用表 4－11 规定的数字表示
│ └────系列名称代号用表 4－10 规定的字母表示
└──────钻头直径用数字表示

表 4－10 国产三牙轮钻头系列代号

类别	系列名称		代号
	全称	简称	
铣齿钻头	普通三牙轮钻头	普通钻头	Y
	喷射式三牙轮钻头	喷射式钻头	P
	滚动密封轴承喷射式三牙轮钻头	密封钻头	MP
	滚动密封轴承保径喷射式三牙轮钻头	密封保径钻头	MPB
	滑动密封轴承喷射式三牙轮钻头	滑动轴承钻头	HP
	滑动密封轴承保径喷射式三牙轮钻头	滑动保径钻头	HPB
镶齿钻头	镶硬质合金齿滚动密封轴承喷射式三牙轮钻头	镶齿密封钻头	XMP
	镶硬质合金齿滑动密封轴承喷射式三牙轮钻头	镶齿滑动轴承钻头	XHP

表 4－11 国产三牙轮钻头的型式代号

地层性质		极软	软	中软	中	中硬	硬	极硬
型式	型式代号	1	2	3	4	5	6	7
	原型式代号	JR	R	ZR	Z	ZY	Y	JY
适用岩层举例		泥岩 石膏 盐岩 软页岩 白垩 软石灰岩		中软页岩 硬石膏 中软石灰岩 中软砂岩	硬页岩 石灰岩 中软石灰岩 中软砂岩	石英砂岩 硬白云岩 硬石灰岩 大理岩		燧石岩 花岗岩 石英岩 玄武岩 黄铁矿
钻头体颜色		乳白	黄	淡蓝	灰	墨绿	红	褐

2. *IADC 牙轮钻头分类方法及编号*

近年来国际上趋向于采用国际钻井承包商协会 IADC 的牙轮钻头分类标准和编号，以便于识别和选用。钻头根据地层分为软、中、硬、极硬 4 类，而每一类又分为 4 个等级，根据钻头结构特征分为 9 类，根据钻头附加结构分为 11 类。

IADC 规定，每一种钻头用四位字码进行分类及编号，各字码的意义如下。

第一位字码为系列代号(共有 8 个系列)，表示钻头牙齿特征及所适应的地层：

1——铣齿，软地层(低抗压强度，高可钻性)；

2——铣齿，中—中硬地层(高抗压强度)；

3——铣齿，硬、研磨性或半研磨性地层；

4——镶齿，软地层(低抗压强度，高可钻性)；

5——镶齿，软—中硬地层(低抗压强度)；

6——镶齿，中硬地层(高抗压强度)；

7——镶齿，硬、研磨性或中等研磨性地层；

8——镶齿，极硬(高研磨性地层)。

第二位字码为岩石级别代号，表示在第一位数码表示的所钻地层中再依次从软到硬分成1、2、3、4共4个等级。

第三位数码为钻头结构特征代号，用9个数字表示，其中1～7表示钻头轴承及保径特征，8与9留待未来的新结构钻头用。1～7表示的意义如下：

1——非密封滚动轴承；

2——空气清洗、冷却，滚动轴承；

3——滚动轴承，保径；

4——滚动密封轴承；

5——滚动密封轴承，保径；

6——滑动、密封轴承；

7——滑动、密封轴承，保径。

第四位字码为钻头附加结构特征代号，用以表示前面三位数字无法表达的特征，用英文字母表示。目前IADC已定义了11个特征：

A——空气冷却；

C——中心喷嘴；

D——定向钻进；

E——加长喷嘴；

G——附加保径/钻头体保护；

J——喷嘴偏射；

R——加强焊缝(用于顿钻)；

S——标准铣齿；

X——楔形镶齿；

Y——圆锥形镶齿；

Z——其他形状镶齿。

有些钻头其结构可能兼有多种附加结构特征，则应选择一个主要的特征符号表示。

§7 全面钻头

我们把不采取岩心，对孔底岩石进行全面破碎的钻头称为全面钻头。使用全面钻头不受回次进尺的限制，可节约大量升降钻具和取心的辅助作业时间，因此在油气钻井、水井钻探和工程施工钻井中得到广泛应用。随着物探测井技术的完善，在地质钻探工作中也逐渐部分地取代取心钻进。全面钻头包括硬质合金全面钻头、金刚石全面钻头、钢粒全面钻头、牙轮钻头和螺旋钻头等。钻头的选择主要取决于岩石的可钻性，它们大致的适用范围是：Ⅰ～Ⅴ级以螺旋钻头和硬质合金翼片钻头为主；Ⅳ～Ⅸ级以金刚石和针状硬质合金全面钻头为主，也可用牙轮钻头；Ⅷ～Ⅻ级以牙轮钻头或钢粒全面钻头为主。由于牙轮钻头前已论述，钢粒全面钻头较少使用，故本节着重讨论硬质合金和金刚石全面钻头的结构。这两种钻头的破岩机理也与取心钻头类似，故不再重复。

一、硬质合金全面钻头

1. 翼片式全面钻头

翼片式全面钻头主要包括刮刀钻头和翼片钻头，前者钻头刀翼锻制成曲面形，且有正斜镶的切削具和较小的刃尖角，多用于钻进松软、软岩层的工程钻、水井钻及石油钻；后者的翼片沿钻头母线方向焊接于钻头体上，切削具采用直镶，多用于钻进较软和部分中硬岩层的地质勘探孔。翼片式全面钻头以其刀翼数量命名，如三刀翼的称为三刮刀钻头或三翼钻头，两刀翼的常叫做鱼尾钻头。

1.1　刀翼的结构角

刀翼的结构角（图 4－34）包括刃尖角、切削角、刃前角和刃后角。

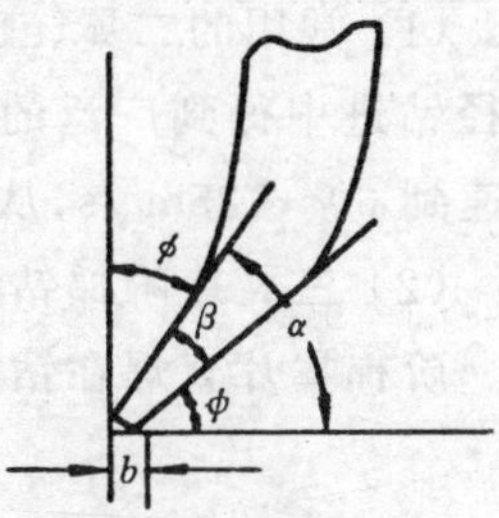

图 4－34　刀翼的结构角

刃尖角 β 是刀翼尖端前后刃之间的夹角，它表示刀刃的尖锐程度。从切入岩石和提高钻速出发，β 应该越小越好，但 β 角太小刀翼强度不能保证。一般岩石软时，β 角可以稍小，可取为 10°或 8°～9°；岩石较硬时，β 角应适当增大，平均为 12°～15°；夹层多，孔较深时，β 角也应适当增大。

切削角 α 是刀翼前刃与水平面之间的夹角，在其他条件一定时，α 角越大，吃入深度越深，但 α 角过大时，刃前岩石的剪切破碎困难，钻进时蹩劲大。对于软地层 α 角应小一些，对硬地层 α 角大一些。一般规律是：松软地层 $\alpha=70°$；软地层 $\alpha=70°\sim80°$；中硬地层 $\alpha=80°\sim85°$。

刃后角 $\psi=\alpha-\beta$。刃后角必须大于孔底角 γ（刀翼以螺旋面的运动轨迹吃入岩石，螺旋面与水平面的夹角为 γ），以免刀翼背部直接与孔底接触而影响钻速。

1.2　刀翼背部几何形状

钻头工作时，刀翼的受力类似于悬臂梁，根据等强度要求，刀翼背部应成抛物线形状，即刀翼的厚度随距刃尖的距离增加而逐渐增厚。

1.3　刀翼底部几何形状

刀翼底部有平底、正阶梯、反阶梯和反锥形几种形状（图 4－35）。底部形状不同，破碎岩石形成的孔底形状也不同。平底刀翼形成的孔底只有一个裸露自由面，而阶梯钻头可形成较多自由面。实验表明，在轴向压力一定的条件下，阶梯刮刀钻头的钻速比平底钻头快，而所需的扭矩和功率消耗比平底钻头低。

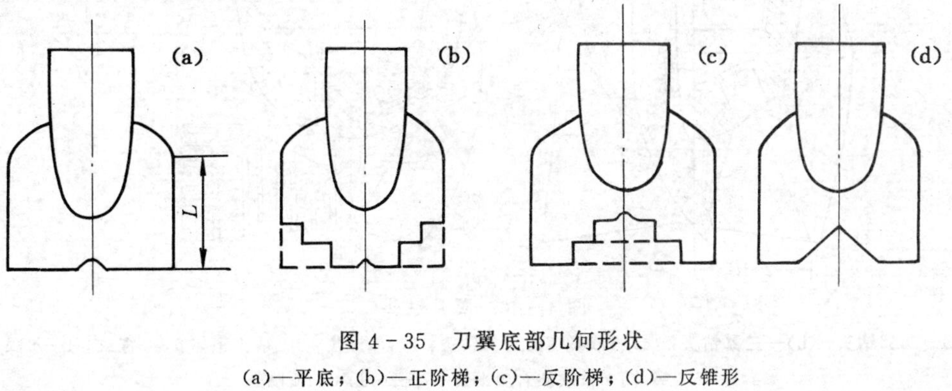

图 4－35　刀翼底部几何形状

(a)—平底；(b)—正阶梯；(c)—反阶梯；(d)—反锥形

虽然多阶梯钻头破岩效率高，但正阶梯[如图 4－35(b)]容易磨损成锥形，而使钻孔缩径。反阶梯刮刀钻头可在一定程度上解决缩径问题，但刀翼外侧底刃既起掏槽作用又起保径作用，蹩钻严重。大庆油田根据反阶梯钻头的特点，设计了反锥形刮刀钻头，刀翼的底刃可设计一个或两个斜面，使孔底形成一两个截锥体。

1.4 提高刀翼的耐磨性

为保证足够的强度，钻头的刀翼一般用高强度合金钢锻制而成。在刀翼表面平铺一层 YG8 硬质合金块以增强刀翼的耐磨性和防止泥浆对刀翼的冲刷。刀翼的侧部镶焊 YG8 硬质合金以保径。

1.5 典型翼片钻头举例

(1) 常用的二翼、三翼钻头(图 4－36)适用于可钻性Ⅰ～Ⅳ级的岩层。其中三翼钻头在大口径钻进中得到广泛的应用，它的钢体上装有可更换喷嘴的水眼[图 4－36(c)]，喷嘴使水流加速到 60～125m^3/s，从而可提高机械钻速。

(2) 三翼片阶梯钻头(图 4－37)可用于地勘孔钻进Ⅲ～Ⅳ级页岩，部分Ⅴ级砂页岩和灰岩。阶梯翼片直焊在钻头体上，根据不同岩性取不同的翼片偏离中心距，以保证在中心处能剪

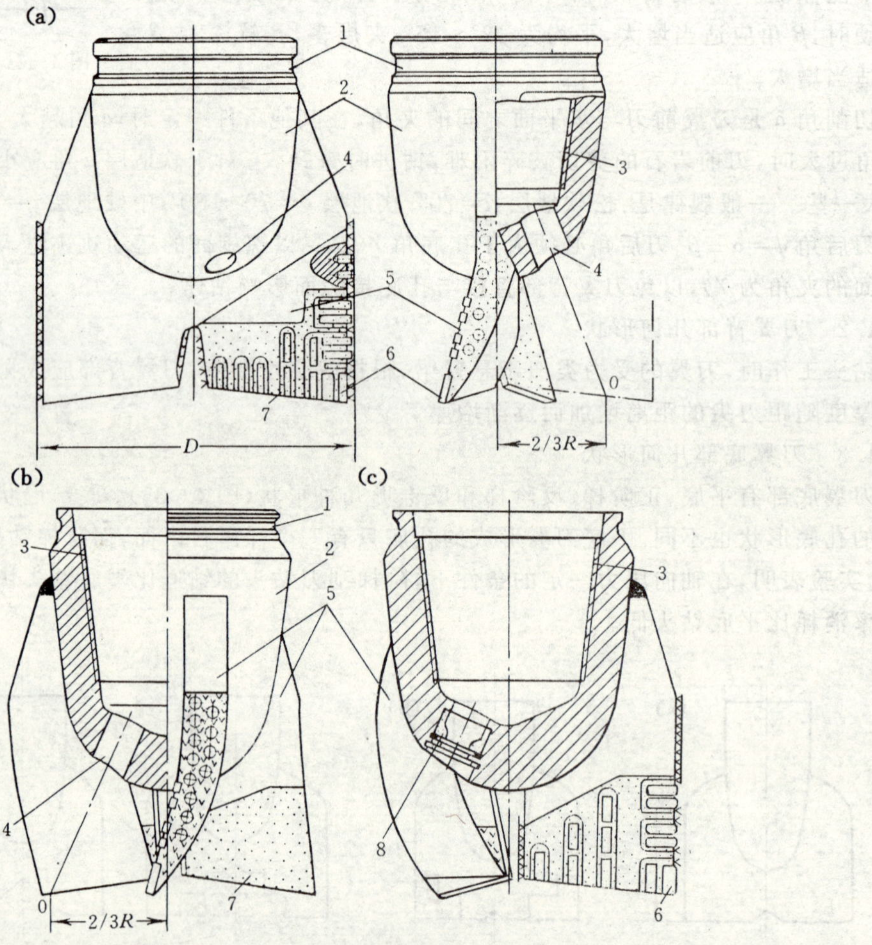

图 4－36 翼片钻头

(a)—二翼钻头；(b)—三翼钻头；(c)—带喷嘴的三翼钻头；1—标记槽；2—钻头钢体；3—螺纹；4—水眼；5—翼片；6—硬质合金薄片；7—刮刀；8—喷嘴

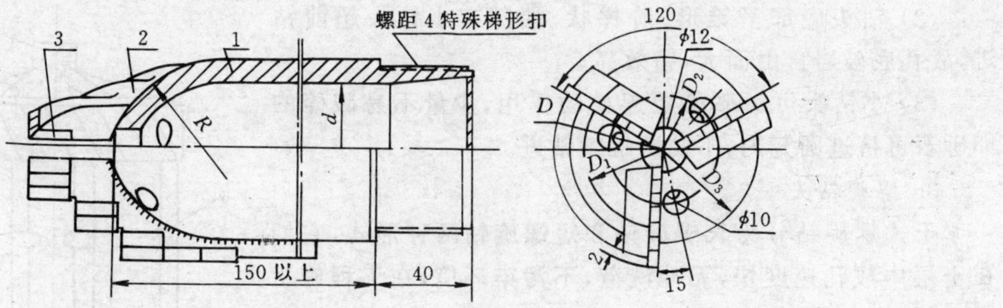

图 4-37　三翼片阶梯钻头

切碎岩不留下小岩心。

(3)针状自磨式全面钻头(图 4-38)可做成三翼、四翼或六翼，耐磨性能好。随着翼片的磨损切削具与岩石的接触面积不变，使钻速保持均匀，一次钻程可达 4～8h。适宜在Ⅴ～Ⅶ级的研磨性岩层中钻进小口径深孔。

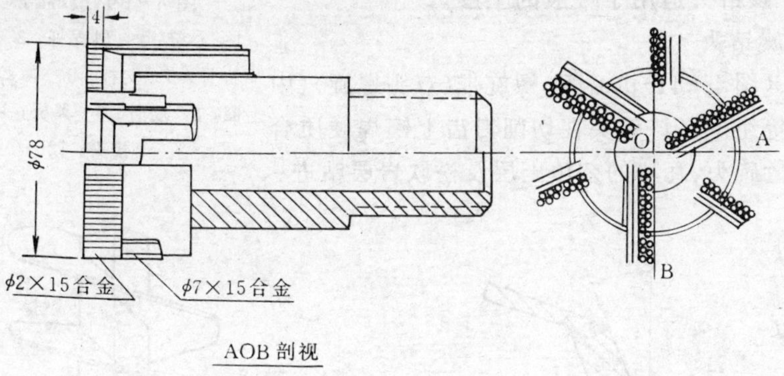

图 4-38　六翼针状自磨式全面钻头

2. 笼式全面钻头

近年来，在大口径钻孔灌注桩的施工中大量使用笼式全面钻头，又称双腰带笼式钻头。它适用于粘土、粉砂、细砂、中粗砂和含少量砾石的土层。

2.1　笼式全面钻头的结构

该钻头由中心管、翼板、上下导正圈(俗称"腰带")、立柱、横支杆、斜支杆和超前小钻头等组成(图 4-39)。上下导正圈的距离不小于钻头直径，在上下导正圈的外圆柱面上加焊带硬质合金的肋骨，以扩大孔径，修圆钻孔。翼板按一定的角度焊在下导正圈的内壁上，在翼板上直接镶焊硬质合金切削具，或者用螺栓将焊有切削具的刀头紧固在翼板上，成为可拆换式切削具。

……数量视钻头直径 ϕ 而定：ϕ800mm 钻头用 4 片；ϕ1 000mm 钻头用 4～6 片；ϕ1 200mm 以……片。

……头的特点

……杆、支柱组成的具有一定高度的圆笼，对钻头具有良好的导正作用，超……向作用(并保护出浆口不被阻塞)，使钻头工作平稳，扩孔率也

(2) 钻头底部呈锥形、阶梯状，端部有小钻头超前钻进，故孔底破岩自由面大，钻效高。

(3) 小钻头可对砂砾层起松动作用，少量不易破碎的卵砾石可挤进圆笼内，不妨碍继续钻进。

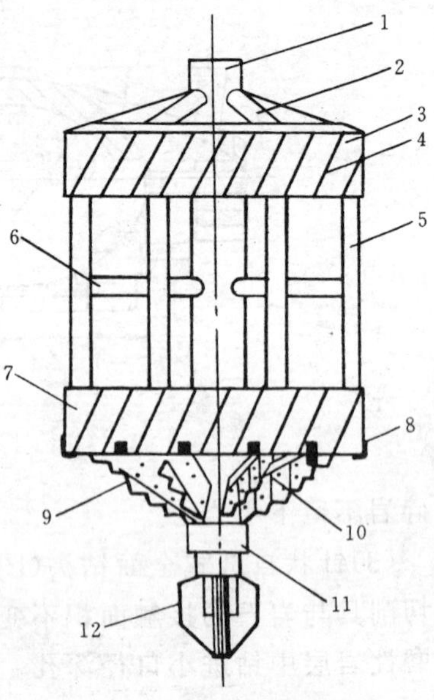

图 4-39 双腰带笼式钻头

1—心管；2—斜支杆；3—上导正圈；4—肋骨；5—支柱；6—横支杆；7—下导正圈；8—肋骨；9—翼板；10—刀体；11—接头；12—小钻头

3. 螺旋钻头

干式螺旋钻分为长螺旋钻和短螺旋钻两种形式，它们在土层中成孔速度快，无冲洗液，不污染环境，在工程施工中应用广泛。其中，长螺旋钻进靠分布在整个钻杆长度上的螺旋面把岩屑输送至地表，短螺旋只是在靠近钻头部分有螺旋叶片，每次把岩屑积聚在有限几个螺旋面上，然后与钻头一起提至地表，所以短螺旋钻对地层的适应性比长螺旋广。

3.1 平底螺旋钻头

平底螺旋钻头(图 4-40)由心管、螺旋带(双头螺旋)、平刀与中心刃刀等组成，钻头的平刀长度比螺旋叶片的外径大 10～20mm。该钻头适用于一般的土层。

3.2 耙式螺旋钻头

耙式螺旋钻头(图 4-41)由心管、螺旋带(双头螺旋)、中心刃刀、切削刀齿等组成。该钻头在切削刀齿上镶焊硬质合金，适用于含有大量砖头、瓦块的杂填土层及松软岩层钻进。

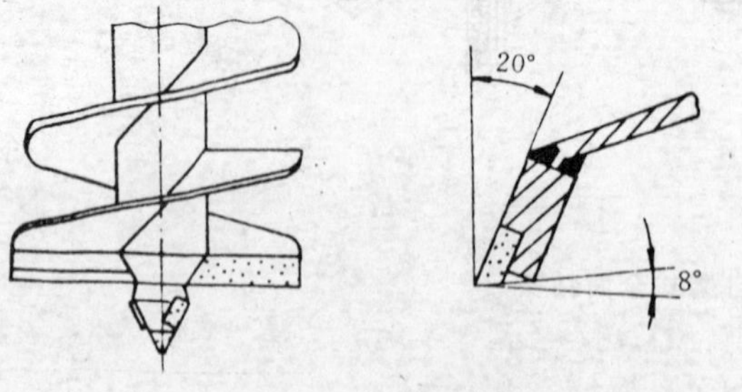

图 4-40 平底螺旋钻头

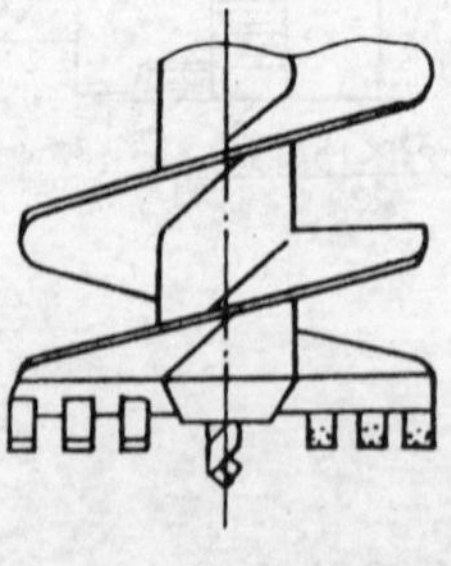

图 4-41 耙式螺旋钻头

二、金刚石全面钻头

1. 单晶金刚石全面钻头

1.1 工作剖面的几何形状

根据所钻岩性及设备工艺条件，合理选择钻头的工作剖面是提高钻进效率的最重要因素之一。金刚石全面钻头的常用工作剖面形式有以下几种(图 4-42)。

(1) 双锥阶梯形剖面 它除了两个锥面外还有阶梯或螺旋阶梯，增加了岩石破碎的自由面，有利于提高钻进效率，但钻头顶部金刚石受力很大。适用于软-中硬的地层，如硬石膏、泥岩、砂岩、灰岩等。

(2) 双锥形剖面 前一种剖面在较硬和致密的岩石中钻进时，顶部和阶梯上的金刚石易碰碎而出现较多的薄弱环节。这类地层中用双锥形剖面较合适。该钻头的工作面有内锥、外锥和顶部圆弧三部分组成。内锥角一般为 60°～70°左右，外锥角在 40°～60°左右

2.3 水力结构和切削齿的分布

PDC 钻头采用水眼或喷嘴供给钻井液，通过切削齿的排列来分配钻井液，以保证切削齿的清洗、冷却和润滑。PDC 钻头有刮刀式、单齿式和组合式三种形式。

刮刀式的布齿方式类似于前述硬质合金刮刀钻头，钻头体上的每一个水眼或喷嘴冷却、清洗一个或两个刮刀片上的切削齿。刮刀式 PDC 钻头用于粘性的或软地层钻进。

单齿式钻头是将切削齿一个个单独地布置在钻头唇面上，在适当位置布置水眼或喷嘴。这种钻头的布齿区域大，密度高，可提高钻头寿命，但容易形成泥包钻头。

组合式布齿方式是直线刮刀式和成组排列相结合的方式，在适当的位置布置喷嘴，这种布齿方式具有较好的清洗、冷却和排粉能力，布齿密度较高，可用于中硬地层。

2.4 切削齿工作角

复合片在钻头唇面上安装时，一般取－10°～－20°的负斜镶并有一定的侧倾角，(图 4－45)。负斜镶有利于保护复合片，延长使用寿命；侧倾角有利于切削齿在切削地层时对岩屑产生侧向推力，帮助岩屑向钻头外缘运动，清洁孔底。

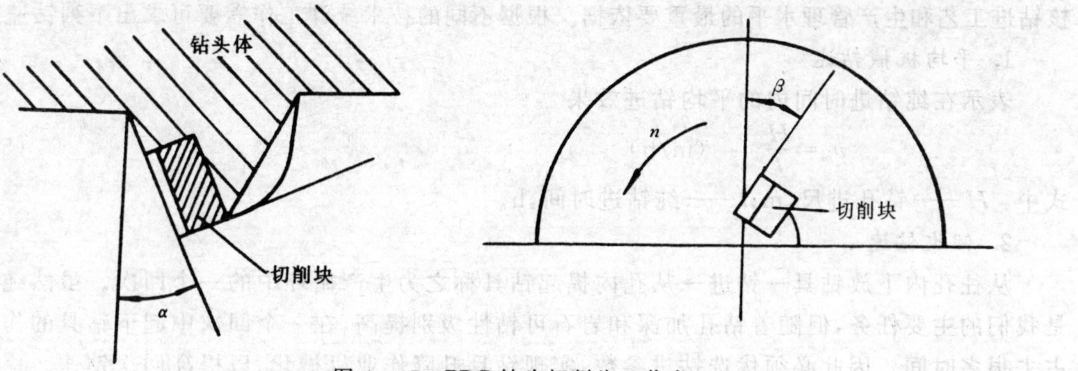

图 4－45 PDC 钻头切削齿工作角

第五章 回转钻进工艺

§1 钻进效果指标及钻进规程参数间的关系

一、钻进效果指标

衡量钻进工艺效果的主要指标有：钻速、每米钻孔成本、岩矿心采取率和钻孔方向等，它们受到多因素的影响和制约。这些因素包括不可控因素和可控因素，不可控因素是指客观存在的因素，如所钻的地层、岩性及其埋深等；可控因素是指通过一定的设备和技术手段可以进行人工调节的因素，如钻头类型、冲洗液性能、钻压、转速和泵量等。在这些因素中，钻速是一般情况下考核钻进工艺和生产管理水平的最重要依据。根据不同的技术统计工作需要可求出下列钻速：

1. 平均机械钻速

表示在纯钻进时间内的平均钻进效果

$$v_m=\frac{H}{t}\quad (\mathrm{m/h}) \tag{5-1}$$

式中：H——钻孔进尺，m；t——纯钻进时间，h。

2. 回次钻速

从往孔内下放钻具→钻进→从孔内提起钻具称之为生产循环中的一个回次。虽然纯钻进是我们的主要任务，但随着钻孔加深和岩石可钻性级别提高，在一个回次中起下钻具的作业将占去很多时间。因此必须优选钻进参数，实现钻具升降作业机械化，以提高回次钻速。

$$v_R=\frac{H}{t+t_1}\quad (\mathrm{m/h}) \tag{5-2}$$

式中：t_1——为接长钻杆、更换钻头和提取岩心必须的起下钻具时间和其他辅助作业（冲孔、扫孔等）时间，h。

3. 技术钻速

在生产中往往一个月计算一次考虑补充作业时间的技术钻速

$$v_T=\frac{H}{t+t_1+T_1}\quad (\mathrm{m/h}) \tag{5-3}$$

式中：T_1——消耗在固孔、测量孔斜、地球物理测井、孔内注浆、人工造斜等工作中的补充作业时间，h。

4. 经济钻速

经济钻速在国外也叫做商业钻速，一般按月、季计算

$$v_B=\frac{H}{t+t_1+T_1+T_2}\quad (\mathrm{m/h}) \tag{5-4}$$

式中：T_2——用于钻机安装、大修、处理孔内事故等非生产性作业的时间，h。

5. 循环钻速

循环钻速指的是从开孔到终孔整个生产大循环的平均钻速

$$v_C=\frac{H}{t+t_1+T_1+T_2+T_3}\quad (\mathrm{m/h}) \tag{5-5}$$

式中：T_3——用于安装和拆卸钻塔、起拔套管、封孔等开孔准备和终孔作业的时间，h。

二、钻进规程

所谓钻进规程是指为提高钻进效率、降低成本、保证质量所采取的技术措施，通常指可由操作者人为改变的参数组合。在回转钻进中主要的钻进参数有：钻压（钻头上的轴向载荷）、钻具转速、冲洗介质（水、钻井液或压缩空气）的品质、单位时间内冲洗介质的消耗量等工艺参数。

在生产中可以采用不同的钻进规程：最优规程、合理规程、专用规程。

1. 最优规程

当地质-技术条件和钻进方法已确定时，在保证钻孔质量指标（钻孔方向、岩矿心采取率等）的前提下，为获取最高钻速或最低每米钻进成本（式5-6）而选择的钻进参数搭配叫做最优规程。实现最优钻进规程的条件是：钻机设备的功率、转速、钻杆的强度、冲洗介质的品质等因素不限制钻进参数的选择。

每米钻进总成本
$$C=\frac{C_b+C_r(t+t_1+T_1+T_2)}{H}\quad(\text{元/m})\tag{5-6}$$

式中：C_b——钻头价格，元；C_r——钻机单位时间作业费用，元/h；H——钻头进尺数，m。

对式(5-6)进行变换，可写成
$$C=\frac{C_b}{v_m\cdot t}+\frac{C_r(1+k+K_1+K_2)}{v_m}\quad(\text{元/m})\tag{5-7}$$

式中：v_m——机械钻速，m/h；$k=t_1/t$——辅助作业时间在纯钻进时间中所占的百分比，对于一定的设备条件和孔深，它基本上为一经验值；$K_1=T_1/t$——用于固孔、测斜等补充作业的时间在纯钻进时间中所占的百分比，对于一定的钻孔类型和孔深，它基本上为一经验值；$K_2=T_2/t$——用于钻机安装、大修和孔内事故处理的时间在纯钻进时间中所占的百分比，在一定条件下，可取为经验统计值。

而在式(5-7)中
$$t=h/v_d\tag{5-8}$$

式中：h——钻头切削具的允许磨损高度，mm；v_d——钻头切削具的磨损速度，mm/h。

钻头切削具的磨损速度 v_d 往往又是钻进速度的函数，$v_d=f(v_m)$，钻头切削具的允许磨损高度 h 也往往是已知的，例如孕镶金刚石钻头为2～3mm。于是，建立了每米钻探成本与钻速之间的关系式 $C=f(v_m)$，可通过它来求出对应于最低成本 $C_{\min}$ 的最优钻速 $v_{m优}$，并由此可确定最优的钻压、转速等规程参数。

2. 合理规程

在给定的技术装备条件下，当钻进规程参数的选择受到某种制约时（例如设备功率不足，钻机的转速达不到要求，钻具强度不够，冲洗液泵量不足等），在保证钻孔质量指标的同时争取最大钻速的钻进参数组合叫做合理规程。

3. 专用规程

为完成特种取心，矫正孔斜，进行定向钻进等任务所采用的参数搭配为专用规程。这时，钻速已成为从属的目标。

确定钻进规程的一般步骤是：首先，根据地层条件、钻头类型、设备条件和工人的技术水平等因素，查阅有关手册或标准，对每个工艺参数初选一个取值范围；其次，在以往经验的基础上，初步确定规程参数的若干组取值；最后，在生产实践中边钻进，边测算钻速和钻进成本，加以分析对比或借助计算机进行处理，找出使钻效高、成本低的参数组合。

三、钻进过程中各参数间的基本关系

1. 钻压对钻速的影响

钻进中钻头上的轴向压力应为给进力(钻具质量+正或负的机械施加力)减去冲洗液浮力及孔内摩擦阻力后剩余的载荷。常用的表示钻压的方法有:

(1) 钻压 P——整个钻头上的轴向载荷,它受钻头类型、口径和切削具数量影响,可比性较差;

(2) 钻头唇面比压 p——切削具与岩石接触单位面积上的轴向载荷,它涵盖了钻头口径和类型的影响,可比性较好。

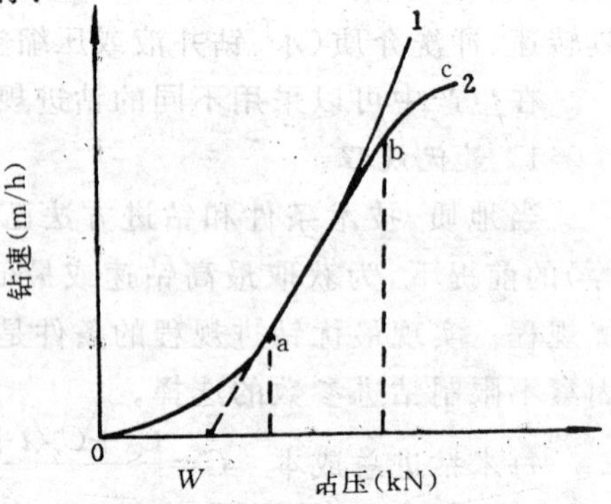

图 5-1 钻压与钻速的关系曲线

实践证明,在一定的钻进条件下,钻压影响钻速的典型关系曲线如图 5-1 所示。可见,钻压在很大的变化范围内与钻速近似成线性关系,当钻压取值在 a 点之前时,钻压太低,钻速很慢;在 b 点之后,钻压过大,岩屑量过多,甚至切削具完全吃入岩层,孔底冷却和排粉条件恶化,钻头磨损也加剧,使钻进效果变差。因此,可按图中的直线段来建立钻压 P 与钻速 v_m 的定量关系,即

$$v_m \propto (P-W) \tag{5-8}$$

式中:W——ab 线在钻压轴上的截距,相当于切削具开始压入地层时的钻压。它在石油钻井中称为门限钻压,主要取决于岩层性质。不同地层的门限钻压各异。

2. 转速对钻速的影响

图 5-2 为钻进不同岩石时测得的钻速 v_m 与转速 n 的关系曲线。

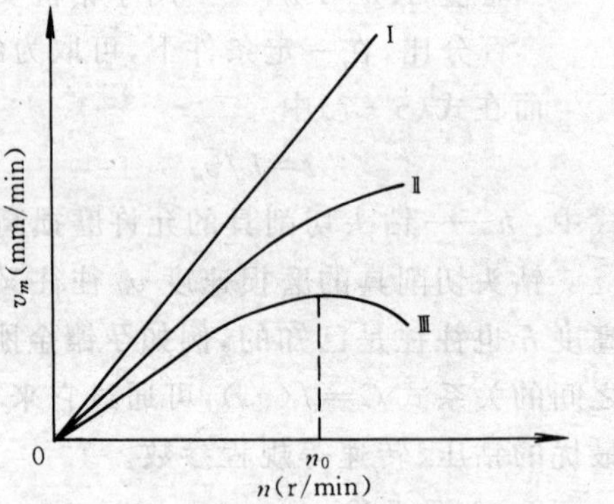

图 5-2 转速与钻速的关系曲线

由图可知,在粘土类软而塑性大、研磨性小的岩层中钻进时(曲线Ⅰ),钻速 v_m 与转速 n 关系基本呈线性关系;在中等硬度、研磨性较小的岩层中钻进时(曲线Ⅱ),钻速 v_m 与转速 n 的关系开始呈直线关系,但随着 n 继续增大而逐渐变缓,转速愈高,钻速增长愈慢;在中硬、研磨性强的岩层中钻进时(曲线Ⅲ),开始时类似于曲线Ⅱ,但钻速随转速增大而增大的速率较缓慢,当超过某个极限转速 n_0 后(n_0 的大小随岩性、钻压和切削具形状而异),钻速 v_m 还有下降的趋势。曲线Ⅱ、Ⅲ反映了岩石破碎过程的时间效应问题。

在钻压和其他钻进参数保持不变的情况下,钻速可表述为

$$v_m \propto n^{\lambda} \tag{5-9}$$

式中:λ——转速指数,一般小于 1,其数值大小与岩性有关。

3. 切削具的磨损对钻速的影响

在钻进过程中随着切削具的磨钝,切削具与岩石的接触面积逐渐增大,若此时钻压值保持不变,则机械钻速 v_m 也必然逐渐下降。这一过程实质上是钻头唇面比压 p 下降引起的,故仍可归结为钻压的影响。

4. 水力因素对钻速的影响

在钻进过程中，及时有效地把钻头破岩产生的岩屑清离孔底，避免岩屑的重复破碎，是提高钻速的一项重要措施。孔底岩屑的清洗是通过钻头喷嘴(或水口)处形成的冲洗液射流来完成的。表征钻头及射流水力特征的参数统称为水力因素。在油气钻井的牙轮钻头、刮刀钻头及大口径表镶金刚石钻头中，水力因素的总体指标通常用孔底单位面积上的平均水功率(称为比水功率)来表示。一定的钻速条件下，意味着单位时间内钻出的岩屑总量一定，而该数量的岩屑需要一定的水功率才能完全清除，低于这个水功率值，孔底净化就不完善，则钻速降低。当然，对孕镶金刚石钻头和自磨式钻头而言，若遇到弱研磨性岩石，为了保持钻头唇面切削具的自锐能力还必须在孔底保存一定的岩粉量，这时过大的水功率将导致钻速下降，甚至引起钻头被抛光。

水力因素影响钻速的另一种形式是对软岩的水力破岩作用。当水力功率大于孔底净化所需的水功率后，由于水力参加破岩，使机械钻速仍可能升高。这时可理解为使钻压-钻速关系中的门限钻压值有所降低。

5. 冲洗液性能对钻速的影响

冲洗液性能对钻速的影响比较复杂。大量的试验表明，冲洗液的密度、粘度、失水量和固相含量及其分散性都对钻速有不同程度的影响。

5.1 冲洗液密度对钻速的影响

冲洗液密度对钻速的影响，主要表现为由密度决定的孔内液柱压力与地层孔隙压力之间的压差对钻速的影响。实验室研究和钻进实践都表明，孔底压差对刚破碎下来的岩屑有压持作用，阻碍孔底岩屑的及时清除，压差增大将使钻速明显下降。图 5-3 示出了钻进页岩时，孔底压差对实际钻速 v_m 的影响曲线。数据处理后可得出

$$v_m = v_0 e^{-\beta \Delta p} \tag{5-10}$$

式中：v_0——零压差时的钻速，m/h；Δp——孔内液柱压力与地层孔隙压力之间的压差，MPa；β——与岩层性质有关的系数。

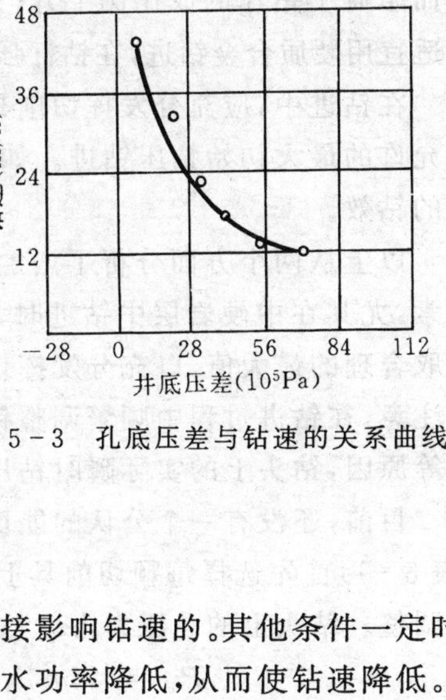

图 5-3 孔底压差与钻速的关系曲线

5.2 冲洗液粘度对钻速的影响

冲洗液的粘度是通过影响孔底压差和孔底净化作用而间接影响钻速的。其他条件一定时，冲洗液粘度的增大，将使孔底压差增大，并使孔底钻头获得的水功率降低，从而使钻速降低。

5.3 冲洗液固相含量及其分散性对钻速的影响

实践表明，冲洗液固相含量及其固相颗粒的大小和分散度对钻速和钻头寿命都有明显影响。一般应采用固相含量低于 4%的低固相不分散冲洗液。由图 5-4 可见，固相含量相同时，分散性冲洗液比不分散冲洗液的钻速低。固相含量越少，两者的差别越大。

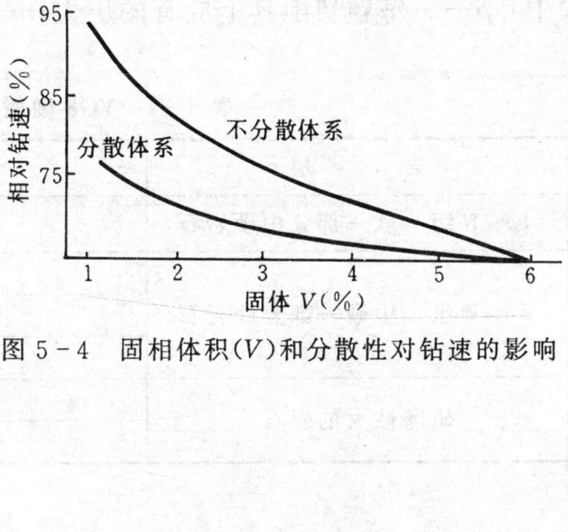

图 5-4 固相体积(V)和分散性对钻速的影响

§2　硬质合金钻进工艺

生产中用得最多的是磨锐式硬质合金钻头，而自磨式钻头的钻进规程与磨锐式有共同之处，故本节着重讲述磨锐式钻头的规程选择，对自磨式仅强调其规程参数的特点。

一、钻头压力的选择

钻压是决定硬质合金钻头机械钻速的最重要参数。在图5-1所示的钻压-钻速曲线中，如果在a点钻压的基础上继续增加钻压，其钻速将呈直线增长。钻压增大一倍时钻速增长率的试验曲线（图5-5）也证明了这一点。图5-5表明，对不同岩石而言，其钻速增长率对钻压的敏感程度是不同的。其中以中硬—硬（Ⅵ～Ⅶ级）岩石最敏感，也就是说，这类岩石增大钻压最有效。而Ⅳ～Ⅴ级岩石如果钻压过大，将使孔底排粉和冷却条件恶化，从而阻碍了钻速的成比例上升；另外Ⅷ～Ⅸ级岩石基本不适宜用硬质合金钻进，在钻杆强度允许的范围内很难通过增大钻压来使钻速呈直线增长。

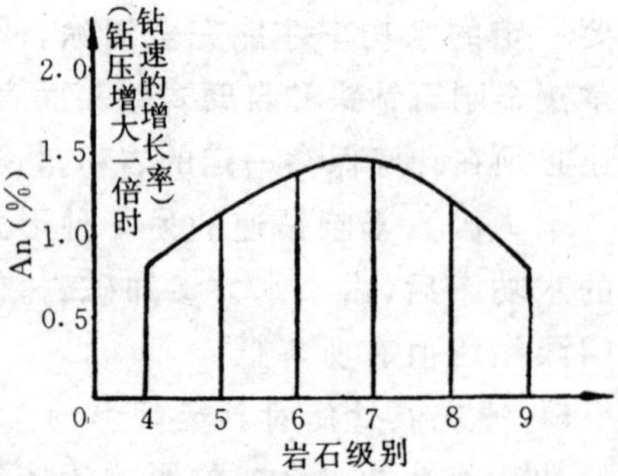

图5-5　钻压增大一倍时，钻速增长率与岩石级别的关系

在钻进中，应充分发挥切削具初刃的切入破岩优势。实践证明，硬质合金钻进开始时就应以允许的最大初始钻压钻进。如果初始钻压不足，在切削具磨钝后，再增大钻压也不可能获得好的钻效。

以上从两个方面分析了增加钻压的意义，在岩石方面——钻压是产生体积破碎的决定性因素，尤其在中硬岩层中钻进时，增加钻压对提高钻速更为有效；在切削具方面——初始钻压应取合理的最大值，以充分发挥切削具初刃的优势。随着切削具被磨钝，应逐渐补充钻压。但须注意，在钻进过程中频繁调整钻压可能导致岩心堵塞及钻孔弯曲。同时，由于孔内钻柱的振动等原因，钻头上的实际瞬时钻压值与地表的测量值有较大差距。

目前，还没有一个公认的能反映上述影响因素的钻压公式。在实际生产中，一般根据经验（表5-1）首先选择每颗切削具上的压力值p，然后在钻进过程中根据钻速的变化情况，适时加以调整。钻头上的总压力为

$$P_{总}=p\times m \tag{5-11}$$

式中：p——每颗切削具上应有的压力；m——钻头唇面上的切削具数目。

表5-1　YG8硬质合金切削具的单位压力推荐值

岩　　层	切削具形状	单位压力推荐值 p(kN/颗)
Ⅰ～Ⅳ级　软—部分中硬岩石	片　状	0.40～0.70
Ⅴ～Ⅶ级　中硬—部分硬岩石	方柱状	0.80～1.20
	中八角柱状	0.90～1.40
	大八角柱状	1.50～1.80
研磨性大的岩石	方柱状	1.20～1.40
	中八角柱状	1.20～1.70

如果岩石愈硬,可钻性级别愈高,p 值可取上限;岩石的研磨性越高,p 值也应该越大,以免切削具未能有效地切入岩石即被磨钝;对粘性大,易糊钻的软岩,应取比推荐值更小的 p 值,以免进尺过快,排粉、冷却困难酿成事故;对裂隙性岩石,也应取较小的 p 值,以免发生崩刃。

二、钻头转速的选择

人们长期习惯用转速 n 来表述钻头的回转速度,实际上用钻头切削具的线速度 v 更科学,它消除了口径的影响。两者的关系为

$$v=\frac{1}{60}\pi Dn \qquad (\mathrm{m/s}) \tag{5-12}$$

式中:D——钻头平均直径,m;n——钻头转速,r/min。

选择钻头转速的主要依据是岩石的性质和破岩的时间效应影响。图 5-2 所示的钻速-转速关系曲线已表明,在软岩层中钻进时(曲线Ⅰ)提高转速的效果最明显;而在另两类岩石中(曲线Ⅱ、Ⅲ)由于破岩的时间效应影响更显著,故钻速随转速而增大的趋势下降。

所谓时间效应指的是,岩石在切削具作用下,从发生弹性变形—形成剪切体—跳跃式吃入岩石至一定深度,需要一个短暂的时间 Δt。即要求承受载荷的切削具在即将发生破碎的岩石表面停留一个短暂的时间 Δt,使裂隙得以沿剪切面发育至自由面,才能形成剪切体。如果转速超过临界值($n>n_0$),则切削具作用于岩石的时间小于 Δt,岩层中的裂隙尚未完全发育载荷便移走了,从而造成破岩深度减少,甚至使岩石破碎状态转化为表面破碎。

岩石的研磨性影响也从另一个角度说明了时间效应的重要性,当转速过高($n>n_0$)时,不仅破岩深度减小,而且切削具在单位时间内与岩石的摩擦功明显加大,切削具快速被磨钝,造成接触面上比压降低,从而使得在岩石中裂纹发育所需的时间间隔更长,对破碎岩石更加不利。

综上所述,对于较软的、研磨性较小的岩石,可以用增大转速的办法来提高钻速;而在硬的、研磨性较强的岩石中,转速过高不仅不能提高钻效,而且对钻进过程无益有害。一般推荐的转速值用线速度表示(表 5-2),选择转速的取值范围时,还应考虑到钻头形式、冲洗液类型(有无润滑剂)、钻机能力、钻杆柱的强度和切削具的情况,通过综合分析来确定所需的转速值。

表 5-2　硬质合金切削具的线速度推荐值

岩　石　性　质	线　速　度　取　值　范　围(m/s)
软的、弱研磨性岩石	1.2～1.6
中硬的、具有研磨性的岩石	0.9～1.2
中硬—硬的研磨性岩石	0.6～0.8
裂隙性岩石	0.3～0.6

三、冲洗液泵量及其性能的选择

在冲洗液的排粉、冷却、润滑和护壁诸功能中,以排粉所需的泵量最大,故应以孔底岩粉量的多少为主要依据来选择泵量。同时,还必须注意到液流的阻力与流速的平方成正比,如果泵量过大,引起的孔底脉动举离力将抵消一部分钻压,造成在岩心管内、外环间隙中流速过高,可能冲毁岩心或孔壁。因此,合理的泵量值应在满足及时排粉的前提下兼顾其他工艺因素。

可根据下式来确定冲洗液的泵量

$$Q=m\frac{\pi}{4}(D^2-d^2)v_1 \qquad (\mathrm{L/min}) \tag{5-13}$$

式中：v_1——冲洗液在外环空间的上返速度，dm/min；D、d——分别为钻孔直径和钻杆外径，dm；m——由于孔壁、孔径不规则引起的上返速度不均匀系数，m 取 1.03～1.1。

上返速度的推荐值：清水时取 0.25～0.6m/s；泥浆时取 0.20～0.5m/s。必须兼顾的其他技术因素是：孔径大、钻速高、岩石研磨性强、钻头水口水槽宽者可取上限，反之亦然。

本章第一节讨论了冲洗液性能对钻速的影响。为了提高钻速，在可能的条件下应尽量选用清水作冲洗液；若用泥浆时，其粘度和密度值宜小不宜大，并尽量采用低固相不分散泥浆。

四、*P*、*n*、*Q* 参数间的合理配合

在实际钻进过程中，钻进规程的三个主要参数：钻压 P、转速 n 和泵量 Q 都不是单独起作用的，它们之间存在着交互影响。如果我们只是"单打一"地追求各参数的最优值，而不考虑其交互影响，则不仅达不到高钻速低成本的效果，甚至可能导致相反的结果。

关于 P、n、Q 参数间合理配合的一般原则可概括为：

(1) 软岩石研磨性小，易切入，应重视及时排粉，延长钻头寿命，故应取高转速、低钻压、大泵量的参数配合；

(2) 对研磨性较强的中硬及部分硬岩石，为保持较高的钻速并防止切削具早期磨钝，应取大钻压、较低的转速、中等泵量的参数配合；

介于两者之间的中等研磨性的中软岩石，则应取两者参数配合的中间状态。

总之，定性分析的原则是：钻进Ⅳ～Ⅴ级及其以下的岩层，应以较高转速为主；钻进Ⅴ～Ⅵ级及其以上的岩层，应以较大的钻压为主。若要进行定量分析，可借助方差分析法在统计资料的基础上找出对钻速或成本影响最显著的因素（鄢泰宁等，微机在勘探技术中的应用，1985）。

五、确定最优回次钻程时间的方法

用磨锐式钻头钻进时，在规程未改变的条件下，其钻速是随切削具的磨钝而递减的。当钻速很低时，只有起钻换钻头才能在新回次中获得较高的钻速。但在起、下钻的辅助作业中将消耗许多时间。如果早一点起钻，对提高平均钻速有利，但辅助作业时间所占比例加大；如果晚一点起钻，可减少起、下钻次数，但钻头是在钻速很低的状态下继续钻进。因此，必须确定一个最佳回次钻程时间。最佳回次钻程时间的标准应是该回次的回次钻速达最大值。

在第四章中曾由(4-6)式得出钻头在 t 时间内的进尺 H 为

$$H=\frac{v_0 t}{(1+k_0 t)} \tag{5-14}$$

式中：v_0——钻进开始时的瞬时钻速；k_0——表示钻速下降特征的系数，它主要取决于岩性、钻进规程和钻头类型。

把(5-14)式代入计算回次钻速的(5-2)式，再用求极大值的方法可求出最佳钻程时间 t_0

$$t_0=\sqrt{t_1/k_0} \tag{5-15}$$

于是，此时的最优回次钻速为

$$v_R=\frac{v_0}{1+2\sqrt{t_1 k_0}+k_0 t_1} \tag{5-16}$$

据瞬时钻速 v_m 与进尺 H 的关系，并把(5-15)式代入，可求出此时的瞬时钻速为

$$v_m=\frac{\mathrm{d}H}{\mathrm{d}t}=\frac{v_0}{1+2\sqrt{t_1k_0}+k_0t_1} \qquad (5-17)$$

由(5－16)式和(5－17)式可知，在 t_0 时刻，瞬时钻速与回次钻速正好相等。这便为在现场用绘图法确定最佳钻程时间 t_0 提供了理论依据。如图 5－6 所示，在生产过程中随时记录并作 v_m 和 v_R 曲线，当两条曲线相交时，它对应的就是最佳回次钻程时间 t_0，这时必须起钻结束回次钻程。

虽然以上分析从理论上解决了确定最佳回次钻程时间 t_0 的问题，但在现场实施仍有很多困难：① 在野外条件下仅靠手工实时测算并绘制两条曲线，并非易事；② 上述理论推导的基础为规程和岩性一定，但实际钻进过程很难保证岩性不变，加之其他随机因素的干扰，实际绘出的钻速曲线不可能像图 5－6 那样有规律。因此，目前在现场仍是凭经验，根据钻头类型和孔深的不同确定最佳起钻时间。

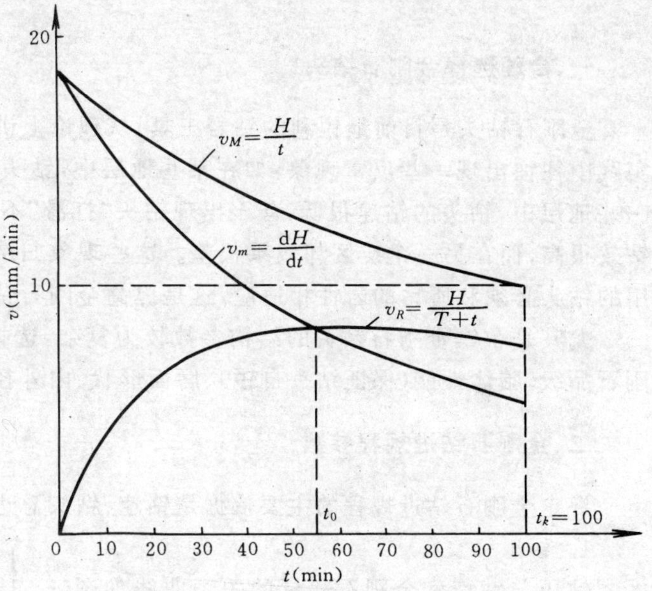

图 5－6　确定最佳钻程时间 t_0 的方法

必须指出，随着计算机和自动检测技术的普及，上述确定最佳钻程时间的方法已经可以在现场自动实现了。前苏联于 1982 年研制成功的微机自控钻进系统，在钻进过程中定期检测进尺量，每 7s 时间由微机计算一次瞬时钻速 v_m 和回次钻速 v_R 并存储起来，同时按不等式

$$\frac{v_R}{v_m}<C_m \quad (C_m\text{ 的取值为 }1.1\sim1.2) \qquad (5-18)$$

判断是否需要终止回次钻程。如果(5－18)式能满足，则钻进过程处于图 5－6 中 t_0 点的左边或刚过 t_0 点，可继续钻进。如果不满足，说明已稳定地超过 t_0 点。但为了防止因偶然因素或规程变化造成的虚假现象，还需继续观察 5min。这时微机系统给钻压一个增量 ΔP，以便观察瞬时钻速 v_m 是否会继续增大而重新满足(5－18)式，同时每秒钟测算一次 C_m 值，如果不满足(5－18)式的次数达 60%，则发出“起钻”的命令。他们应用该系统在舒尔坦矿区使回次钻速提高了 10%～20%。

六、自磨式硬合金钻头的规程特点

自磨式钻头与磨锐式钻头的主要区别在于，切削具与孔底接触面积恒定，要求切削具能正常自磨出刃，其破岩过程以微剪切和磨削为主，钻速比较平稳等。自磨式钻头的钻进规程特点是：

1. 钻压

自磨式钻头唇面有软钢等材料制成的支撑体或胎体，与岩石的接触面积大，总的钻压应大于磨锐式钻头。以胎块式针状合金钻头为例，一般钻压比磨锐式大 20%～25%可取得较理想的效果。

2. 转速

由破岩机理可知，自磨式钻头必须采用比磨锐式更高的转速，以提高单位时间的破岩次数。

3. 泵量

自磨式钻头的胎块或支撑体之间的过水断面大，为了净化孔底，应采用大于磨锐式的泵量。同时，随着胎块的磨耗，过水断面减小需及时调小泵量，以防蹩泵。

§3 金刚石钻进工艺

一、合理选择金刚石钻头

金刚石钻头是目前最锐利的钻岩工具，从理论上讲它应该可以顺利地钻进各类地层，但在实践中往往出现一些反常现象：如在某些地层中，钻头金刚石耗量很大而钻头进尺很少；在另一些地层中，钻头的钻速很低，甚至出现钻头“打滑”不进尺的情况；有时某种钻头在一个矿区钻效很高，而在另一个矿区却效果很差。这些现象归结起来说明一个问题，金刚石钻进中所选用的钻头必须和所钻的岩性相适应，这是提高金刚石钻进技术经济指标的关键环节之一。

尤其是孕镶金刚石钻头的结构参数较为复杂，选择时应根据所钻岩层性质综合考虑到金刚石品级、胎体性能(保证钻头自锐)、唇面形状、内外径补强和水路设计等因素。

二、金刚石钻进规程参数

评定金刚石钻进规程的主要依据是钻速、钻头总进尺和单位进尺的金刚石耗量三个指标。

1. 钻压

钻压与钻速和金刚石耗量的关系曲线如图5-7所示，可分为三个区：Ⅰ区为表面研磨破碎，钻速极低；Ⅱ区为疲劳破碎，依靠多次重复使裂纹扩展才能破碎岩石；Ⅲ区为体积破碎区，钻速随钻压增长很快，但单位进尺的金刚石耗量也增长很快。图中显示，过大的钻压将使金刚石耗量急剧增大，并导致钻速有所下降，因此建议取钻压值在图中的最优区内。

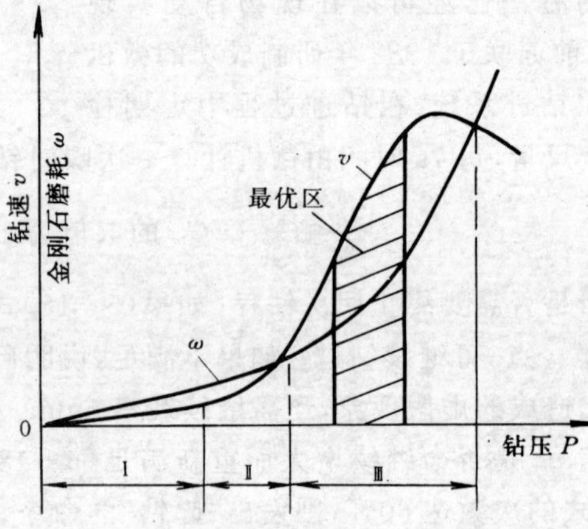

图5-7 钻压对钻速和金刚石耗量的影响

1.1 表镶金刚石钻头的钻压 P

$$P=Gp \quad (\text{dN}) \qquad (5-19)$$

式中：G——钻头上的金刚石粒数；p——单粒金刚石上允许的压力，dN/粒。

细粒金刚石：$p\approx1.0\sim1.5$dN/粒；中粒金刚石：$p\approx1.5\sim2.0$dN/粒；粗粒金刚石：$p\approx2.0\sim3.0$dN/粒；特优质级金刚石：$p\approx5.0$dN/粒；

1.2 孕镶金刚石钻头的钻压 W

$$W=Fq \quad (\text{dN}) \qquad (5-20)$$

式中：F——钻头实际工作唇面面积，cm^2；q——单位底唇面面积上允许的压力，dN/cm^2。

中硬岩石：$q\approx40\sim50\text{dN/cm}^2$；坚硬岩石或金刚石质量高者：$q\approx60\sim70\text{dN/cm}^2$。

表5-3列出了不同类型金刚石钻头推荐采用的钻压值，可供选择时参考。

选择和施加钻压时还应注意以下几点：

(1) 岩石性质 钻进软的弱研磨性或破碎、非均质岩层时，宜选下限钻压，反之亦然。

表 5-3　各类表镶和孕镶金刚石钻头采用的钻压值　单位:dN

钻头直径(mm)		36 (36)	46 (46)	59 (56)	(66)	75 (76)	91
表镶钻头	初始压力	50～100	50～100	100～200	100～200	100～200	250
	正常压力	200～400	300～600	400～750	500～850	600～1 000	800～1 100
孕镶钻头		250～450	400～700	450～850	500～1 000	600～1 100	800～1 500

注:括号内数字为管材旧系列标准。

(2) 金刚石　钻头上的金刚石质量好、数量多、粒度大时,宜选用上限钻压,反之亦然。

(3) 钻头类型　钻头口径大、壁厚与岩石接触面积大、胎体较软时,宜选用上限钻压。

(4) 应注意施加钻压的阶段性　每个新钻头的钻进回次应分为磨合阶段和正常钻进阶段。在磨合阶段应使用低钻压、低转速,让钻头唇面形状与孔底及岩心根部逐渐相吻合。

(5) 孔底实际钻压　一般地表测得的钻压值都是钻具自重加上或减去油压的指示值,而由于钻孔弯曲、泵压的脉动和岩性不均质造成钻具振动,使孔底实际的瞬时动载钻压可能是地表仪表指示钻压的 0～3 倍。因此,对于深孔、斜孔和非均质岩层应取较小的钻压。

2. 转速

由金刚石钻进的机理可知,转速是影响金刚石钻头钻速的重要因素,在一定的条件下,转速越快,钻速也越高。转速与金刚石磨损的关系比较复杂,若其他条件不变,钻头转速存在着临界值,即在某一转速下金刚石磨损量最小。

2.1　表镶金刚石钻头的线速度

表镶金刚石钻头所用的金刚石粒度较大,出刃量也较大,允许有较大的切入量,所以转速应低于孕镶钻头。推荐的线速度为 1～2m/s。

2.2　孕镶金刚石钻头的线速度

孕镶金刚石钻头所用的金刚石粒度很小(一般粒径 0.2mm 左右),出刃量微小,主要靠高转速来获取钻进效率。推荐的线速度为 1.5～3m/s。

各类表镶和孕镶钻头的适用转速如表 5-4 所列。

表 5-4　表镶和孕镶金刚石钻头适用的转速　单位:r/min

钻头直径(mm)	36 (36)	46 (46)	59 (56)	(66)	75 (76)	91
表镶钻头	650～1 300	500～1 000	400～800	350～650	300～550	250～500
孕镶钻头	1 000～2 000	750～1 500	600～1 200	500～1 000	400～850	350～700

选择合理的转速时,还应考虑以下几点:

(1) 岩石性质　如果岩层较破碎、软硬不均、孔壁不稳时,宜选用下限转速。

(2) 钻孔　如果钻孔结构简单、环空间隙小、孔深不大时,应尽量选用高转速,反之亦然。

(3) 设备和钻具　在实际工作中常因钻机的能力和钻杆柱的质量限制了选用高转速。

3. 冲洗液泵量

冲洗液在金刚石钻进中除了完成排粉、冷却、护壁功能外,还将起到润滑钻具、帮助孕镶钻头自锐的作用。

一般根据液流上返速度来确定金刚石钻进所需的泵量 Q：

$$Q=6vF \quad (\mathrm{L/min}) \tag{5-21}$$

式中：v——环隙空间的上返流速，金刚石钻进要求 $v\geqslant 0.3\sim 0.5\mathrm{m/s}$；$F$——钻孔的环空面积，$\mathrm{cm}^2$。

由于表镶、孕镶金刚石钻头钻进时钻孔环状间隙很小，冲洗液的流动阻力很大，所以金刚石钻进基本是以不大的泵量和较高的泵压来工作的。泵量过大不仅增大工作泵压，容易冲蚀孔壁和岩心，还会过量抵消钻压，引起钻具的振荡。另外，泵压是反映孔底工况的敏感参数之一，必须密切加以注意。例如，钻进中突然钻速降低而泵压猛增时，可能是发生岩心堵塞或"烧钻"的预兆；泵压逐渐下降则可能是钻杆裂纹并正在逐渐扩大。

表 5-5 中的数据可供选择金刚石钻进泵量时参考。同时还应综合考虑下述内容：

(1) 岩层性质　钻进坚硬致密的岩层时，单位时间产生的岩粉量少，可选择下限泵量，反之亦然。钻进强研磨性岩层时，为了吸收摩擦产生的热量，需要较大泵量冷却，但携带岩粉磨粒的高速液流会严重冲蚀胎体，诱发金刚石颗粒过早脱落。因此，应该权衡利弊选择合理的泵量。

表 5-5　金刚石钻进中常用的泵量值

钻头直径(mm)	36 (36)	46 (46)	59 (56)	(66)	75 (76)	91
泵量(L/min)	20～30	25～40	30～45	35～55	40～60	50～70

(2) 钻头类型　孕镶金刚石钻头出刃微小，钻头唇面与岩面间只存在漫流区，主要靠多个水口循环，加之常以高转速钻进，因此宜用较大的泵量，以防止发生烧钻。而表镶钻头的出刃较大，排粉和冷却条件也较好，故可选用较小的泵量。

(3) 防止烧钻　防止金刚石钻头(尤其是孕镶钻头)烧钻是生产中一项重要的工作。试验表明，用于冷却钻头所需的泵量并不大，只需泵量达每厘米钻头直径 0.2～0.3L/min 就可满足胎体迅速散热的需要。但当转速为 800r/min，钻头唇面压力为 10MPa 时，钻头每转一圈，胎体温度升高 1.73℃。所以钻进中若冲洗液停止循环 1～2min，便可能造成烧钻的恶性事故。

三、金刚石钻进的临界规程

对金刚石钻进规程问题，除了前述传统的定性结论外，前苏联学者通过分析钻进中的热物理过程，对钻进规程参数与胎体温度、破岩功率消耗、机械钻速、胎体磨损之间的关系进行了定量研究，并在此基础上提出了金刚石钻进的的正常规程和临界规程的见解。在正常规程下，钻头胎体温升正常，功率消耗平稳，同时钻头磨损轻微；而在临界规程下，钻头胎体温升将急剧上升，功率消耗剧增，钻头磨损严重，甚至出现烧钻。

1. 胎体温度与钻压 P 和转速 n 的关系

用人造金刚石(粒度 200～400μm)孕镶钻头钻进花岗岩时，测得的胎体温度和 P、n 之间的关系如表 5-6 所列。当钻压 P 和转速 n 达某一值时，胎体温度由 100～200℃ 急剧升至 600～700℃ 的高温。这时的钻进规程已由正常规程转入了临界规程。对于具体的岩石而言 $P\cdot n$ 的临界值基本上是个常量。表 5-6 中的粗线划出了正常规程与临界规程的分界线。胎体温度和功率消耗与 $P\cdot n$ 值的关系如图 5-8 所示，图中斜线部分为 $P\cdot n$ 临界值的范围。

表 5-6　钻头胎体温度(℃)与轴向压力 P 和转速 n 的关系

钻头转速 n (r/min)	轴向压力 P(dN)									
	100	200	300	400	500	600	700	800	900	1 000
600						60	160	190	190	560
750					100	70	100	590		
950				70	80	80	620	650	670	
1 180			90	120	640					
1 500	50	70	120	550						

2. 功率消耗、机械钻速与钻进规程的关系

试验还发现，钻进时的功率消耗、机械钻速也与临界规程有直接关系。表 5-7 中功率消耗的规律与胎体温度升高的趋势完全一致。即当胎体温度急剧升高时，功率消耗也由 2.04～2.64kW 突然增至 5.3kW 以上，功率消耗与胎体温升同步进入临界状态。钻进花岗岩的钻速也发生在同一 $P \cdot n$ 临界值的条件下(类似于表 5-6 的数据表格从略)，即用该孕镶金刚石钻头钻进该花岗岩时，其最高钻速不得超过临界值 37mm/min，否则将出现胎体温度剧增的严重后果。

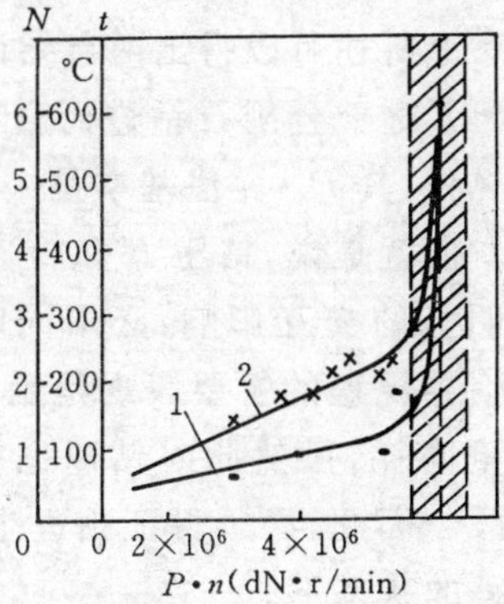

图 5-8　胎体温度和功耗与 $P \cdot n$ 值的关系
1—胎体温度；2—功率消耗

表 5-7　钻进功率消耗(kW)与轴向压力 P 和转速 n 的关系

钻头转速 n (r/min)	轴向压力 P(dN)									
	100	200	300	400	500	600	700	800	900	1 000
600						1.71	1.86	1.92	2.32	5.34
750					1.80	1.86	2.04	5.67		
950				1.95	2.31	2.79	5.37	6.56	6.91	
1 180			2.16	2.64	5.52					
1 500	0.48	1.44	2.16	5.56						

3. 胎体温度与冲洗液的关系

试验表明，当钻进过程进入临界状态后，冲洗液的冷却效果也是有限度的。由表 5-8 的数据可知，当泵量由 15L/min 增至 30L/min 时，胎体温度和功率消耗虽有某种程度的降低，但泵量增大一倍并不能使钻进过程从临界状态转化为正常规程。也就是说，若 $P \cdot n$ 已达临界值，想单纯依靠增大泵量来解决防止烧钻的问题，是不可能的。

4. 钻头磨损与钻进规程的关系

图 5-9 示出了钻头胎体相对磨损量(量纲为单位破碎功的体积磨耗)与钻进规程(钻头轴压与回转线速度的乘积)间的关系。图中 a 线为正常规程，b 线为临界规程，无论在实验室还是在生产条件下，当由正常规程转入临界规程时，钻头磨耗都是突然急剧增大。图中显示，曲线 Ⅱ

表 5-8 冲洗液泵量对胎体温度和功率消耗的影响

指　标	冲　洗　液　泵　量 (L/min)		
	15	20	30
胎体温度(℃)	725	640	550
钻进功率消耗(kW)	5.67	5.22	5.13

的磨耗量要比曲线Ⅰ高3倍，这可能与野外条件下孔内的动载，进入临界规程后钻头上的高温持续时间长使金刚石强度和胎体硬度明显降低有关。

综上所述可以得出两点结论：

(1) 对于金刚石钻进而言，每种岩石都存在着临界规程，其 $P \cdot n$ 值基本是个常数，可以通过实验测得。也就是说，钻压 P 和转速 n 两个参数之间存在着明显的交互影响，必须同时考虑它们的取值。进入临界规程的主要表现是胎体温度急剧升高，钻头严重磨耗，虽然此时钻速也很高，但可能导致烧钻事故。因此，必须保证钻进生产工艺处在小于临界规程的状态下。

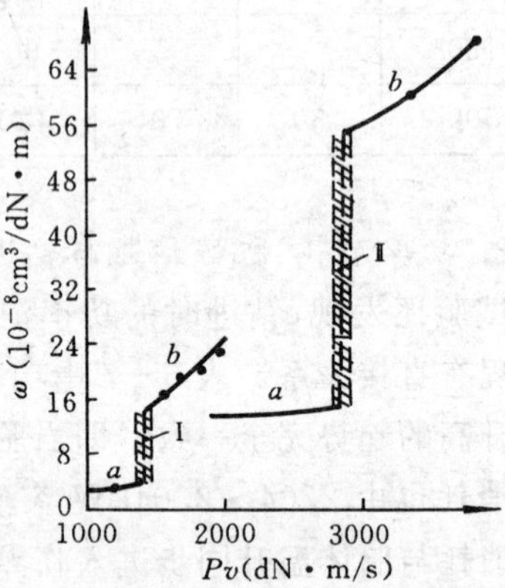

图 5-9 钻头磨耗与钻压及线速度乘积的关系

Ⅰ—实验室条件下；Ⅱ—生产条件下

(2) 钻进过程中的胎体温度和钻头非正常磨耗是重要的孔内工况指标，但不便于测量。而功率消耗便于在地表检测，又与上述二指标同步进入临界规程，因此可通过测量钻进功率来判断钻进过程正常与否。一旦出现功耗突变，便可发出进入临界规程的报警。这是由凭经验打钻走向科学钻进的一个重大进步。

§4 钢粒钻进工艺

一、影响钢粒钻进效果的因素

1. 钢粒规格对钻进效果及质量的影响

一般选粒度较大的钢粒对提高钻速有利。但粒度加大要求钢粒钻头的壁厚也要加大，同时，会导致岩心过细，孔径扩大，对取心和防斜不利。最常用的为直径3mm的切制钢粒，取钻头壁厚为粒径的3～4倍。

2. 钻头硬度和水口形状的影响

钢粒钻进中，为了能有效地带动钢粒在孔底翻滚破岩，要求钢粒钻头与钢粒之间存在着一种水平联系力。由于钢粒处于“半自由”状态，这种联系力是靠钻头唇面的变形和摩擦力来实现的。联系力的大小应大于钢粒翻滚时的阻力。因此，钢粒钻头的底唇硬度应略低于钢粒的硬度，才能有效地带动钢粒在孔底翻滚。

钢粒钻头的水口形状如图5-10所示。选择水口形状的原则是：应具有良好的“导砂”性能；能保持较稳定的孔底过水断面；当钻头磨损后，钻头唇面的压砂面积变化幅度较小；水口加工方便。采用双斜边和双弧形水口有利于顺利导砂，同时在水口高度磨短后，钻头唇面的面积

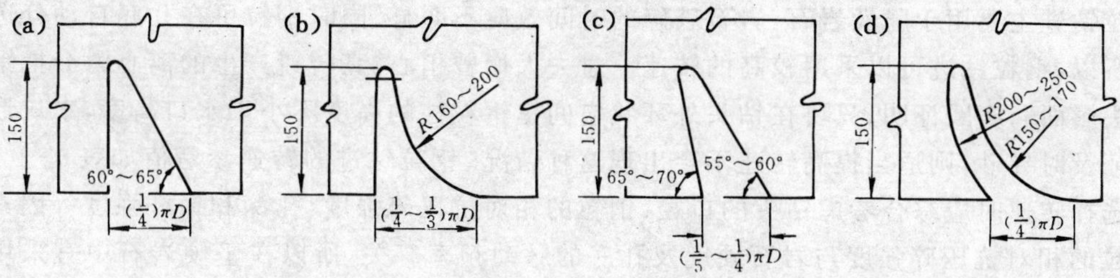

图 5-10　钢粒钻头水口形状展开图

(a)—单斜边水口；(b)—单弧形水口；(c)—双斜边水口；(d)—双弧形水口

变化相对较小,可保持轴向压力基本不变。

二、钢粒钻进的规程选择

钢粒钻进要求孔内有一定量的钢粒储备,因而其规程中除了钻压、转速、泵量外,还包括投砂方法与投砂量两个规程参数。

1. 投砂方法及投砂量

1.1　一次投砂法

在回次开始之前,把回次进尺所需要的钢粒一次投入孔内的方法称为一次投砂法。投砂量取决于岩石性质和回次进尺的长短。投砂量不足将造成钻速很低、钻孔缩径,甚至发生挤卡钻具的事故。但投砂过多,不利于排粉和孔底的钢粒分选,也影响钻速和取心质量。一般按下式估算钻进Ⅷ～Ⅹ级岩石的一次投砂量 G

$$G=KD \quad (\text{kg}) \tag{5-22}$$

式中:D——钻头直径,cm;$K=0.15\sim0.3$kg/cm,岩石可钻性级别高、研磨性强者取上限。

1.2　结合投砂法

对可钻性达Ⅺ、Ⅻ级的岩石宜采用结合投砂法。结合投砂法是在回次开始前先投入所需钢粒的50%～60%,待到确认孔底钢粒已消耗得差不多时,再从钻杆中分1～2次补投其余的钢粒。结合投砂法可适当延长回次纯钻进时间,主要用于钢粒消耗量大的Ⅺ、Ⅻ级坚硬或强研磨性岩石。

2. 钻压的选择

钢粒钻头上钻压的大小决定着孔底的破岩方式。一般按下式计算总的钻压值 P

$$P=kp\frac{\pi}{4}(D^2-d^2) \quad (\text{N}) \tag{5-23}$$

式中:k——考虑水口使钻头唇面面积减少的系数,$k=0.7\sim0.8$;p——钻头唇面的单位压力,Pa;D、d——钻头外径和内径,m。

实验室研究和生产实践证明,随着单位压力 p 的增大,机械钻速几乎呈直线上升,但当 p 达一定值(p_{max})后,这一线性关系不复存在了。这时,钢粒可能被压碎或"嵌入"钻头唇面,故造成钻速明显下降。影响 p_{max} 大小的因素有:钢粒钻头的唇面硬度、钢粒的强度、岩石的可钻性和钻头的转速。岩石愈硬,钢粒的相对强度和耐磨能力愈低,则所需的 p_{max} 压力也较低;在钢粒钻进中,随转速加快钢粒在孔底翻滚的脉动频率升高,对提高钻速有利,所以,当转速较快时 p_{max} 值下降。

3. 转速的选择

由于钢粒在孔底的翻滚受到孔壁和岩心的限制,故其运动的速度滞后于钻头的线速度。加之钢粒钻进主要用于脆性岩石，岩石破碎的时间效应不明显。同时钢粒可在孔底自动分选与补给。所以，钢粒钻进可以采用较高的转速。过去人们曾担心“高转速产生的离心力会把钢粒甩出钻头唇面”，实践证明，只要在钻头外环状空间里钢粒柱的高度不小于水口高度，水口形状又能保证及时导砂，则适当提高转速不会出现这种情况。钢粒钻进的转速参考值如表 5－9 所列。一般选择转速时应综合考虑钻头的口径、钢粒的相对抗压碎强度、孔深和钻杆强度等因素。其中钢粒的相对抗压碎强度与岩石硬度及孔底的脉动频率有关，所以在坚硬岩石中宜采用较低的转速。

表 5－9　110mm 钢粒钻头的转速选择参考表

岩石级别	Ⅶ～Ⅸ			＞Ⅹ	
孔深(m)	0～200	200～400	＞400	0～300	＞300
转速(r/min)	180～250	180	140～180	180	150～180

4. 泵量的选择

在钢粒钻进规程中，泵量是个非常重要的因素。因为它除了排粉、冷却的功能外，还在孔底钢粒的补给、分选中起主要作用。这是硬质合金和金刚石钻进中冲洗液所不具备的特殊功能。

泵量也存在着最优值。若泵量不足，无法正常地排除孔底岩屑和已丧失工作能力的碎钢粒，使完整钢粒的翻滚阻力增大，甚至较少接触孔底，故钻速很低。若泵量过大，会把孔底完整钢粒冲上来，既破坏了钻头唇面附近钢粒新陈代谢的动平衡，又将加剧岩心管的磨损，必然导致钻速下降，甚至酿成岩心管折断或钢粒卡钻的恶性事故。泵量的选择取决于岩性、钢粒规格、钻头直径、水口尺寸、钻压和转速的大小、冲洗液性能及一次投砂量等因素。估算泵量 Q 的公式为：

$$Q=q_0D \quad (\text{L/min}) \tag{5-24}$$

式中：D——钢粒钻头直径，cm；q_0——单位钻头直径上的泵量，使用清水时 $q_0=3\sim5\text{L/min}\cdot\text{cm}$，使用泥浆时 $q_0=1.5\sim3\text{L/min}\cdot\text{cm}$。当岩石级别较高、钢粒钻头水口较小、钻压较低、转速较高、孔底存砂量较少时，q_0 取下限，反之亦然。

实际生产中，随着进尺的增加，钻头水口将逐渐被磨短，水口处的流速将加快；另外这时的孔底钢粒也已被磨小，钻头处的工作钢粒数量减少。因此，在整个回次钻程中应分段逐次改小泵量，到回次末取允许的最小泵量。现场人员称此过程为“改水”。

三、钻进规程合理性的判断

目前尚未建立定量分析钢粒钻进各参数最佳配合的公式。在生产中主要通过分析钻头的磨损和岩心的形态来定性判断规程是否合理。

若回次末提上来的钻头底唇面呈弧形且麻痕均匀，说明规程掌握合理；若钻头底唇面光滑没有麻痕，表明孔底没有钢粒，钻头直接与岩石接触；若钻头水口上有涡坑，说明投砂量过大，泵量过小，冲洗液从水口流出时不能悬浮和分选钢粒。投砂量和泵量正常时，钻头上的麻痕高度基本与水口高度一致。若钻头外侧的麻痕过高或过低，则说明规程掌握不合理。若取上来的岩心上下粗细基本均匀，说明投砂量和泵量合理。若岩心呈“宝塔形”，说明一次投砂量过多，回次之初泵量过小而回次之末泵量过大，应注意逐步改水或改为结合投砂法。

§5　牙轮钻进工艺

牙轮钻头用于油气钻井已有很长的历史，积累了丰富的理论研究成果和实践经验。考虑到近年来在岩土钻进施工中也越来越多地使用牙轮钻头，下面简要介绍一些与钻进工艺参数优选有关的理论分析方法及其结论。

一、牙轮钻进的钻速方程

通过分析钻进中各参数间的基本关系，可以建立牙轮钻进钻速 v_m 与钻压、转速、牙轮磨损、压差和水力因素之间的综合关系式

$$v_m = K(P-W)n^{\lambda}\frac{1}{1+C_2h}C_PC_H \qquad (\mathrm{m/h}) \tag{5-25}$$

式中：P——钻压，kN；W——门限钻压，kN；n——转速，r/min；K——地层可钻性系数，它与岩性、钻头类型及冲洗液性能等因素有关；λ——转速指数，一般小于 1；C_2——牙齿磨损系数，它与钻头齿形结构和岩性有关；C_H——孔底水力净化系数，它是实际钻速与水力净化完善时的钻速之比，$C_H \leqslant 1$；C_P——差压影响系数，它是实际钻速与零差压时的钻速之比，$C_P \leqslant 1$；h——牙齿磨损量，以牙齿的相对磨损高度表示，新钻头时 $h=0$，牙齿全部磨损时 $h=1$。

(5-25)式中的 W、K、λ、C_2，在岩性、钻头类型、冲洗液性能和水力参数一定时，都是固定不变的常量，可通过现场的钻进试验和钻头资料确定。

二、钻头磨损方程

以下主要介绍铣齿牙轮钻头牙齿磨损的影响因素及磨损规律。

1. 钻压对牙齿磨损速度的影响

牙齿磨损速度与钻压的关系式为

$$\frac{\mathrm{d}h}{\mathrm{d}t} \propto \frac{1}{D_2 - D_1P} \tag{5-26}$$

式中：D_1 和 D_2——钻压影响系数，其值与牙轮钻头尺寸有关。当钻压等于 D_2/D_1 时，牙齿的磨损速度无限大，即 D_2/D_1 是该尺寸钻头的极限钻压。美国休斯顿公司推荐的 D_1 和 D_2 值如表 5-10 所列。

表 5-10　牙轮钻头的钻压影响系数

钻头直径 (mm)	D_1	D_2	钻头直径 (mm)	D_1	D_2
159	0.019 8	5.5	251	0.014 6	6.44
171	0.018 7	5.6	270	0.013 9	6.68
200	0.016 7	5.94	311	0.013 1	7.15
220	0.016 0	6.11	350	0.012 4	7.56
244	0.014 8	6.38			

2. 转速对牙齿磨损速度的影响

钻压一定时，转速增大牙齿的磨损速度也加快。转速对牙齿磨损速度的影响关系表达式为

$$\frac{\mathrm{d}h}{\mathrm{d}t} \propto (Q_1 n + Q_2 n^3) \tag{5-27}$$

式中：Q_1 和 Q_2——由钻头类型决定的系数。不同钻头类型的 Q_1 和 Q_2 值如表 5-11 所列。

表 5-11 牙轮钻头的转速影响系数

齿型	适用地层	系列号	类型	Q_1	Q_2	C_1
铣齿钻头	软	1	1,2	2.5	1.088×10^{-4}	7
			3,4	2.0	0.870×10^{-4}	6
	中	2	1	1.5	0.653×10^{-4}	5
			2,3	1.2	0.522×10^{-4}	4
			4	0.9	0.392×10^{-4}	3
	硬	3	1	0.65	0.283×10^{-4}	2
			2,3,4	0.5	0.218×10^{-4}	2

3. 牙齿磨损状态对牙齿磨损速度的影响

钻头牙齿一般都是楔形齿。牙齿的面积将随着齿高的磨损不断增大，因此当各钻进参数不变时，牙齿的磨损速度也随着齿高的磨损而下降。通过分析可写出牙齿磨损速度方程

$$\frac{\mathrm{d}h}{\mathrm{d}t} = \frac{A_f(Q_1 n + Q_2 n^3)}{(D_2 - D_1 P)(1 + C_1 h)} \tag{5-28}$$

式中：C_1——牙齿磨损减慢系数，与钻头类型有关，其值如表 5-11 所列；A_f——地层研磨性系数。

三、钻进方程中有关参数的确定

描述牙轮钻进过程规律的钻速方程和钻头磨损方程中的下述系数：可钻性系数 K、门限钻压 W、转速指数 λ、牙轮磨损系数 C_2 和岩石研磨性系数 A_f 都与钻进的实际情况有密切的联系，需要根据实际钻进资料分析确定。确定各参数的步骤是：首先根据新钻头开始钻进时的钻速试验资料求门限钻压、转速指数和地层可钻性系数，然后根据该钻头的工作记录确定该钻头所钻岩层的岩石研磨性系数、牙齿磨损系数等。

1. 门限钻压 W 和转速指数 λ 的确定

求取门限钻压 W 和转速指数 λ 的基本方法是五点法钻速试验，试验条件为：

(1) 试验中冲洗液性能不变，水力参数恒定，且维持在本地区通用水平上，以保证试验中 C_H 和 C_P 不变，同时避免水力破岩条件变化对 W 值的影响。

(2) 在不影响试验精确性的条件下，尽可能使试验孔段短一些，以使试验开始和结束时的牙齿磨损量相差很小。

五点法钻速试验的步骤如下：

(1) 根据本地区允许使用的钻压和转速范围，确定试验中所采用的最高钻压 $P_{\max}$、最低钻压 $P_{\min}$、最高转速 $n_{\max}$ 和最低转速 $n_{\min}$，同时，选取一对近似于平均值的钻压 P_0 和转速 n_0。

(2) 按照图 5-11 上各点的钻压、转速配合，从第一点(P_0，n_0)开始，按图中所示的方向，依点的序号作钻进试验，每点钻进 0.5m 或 1m，并记录下各点的钻时，直至钻完第 6 点。

(3) 将试验数据填入下表 5-12 中，同时把钻时转换成钻速。

表 5-12　五点钻速试验记录

序号	钻压(kN)	转速(r/min)	钻时(s/m)	钻速(m/h)
1	P_0	n_0	Δt_1	V_{m1}
2	$P_{\min}$	$n_{\min}$	Δt_2	V_{m2}
3	$P_{\min}$	$n_{\max}$	Δt_3	V_{m3}
4	$P_{\max}$	$n_{\max}$	Δt_4	V_{m4}
5	$P_{\max}$	$n_{\min}$	Δt_5	V_{m5}
6	P_0	n_0	Δt_6	V_{m6}

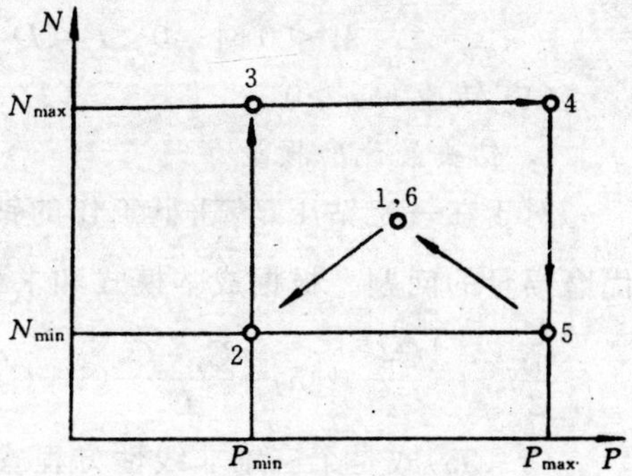

图 5-11　五点法钻速试验

首先求试验的相对误差。由第 1,6 点，求出相对误差，$(V_{m1}-V_{m6})/V_{m1}$应小于 15%才算成功。

根据记录表中 2,5 点的数据，设该钻速下的门限钻压为 W_1，由钻速方程(5-25)可得出 V_{m2}和 V_{m5}的表达式，把两式相除，整理后可得：

$$W_1=P_{\min}-\frac{P_{\max}-P_{\min}}{V_{m5}-V_{m2}}V_{m2} \tag{5-29}$$

同理，由第 3,4 点的数据可写出该钻速下的门限钻压 W_2，取 W_1，W_2 的平均值，即为该地层的门限钻压值 W：

$$W=(W_1+W_2)/2 \tag{5-30}$$

以同样的方法，根据试验记录中的第 2,3 两点和 4,5 两点数据，分别代入钻速方程，并消元，可获得两个钻压下的转速指数 λ_1 和 λ_2，取它们的平均值即为该试验地层的转速指数 λ。

2. 地层可钻性系数 K 的确定

根据新钻头的试钻资料，此时牙齿磨损量 $h=0$，由钻速方程(5-25)可得

$$K=\frac{V_m}{C_H C_P(P-W)} \tag{5-31}$$

3. 牙齿磨损系数 C_2 的确定

假定在钻头工作过程中岩性和各参数基本不变，起出的钻头牙齿磨损量为 h_f，开始钻进和起钻时的钻速分别为 V_{m0}和 V_{mf}，并考虑到开始钻进的牙齿磨损量 $h=0$，则由钻速方程得

$$C_2=\frac{V_{m0}-V_{mf}}{V_{mf}h_f} \tag{5-32}$$

4. 岩石研磨性系数 A_f 的确定

由牙齿磨损速度方程(5-29)积分得

$$A_f=\frac{(D_2-D_1P)}{(Q_1n-Q_2n^3)T}(h_f+\frac{C_1}{2}h_f^2) \tag{5-33}$$

根据钻头类型及其影响系数，钻进过程中的平均钻压、转速和钻头工作时间，以及起出钻头的牙齿磨损量，便可求出该钻进过程内的岩石研磨性系数 A_f。

四、钻头最优磨损量、最优钻压和最优转速的确定

牙轮钻头钻进参数的优选准则之一是最低成本模式，目标函数的形式如 5-6 式所列，其

约束条件为：

(1) 牙齿磨损量 h：$0\leqslant h\leqslant 1$；

(2) 轴承磨损量 B(其表达方式同 h)：$0\leqslant B\leqslant 1$

(3) 钻压 P：$W>0$ 时 $W<P<D_2/D_1$，　(5-34)

$W<0$ 时 $0<P<D_2/D_1$；

(4) 转速 n：$n>0$

1. 钻头最优磨损量

对于在一定钻压、转速下工作的钻头，它磨损到什么时候起钻可使成本最低，这就是求最优磨损量的问题。根据成本模式和求极值的必要条件$\frac{\partial C}{\partial h_f}=0$，可导出最优磨损量的表达式

$$\frac{C_1}{2}h_f^2+(\frac{C_1}{C_2}-1)h_f-\frac{C_1-C_2}{C_2^2}(1+C_2h_f)\ln(1+C_2h_f)-\frac{A_fT_E(Q_1n+Q_2n^3)}{D_2-D_1P}=0 \quad (5-35)$$

(5-35)式是个三维非线性方程式，它在 $P-n-h_f$ 的三维空间中组成一个曲面，称为最优磨损面。根据(5-34)的约束条件便可找到钻头允许的最优磨损量。

2. 最优转速

在 $P-n-h_f$ 三维空间中的约束条件范围内，任取一对钻压和磨损量的值，都可以找到一个使成本最低的转速，此转速即为所取条件下的最优转速。(5-36)式是求最优转速的通式。

$$n_{opt}=\sqrt[3]{\frac{V}{2}+\sqrt{\left(\frac{V}{2}\right)^2+\left(\frac{U}{3}\right)^3}}+\sqrt[3]{\frac{V}{2}-\sqrt{\left(\frac{V}{2}\right)^2+\left(\frac{U}{3}\right)^3}} \quad (5-36)$$

式中：$V=\frac{F(D_2-D_1P)\lambda}{T_EA_fQ_2(3-\lambda)}$；$U=\frac{(1-\lambda)Q_1}{(3-\lambda)Q_2}$；而 $F=h_f+\frac{C_1}{2}h_f^2$。

3. 最优钻压

与最优转速的特点相仿，在 $P-n-h_f$ 三维空间中，在约束条件范围内，任取一对转速和磨损量的值，都可以找到一个使成本最低的钻压最优值。(5-37)式是求最优钻压的通式。

$$P_{opt}=\frac{D_2}{D_1}+\frac{R}{F}-\sqrt{\frac{R}{F}\left(\frac{R}{F}+\frac{D_2}{D_1}-W\right)} \quad (5-37)$$

式中：$R=T_EA_f(Q_1n+Q_2n^3)/D_1$。

在实际工作中，通常都是根据邻孔或同一个钻孔前一个钻头的资料，先确定牙齿或轴承的合理磨损量，然后根据钻机设备条件，确定转速的允许范围，最后求出使成本最低的最优钻压、转速配合。

五、水力参数的优选

在牙轮钻头的水力参数中必须计算的4个主要水力参数是：射流喷速 V_0、射流冲击力 F_j、钻头压降 P_b 和钻头水功率 N_b。各水力参数随泵量 Q 的变化情况如图5-12所示。

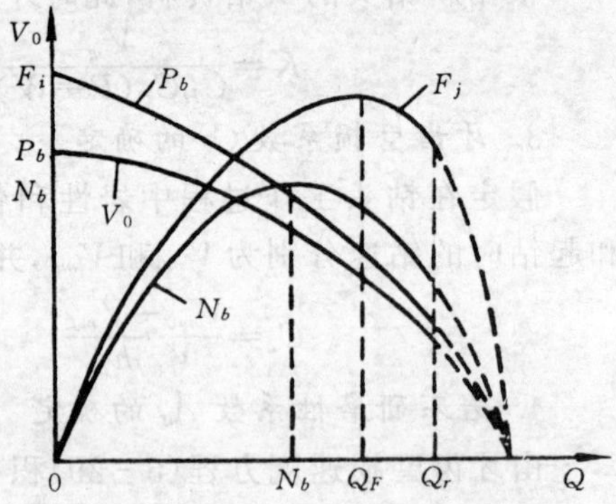

图5-12　各水力参数随泵量变化的规律

从清洗孔底的要求看，希望这4个水力参数都越大越好。但从图5-12可看出，这一要求是不可能办到的。究竟以那一个水力参数达最大作为标准呢？目前钻井现场常用的是最大钻头水功率和最大射流冲击力标准。

分析钻进过程中与水力因素有关的各变量可以看出，当地面泵设备、钻具结构、孔身结构、

冲洗液性能和钻头类型确定以后，真正对各水力参数大小有影响的可控参数就是冲洗液泵量和喷嘴直径。因此，水力参数优选的主要任务也就是确定钻进冲洗液泵量和选择喷嘴直径。

根据携带岩粉所需的最低冲洗液环空上返速度，可确定钻进过程所需的最低泵量。确定最低冲洗液环空上返速度的方法有多种，一种方法是凭现场工作经验确定；另一种是用经验公式(式 5-38)计算最低冲洗液环空上返速度 v_a。

$$v_a=\frac{18.24}{\rho D_h}\quad (\mathrm{m/s}) \tag{5-38}$$

式中：ρ——冲洗液密度，g/cm³；D_h——孔径，cm。

分析研究表明，根据最大钻头水功率或最大射流冲击力准则确定最优喷嘴直径时，喷嘴直径的最优值是随着最优泵量和孔深的不同而变化的(具体推导从略)。

§6　全面钻头钻进工艺

从严格意义上讲，全面钻头应包括不取心的牙轮钻头。但上一节专门讨论了牙轮钻头钻进工艺，故本节仅介绍硬质合金和金刚石全面钻头的钻进工艺规程。

一、硬质合金全面钻头的规程选择

1. 翼片(刮刀)式全面钻头的规程选择

翼片式全面钻头推荐用下述规程参数：

(1) 泵量 $Q=vF$　(L/min)

式中：v——冲洗液在环座空间的上返速度，dm/min；F——孔壁与钻杆环隙面积，dm²。

(2) 钻头转速 $n=120\sim300$ r/min。

(3) 轴向载荷 $P=q_{cm}D$　(N)

式中：D——钻头直径，cm；q_{cm}——1cm 钻头直径上的载荷，N。

通常冲洗液在环状空间的上返速度 v 不小于 2.5～5dm/s，机械钻速越高则应取 v 值越大；口径越小应取 n 值越大；q_{cm} 值一般为 1 000～2 500N/cm，岩石越硬则应取 q_{cm} 值越大。全面钻进时，为了防止钻杆弯曲与折断，应在钻柱的下部使用钻铤，加重钻铤的合理长度 h 按下式计算：

$$h=kP/q_T,\mathrm{m} \tag{5-39}$$

式中：P——钻头载荷，N；q_T——钻铤每米质量，N/m；k——经验系数，$k=1.25\sim1.4$。

刮刀式钻头钻进时推荐的规程参数如表 5-13 所列。

表 5-13　刮刀式钻头钻进时推荐的规程参数

钻头标号	钻头直径(mm)	钻头高度(mm)	水眼直径(mm)	轴向压力(kN)	转速(r/min)	冲洗液量(L/min)
93M	93±0.8	158	14	16～18	150～200	150～200
93MC		144	14	20～22		
112M	112±1	160	18	20～22	150～200	200～250
112MC		150	18	24～27		
132M	132±1	150	25	24～26	150～200	200～250
132MC			25	30～32		
151M	151±1	165	28	27～30	150～200	200～250
151MC			28	33～36		

2. 干式螺旋钻的规程选择

螺旋钻分为长螺旋和短螺旋两类，长螺旋一般钻头部分1～2个螺距为双螺旋，其余部分为单螺旋。短螺旋一般为双螺旋，整个钻头取2～3个螺距。

2.1 转速

这里仅讨论用长螺旋钻垂直孔的情况。由于在长螺旋钻进中，钻屑只有依靠钻杆旋转时产生的离心力甩到螺旋叶片外侧才能输送上来，否则只有被随后切削下来的钻屑不断推着向上走，这很容易造成钻屑挤实而堵塞。因此钻进垂直孔的长螺旋钻的转速是个很关键的参数。

(1) 临界转速的概念　转速较低时，钻屑的离心惯性力小，孔壁对钻屑的摩擦力不足以使钻屑与叶片之间产生相对运动，钻屑只能随叶片旋转而不上升。随着转速的增大，孔壁对钻屑的摩擦力也增大，转速超过某一临界值后，孔壁对钻屑的摩擦力足以使钻屑与螺旋叶片之间产生相对运动，钻屑就会上升。这一转速的临界值称为临界转速。

(2) 临界转速的计算　如图5-13(a)所示，取单颗钻屑为研究对象，当螺旋钻杆以临界转速 n_k(角速度为 ω_k)旋转时，颗粒仍随螺旋叶片一起旋转而不上升，处于临界状态。此时，颗粒在以下几种力的作用下处于"动静法"的平衡状态：重力 mg，惯性力 F_1，孔壁对颗粒的法向反作用力(与惯性力为作用与反作用力)，孔壁对颗粒的摩擦力 $F_t\mu_t$(μ_t 为颗粒与孔壁间的摩擦系数)，螺旋叶片对颗粒的全反力(用分力 F_{sz} 和 F_{sy} 表示)。

如图5-13(b)所示，将钻屑颗粒所在的螺旋线展开，在临界钻速下，颗粒没有上升运动，孔壁作用于颗粒的摩擦力必是水平方向。在螺旋线展开的平面上，颗粒在三种力的作用下处于动平衡：重力 mg、螺旋面作用在颗粒上的全反力 F_s(F_s 与法线方向偏转一摩擦角 φ_s)、孔壁作用于颗粒的摩擦力 $F_t\mu_t$。由力多边形[图5-13(c)]可以得出：

$$\mathrm{tg}(90°-\alpha-\varphi_s)=\frac{mg}{F_t\mu_t}=\frac{mg}{m\omega_k^2R\mu_t}$$

因而，$\omega_k=\sqrt{\frac{g}{R\mu_t}\mathrm{tg}(\alpha+\varphi_s)}$，以 $n_k=\frac{30\omega_k}{\pi}$ 代入，得临界钻速为：

$$n_k=\frac{30}{\pi}\sqrt{\frac{g}{R\mu_t}\mathrm{tg}(\alpha+\varphi_s)}\quad(\mathrm{r/min})\tag{5-39}$$

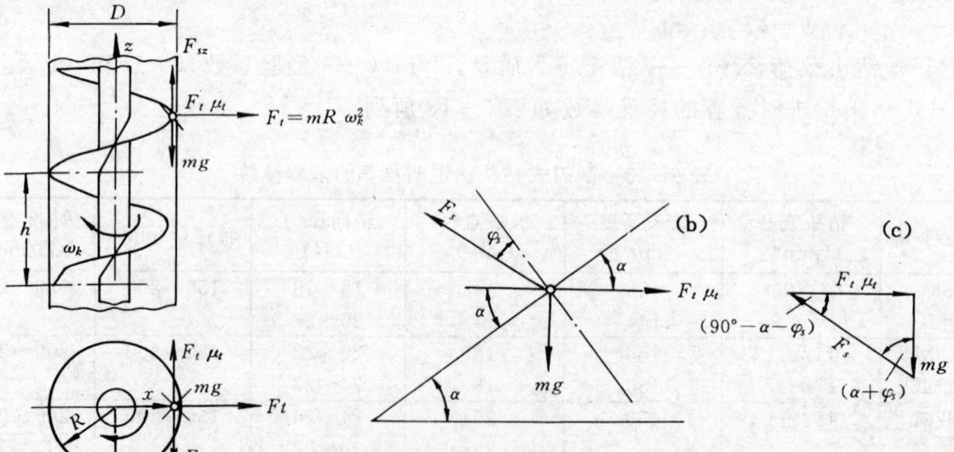

图5-13　在极限条件下作用于土颗粒上的力

式中：R——钻孔半径，m；μ_t——钻屑与孔壁之间的摩擦系数，它大于钻屑与叶片之间的摩擦系数；α——螺旋叶片外径处的螺旋升角，度；φ_s——钻屑与螺旋叶片之间的摩擦角，即摩擦系数的反正切，摩擦系数为0.3～0.6。

(3) 实际转速　长螺旋为了能向上输土，实际转速应大于临界转速，取 $n=Kn_k$，K 值越大，向上输送钻屑的速度越快，但所需的功率也越大。一般取 $K=1.2\sim1.3$，当功率允许时可选大一些。

对于短螺旋应 $n<n_k$。

2.2　钻压

(1) 根据工程地质勘查标准贯入试验所得的 N 值确定土层的单轴抗压强度 σ_c：

当 $N\leqslant50$ 时，$\sigma_c=0.0122N$；当 $N>50$ 时，$\sigma_c=0.033N$；

一般情况下取平均值　$\sigma_c=0.023N$　(5-40)

(2) 根据土层单轴抗压强度确定钻压 P

$$P=0.262\sigma_c^{0.46}D\quad(\text{kN})\tag{5-41}$$

式中：D——钻孔直径，cm；σ_c——土层单轴抗压强度，MPa。

长螺旋钻的钻杆柱较重，钻进时孔壁对钻具也有一个向下的力（像木螺钉），再加上叶片上土的重力，钻压较大。因此，长螺旋钻一般是用减压钻进。而短螺旋钻一般应取加压钻进。

二、金刚石全面钻头的合理使用及规程选择

由于金刚石性脆，耐冲击性差，热敏感性强，故其使用条件比其他钻头严格得多。

1. 对孔底清洁的要求

在下入金刚石钻头前，必须用带取粉管的与金刚石钻头形状相似的硬质合金钻头修井。用水力把孔底的大岩屑、碎金属等物冲上来，沉落在取粉管中。

2. 新钻头初磨

选用的新金刚石钻头直径必须小于非金刚石钻头，并进行磨合钻进。初转速宜用40～50r/min，初始钻压为正常钻压的1/8，约钻进0.15～0.2m后再转入正常钻进。

3. 正常钻进的参数选择

(1) 钻压　确定钻压要考虑地层岩性和水力冲洗引起的孔底举离力。通常在软地层中钻头唇面的最大比压为6.9MPa。在硬地层，因金刚石切深小，与岩石接触面积小，而且在硬地层中金刚石易因过载而碎裂，故推荐用较小的比压，一般为5.1MPa。用于不同地层的不同口径金刚石钻头的钻压值可按图5-14来选定。正常钻进的钻压值应当先选曲线的下限，随着金刚石的磨钝逐渐增大钻压，但不宜超过曲线的上限。通过估算或查曲线得出的钻压值还应加上孔内浮力和举离力的影响才是实际的钻压值。

(2) 转速　在钻头磨合后，理想的转速应尽可能高些，才能充分发挥金刚石钻进的效益。一般认为安全的转速为150r/min，在地层条件、钻杆质量和设备能力允许的条件下，转速增至300r/min钻效更好。金刚石钻头配合涡轮钻时，已成功地用于600～1 100r/min并取得良好效果。

(3) 泵量　泵量首先应满足环形空间最低反流速度的要求，同时又要保证清洗孔底和冷却钻头的需要。图5-15给出了不同直径钻头推荐采用的泵量范围，高密度泥浆选用其下限，低密度则选用其上限。

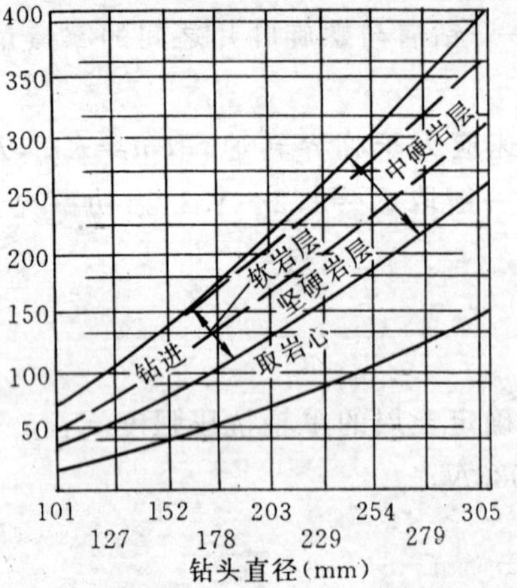

图 5-14　推荐的钻压值

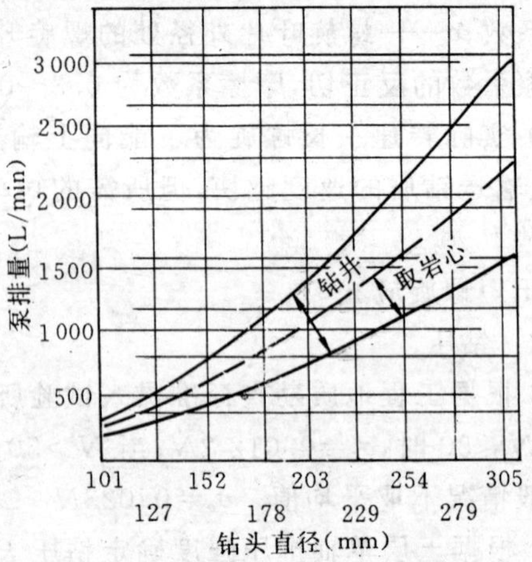

图 5-15　推荐的泵量值

第六章　冲击回转钻进与冲击、振动钻进

§1　概　述

冲击回转钻进是在钻头已承受一定静载荷的基础上，以纵向冲击力和回转切削力共同破碎岩石的钻进方法。早年的雏形为手持钎杆人工锤击凿岩，嗣后发展为两大类冲击回转钻进机构：一类是顶驱式，在钻(钎)杆顶部用风动、液动或电动机构实现冲击，并同时回转钻(钎)杆；另一类是潜孔式，以液力或气力驱动靠近孔底的冲击器，产生冲击载荷，同时由地面机构施加轴向压力和回转扭矩。前者因通过钻(钎)杆传递冲击能，孔深受到限制；而后者(也称潜孔锤)钻孔速度快，可以钻更深的孔。

冲击回转钻进最适用于粗颗粒的不均质岩层，在可钻性Ⅵ～Ⅷ级，部分Ⅸ级的岩石中，钻进效果尤为突出。近几年来，冲击回转钻进不仅应用于硬质合金钻进，还应用于金刚石钻进及牙轮钻进，所以，它既可钻进较软的岩层，又可钻进坚硬的岩层。冲击回转钻进应用于小口径金刚石钻进，不仅可提高钻进效率和钻头寿命，而且还可克服裂隙地层的堵心，坚硬致密地层的“打滑”，及某些地层的孔斜等问题。同时，在岩土工程的大口径施工中也有用武之地。

冲击回转钻进的核心部件是冲击器，根据驱动介质类型可分为液动冲击器和气动冲击器。

液动冲击器以高压水或泥浆作为驱动介质。尽管液动冲击器1887年就获得专利，但实际到20世纪50年代，前苏联和中国才开始研究并在地质钻探中采用。该冲击器置于岩心管(3～4.5m长)顶部，对于中硬以上的岩石，较之单纯的回转钻进具有明显优势，并且可与绳索取心和水力反循环连续取心相结合，已广泛应用于地质岩心钻探、水文水井钻探、工程施工钻井、石油钻井等领域。但由于其冲击力被岩心管吸收掉一部分，加之自身冲击能较小，故钻进效果仍低于气动冲击器。

气动冲击器也称为风动潜孔锤，是用压缩空气作为驱动介质。其冲击器紧连钻头(若取心也可连接一根岩心管)，由于单次冲击功大，上返岩屑风速高，钻进效率可比液动冲击器高2～3倍。近年来又出现了一些新的进展，如：用于反循环连续取心的贯通式气动冲击器，用潜孔锤偏心扩孔钻头进行跟管钻进，将3～8个单体潜孔锤组成集束式潜孔锤用于大口径钻进，利用潜孔锤解卡、起拔套管和用于泡沫钻进等。其钻孔直径：单体锤90～762mm，集束式610～1 524mm；钻孔深度从最浅的埋线杆孔2.3m，到最深的油气井1 000m以上。

考虑到近年来国内外岩心钻探工作量递减，而水文水井钻孔、工程地质勘查钻孔和大口径基础工程施工的工作量剧增，我们把在上述领域仍广泛采用的钢丝绳冲击钻进和振动钻进方法也列入这一章的内容。与冲击回转钻进的区别在于：这两种钻进方法仅靠冲击、振动来破碎(切入)岩土，而回转仅是无动力驱动的一种随机现象，或者完全不回转。据统计，在美国至今钢丝绳冲击钻这种古老的钻进方法完成的工作量仍占10%，而在各国的工程取样和海底浅层取样工作中振动钻仍是其他方法不可代替的。

§2　液动和气动冲击器

一、液动冲击器

1. 阀式冲击器

1.1　正作用冲击器

它以液体压力推动冲锤下行进行冲击，而以弹簧力作用恢复其原位，故称之为“正作用”液动冲击器，其工作原理如图 6-1 所示。

工作原理：冲锤活塞 5 在锤簧 6 的作用下处于上位，其中心孔被活阀 4 盖住，液流瞬间被阻，液压急剧增高而产生水锤(也称水击)效应。在液压作用下，冲锤活塞和活阀一同下行，压缩阀簧 3 和锤簧；当活阀下行到一定位置时，活阀被阀座 9 限制，活阀停止运行并与冲锤活塞脱开，液流经冲锤活塞中心孔而流向孔底，液压下降，活阀在阀簧作用下返回原位；冲锤活塞在动能作用下利用惯性继续运行，冲击铁砧 7，冲击能量经铁砧—岩心管接头—岩心管等传至钻头，冲击之后，冲锤活塞在锤簧力作用下弹回；再次与活阀接触，完成一个冲击周期。

这种冲击器结构简单，技术成熟，冲锤活塞向下作功时，可利用高压室中巨大的水锤能量；但回动弹簧的反作用力将抵消相当大的冲击力。

1.2　反作用冲击器

它是利用高压液流的压力推动冲锤活塞上行，并压缩工作弹簧储存能量，经弹簧释能而作功。其工作原理如图 6-2 所示。

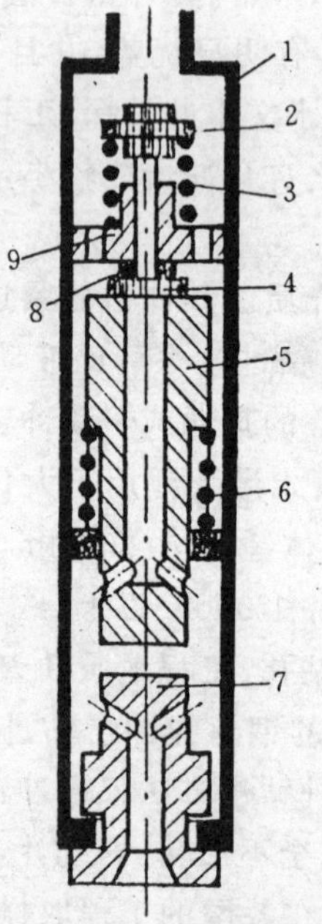

图 6-1　正作用液动冲击器

1—外壳；2—活阀座垫圈；3—阀簧；4—活阀；5—冲锤活塞；6—锤簧；7—铁砧；8—缓冲垫圈；9—阀座

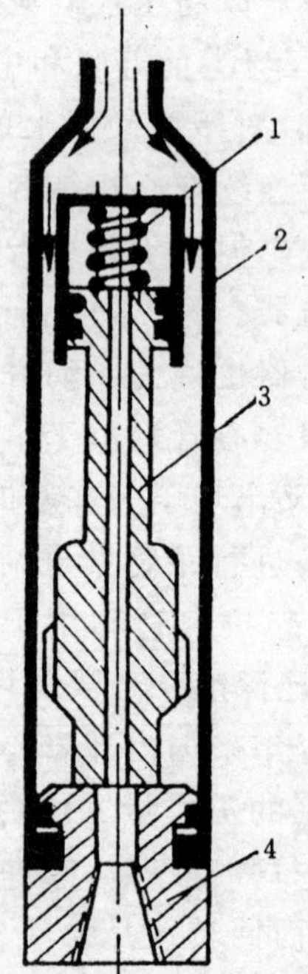

图 6-2　反作用液动冲击器

1—工作弹簧；2—外壳；3—冲锤活塞；4—铁砧

工作原理：高压液流进入冲击器对冲锤活塞3产生作用，当冲锤活塞上下端压力差超过工作弹簧1的压缩力和冲锤活塞本身的质量时，迫使冲锤活塞上行，并压缩工作弹簧储存能量；与此同时，铁砧4的水路被逐步打开，高压液流开始流向孔底，液压下降，冲锤活塞利用惯性继续上行，当上行到上死点时，由于冲锤活塞自身质量和工作弹簧释放储存能量，便驱动冲锤活塞急速向下运动而冲击铁砧；产生冲击作用的同时，由于冲锤活塞与铁砧相接触而又封闭了液流通向孔底的通路，液压开始上升，当上升到一定值，再次作用于冲锤活塞，使其上行，开始第二个工作周期。

这种冲击器由于被压缩弹簧释放出的能量与冲锤活塞自重同时作用，故可获得较大的单次冲击功，冲击器内部压力损失小，能量利用率高。但工作弹簧的工作寿命只有40～100h。

1.3　双作用冲击器

它的冲锤活塞正冲程和反冲程均由液体压力推动，其工作原理如图6-3所示。

工作原理：当钻具到达孔底时，由于钻具自重作用，使活接头f被压紧到外套上的g处，这时冲击器内压力工作腔d处的液流，分别作用在活阀2和塔形冲锤活塞6上，由于活阀上下两端的压差，迫使活阀上移到最上位置；由于冲锤活塞上、下两端面积不同而产生的压力差，迫使其也向上移动；当冲锤活塞上行到与活阀接合时，通道d_1被关闭，冲锤活塞与活阀便一起急速下行，当下行h时，活阀被支撑座4限止，冲锤活塞与活阀分离，借助惯性作用继续下行，下行到s时，冲击砧子9；由于冲锤活塞中心通道被打开，液流又恢复循环，在液流压力作用下，活阀急剧上升，冲锤活塞也急剧上行，如此运行，周而复始进行。

这种冲击器采用差动运动方式，故必须有既滑动又隔压的密封件，为使冲击器内部能形成一个压力差，在铁砧部位设有“节流环”、“下阀”等元件，在与冲锤活塞中间部位和活阀上部对应的外壳处设有“呼吸道”。从理论上讲，该冲击器的液流功率恢复较高。

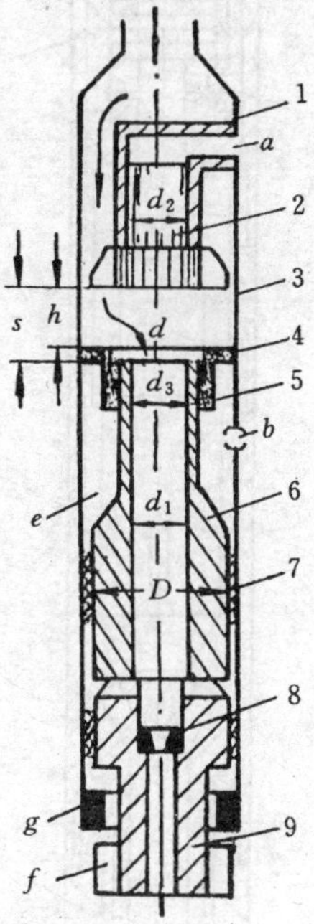

图6-3　双作用液动冲击器

1—带孔的活阀座；2—活阀；3—外套；4—支撑座；5—导向密封件；6—塔形冲锤活塞；7—导向密封件；8—节流环；9—砧子

2. 无阀冲击器

2.1　射流式冲击器

射流式冲击器是我国独创的一种采用双稳射流元件作为控制机构的新型钻具，其结构（图6-4）主要由上接头、射流元件、缸体、活塞、冲锤、外缸、砧子、花键套和下接头等组成。

工作原理（图6-5）：高压液流从射流元件1的喷嘴喷出，假如在附壁作用下先附壁于右侧，高压液流便由E输出，进入缸体2的上部，推动活塞3下行。此时，与活塞连接的冲锤4便冲击砧子5，因砧子与岩心管6相连，冲击能量便经岩心管传至钻头7上，完成一次冲击作用。活塞冲程末了，上缸液压升高，反馈讯号回到F控制孔，促使射流由E切换到C输出，液流经C进入缸体下缸，推动活塞上行，做返回动作。回程末了，反馈讯号又回到D，将射流切换到开始位置，液流又从E输出，进入上缸，如此往返，实现冲击作用。上、下缸的回水，则通过E、C输出道而返到放空孔B、A，再经与放空孔连接的水路及砧子内的孔，流入岩心管。

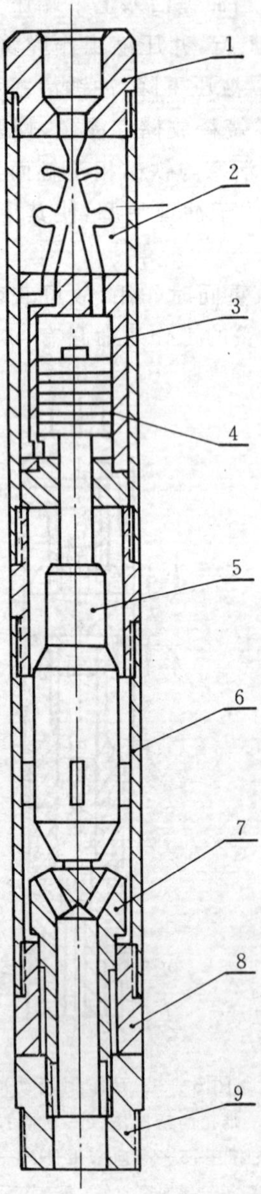

图 6-4 射流冲击器结构图

1—上接头；2—射流元件；3—缸体；4—活塞；5—冲锤；6—外缸；7—砧子；8—花键套；9—下接头

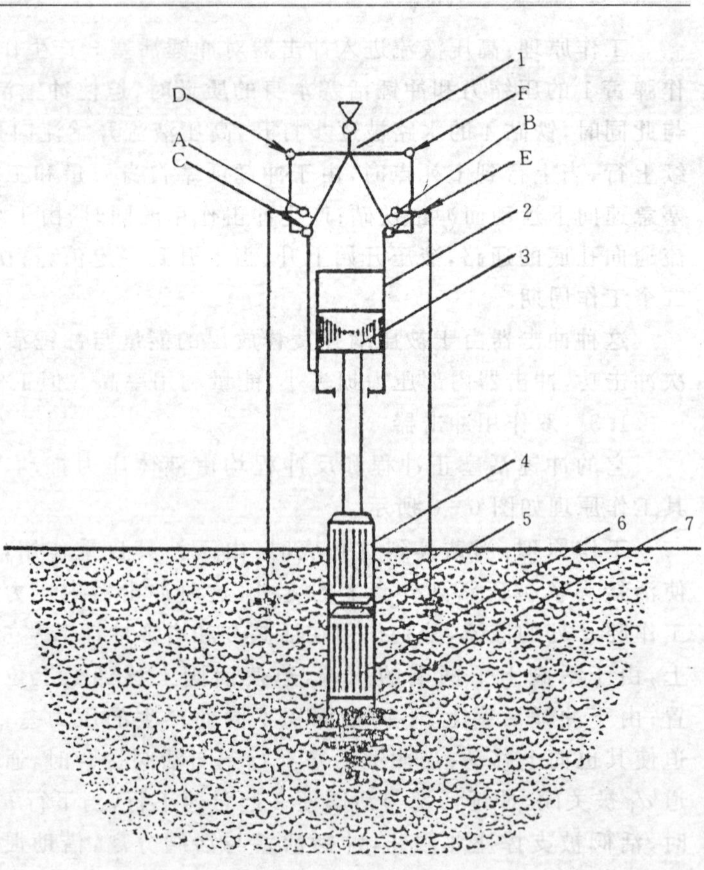

图 6-5 射流冲击器原理图

1—射流元件；2—缸体；3—活塞；4—冲锤；5—砧子；6—岩心管；7—钻头；D、F—信号孔；C、E—输出道；A、B—放空孔

射流冲击器除活塞与冲锤外无其他运动零件，也无弹簧、配水活阀等易损零件，因而钻具工作可靠，使用寿命长；冲锤向下冲击砧子时，没有自由行程阶段和弹簧对冲击力的抵消作用，因而冲击器能量利用率高；射流式冲击器能适用于高压高温条件下的深井作业。

2.2 射吸式冲击器

该冲击器系利用高压液流喷射时的卷吸作用，使活塞冲锤的上下腔产生交变压力差推动活塞往复运动(图 6-6)。

工作原理：启动前，冲击器的冲锤活塞 3 及活塞套 4 均处于行程下限，液流通道畅通。启动时，工作液体从喷嘴 1 喷出，高速射流的卷吸作用将活塞上腔介质抽往下腔，上腔迅速降压；进入下腔的液流，由于通道扩大，流速减慢和砧子 7 节流孔的增压作用，使活塞下腔压力升高；于是，上、下腔形成压差，使冲锤活塞与活塞套同时上行。由于活塞套的质量较轻，运动速度较快，先抵达行程上限，随后冲锤活塞也抵达行程上限，至此回程结束。冲程时，由于冲锤活塞顶部锥体与活塞套下端闭合，高速液流被迅速切断而产生水击，上腔压力猛增；与此同时，冲锤活塞下腔压力急剧下降，故上、下腔间压力差推动冲锤活塞和活塞套向下运动。活塞套抵达行程下限后，冲锤活塞因惯性继续向下运动，直至冲击砧子为止。此时，通道完全打开，液流畅通，活塞套与冲锤活塞又进入下一循环的回程，如此周而复始地产生冲击。

这种冲击器结构简单，运动部件及易损件少，液流在腔体内畅通性较好，适于小口径钻进。

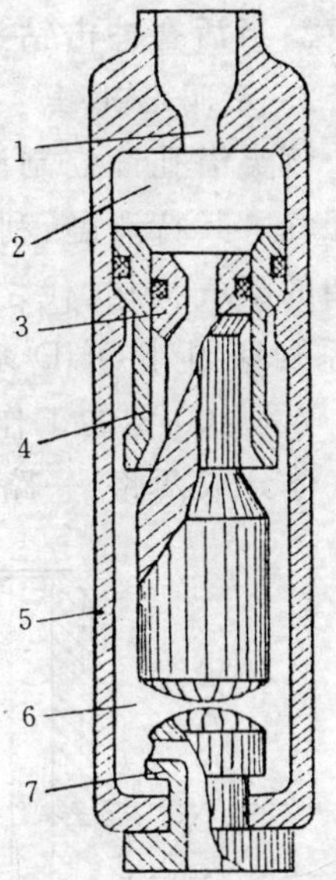

图 6-6　射吸式冲击器

1—喷嘴；2—上腔；3—冲锤活塞；4—活塞套；5—外壳；6—下腔；7—砧子

二、风动潜孔锤

1. 有阀潜孔锤

这类潜孔锤由配气机构的阀片控制气体推动活塞上、下运动。有阀潜孔锤按排气方式又分为旁侧排气和中心排气两种，目前使用较多的为中心排气式。即缸内废气是从钻头中心孔排出。虽然这种潜孔锤结构比较复杂，加工要求较高，但排除岩粉的效果较好，故可降低钻头的磨耗和提高钻进效率。

下面以现场使用最多的J系列潜孔锤J-200B型（图6-7）为例来说明中心排气式潜孔锤的工作原理。

1.1　排气机构及工作原理

潜孔锤工作时，压气由接头1及止逆塞19进入缸体并分成两路：一路直吹排气路经阀座8，配气杆22、活塞9的中孔通道以及钻头23的中心孔，进入孔底直接吹洗孔底岩粉；另一路是气缸工作配气气路，压气进入具有板状阀片7的配气机构，并借助配气杆的配气，实现活塞的往复运动。止逆塞19能防止在停风停机状态钻孔中的含尘水流进钻杆，不会影响潜孔锤工作及损坏零件。

1.2　防空打机构及工作原理

潜孔锤工作时，来自活塞的冲击能通过钻头直接传至孔底岩石，缸体不承受冲击载荷。即使在悬吊状态时，亦不允许承受冲击负荷（即所谓空打）。用防空打孔Ⅰ来实现这一功能。当潜孔锤处于悬吊状态时，钻头23及活塞9均借助于自重向下滑行一段距离，则防空打孔Ⅰ露出，于是来自配气机构的压气被引入缸体，并经活塞中心孔道及钻头孔道流入孔底，使潜孔锤自行停止工作。

1.3　配气机构及工作原理

配气机构由阀盖6、阀片7、阀座8及配气杆22等组成。配气原理可用返回行程和冲击行程两个阶段说明。

（1）返回行程工作原理　返回行程开始时，阀片7及活塞9均处于下限位置，压气经阀片7后端面、阀盖6上的轴向与径向孔进入内外缸间的环形腔Ⅱ，并至气缸前腔，推动活塞向上运动。此时，气缸上腔经活塞9及钻头23的中心孔与孔底相通，活塞9在压气作用下加速向上运动。当活塞9端面与配气杆22开始配合时，上腔排气孔道被关闭，并处于密闭压缩状态，于是活塞开始做减速运动。当活塞杆端面越过衬套12上的沟槽Ⅲ时，进入下腔的压气便经钻头中心孔与大气相通，在压差作用下，阀片迅速移向上侧，关闭了下腔进气气路，开始了冲击行程的配气工作。

（2）冲击行程工作原理　冲击行程开始时，活塞和阀片均处于极上位置，压气经阀盖和阀座的径向孔进入气缸上腔，推动活塞高速向下运动冲击钻头。当活塞行至衬套的花键槽被关闭时，下腔压力开始上升，于是活塞上端中心孔离开配气杆，使上腔通大气，压力降低，工作行程结束。当活塞冲击钻头尾部后，阀片因其上、下压差作用，进行换向，活塞重复返回行程动作。

2. 无阀潜孔锤

该类潜孔锤控制活塞往复运动的配气系统布置在活塞或气缸壁上，当活塞运动时，自动进行配气。其特点是：利用压气的膨胀功，推动活塞继续运动，从而减少了动力气的消耗；取消了复杂的配气机构，代之以简单的配气气路，气道路程短，气压损失小。该类潜孔锤主要有国产W系列和国外DHD系列。

W－200型的工作原理（图6－8）：压缩空气经上接头1、止逆塞4进入进气座7的下腔，然后气体分成两路：一路经进气座7的中心孔道和节流塞10进入活塞11和钻头16的中心孔道

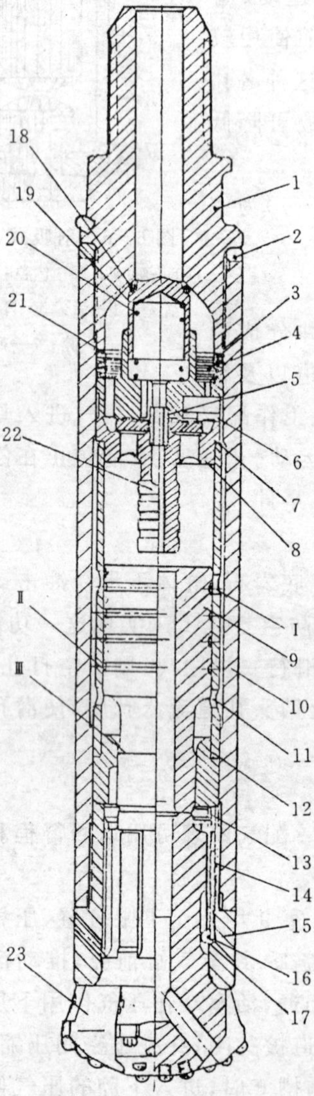

图6－7　J－200B型潜孔锤

1—接头；2—钢垫圈；3—调整圈；4—碟簧；5—节流塞；6—阀盖；7—阀片；8—阀座；9—活塞；10—外壳；11—内缸；12—衬套；13—柱销；14—弹簧；15—卡钎套；16—钢丝；17—圆键；18—密封圈；19—止逆塞；20—弹簧；21—磨损片；22—配气杆；23—钻头

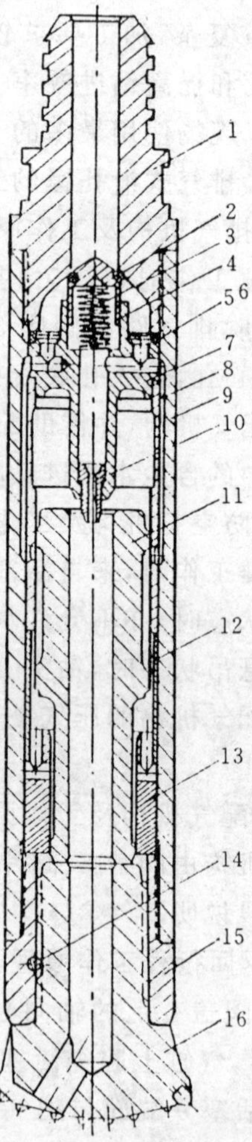

图6－8　W－200型无阀潜孔锤

1—上接头；2—密封圈；3—弹簧；4—止逆塞；5—垫圈；6—密封垫圈；7—进气座；8—内缸；9—外缸；10—节流塞；11—活塞；12—隔套；13—导向套；14—圆键；15—下接头；16—钻头

至孔底冷却钻头和清除岩粉；另一路气体进入外缸9和内缸8间的环形腔，此腔为活塞运动的进气室，推动活塞上下运动。位于进气室的气体，经内缸上的径向孔以及活塞上的环形气槽进入下缸时，活塞开始返程向上运动，当活塞上移关闭进气气路时，活塞靠气体膨胀运行，当下缸与排气孔路相通时，活塞靠惯性运行，故对无阀潜孔锤而言，其返程包括进气、压缩空气膨胀、活塞惯性滑行三个阶段。同理，活塞在冲程过程中，首先气体经活塞上的环形气槽进入上缸，然后，也经历冲程进气、压缩空气膨胀、活塞惯性滑行三个阶段，完成整个工作循环。所不同的是各阶段运行的长度不同，冲程要保证有足够的进气长度，使活塞获得较大的速度，而具有较大的冲击能。

§3　冲击回转钻进用钻头

一、液动冲击回转钻进用钻头

液动冲击回转钻进用钻头常用的有硬质合金和金刚石钻头两大类。目前在石油钻井中，液动冲击器也可使用牙轮钻头。

1. 硬质合金钻头

液动冲击回转钻进用的硬质合金取心钻头或全面钻头采用钨钴类硬质合金。要求硬质合金除了具有较高的硬度和抗弯强度外，还应有较高的抗冲击强度，一般硬度不低于HRA86，抗弯强度不低于140kg/mm²。可根据岩石特性、钻头结构和冲击器冲击功大小来选择硬质合金牌号。

硬质合金取心钻头的钻头体一般较长，以安装岩心卡簧；同时具有较大的液流通道，以适应冲击器要求的大泵量，此外硬质合金镶焊的牢固性要比回转钻头高。

我国常用的取心式硬质合金钻头有HCT型、大八角型、大八角肋骨型、长方片状肋骨型、异形钻头等。图6－9所示为HCT型硬质合金钻头，主要参数如表6－1所列。该钻头把柱状合金垂直镶焊于钻头体上，双面刃不对称，液路通道断面较大，有利于钻头冷却和减少背压。

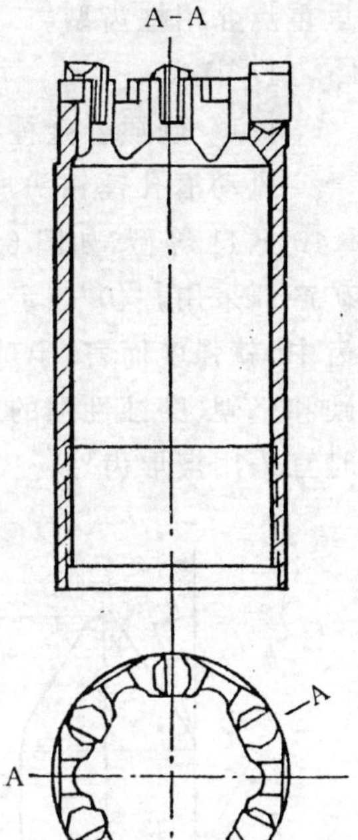

图6－9　HCT型硬质合金钻头结构图

2. 金刚石钻头

液动冲击回转钻进用金刚石钻头主要是取心孕镶式钻头，常用在坚硬、“打滑”地层中，但一般要用高频低冲击功的液动冲击器。与常规金刚石钻头比冲击回转钻进的金刚石钻头在结构上应具有以下特点：

（1）首选人造孕镶金刚石钻头或聚晶体钻头；

（2）一般选用高强度的或经过浑圆化和金属镀层处理的金刚石；

（3）因为金刚石单晶的抗冲击韧性与粒度成反比，故粒度不要太大，可选用70～80目左右的金刚石，金刚石浓度75%左右；

（4）要有足够的胎体强度和硬度，避免受冲击作用而破裂，一般选用中硬—硬胎体，唇面形状以平底形、圆弧形和同心圆尖齿形为好；

表 6-1 HCT 型硬质合金回转-冲击钻头主要参数

钻头型号	合金(粒)	水口(个)	硬质合金特性				外径(mm)	内径(mm)	底出刃(mm)	钢体材料
			型 号	牌 号	冲击刃角	负前角				
HCT-56-1	6	6	TC108 或 T110	YG6X 或 YG6T	95°	30°	56	39	4	45#
HCT-56-2	8	8	TC107 或 T107	YG6X	95°	30°	56	39	4	45#
HCT-56-3	6	6	TC208	YG6X	95°	30°	56	39	4	45#

负前角用 T110 及 T107 时,为自修磨而成。

(5) 由于冲洗液量大,为减少冲洗液流经钻头时所产生的阻力,钻头的过水面积应增大,除主水口外,可增设副水口,加长加深钻头钢体内壁水槽,适当增大胎体外径。

二、风动潜孔锤钻头

风动潜孔锤钻头也可分取心式和全面钻进式两种,目前使用最多的为后者。全面钻进用风动潜孔锤钻头就结构而言,可分为整体式和分体式两种。根据碎岩材料类型,可分为硬质合金型和金刚石加强型。根据切削刃形状的不同,又可分为刃片型、柱齿型和片柱混装型三种。这里重点介绍柱齿型。

1. 柱齿

1.1 硬质合金柱齿

风动潜孔锤钻头所用的硬质合金牌号和性能与液动冲击钻头类似,其柱齿型号有:K30、K40、K41 等型,如图 6-10 所示。具体型号国家标准中都做了详细规定,如 K4012A,"K"表示矿产开采用,"40"表示半球形柱齿,"12"表示直径为 12mm,"A"表示高度。这些型号的合金柱齿中,就强度而言,半球齿最高,锥球齿次之,楔形齿最低;但凿岩效率则相反。因此,钻凿极坚硬和坚硬、磨蚀性强的岩石应采用半球齿,钻凿中硬或坚硬、性脆的岩石采用锥球齿,钻进软岩时宜采用楔形齿。

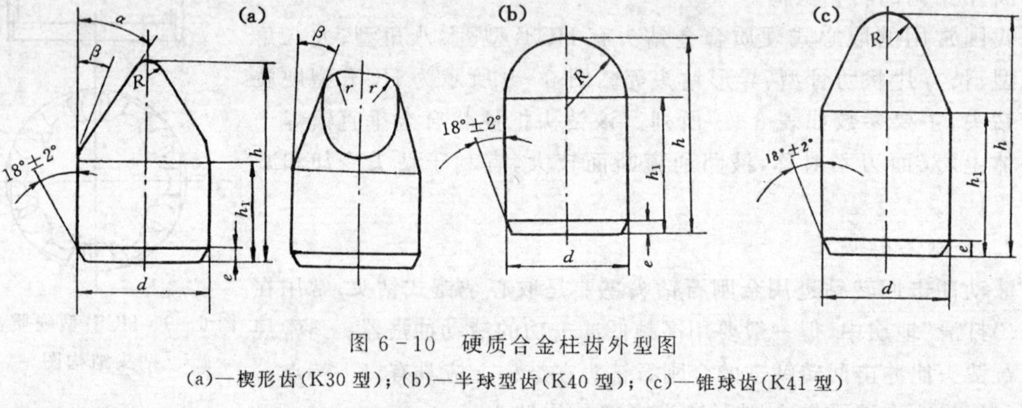

图 6-10 硬质合金柱齿外型图

(a)—楔形齿(K30 型); (b)—半球型齿(K40 型); (c)—锥球齿(K41 型)

硬质合金柱齿由于其自身的耐磨性较低,当钻进坚硬磨蚀性岩石时,钻头周边柱齿磨损严重,钻头寿命短。为此,国内外科研和生产制造者采取各种途径解决该问题,如新成分硬质合金,双性能硬质合金等,取得了一定效果,但都没有治本,最好的办法是采用金刚石加强柱齿。

1.2 金刚石加强柱齿

该柱齿有聚晶型和孕镶型两种类型,它们都是将金刚石复合到硬质合金柱齿头部,在其上形成耐磨性很好的金刚石层，同时利用硬质合金良好的冲击韧性，所不同的是烧结工艺和钻头结构。金刚石加强柱齿可延长钻头寿命，提高钻速降低钻进成本。

聚晶型柱齿在金刚石压机上采用高温高压技术烧结而成。为了克服金刚石聚晶层与硬质合金基体的热膨胀系数不同，弹性模量不同，在金刚石聚晶与硬质合金基体间采用了两层过渡层，在原料配比上力图实现由100%金刚石均匀过渡到100%的C/Co，使得弹性梯度与热膨胀梯度逐渐均匀变化，残余应力与剥落现象大大减少。孕镶型柱齿在中频炉上采用热压法烧结而成，其金刚石层中的金刚石含量为75%左右，采用了特殊的配方和烧结工艺，使得金刚石层与硬质合金基体牢固地连接在一起。

2. 潜孔锤柱齿钻头

这是一种用冷压方法在钻头体的钻孔中嵌装一定数量柱齿的钻头。选 20Ni4Mo、34CrNiMo 等成分的钢材做钻头体。

与刃片型钻头比较，这类钻头的柱齿钻头在钻孔过程中能自行修磨，使钻头的钻进速度趋于稳定；柱齿损坏 20%时，钻头仍可继续工作，而刃片型钻头在崩角后便不能使用；这种嵌装工艺简单，一般用冷压法嵌装即可。

柱齿钻头按头部形状可分为二翼形钻头、三翼形钻头和四翼形钻头。二翼形钻头多用于小口径的潜孔冲击器上。三翼形适宜于硬岩条件下工作，四翼形钻头宜用在中硬及中硬以下岩石。图 6-11 是 J-200 型冲击器用的四翼形柱齿钻头，它近似于半球形的头部(亦称为球齿形钻头)，使边齿的倾斜角扩大到 45°，提高了钻头的寿命。

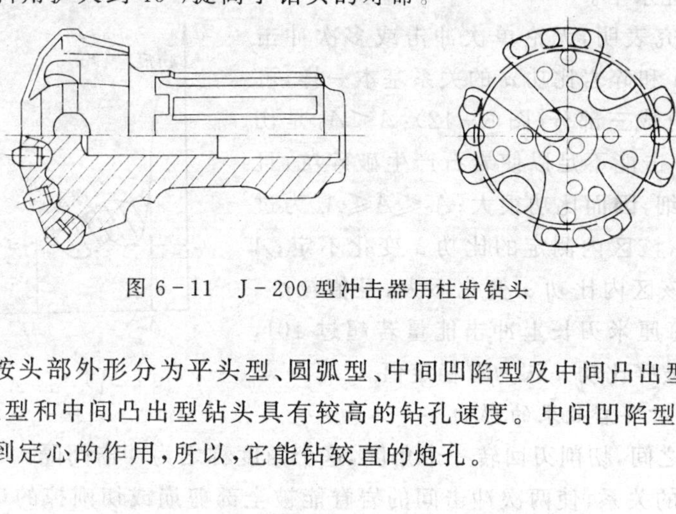

图 6-11　J-200 型冲击器用柱齿钻头

柱齿钻头还可按头部外形分为平头型、圆弧型、中间凹陷型及中间凸出型等。与刃片型超前刃钻头相比，圆弧型和中间凸出型钻头具有较高的钻孔速度。中间凹陷型钻头，由于钻孔时产生凸出的岩核起到定心的作用，所以，它能钻较直的炮孔。

§4　冲击回转钻进工艺

一、冲击回转破岩机理

冲击载荷碎岩的特点是接触应力瞬间可达极高值，应力比较集中，所以尽管岩石的动硬度要比静硬度大，但仍易产生裂纹。而且冲击速度愈大，岩石脆性增大，有利于裂隙发育。因此，用不大的冲击能(例如数十焦耳)，就可以破碎极坚硬的岩石。

在冲击回转碎岩过程中，钻头刃具上同时作用有轴向静压力 P_J、冲击力 P_C 和回转力矩 M。刃具除冲击碎岩外，同时还有切削碎岩作用。所以，具有冲击碎岩和回转碎岩两者的特征，互相补充，发挥各自优点。根据冲击碎岩和回转碎岩作用的主次，又将冲击回转钻进分为冲击

-回转碎岩和回转-冲击碎岩两种形式。

1. 冲击-回转碎岩

主要以冲击载荷碎岩为主，轴向静压力主要用来克服钻具的反弹力，改善冲击能的传递。回转力矩主要是使切削具沿孔底剪切两次冲击间残留的岩石脊峰。因此，拟订最佳回转速度时，应能够将中间凸起的扇形岩脊剪碎。这种碎岩方法要求冲击器具有低频率，大冲击功，风动潜孔锤即属此类。对于脆性岩石来说，利用这种冲击剪崩和回转剪切作用，造成大颗粒岩体的剥离作用。随着岩石的脆性与硬度增大，碎岩效果愈加显著。

2. 回转-冲击碎岩

回转-冲击碎岩是把高频低冲击功，加在一般回转钻进的硬质合金钻头或金刚石钻头上。它主要用于小口径钻进，液动冲击器即属此类。该方法之所以能破岩，主要是岩石受高频冲击力后，一方面在刃具接触处产生应力集中，增大了破碎体积；另一方面岩石内部分子被迫振荡而产生疲劳破坏并降低了强度，再加上轴向的静压和回转切削，因而增加了破岩的效果。

二、影响冲击回转碎岩效果的因素

1. 冲击能量对碎岩效果的影响

试验表明，随着冲击能量的增大，岩石的破碎穴也越大、越深。但是，并非冲击器的冲击能量越大越好。因为评定碎岩效果的合理性，还必须考虑到单位体积破碎能（碎岩比功），它表示了碎岩的能量消耗水平。

国内外的研究表明，无论单次冲击或多次冲击钻进，冲击能量 A 和碎岩比功 a 的关系基本一样，可以将 $a-A$ 曲线分成三部分（图 6－12）：$A<A_0$ 是伤痕区，这时小的冲击能不足以使岩石产生破碎坑，且破碎下的岩粉很细，因而比功很大；$A_0 \leqslant A \leqslant A_c$ 为过渡区（阴影部分），该区内测定的比功 a 变化不定；$A>A_c$ 为稳定区，该区内比功 a 变化不大，且值较小。对于一般岩石，每厘米刃长上冲击能量若超过 10J，即 $A_c=10\text{J/cm}$，破碎比功 a 认为有稳定值。

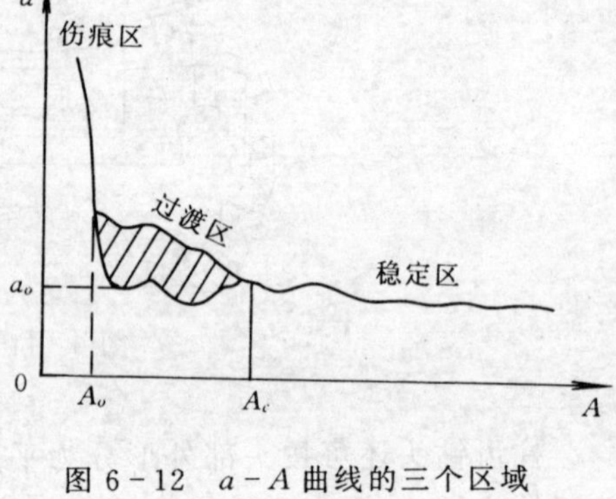

图 6－12　$a-A$ 曲线的三个区域

2. 冲击间隔对碎岩效果的影响

在两次冲击之间，切削刃回转一个角度，这个角度称之为冲击间隔。冲击间隔反映了转速与冲击频率之间的关系，使两次冲击间的岩脊能被全部剪崩或切削掉的最大间隔，称为“最优冲击间隔”，常用相邻两次冲击间的最优夹角 β 表示。

最优冲击间隔与冲击器的冲击功，岩石性质，冲击齿圆弧半径 R 和切削刃角 α 等有关。随着冲击功的增加，岩石的最优角 β 增加，如花岗闪长岩，当 $A=6.1\text{J/cm}$ 时，$\beta_{优}=5°$；$A=12.5\text{J/cm}$时，$\beta_{优}=7.5°$。随着岩石硬度的降低，最优角 β 增大，如当 $A=6.1\text{J/cm}$ 时，大理岩 $\beta_{优}=7.5°$，花岗岩 $\beta_{优}=5°$。

3. 冲击应力波对碎岩效果的影响

冲击器所产生的冲击力以应力波的形式经砧子、岩心管、钻头传递给岩石。这种应力波对于冲击能量的传递效率和碎岩效果有重要的影响。

不同的活塞形状和不同的撞击面接触条件，都将产生不同的入射应力波形。一般而言，细长的冲锤形状，入射波的幅度低，作用时间长；短而粗的冲锤形状，入射波的幅度高，作用时间短。如图 6-13 所示，7 种冲锤质量都相同，但不同形状的冲锤，其入射波形却不同。

入射波形对碎岩的影响是：缓和的入射波形比陡的入射波形有较高的凿入效率，这是由于凿入起初不需要很大的力，随着刃具侵深增加，所需力也增大，故缓和的波形与之相匹配。改变入射波的形状，除了调整活塞的形状和断面积之外，还可以用调整撞击面的接触条件来达到。

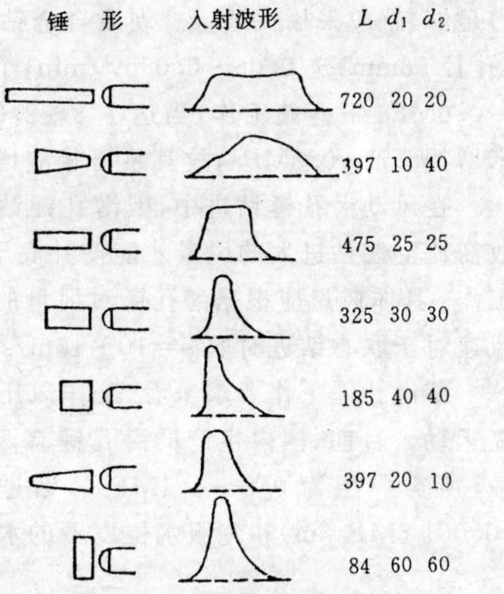

图 6-13　不同入射波形和冲锤形状的关系

L—锤长；d_1、d_2—锤两端的直径(mm)

三、钻进规程参数

1. 钻压

钻压能使岩石内部形成预加应力，同时改善冲击能量的传递条件。但是，随着钻压的增加，切削刃的单位进尺磨损量也增加，故为了减少切削刃的磨损，钻压不能过大，但又必须克服冲击器的反弹力。

在液动冲击回转钻进中，当用硬质合金钻头时，对硬度不大和研磨性弱的岩石，要充分发挥回转切削碎岩的作用，应采用较大的钻压。而对于坚硬和研磨性较大的岩石，则应充分发挥冲击碎岩的作用，钻压可相对小些。如对 $\phi59$ 口径，在钻进Ⅴ～Ⅶ级岩石时，钻压可选用 5～7kN，而钻进Ⅷ～Ⅹ级硬岩时，可选用 4～5kN。而用金刚石钻头时，由于金刚石具有高硬度，以微切削与磨削破岩为主，以冲击为辅，故岩石越硬，其所需钻压也越大，如对 $\phi59$ 口径，钻进Ⅴ～Ⅶ级岩石，钻压选用 4～7kN，而Ⅷ～Ⅻ级，可选用 5～8kN。此外，随着钻头口径的增大，其钻压也应增大。

风动潜孔锤大都是全面钻头，其冲击功都比较大，钻压对碎岩的影响较小，据前苏联资料报导，其钻压为液动冲击器钻进时的 1/3 就可获得较好的钻进效果。

2. 转速

风动和液动潜孔锤钻进选择转速的方法是一样的。对于硬质合金潜孔锤钻进，回转的唯一目的仅是为了改变硬质合金切削刃破岩的位置，若回转速度过慢时，切削刃将打入先前冲击过的坑穴中，从而引起钻头回转受阻，使钻进效率降低。若回转速度过快，钻速不会增加，却会导致切削刃过早磨损。所以，转速是否合理将直接影响钻速和钻头寿命。合理的转速主要根据最优冲击间隔来确定。

$$n=\frac{60\cdot f}{m}=\frac{60\cdot f\cdot\delta}{\pi\cdot D}\quad(\mathrm{r/min})\tag{6-1}$$

式中：D——钻头平均直径，mm；δ——最优冲击间隔，mm；f——冲击器冲击频率，Hz；m——钻头的最优冲击频率，Hz；n——转数，r/min。

如对于 J-200 型及 W-200 型风动潜孔锤钻进，转速一般在 15～30r/min 范围内较为合理。而用孕镶金刚石钻头进行冲击回转钻进时，应开高转速，一般在 500～700r/min。

3. 冲洗介质的流量和压力

冲洗介质的流量是冲击回转钻进的一个重要参数，因为其不仅影响洗井的质量，而且直接影响冲击器的工作性能(冲击功和冲击频率)，从而影响钻进效率。

在液动冲击回转钻进中，一般随泵量增加，机械钻速也增加。因此，只要岩层允许，泵的能力足够，就应采用大泵量。硬质合金钻头（孔径 76～91mm）选 0.16～0.2m^3/min；金刚石钻头（孔径 56mm）选 0.06～0.08m^3/min，个别可达 0.1m^3/min。泵压的一般规律是，冲击器在 0.5～0.6MPa 下开始工作，当达 1.8～2.0MPa 时，冲击器工作稳定，随着孔深的增加，平均每百米增加 0.2～0.3MPa，故其泵压相应增加。

在风动潜孔锤钻进中，因潜孔锤钻进速度快，在单位时间内所产生的岩屑量大且岩屑重，故需比空气钻进大的风量才能使井底干净。此外，潜孔锤本身也需要一定的额定风量才能正常工作。具体风量应根据潜孔锤对风量的要求和钻孔环状上返风速计算来定，选择其大者。上返风速对于取心钻进时取 $v=10\sim15$m/s；无岩心钻进时 $v=20\sim25$m/s。

从潜孔锤工作要求来看，工作风压要大于上、下配气室的压差，潜孔锤活塞才能作上下往复运动。目前，国内生产的潜孔锤有两种：低压潜孔锤，所需风压是 0.5～0.7MPa；高压潜孔锤，所需风压为 0.8～1.1MPa。钻进时，还需加上随着钻孔深度增加而带来的沿程压降（0.001 5MPa/m）和克服水位以下的水柱压力。

§5 钢丝绳冲击钻进与振动钻进工艺

一、钢丝绳冲击钻进工艺

1. 钻具

钢丝绳冲击钻进使用的井内钻具的连接方式如图 6-14 所示。

1.1 钻头与钻杆

钢丝绳冲击钻头的结构应能使冲击力更集中地施加于岩石上。冲击钻头底部是带有各种刃角的切削刃。为了减少孔内岩粉浆对钻头的运动阻力，增大其冲击力，在钻头体上开有流通岩粉浆的沟槽。冲击钻头的刃角取决于岩性，一般对软岩层取 65°～80°；中硬岩层 90°～110°；硬岩 110°～120°。刃面角一般为 180°，当地层较软时，可制成小于 180°的刃面角，以加速孔底岩石破碎。为了使钻头在运动中减少与孔壁的摩擦，在切削刃外端保留一间隙角（4°～8°）。钻头形状有：一字形、工字形、十字形、马蹄形或圆形。目前较普遍的是十字形带副刃的钻头（图 6-15），冲击钻头的主要规格如表 6-2 所示。

表 6-2 冲击钻头主要尺寸

钻头直径 D(mm)	钻头长度 L(mm)
400	1 380 或 1 200
450	1 450 或 1 200
500	1 500 或 1 200
550	1 600
660	1 900

冲击钻杆为实心钻杆以增加自重，可以用丝扣或法兰盘连接。

1.2 钢丝绳接头

钢丝绳接头又称绳卡（图 6-16）。它的作用是连接钢丝绳与钻具，并使钻具在钢丝绳扭力的作用下，让钻头每冲击一次自动回转一个角度。钢丝绳伸到活套中与活套固定。当钻具提升时，由于活套与整个钢丝绳接头连为一体，整个钻具因钢丝绳拉伸而转动一个角度，钻具下放时，活套脱离垫片，此时钢丝绳因不受力而恢复原来状态（扭紧），连接钢丝绳的活套与垫片间产生滑动，使钢丝绳扭紧而不带动钻头转动。这样使钻头每冲击一次回转一个角度。

1.3　抽筒

抽筒又称掏砂筒，主要用于捞取孔内岩粉，也可用来钻进砂或粘土等软地层。掏砂筒的阀门根据不同情况有球形、半球形和平阀等形状（图 6-17）。

2. 钢丝绳冲击钻进规程

2.1　钻具质量

钻具质量等于钻头、钻杆和绳卡的质量之和。所选定的单位刃长上钻具质量取决于岩性：

软岩层　200～300N/m；

中硬岩层　350～400N/m；

硬岩层　500～600N/m；

极硬岩层　650～800N/m。

2.2　冲击高度

冲击高度是指钻头在冲击运动时提离孔底的高度，改变钻机的曲柄和连杆的连接孔位，可得到不同的冲击高度。由于钻头经很长的钢丝绳与钻机相连，而钢丝绳会有弹性伸长，这样钻机压轮的上下高度不等于钻头的冲击高度。在实际工作中出采用留悬距的办法来提高钻进效率。悬距是当压轮上升到最高点，待钢丝绳静止后，钻头距孔底的距离。

冲击高度通常取 0.6～1.1m，极硬岩层取小值，软岩取大值。悬距的最优值一般为 3～4cm。

2.3　冲击次数

冲击次数与冲击高度是互相联系又互相制约的。合理的冲击次数 n 按下式计算：

$$n=20\sqrt{\frac{j}{S}}\qquad (\text{次/min}) \qquad (6-2)$$

式中：j——钻具在岩粉浆中的下降加速度，m/s^2；S——冲击高度，m。

钻具下降的加速度不是常量，它取决于孔壁的垂直性及表面状况和岩粉浆的密度。一般取为：钻进粘土层时 $j=4.5～5m/s^2$；钻进硬岩时 $j=6～6.5m/s^2$；清洁的孔底最高可达 $j=8.7m/s^2$。

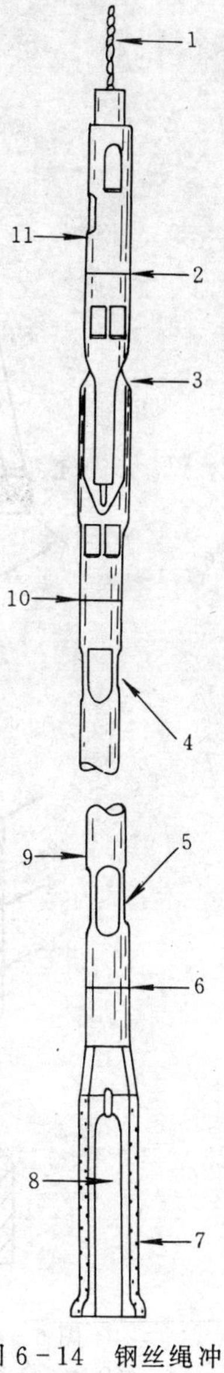

图 6-14　钢丝绳冲击钻具组合图

1—钢丝绳；2—接头；3—振动器；4,5—方形板口；6—钻具接头；7—钻头；8—冲洗液槽；9—钻杆；10—接头；11—钢丝绳插口

2.4　岩粉密度

岩粉密度大将影响钻具的下降加速度，对破岩效率不利，但对悬浮岩屑有利。若岩粉密度太低，则岩屑留在孔底形成岩粉垫，使钻头不易接触孔底，钻效将很低。所以，对不同的岩性存在着最佳岩粉密度，即岩石密度越大，岩粉密度可越高。实际操作中可通过控制掏砂间隔和数量来调整岩粉密度，规程上规定"勤掏少掏"就是为了控制岩粉密度。

3. 典型岩层的冲击钻进工艺

(1) 含大卵石、大漂石的地层　这种地层用其他钻进方法不易奏效，但采用冲击钻进时宜取大冲击高度，低冲击次数，并适当加大钻具质量。该类地层钻进和护壁同样重要，应加入粘土增加孔壁的稳定性，采用大刃角防止钻头磨损过快，同时注意防止卡钻。

(2) 粘土层　粘土层易造成糊钻。该地层钻速不是主要问题，重要的是防止事故，一般可

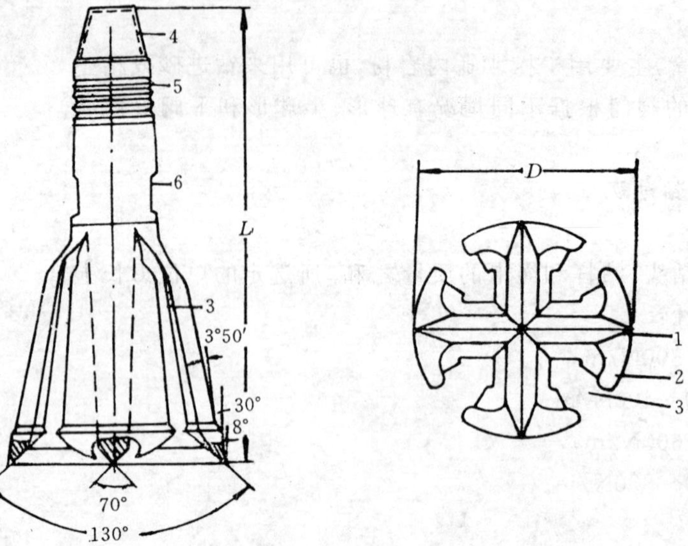

图 6-15　带副刃的钢丝绳冲击钻头

1—主刃；2—副刃；3—水槽；4—锥形丝扣；5—环形槽；6—扳手卡槽

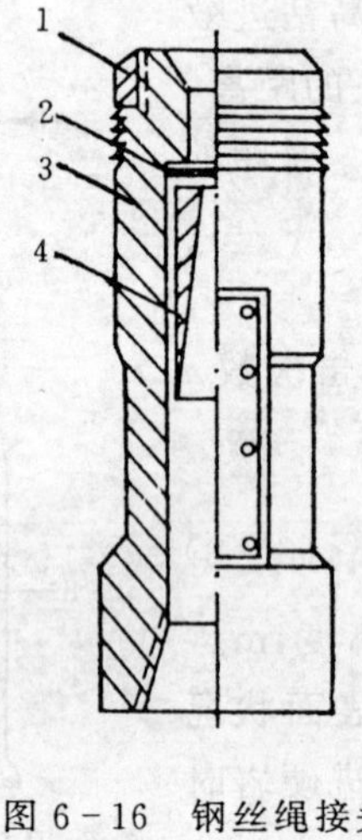

图 6-16　钢丝绳接头

1—保护箍；2—垫片；3—接头体；4—活套

图 6-17　抽筒

采用水压钻进，勤掏浆并及时回灌密度小的泥浆。钻具质量不宜过大，刃角要小，适当减少冲击次数。

(3) 砂层　主要问题是保护孔壁，应采用优质泥浆压孔钻进，薄砂层可投入粘土球来护壁，对于厚砂层则只能跟管钻进。

(4) 石灰岩地层　脆性的石灰岩地层很适合用冲击钻进，钻具质量不必很大，钻头底刃要用硬材料补强，使用优质泥浆，勤掏少掏，在有溶洞的地段注意防斜。

二、振动钻进工艺

振动钻进的每个回次包括钻具下至孔底、振动钻进、提钻和取岩心。一般开孔口径较大，随着孔深增加而逐渐缩小孔径，因此应准备若干套不同尺寸的钻头。采取岩心时，可边振动边取出或压出。影响钻进效率的工艺因素有振动频率、振幅、偏心力矩和回次长度。

1. 振动频率

当振动器的频率很低时，钻具只有轻微的弹性振动，钻头没有进尺。当频率逐渐增高并超过某一频率值时，钻具的振幅也随之加大，此时钻具与岩层间产生相对滑移，钻具开始切入岩层中，这时的频率称为“起始频率”。随着频率的提高钻速也增加，频率进一步提高时，钻具的振幅达到“极限振幅”(A_∞)，如图 6-18 所示。

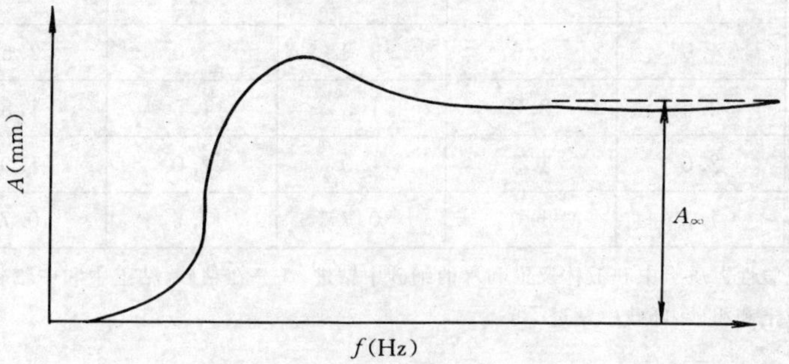

图 6-18　振幅与频率的关系

实际资料表明，一方面，起始频率并非不变的值，而是随振动器偏心力矩的值变化；偏心力矩增大时，起始频率则降低。另一方面，随着钻具切入的深度增大，振幅也随之减小，若频率愈低，则振幅减小得愈显著；当振幅减小到一定值后钻进便停止了，但这时如果提高频率，则又会恢复钻进。

综上所述，振动钻进必须有一定的振动频率才能钻进岩土，振动频率越高，钻具的振幅随之越大，钻进的深度也就越深。但并非频率越高越好。因为钻机的功率消耗 W 与频率成三次方的关系：

$$W=\frac{M^2 f^3}{4Q} \tag{6-3}$$

式中：M——偏心力矩；f——振动频率；Q——钻具质量。

当动力机的功率一定时，增加 f 势必降低 M，M 的减小则使振幅 A 随之减小。而钻速又与振幅成正比。因此，为了不降低钻速，在功率一定，偏心力矩又要保持足够大时，振动频率不能选择得过高。通常振动钻进中振动频率都选择在 17～37Hz 之间，而以 17～25Hz 为最多。若用无级变速的动力机驱动振动器，将为选择更合适的振动频率创造条件。

2. 振幅

振幅是影响振动钻进的一个重要因素。只有当振幅超过某一个值时，钻头才能切入土层，此时的振幅叫做“起始振幅”A_0，当振幅超过 A_0 后，钻速随振幅成线性关系而增大。同样，起始振幅 A_0 也不是个定值，它随频率、钻具断面尺寸和地层条件而变化。表 6-4 列出了 A_0 与频率之间的关系。正常钻进中一般选振幅 A 等于 3～5 倍的 A_0。

3. 偏心力矩

偏心力矩是与振动器偏心轮的质量有关。增大偏心力矩，能在一些结实的土层中钻进。但偏心力矩不能过大，否则振动器质量过大将使上部钻杆变形。

表 6-4　频率与振幅的关系

频率(Hz)	5～8	25	38～40
起始振幅(mm)	1.5～2.5	1.2～1.5	0.5～0.8

4. 回次长度

回次长度是可以人为控制的参数。如果在钻进中当取样管完全装满后才结束回次是不合理的。为了提高回次钻速必定存在着最优回次长度。表 6-5 给出了最优回次长度的参考值。

表 6-5 最优回次长度值(*m*)

孔深(m)	108mm 孔径			146mm 孔径		
	Ⅰ	Ⅱ	Ⅲ	Ⅰ	Ⅱ	Ⅲ
0～4	4.0	3.6	3.0	3.0	2.5	2.0
4～10	2.5	2.0	1.5	1.5	1.5	
10～20	2.0	1.5	1.0	2.0	1.0	0.7
20	1.5	1.0	0.7	1.5	0.7	0.4

注：Ⅰ—在软塑和流塑性泥质土中和散体及饱和水的细砂中钻进；Ⅱ—在粘砂、粘土中和中细粒砂中钻进；Ⅲ—在硬及半硬的泥质土和粗砂、砾砂中钻进。

第七章　土样及岩矿心的采取

钻探工程是地质勘探工作获取实物地质资料(土样、岩矿样、水样和气样等)的重要手段。国家投入大量资金进行钻探工作,不仅要求提高钻进效率,更重要的是保证其采取样品的质量,这些样品的质量直接影响着工程地质调查、地质构造判断、矿产资源评价、水文地质调查,以及提交矿产储量的准确性与可靠性。因此,如何从钻孔中取全、取准可靠的实物地质资料是本专业的关键技术之一。水样和气样的采取比较特殊,本章重点介绍土样和岩矿样的采取。

§1　土样的采取

一、原状土样的概念

工程地质钻探的主要任务之一是在岩土层中采取岩心或原状土试样。在采取试样过程中应该保持试样的天然结构,如果试样的天然结构受到破坏,便称为“扰动样”。扰动样在工程地质勘查中是不容许的,除非明确说明另有所用,否则此扰动样作废。天然结构的原状试样有岩心试样和土试样。岩心试样的天然结构一般不易破坏,而土试样却很容易被扰动。

按照取样方法和试验目的,岩土工程勘查规范对土试样的扰动程度分为如下的质量等级:

Ⅰ级——不扰动,可进行土类定名、含水量、密度、强度参数、变形参数、固结压密参数试验。

Ⅱ级——轻微扰动,可进行土类定名、含水量、密度试验。

Ⅲ级——显著扰动,可进行土类定名、含水量试验。

Ⅳ级——完全扰动,可用于土类定名。

在钻孔取样时,用薄壁取土器采取的土样定为Ⅰ～Ⅱ级;用中厚壁或厚壁取土器采得的土样定为Ⅱ～Ⅲ级;用标准贯入器、螺旋钻头或岩心钻头所采得的粘性土、粉土、砂土和软岩试样皆定为Ⅲ～Ⅳ级。

二、取土的方法

1. 压入法

压入法(图 7-1)分为连续压入法和断续压入法两种。前者是用滑轮组合装置将取土器一次快速地压入地层中,适用于较软土层中的取样;后者是将取土器分二次或多次压入地层中。

2. 击入法

击入法一般适用于较硬与坚硬的土层取样,分为孔外击入法和孔内击入法两种。孔外击入法(图 7-2)是在地表用吊锤打击钻杆上的打箍,将取土器击入地层中。孔内击入法(图 7-3)是在孔内用重锤打击圆柱形定向器,将取土器击入地层中。孔内击入法结构简单,操作方便,取土效率高,土样扰动小,故一般常采用该法。

3. 回转击入法

采取坚硬土层中的土样或岩样时,若上述取土方法无法采取,可采用机械回转钻进用的回转压入式取土器(双层取样器)。若须在岩层中采取原状样品时,可在岩心钻探的岩心中直接挑

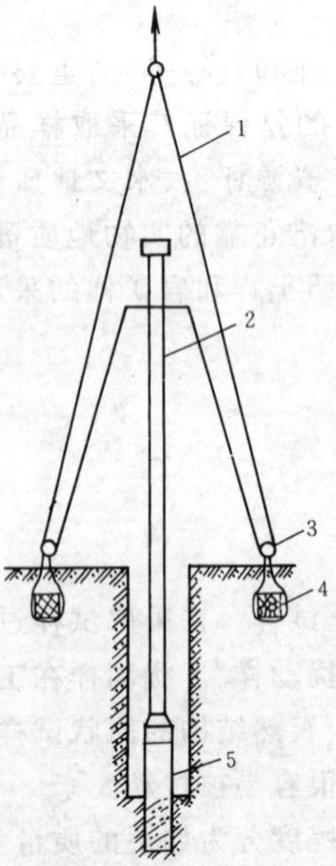

图 7-1　压入法

1—钢丝绳；2—钻杆；3—固定滑轮；4—底梁；5—取土器

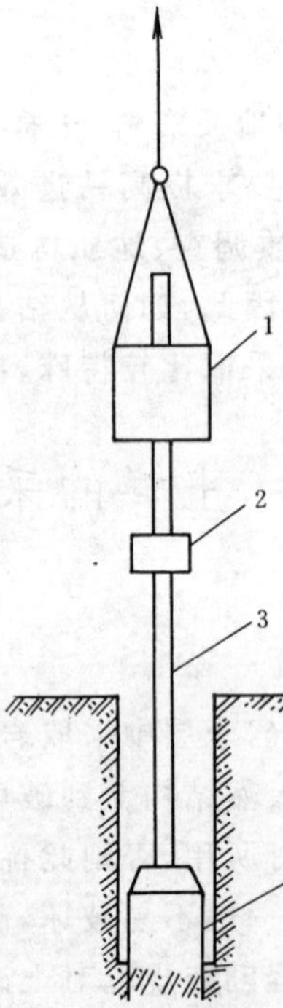

图 7-2　孔外击入法

1—吊锤；2—打箍；3—钻杆；4—取土器

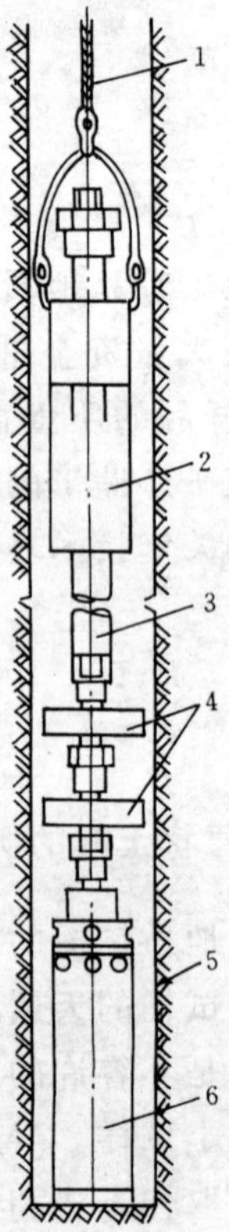

图 7-3　孔内击入法

1—钢丝绳；2—重锤；3—穿心杆；4—圆柱形定向器；5—钻杆；6—取土器

选原状样品。

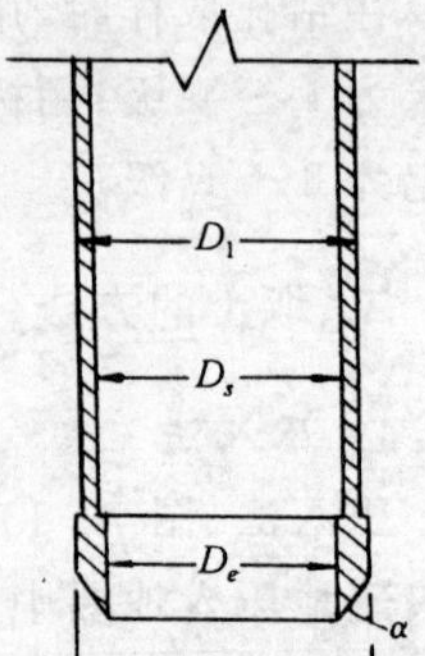

图 7-4　取土器部分尺寸符号

三、取土器的基本技术参数

1. 直径

取土器的内外径尺寸(图 7-4)是否合理，关系到土样的质量。若直径过小取上来的是扰动土样，若过大则给施工带来不便。设计取土器直径时，一般应考虑下列因素：

(1) 取土方法　取土时土样与取土筒内壁产生摩擦，而造成土样边缘扰动，此扰动的宽度与取土方法有关。采用压入法或击入法扰动带宽度一般在 10mm 左右。

(2) 土层性质　扰动带的宽度与土层性质有关，对于软土、黄土等易于扰动的土层，宜采用直径较大的取土器；反之，对于砂性土等扰动小的土层，可采用直径较小的取土器。

(3) 配合环刀直径　目前土试验所用环刀直径有：61.5mm、64mm 和 80mm 几种，土样直径除去扰动带宽度，还应稍大于环刀直径。

2. 面积比(A_r)

面积比，系指取土器最大断面与土样断面之比的百分数。

$$A_r=\frac{D_W^2-D_e^2}{D_e^2}\times100\% \tag{7-1}$$

式中：D_w——取土器管靴外径，mm；D_e——取土器管靴内径，mm。

面积比越小，则土样所受的扰动程度就越小，要使面积比小，关键是减少取土器壁厚，但取土器太薄容易产生变形或破裂。目前常用的取土器面积比是根据土样种类而选用的。对一般粘性土和老粘性土可选用面积比小于30%，壁厚小于6mm的对开式取土器；而软粘土可选用面积比小于20%，壁厚为3～4mm的取土器。

3. 内间距比(C_i)

内间距比即取土筒内径与刃口处内径之差对刃口处内径之比的百分数。内间距比是取土器内侧与土样间摩擦力的标志，摩擦力的作用使土样周围发生扰动，并阻止土样进入。故内间距比过小，将造成扰动宽度增加，若内间距比过大，摩擦力小，提取时，土样容易由土样筒内脱落。

$$C_i=\frac{D_s-D_e}{D_e}\times100\% \tag{7-2}$$

式中：D_s——取土筒内径，mm。

实践证明，在软粘土中取土器的内间距比以0.5%～1.0%为宜；一般粘性土以1.0%～1.5%为宜；老粘性土以1.3%～1.5%为宜。

4. 外间距比(C_0)

外间距比系指取土器筒靴外径与取土筒外径之差对于取土筒外径之比的百分数。外间距比是取土器外侧与土壤摩擦力的标志。外间距比大，取土器易于进入土层，但太大将会增大其破土面积，增加面积比。对一般粘性土和老粘性土的外间距比以1%为宜；对于软粘土取零。

$$C_0=\frac{D_W-D_t}{D_t}\times100\% \tag{7-3}$$

式中：D_t—取土筒外径 mm。

按地层分类，常用取土器的基本技术参数如表7-1所示。

表7-1　取土器基本技术参数

土层类别	取土方法	内径(mm)	内间距比(%)	外间距比(%)	面积比(%)	壁厚(mm)	长度(mm)			
							有效长度	土样	余土管	管靴
湿陷性黄土	振动	140	1.0～1.5	2.0～3.0	<12					
		120								
一般性粘土	压入或击入	90～100	1.0～1.5	1.0	<30	<6	490	240	200	50
软粘性土		100	0.5～1.0	<1.0	<20	3～4	640	240	300	100
较硬粘性土		90～100	<1.5	1.0～2.0	<30	<6	350	200	100	50
砂		80	0	0	<10	1.5～2.0	200	200	0	0
砂质粘土		80	0.5～1.0	0			350	200	100	50

四、取土器的类型及结构

1. 取土器的类型

取土器的种类很多，可按下述原则分类：

(1) 按取土器下部封闭形式分：敞口式和封闭式；

(2) 按取土器上部封闭形式分：球阀封闭式，活阀封闭式和活塞封闭式；

(3) 按取土器壁厚分：薄壁取土器，中壁取土器和厚壁取土器；

(4) 按地层分：土层、砂砾石层、砂层和淤泥层取样器。

2. 取土器的结构

不同类型取土器其结构也不同，常用的原状取土器(图 7-5)由接头、球阀、残余管、半合管、取样筒及管靴等部件构成。

各部件的功能要求是：管靴应淬火处理，以保证有较大的强度、硬度和刚度；管靴刃口角度因切入土层性质不同而有差别，一般切入软土层时刃口角度较小，切入硬土层时较大，对一般土层，刃口角度约为 10°；半开合管内装有取样筒，取样筒要求平整、圆度好、光滑；在半开管上部的残余管长度一般为 300mm 左右，供储存土样上部剩余土之用；阀门及其他密封装置的主要作用是排开孔内水柱对土样的压力，保护土样的采取效果。取样时，取土器内的水可随土样进入取样筒内，而随土样的压入冲开阀门，经上部排水孔排出流入孔壁间隙，提升取土器时，阀门关闭，孔内水不能进入取土器，起到密封作用。

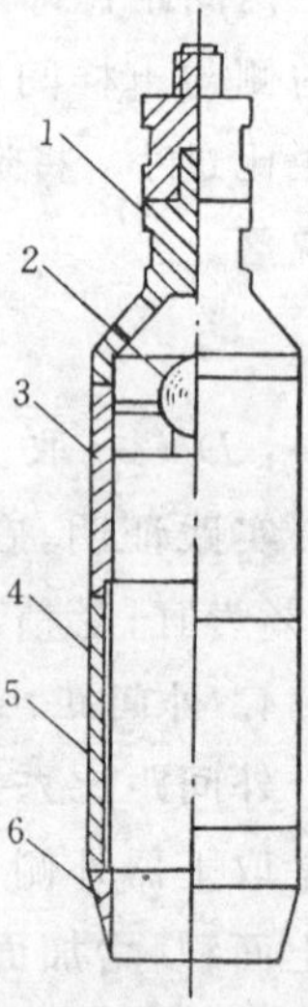

图 7-5 原状取土器

1—钻杆接头；2—球阀；3—残余管；4—对开半合管；5—取样筒；6—管靴

五、减少土样扰动的注意事项

合理的钻进方法是保证采取不扰动土样的前提，特别对结构敏感或不稳定的土层尤为重要。从经验来看，主要注意如下几点：

(1) 在结构性敏感土层和较疏松的砂层中需采用回转钻进，而不得采用冲击钻进；

(2) 用泥浆护孔，可以减少扰动，并注意在孔中保持足够的静水压力，防止因孔内水位过低而导致孔底软粘性土或砂层产生松动或涌起；

(3) 取土钻孔的孔径要适当，取土器与孔壁间要有一定间隙，避免下放取土器时切削孔壁，挤进过多的废土，尤其在软土钻孔中，时有缩径现象，则更需加大取土器与孔壁的间隙；应保持钻孔孔壁垂直，以避免取土器切刮孔壁；

(4) 取土的前一次钻进不宜过深，以免下部拟取部位的土层受扰动。并应在正式取土前，把已受一定程度扰动的孔底土柱清理掉，避免废土过多，以及取土器顶部挤压土样；取土前还应准确丈量取土器深度和进尺深度等尺寸；

(5) 取土过程中每个操作工序，均应细致稳妥，以免造成扰动；取出的土应及时用蜡密封，并注明上下，贴上标签，做好记录；在土样封存、运输和开土做试验时，都应注意避免扰动，严防振动、日晒、雨淋和冻结。

§2 岩矿心采取

众所周知，地质钻探工程的六项质量指标是：岩矿心的采取与整理、钻孔弯曲、校正孔深、简易水文观测、原始报表和封孔。在这六项质量指标中，岩矿心的采取排在首位，可见它在钻探工程中的重要地位。

一、岩矿心采取的基本要求

1. 岩矿心采取率

岩矿心采取率即实际自孔内取上的岩矿心长度与实际钻进进尺之比值。对于岩矿心一般要求：岩心不低于65%，矿心不低于75%，如果不足，应进行补取。

2. 完整性

要求取上的岩矿心保持原生结构和原有品位，以便划分矿石类型，观察矿物原生结构和共生关系；尽量避免人为破碎、颠倒和扰动。

3. 纯洁性

要求取上的岩矿心不受外物的浸蚀、污染和渗进，以免影响矿石的品位、品级和物理性质。如煤心混入粘土将使样品的灰分增加，滑石混入泥浆将使二氧化硅含量提高等。

4. 避免选择性磨损

矿心的选择性磨损，会使其内在物质成分发生变化，造成矿物人为贫化和富集，歪曲原品位和品级。

5. 取心部位准确

要求取上岩矿心的位置准确，为了得到岩矿层准确的埋藏深度、厚度和产状、以准确地计算矿产储量和确定其地质构造。

二、影响岩矿心采取率与品质的因素

1. 自然因素

影响取心数量和质量的自然因素主要是所钻岩石的物理力学性质和岩矿层的结构、构造。钻进坚硬、致密、均质完整的岩矿层时采取率高，岩矿心不怕冲刷、不怕振动，易于得到完整的能保持原生结构的岩矿心；钻进松散、破碎、节理发育、胶结性差和软硬夹层的岩矿层时，取出的岩矿心多成块状、粒状、片状，不仅原生结构遭到破坏，而且采取率低，甚至取不出岩矿心。

2. 人为因素

2.1 钻进方法选择不合理

钢粒钻进时振动大、孔壁间隙大、钻出的岩矿心细，对岩矿心的磨损作用最大；硬质合金钻进时磨损轻微；金刚石钻进时最小。

2.2 钻具结构选用不合理

钻进中使用弯曲或偏心的岩心管、钻杆、或钻头时，钻进中钻具回转运动，产生离心力和水平振动，使岩心受到冲撞、磨损而破坏。此外，若能根据所钻岩矿层性质选择合适的取心工具，就可能取得采取率高和代表性好的岩矿心。

2.3 钻进规程不当

(1) 压力　压力过大将加剧孔底钻具的弯曲和振动，使岩矿心受到强烈的机械破坏；压力

不足则进尺慢，延长了岩矿心在孔底岩心管内受破坏作用的时间。

(2) 转速　转速过高，钻具振动幅度增大，对岩矿心的破坏加剧；转速过低则钻速低，延长了岩矿心受破坏作用的时间。

(3) 泵量　冲洗液量过大则冲刷力也大，加剧了岩矿心被冲毁和磨耗的破坏作用。循环方式的不合理，也会造成岩矿心被冲刷破坏和重复磨损。

2.4　操作方法不正确

钻进中盲目追求进尺，回次时间过长，提钻不及时，都会增加岩矿心在孔底被破坏的可能性；提动钻具过猛或采心方法不当，则易造成岩矿心脱落；退心时过分敲打易造成岩矿心的人为破碎和上下顺序颠倒，影响岩矿心的完整性，歪曲岩矿心的层次。

三、岩矿层取心难度分类

对岩矿层取心的难易程度分类，有利于根据不同的岩矿层类型选择适应的取心工具和取心措施。我国目前按取心难易程度不同，把岩矿层分为五类(表 7-2)。

表 7-2　按取心难易程度对岩矿层分类

岩矿层类别			可钻性等　级	岩矿层主要物理力学性质	适用取心方法和取心钻具
一类	完整、致密、少裂隙、不怕冲刷的岩矿层	板岩、灰质页岩、致密石灰岩、砂岩、花岗岩、致密铁矿、铜矿等	4～12	不易破碎，耐磨性高，不怕冲刷，取心容易，采取率高。	普通单管合金钻进和钢粒钻进，卡料取心，金刚石双管钻进，卡簧取心。
二类(1)	节理、片理、裂隙发育的破碎的岩矿层	中硬、碎、脆岩矿层(矽卡岩、辉绿岩、千枚岩、轻硅化灰岩、汞矿、黄铁矿、磷矿、石墨、滑石等。)	4～7	粘性低或无粘性，抗磨性低，回转振动易破碎，或酥脆，怕冲刷，易磨损流失或污染。	无泵钻进，双动双层岩心管、隔水单动、活塞式单动、爪簧式单动双层岩心管、喷射式孔底反循环钻具
二类(2)	硬、脆、碎岩矿层	石英二长斑岩，粗面岩、变质安山岩、花岗斑岩、强硅代灰岩，钼矿、铅锌矿等。	7～9 10～11(部分)	无粘性，易受钻具振动和冲洗液冲刷而破碎成块状，易磨损、流失，不易取出完整岩矿心。	钢粒钻进喷射式反循环钻具，金刚石双管钻具，无泵双动双管钻具
三类	软硬不均、变化频繁极不稳定的岩矿层	不稳定的煤层、氧化矿床，破碎带、砾石层等。	可钻性相差悬殊	围岩与矿体间可钻性悬殊，易碎，易磨，粘性差，怕冲刷，煤层怕烧灼变质，不易钻进和取心。	爪簧式单动双管隔水式单动双管等。
四类	软、松散破碎的岩矿层	表土、粘土层、煤层、软钻矿、铁帽、铝钒土、褐铁矿、断层带、氧化破碎带。	1～5	胶结性差，松散易破碎，易烧灼变质，易坍塌。	无泵反循环钻具，双层双动岩心管，阿氏双管，喷射式孔底反循环等。
五类	易被冲洗液融蚀、溶化的岩矿层	如岩快、钾块、石膏、芒硝、冻土层等。	2～5	易溶解、溶蚀，怕冲刷	用不同介质的饱和冲洗液，进行无泵钻进

在第一类岩矿层中可采用单管硬质合金、钢粒、金刚石钻进，用卡料或卡簧取心都能达到满意的效果。而在二～五类岩矿层中，如何采用适当的取心工具和方法来达到取心质量要求是必须重视的问题。

§3　常用取心工具及方法

一、卡取岩心的方法

在钻进回次结束前，特别是在完整岩矿层中必须先将岩矿心卡断，然后再将岩心管提至地表。常用的卡取岩心方法有：卡料卡取法、卡簧卡取法、干钻卡取法、沉淀卡取法和楔断器卡取法。

1. 卡料卡取法

当用硬质合金和钢粒钻进中硬及中硬以上、完整的岩矿层时，钻进回次终了时，可从钻杆内向孔底投入卡料(小碎石、铁丝、钢粒等)卡紧并扭断岩心。用卡料卡心时，要注意卡料的粒度、长度、粗细、硬度和投入量，卡料的粒度和粗细应与岩心和岩心管之间的间隙相适应。

2. 卡簧卡取法

卡簧(也称提断器)装于钻头体的内锥面上，回次终了时稍上提钻具，即可把岩心卡住并拉断。它主要在金刚石钻头、针状硬质合金钻头上使用，适用于岩心完整、直径均匀的中硬及中硬以上地层。卡簧一般用 40＃铬钢或 65＃锰钢加工，并经淬火处理。应注意卡簧与卡簧座、卡簧与岩心之间隙必须很好配合。常用的卡簧结构(图 7－6)有三种形式：内槽式卡簧，外槽式卡簧和切槽式卡簧。

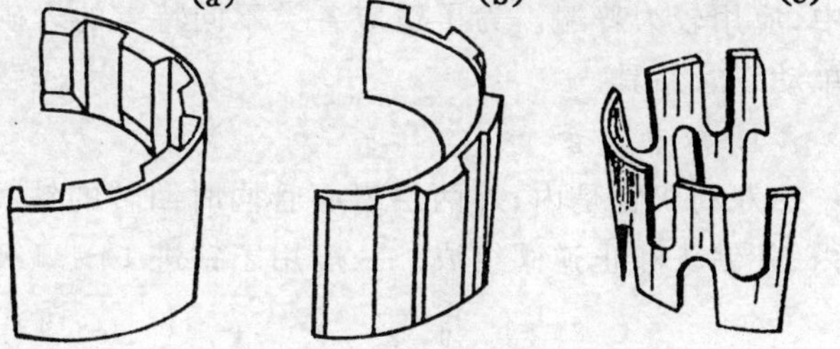

图 7－6　岩心卡簧

(a)—内槽式；(b)—外槽式；(c)—切槽式

3. 干钻卡取法

在回次终了停止送水，干钻进尺一小段(20～30cm)，利用未排除的岩粉来挤塞住岩矿心，再通过回转将其扭断提出。它适用于硬质合金钻进用卡料和卡簧都卡不住的松散、软质和塑性岩矿层。

4. 沉淀卡取法

在回次终了停止冲洗液循环，利用岩心管内悬浮岩粉的沉淀，挤塞卡牢岩矿心。此法适用于反循环钻进和在松软、脆、碎的岩矿层。通常沉淀 10～20min。

5. 楔断器卡取法

在钻进回次终了将钻具提出孔外，下入楔断器，利用吊锤冲击楔子将岩心楔断，再下入夹具将岩心提出。该法适用于大直径和岩石比较坚硬、完整的岩矿层钻进。

二、单层岩心管钻具

单层岩心管钻具简称单管钻具，它是最简单的取心钻具。为提高岩矿心采取率，防止提钻过程中岩矿心脱落，常在单管钻具中增加分水投球接头(图 7－7)和活动分水帽。

工作原理：正常钻进时，冲洗液通过分水接头 2 的中心孔直接进入岩心管内，边缘开有若干水口的活动分水帽 9 呈伞形保护岩心不受冲洗液直接冲刷，且分水帽随岩心一起上移。提钻前由钻杆柱内投入球阀落于球座活塞 6 上，将中心水道封闭，在水压作用下球阀活塞向下移动，当超过管壁小卡 5 的位置时，小卡在弹簧作用下伸出将活塞挡住，这时通水孔被打开，冲洗液由此孔排出，使孔底形成干钻条件。

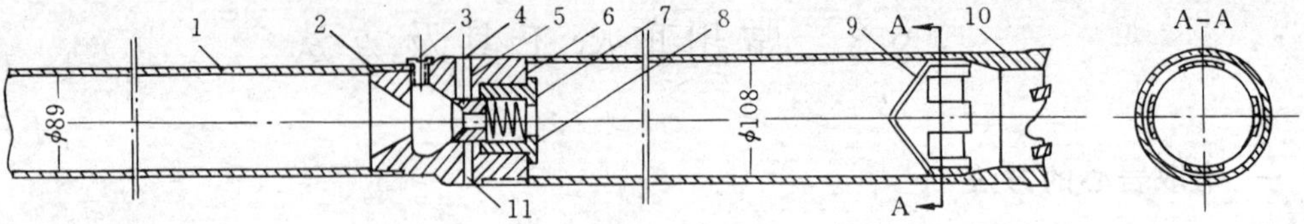

图 7－7 活动分水投球钻具

1—导向管；2—分水投球接头；3—取球孔螺塞；4—小卡螺塞；5—小卡及弹簧；6—带阀座的活塞；7—弹簧；8—弹簧座；9—活动分水帽；10—硬质合金钻头；11—通水孔

三、双管钻具

双层岩心管钻具是提高岩矿心采取率和采样质量的重要工具，在复杂地层和金刚石钻进中，应用较为普遍。为了适应各类不同特点的岩矿层，双管钻具的结构又分为双动双管钻具和单动双管钻具。

1. 双动双管

双动双管是内、外两层岩心管同时回转的钻具(图 7－8)，主要由双管接头，内、外岩心管，内、外钻头和止逆阀组成。一般用于钻进Ⅰ～Ⅶ级的松散、易坍塌和怕冲刷的岩矿层。

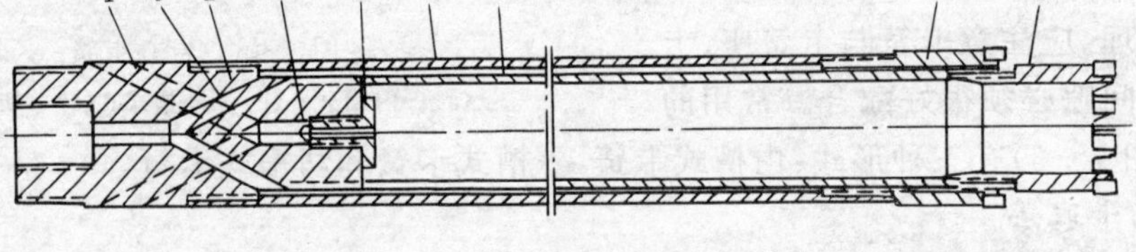

图 7－8 双层双动岩心管钻具

1—回水孔；2—双管接头；3—球阀；5—外管；6—内管；7、8—外、内硬质合金钻头；9—送水孔

钻进时，内外管带动内外钻头同时回转并破碎岩石，冲洗液经双管接头进入内、外管间的环状间隙，冲洗孔底后再沿外管与孔壁的间隙返至地面，避免了对岩矿心直接冲刷。内管中的冲洗液，随岩矿心的进入冲开止逆阀 3，经回水孔 1 排至外环间隙，同时球阀 3 隔离了钻杆内冲洗液液柱的压力对岩矿心的相互挤压和磨损的影响。

为了保护岩矿心根部不被冲刷，双动双管钻具的内钻头大都超前于外钻头，一般为 20～50mm，岩层越松散，胶结性越差，超前距离就越大。

2. 单动双管钻具

钻进过程中，外管转动而内管不转动的双管钻具称为单动双管钻具。它比双动双管钻具优越，主要表现为钻进中不仅避免了冲洗液直接冲刷岩矿心，更重要的是避免了振动、摆动和摩擦力对岩矿心的破坏作用。另外，有些单动双管还设有防振、防污、防脱及退心的装置。因此，岩矿心的采取率、完整度、纯洁性等均有较大提高，代表性更好。

单动双管钻具种类繁多，可适应不同类型岩矿层取心的需要，典型的金刚石钻进单动双管钻具(图 7－9)主要由上接头，单动部分，调节心轴，内、外管，卡心装置和钻头组成。其中单动部分常用下述三种形式：球-单盘推力球轴承式(代号 Q)；单盘推力球轴承式(代号 D)；双盘推力球轴承式(代号 S)。

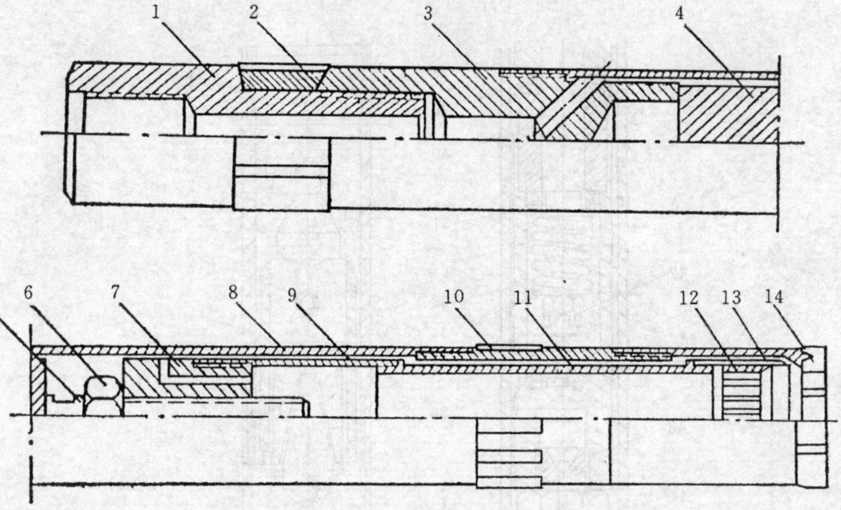

图 7-9　单动双管钻具总体结构

1—上接头；2—耐磨稳定环；3—外管接头；4—单动部分；5—心轴(调节螺杆)；6—锁紧螺母；7—内管接头；8—外管；9—内管；10—扩孔器；11—短节；12—卡簧；13—卡簧座；14—钻头

外管接头连着外管和轴承外壳，内管连同其下部的卡簧提断器通过内管接头连接在轴承的心轴上。钻进时，钻头和外管随钻杆一起回转。当内管中有岩心时，在摩擦力作用下内管及其卡簧不回转。冲洗液由上接头进入，通过外管接头上的斜孔进入内外管的环状间隙冲洗孔底，由外管与孔壁间隙上返，内管中的冲洗液，随岩矿心的进入，经内管接头上的排水孔也流入内外管间隙。回次终了，上提钻具，卡簧提断器卡断岩心。

§4　绳索取心钻具

绳索取心钻具是一种不提钻取心的钻进装置，即在钻进过程中，当内岩心管装满岩心或岩心堵塞时，不需要把孔内全部钻杆柱提升到地表，而是借用专用的打捞工具和钢丝绳把内岩心管从钻杆柱内捞取上来，只有当钻头被磨损需要检查或更换时，才提升全部钻杆柱。

绳索取心钻具的应用范围很广，它不受钻孔深度的影响，从几十米的浅孔直至超万米的超深孔均可使用，而且钻孔越深其优越性越能显示；可以钻进任意方向的钻孔和钻进各种地层，在Ⅵ～Ⅸ级中等硬度的岩层中效果尤为显著；针对不同的地层，该钻具既可用清水，又可用优质泥浆，还可采用泡沫等作为冲洗介质。

20 世纪 20 年代，绳索取心方法多用于石油钻井，但到 50 年代，国外已广泛用于岩心钻进。一些发达国家绳索取心钻进的工作量已占金刚石钻探工作量的 90%以上。我国于 1975 年研制成功绳索取心钻具，现已广泛推广使用，在地矿、冶金、煤炭等部门都形成了各自的规格系列。它们的结构大同小异，现以国产的 S-75 型为例加以说明。

整套绳索取心钻具分为单动双层岩心管和打捞器两大部分。

一、单动双层岩心管

双层岩心管部分由外管总成和内管总成组成(图 7-10)。外管总成包括：弹卡挡头 1、弹卡

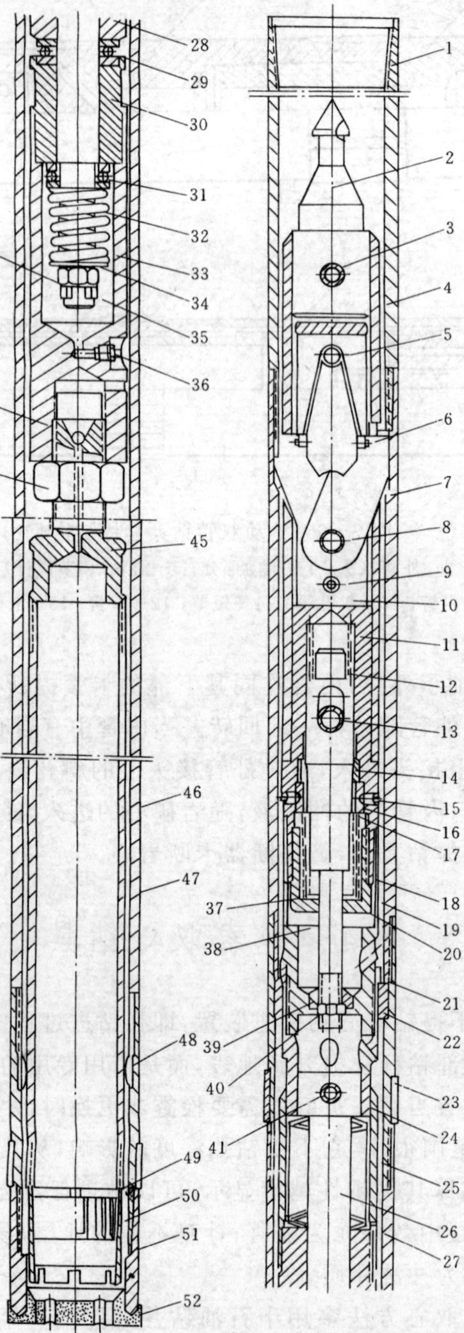

图 7-10 S-75 型绳索取心钻具双管结构

1—弹卡挡头；2—捞矛头；3—弹簧销；4—回收管；5—弹簧；6—弹卡；7—弹卡室；8、9—弹卡销；10—弹卡座；11—弹卡架；12—复位簧；13—阀体；14—定位簧；15—螺钉；16—定位套；17—垫圈；18—固定环；19—弹簧；20—调节螺堵；21—悬挂环；22—座环；23—扩孔器；24—接头；25—滑套；26—轴；27—碟簧；28—调节螺栓；29、31—轴承；30—轴承座；32—弹簧；33—弹簧座；34—垫圈；35—螺母；36—油杯；37—垫圈；38—悬挂接头；39—阀堵；40—螺母；41—弹簧销；42—开口销；43—钢球；44—调节螺母；45—调节接头；46—外管；47—内管；48—扶正环；49—挡圈；50—卡簧；51—卡簧座；52—钻头室7、稳定接头23(上扩孔器)、外管46和钻头52。内管总成由捞矛、弹卡定位、悬挂、到位报讯、岩心堵塞报警、单动、内管保护和调节机构组成。

(1) 捞矛机构　它由捞矛头2和回收管4等组成。取心时打捞器在钻杆内下放到内管总成上端，打捞钩抓住捞矛，向上提升打捞器使回收管上移，并向内压缩弹卡6使其收拢，于是内管总成和外管总成脱离，从而把内管总成提升上来。

(2) 弹卡定位机构。由弹卡6、张簧5和弹卡座10等零件组成。当内管总成在钻杆柱内下放时，张簧使弹卡向外张开一定角度，并沿钻杆柱内壁向下滑动，一旦内管到达外管中的弹卡室7部位，弹卡在张簧的作用下继续向外张开，使其两翼贴附在弹卡室的内壁上。由于弹卡室内径较大，而其上端的弹卡挡头1内径较小，并具有两个伸出的拨叉，所以在钻进过程中，既可以防止内管向上串动，又可带动内管总成轴承上部与外管一起旋转，以免因相对运动造成弹卡磨损。

(3) 悬挂机构　由内管总成中的悬挂环21和外管总成中的座环22组成。悬挂环的外径稍大于座环的内径(一般相差0.5～1.0mm)。当内管总成下降到外管总成的弹卡室位置时，悬挂环座落在座环上，使内管总成下端的卡簧座51与钻头52内台阶保持2～4mm的间隙，以保证内管的单动性。

(4) 到位报信机构　由复位簧12、阀体13、定位簧14、弹簧19、调节螺堵20和阀堵39等零件组成。当内管总成在钻杆柱内由冲洗液向下压送时，阀堵39处于关闭位置，冲洗液由内管总成和钻杆柱的环状间隙通过；当内管总成的悬挂环座落在外管中的座环上，把冲洗液通道堵塞，泵压表的压力明显升高(约升高0.5～1.0MPa)，表明内管总成已到达预定位置。此时阀堵打开，泵压恢复正常，可以正常钻进。

(5) 岩心堵塞报警机构　由滑套25、轴26、碟簧27等零件组成。钻进过程中，当发生岩(矿)心堵塞或岩(矿)心装满内管时，岩心对内管产生的顶推力压缩碟簧，使滑套向上移动到悬挂接头38的台阶处将通水孔堵塞，从而造成泵压升高，告诫操作者应停止钻进，捞取岩心。

(6) 单动机构　由两副推力轴承29、31组成。使内管在钻进时不随外管转动。

(7) 内管保护机构(缓冲机构)　由弹簧32、螺母35和弹簧销41等零件组成。拉断岩心时，压缩弹簧、内管及卡簧座下移至钻头内台阶上，从而拉断岩心的力由钻头传至外管，以保持内管不受损坏。

(8) 调节机构　由调节螺母44和接头45等组成。内外管组装时，如果卡簧座与钻头内台阶之间间隙不合适，可以通过调节接头进行调节(范围0～30mm)，满足要求后，用调节螺母锁紧。

二、打捞器

打捞器(图7-11)由打捞和安全脱卡机构两部分组成。

(1) 打捞机构　由打捞钩1、打捞钩架3、重锤7和钢丝绳接头组成。取心时，钢丝绳悬吊打捞器放入钻杆柱内，打捞靠重锤以1.5～2.0m/s的速度快速下降，由于打捞架为圆筒状，故导向性好，当它到达内管总成上端时，能准确钩住捞矛头，把内管总成提升上来。

(2) 安全脱卡机构　它是一根长1m，内径比重锤稍大的套管。套管壁上开有一斜口，当需要安全脱卡时，将此套管从斜口处套入钢丝绳上，套管靠自重下降，在打捞器被卡的部位穿过钢丝绳接头和重锤，撞击和罩住打捞钩尾部，迫使其尾部向内收缩，端部张开，从而使打捞器与内管总成脱离。

三、绳索取心钻具的优缺点分析

1. 优点

(1) 在岩心钻探过程中，升降钻具是一项费时、费力的辅助工序。据统计，在不深的钻孔中一般纯钻进时间和升降钻具各占30%～40%左右。钻孔越深，升降钻具所占的时间比例越大。因此，绳索取心钻进是岩心钻探领域一次重大的技术革命。由于减少了升降钻具的辅助时间，因而提高了时间利用率，使回次钻速、技术钻速一般可提高25%～100%左右。

(2) 岩矿心采取率高。由于绳索取心在钻进过程中遇到岩心堵塞时，机构会报信，可立即起钻提取岩心，减少了岩心在岩心管内磨损时间，从而有利于提高岩矿心采取率和质量。

(3) 钻头寿命长。由于提钻次数减少，对金刚石钻头损坏的机会也相应减少，加之绳索取心钻杆与孔壁间隙小，钻头工作稳定，因而相对地延长了钻头寿命。

(4) 在复杂地层中钻进适应性强。它提钻次数少，减少了孔壁裸露的机会，此外，钻杆柱还可起到套管的作用，因此，有利于快速穿过复杂地层。

(5) 工人劳动强度低。用普通钻进方法钻进时，升降钻具次数多，工人拧卸钻杆的劳动强度大，而绳索取心钻进可使劳动强度大大降低。

2. 缺点

(1) 钻杆柱与孔壁间隙小，增加了钻杆柱的磨损，使得冲洗液循环阻力增大。

(2) 绳索取心钻头壁较厚，钻杆柱较粗，回转阻力大，动力消耗大，钻进硬岩时，效果较差。

(3) 要求钻杆的材质好，加工精度高，钻杆价格较高。

§5　反循环钻进取心

凡是冲洗介质循环方式与传统的正循环方式相反的钻进方法，皆可称为反循环钻进。岩心钻探中的反循环，有孔底局部反循环和全孔反循环两种。

一、孔底局部反循环取心

1. 无泵反循环钻具

所谓无泵反循环是指在钻进中不用水泵冲洗钻孔，而是利用孔内的静水柱压力和上下提动钻具在孔底形成局部反循环而实现冲洗孔底的钻进。

无泵反循环钻具(图 7-12)的结构比较简单，通常由无

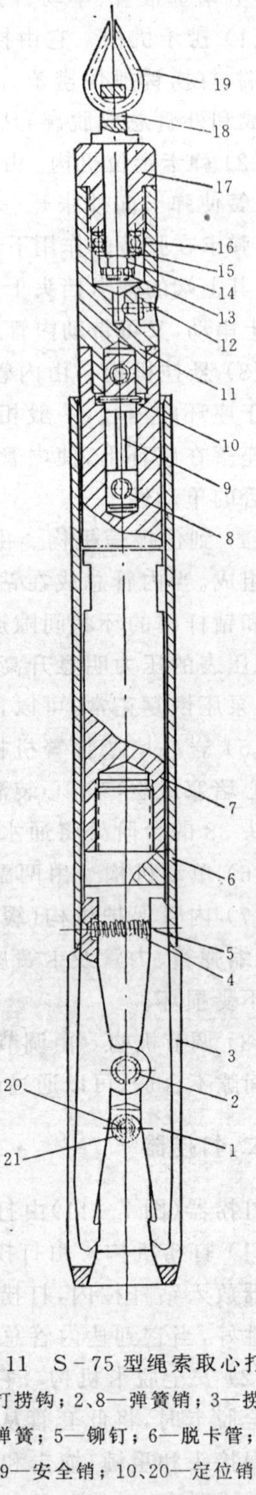

图 7-11　S-75 型绳索取心打捞器

1—打捞钩；2、8—弹簧销；3—捞钩架；4—弹簧；5—铆钉；6—脱卡管；7—重锤；9—安全销；10、20—定位销；11—接头；12—油杯；13—开口销；14—螺母；15—垫圈；16—轴承；17—压盖；18—连杆；19—套环；21—定位销套

泵接头、球阀、取粉管、岩心管接头和岩心管等组成。

工作原理：回转钻进的同时，每分钟数十次地上下提动钻具数十厘米。上提时球阀 3 关闭，则粗径钻具在孔中有类似活塞的抽吸作用，将混有岩粉的冲洗液吸入岩心管 6 中；迅速下落时，被吸进来的冲洗液在压力作用下冲开球阀，并从其上的回水口 2 流出，岩粉即沉淀于取粉管中。由于反复提动钻具，使冲洗液在孔底形成局部反循环，从而达到清除岩粉、冷却钻头和提高采心质量的目的。其卡取岩心是采用干钻和沉淀相结合的方法。

2. 喷射式孔底反循环钻具

喷射式孔底反循环钻具（简称喷反钻具），它不必频繁地上下提动钻具，而是利用射流泵的工作原理形成孔底反循环。

喷反钻具的结构如图 7-13 所示，是在一般钻具上增设一个喷反元件，喷反元件通常是由喷嘴、混合室、喉管、扩散管、分水接头等组成。

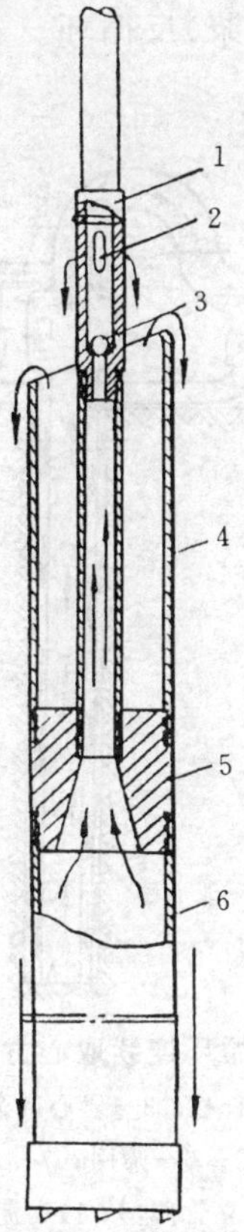

图 7-12　开口式无泵钻具

1—无泵接头；2—回水口；3—球阀；4—取粉管；5—岩心管接头；6—岩心管

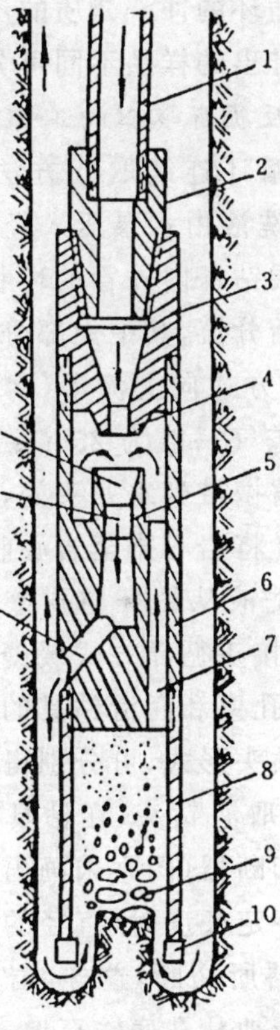

图 7-13　喷反钻具示意图

1—钻杆；2—变径接头；3—喷嘴接头；4—喷嘴；5—扩散器；6—分水接头；7—返水眼；8—岩心管；9—岩心；10—钻头；11—出水眼；12—混合室；13—喉管

工作原理：当水泵送来的高压冲洗液沿钻杆 1 经接头 2、3 进入喷嘴 4，由于喷嘴内腔为锥形，且喷嘴口断面较小，因此，冲洗液以高速（达 13～15m/s）射入扩散管 5 中。在此高速射流的作用下，喷嘴与扩散管所组成的喷射器周围的液体，被射流带走一部分而形成负压区，在压力差的作用下，下部岩心管 8 中液体被抽吸到喷射器里，高速液流和吸入的液体便在混合室 12 内混合，进行能量传递和交换（高速液流的动能变为压力能，被吸液体的压力能变为动能）后流入喉管13；再经扩散管和出水孔11或弯管排出。排出的冲洗液一部分在剩余压力作用下，沿钻杆与孔壁的环状间隙返回地面；一部分在负压作用下流向孔底，进入岩心管内形成孔底反循环，而冲洗孔底。

改变冲洗液量或调节喷射器元件的参数，就能控制孔底反循环冲洗的强弱。

二、全孔反循环取心

全孔反循环取心也称为反循环连续取心，它是一种不提钻，利用循环介质把岩心(或岩屑)经钻杆的中心通道连续不断地输送到地表的取心方法。

1. 全孔反循环取心的分类

全孔反循环取心的分类方法很多，主要有如下几种：

根据输送岩心(或岩屑)的原理不同可分为：气举反循环、泵吸反循环、泵压反循环。

根据反循环的冲洗介质的不同可分为：空气反循环，清水(泥浆)反循环。

根据所排出的样品不同可分为：反循环取心，反循环取屑。

2. 全孔反循环取心的工作原理

水力反循环连续取心方法如图7-14所示。冲洗液由水泵压入经双管水龙头1进入双层钻杆内外管的环状间隙，到达孔底而开始分流，其中大部分进入内管中，以反循环方式向上流动(水的上升速度约3m/s，空气一般为25m/s或更大)，把岩心及岩屑携带到水龙头处，再通过岩心回流软管3将岩心排至岩心收集器内；另一小部冲洗液从钻杆与孔壁之间狭小的环状间隙，按正循环方式缓慢地向上流动，起到稳定孔壁和润滑钻具的作用。改变所用碎岩钻头形式，可分别得到岩心和岩屑，若采用取心钻头，在钻具的内管下部装有岩心切断器(图中未画出)，当钻成的岩心达到一定长度时(直径的2倍)，即被岩心切断器所切断，这样，岩心就被成段地连续不断地从孔底输至地表。若采用牙轮钻头，那么得到的就是岩屑被输至地表。

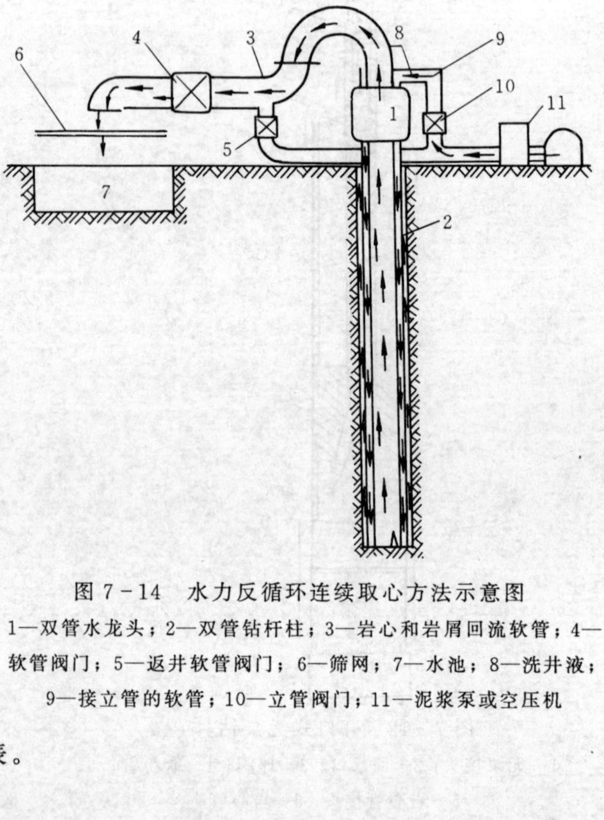

图7-14 水力反循环连续取心方法示意图

1—双管水龙头；2—双管钻杆柱；3—岩心和岩屑回流软管；4—软管阀门；5—返井软管阀门；6—筛网；7—水池；8—洗井液；9—接立管的软管；10—立管阀门；11—泥浆泵或空压机

3. 全孔反循环连续取心的优缺点

(1) 钻进效率高　由于无需提钻取心，减少了升降钻具及其他辅助时间，和绳索取心相比，还减少了打捞内管总成的时间，时间利用率高，台月效率也高，前苏联在Ⅱ～Ⅳ级地层中最高台月率超过万米。

(2) 岩心采取率高，取心质量好　由于冲洗液的反向循环，它与岩心进入岩心管的方向一致，避免了冲洗液对岩矿心的正面冲刷和液柱压力对岩(矿)心进入岩心管的阻力，减少其流失和重复破碎；同时，还能使岩(矿)心在岩心管内呈悬浮状态，减轻了选择性磨损。这些，有利于提高松散破碎和怕冲刷的复杂地层的取心质量。采取率一般可达95%以上。由于样品从内管中心被输到地表，样品上返速度快，可及时判断样品深度，具有真实性。

(3) 孔底干净　由于岩粉及时被排出，减少孔底重复破碎，避免了钻头唇面由于岩粉不能及时排出而形成的“缓冲垫”，因此，可大幅度提高时效，且延长了钻头的寿命。

(4) 易于穿过复杂地层　对于易坍塌、漏失、掉块、破碎等复杂地层，钻孔可以不下套管，外管就等于跟管钻进的套管。

(5) 单位成本低　国外资料统计表明，相同地层条件下，反循环连续取屑钻进的成本，仅为普通取心钻进的1/5～1/3。

但是，目前全孔反循环取心还存在如下问题：钻进深度和岩层有一定的局限性，远不能完全取代普通岩心钻探，如钻进石棉、水银等矿层时，碎屑状的岩样破坏了地层的原状结构，难以直接获得所钻地层的真实属性；遇到坚硬岩层时，岩心难以切断或岩心切断器磨损严重；另外钻探设备和附属工具过于笨重，一次性投资大，这些都严重影响了它的推广速度。

§6　采集岩粉和补取岩样

岩心钻探中，在许多情况下常可以用岩粉作为样品，有时常因某种原因在某些孔段中取出的岩矿心在数量和质量上未能满足地质方面的要求，故需进行岩粉采集和岩样补取工作。

一、采集岩粉

岩粉可以在取心钻进，不取心钻进和扩孔时进行收集。正循环钻进时顺便采集的岩粉，只作为辅助性样品，补充说明岩心样品的信息；利用孔底局部反循环和孔底岩粉收集装置获得的岩粉才具有代表性。岩粉的采集可以在地表也可以在孔底，但若用空气洗孔时，只能在地表采集。下面着重介绍地表采集的方法。

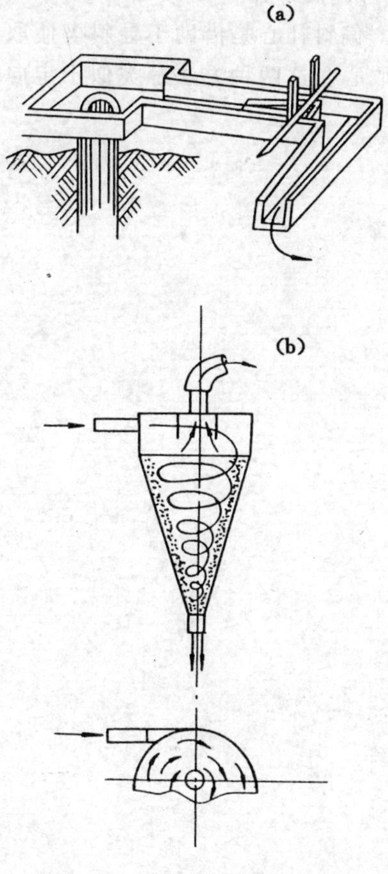

图7-15　地表岩粉收集装置

(a)—岩粉沉淀槽；(b)—岩粉旋流分离器

1. *岩粉沉淀槽*

岩粉沉淀槽[图7-15(a)]中设有隔板，槽子的坡度不大于1∶125，以保证液流速度低于临界值。岩粉沉淀在槽中之后，将上部的水倒出，取出岩粉晾干，然后置于口袋中，并在标签上注明取样地点和时间以及取样孔段的深度等。收集岩粉时，在沉淀槽系统中离孔口不远处还可增设集粉箱。

2. *岩粉旋流分离器*

岩粉旋流分离器[图7-15(b)]是一种上部为圆柱体的漏斗扩散器。其中带专门喷嘴的进液管以切线方向与圆柱体部分连接，含岩粉的冲洗液经此管进入扩散器，并且围绕扩散器轴线作旋转运动，岩粉颗粒在离心力作用下抛向扩散器壁，同时在重力作用下沉落并聚集在其下部，然后从扩散器排粉孔中取出，清除了岩粉的液体由上部出液管排出。岩粉旋流分离器圆柱体部分的直径为150～175mm，漏斗锥度为30°～40°，从泥浆中分离出来的岩粉颗粒直径达 0.02mm。

二、补取岩样

补取岩样的方法有侧壁取样和偏斜取心。

1. 侧壁取样

侧壁取样器的类型很多，有弹簧压筒取样器、水力刮刀取样器、水力冲射取样器和放炮取样器，下面仅介绍弹簧压筒取样器。

弹簧压筒取样器(图 7-16)的外壳侧面开有切槽，内藏弹簧 1 和取样压筒 3，压筒可围绕轴销 4 转动。补取岩样时，用钻杆或钢绳(在此情况下要增加重锤)下入孔内补取岩样处，压筒靠弹簧拉力紧贴于孔壁，上提取样器；压筒压进孔壁岩矿层，装满样品并转动大约 180°，压筒朝下，卡簧 2 将岩样保持在压筒内，万一岩样从压筒中脱落，也会掉在取样器的底座 5 内。

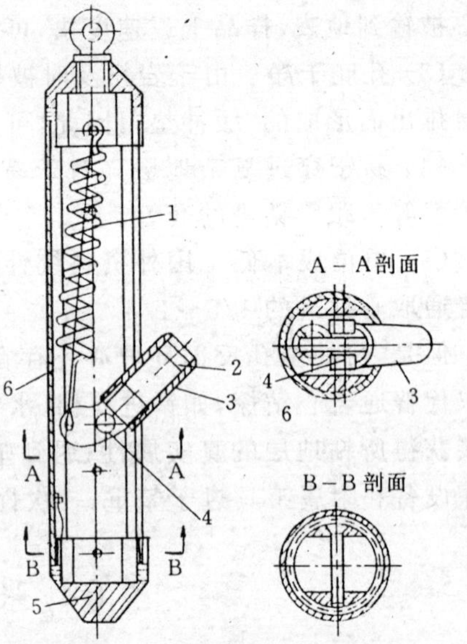

图 7-16　弹簧压筒取样器

1—弹簧；2—岩心卡簧；3—取样压筒；4—轴销；5—取样器底座；6—取样器外壳

2. 偏斜补心

偏斜补心是借助于导斜楔使取样筒沿楔面压入孔壁岩矿层取心，或者打分支孔钻取岩矿层取心。这两种方法都类似于定向钻进，将在后续课程中讲述，不再赘述。

第八章　地下坑道钻探

§1　概　述

我国地下矿产资源种类繁多，许多金属矿床和稀有金属矿床的地貌、地质构造、矿体形态、品位变化等方面都比较复杂，要获得C级以上的储量，必须用地表钻探和地下坑道钻探相结合的方法才能达到。地下坑道钻探指的是以专用钻机在地下狭小的坑道中钻凿各种不同角度钻孔的钻探工作。与地表钻孔相比，坑道钻探多为全方位的小口径浅孔。我们知道，地表钻探因地形、矿体形态等条件限制，往往要穿过很厚的覆盖层才能控制矿体。而用坑道掘进控制矿体则施工速度慢、成本高。故坑道钻探日益受到重视。表8－1和表8－2给出了把地下坑道钻探、地表钻探和坑道掘进相比较的资料，表中数据说明，其中钻探效率最高，单位进尺成本最低。

表8－1　坑道钻探的效率成本比较

工程种类		台月效率(m)	单位成本(元/m)	材料成本(元/m)
坑道掘进		80	273.58	50.95
坑道钻探	水平孔	283	38.18	3.79
	下斜孔	265		
	上仰孔	458		
地表钻探		284	56.95	4.73

据四川地矿局

表8－2　坑道钻探的效率成本比较

工程指标	地表小口径钻探	坑道水平钻
工 作 量(m)	1 447	5 750
台　　效(m)	129	428
时　　效(m)	0.72	1.06
纯钻进时间(%)	24.4	55.2
辅助时间(%)	39.8	34.4
孔内事故(%)	32	3.9
成 本(元/m)	116.16	46.42

据安徽地矿局

随着钻探机械设计制造业的发展，一些专用新型全液压坑道钻机相继问世。它们具有体积小、质量轻、自动化程度高、无塔升降、长行程给进等特点，克服了过去把地表钻机搬到地下坑道施工需开凿很大的硐室，占用场地大、笨重、操作复杂等缺点。

近年来坑道钻探发展很快，在为矿山开发服务方面和其他工程领域得到了广泛的应用。

(1) 在矿床普查勘探中，特别是有色金属、稀有金属等矿床普查勘探中，坑道钻探用于追索矿床，加密勘探、探查地质构造、圈定矿体及取样和验证等。

(2) 在矿山开发中常用坑道钻探技术来钻凿地下观测孔、通风孔、排水孔、瓦斯排放孔、注浆孔、爆破孔、锚定孔及开凿坑道的先导孔等。

(3) 在其他岩土工程施工领域中，坑道钻探的装备和工艺技术可用于坝基的边坡加固、地质灾害的治理、深基坑的支护，以及工业、商业、交通、军事等方面的地下工程施工。

§2　坑道钻探的主要设备

坑道钻探的设备主要包括钻机和泵，其中泵与地表钻探相同，常采用往复式水泵，但钻机与地表钻探相比却具有如下特殊要求：

(1) 外形尺寸小，便于安装，尽量不开或少开专门的硐室，最好直接在坑道中安装；

(2) 为适应水平孔和上仰孔钻进时拉送钻具的要求，钻机应配备拉送钻杆柱的专用机构；

(3) 为减少地下施工区的噪音和空气污染，不能用内燃机驱动，而用液力或风力传动。

一、坑道钻机简介

我国设计生产的坑道钻机有 DK 系列、钻石系列和 MK 系列，具体的技术规格如表 8-3 所列。下面仅介绍各系列中有代表性的钻机。

表 8-3 我国生产的部分坑道钻机的技术规格

技术规格 \ 型号	DK-30	DK-150	钻石 100	钻石 300	钻石 600	MK-100	MK-150A	MK-300	ZSK-50
钻进深度(m)	30	150	100	300	600	100	150	300	50
钻杆直径(mm)	50 54	43.5 55.5	33 42	43.5 55.5	42 43	42 50	42 50	42 50	33
机 型	滑 动 回 转 器								/
传动方式	全液压	机械液压		全 液 压					机械液压
钻孔角度	0°～360°	0°～360°	0°～360°	0°～360°	60°～90°	0°～360°	0°～360°	0°～360°	0°～360°
安装方式	双立柱	双立柱	双立柱	锚杆顶杆	升降架	双立柱	双立柱	双立柱	单立柱
回转器转速(r/min)	300～ 1 000	135～ 1 290	0～1 200 0～1 500	283～ 1 500	0～820 0～1 500	0～140 0～350	2～160 2～360	2～180 2～360	1 460
给进行程(mm)	600	530	500	850	3 200	600	800	800	300
给进力(kN)	20	24	16	26	24	18.9	24	36	7.8
钻具升降方式	油缸	油缸	油缸	油缸	油缸倍速	油缸	油缸	油缸	摩擦轮
拉送速度(m/s)	0.04	拉 0.28 送 0.20	拉 0.34 送 0.32	拉 0.71 送 0.57	拉 0.73 送 1.4	拉 0.74 送 0.51	拉 0.53 送 0.36	拉 0.93 送 0.64	0.16
钻机动力(kW)	11	7.5	14	22	40	11	15	17	钻机 55 拉送 0.5
钻机质量(kg)	750	450	470	911	1 300	500	850	900	150
生产工厂	张家口探矿机械厂	北京探矿机械厂	赤峰探矿机械厂	中南冶金机械厂	/	煤科院钻探研究所			赤峰探矿机械厂

1. DK-150 型钻机

该钻机由主轴、泵组和操纵台三大部件组成，依靠油管、电缆将三部件连接成一个整体。采用双立柱把钻机固定在坑道的顶底板之间，安装、拆卸、维修等均较方便。可施工 0°～360°各个方向的钻孔，用 Φ33(43.5)mm 钻杆，最大孔深为 150～200m。不同方向的钻进深度如表 8-4 所列。

该钻机采用机械-液压联合传动方式，除回转器为机械动力头外，其他全为液压传动。用两个电动机分别驱动回转器和液压油泵，回转器转速有 135～1 290r/min 间的 5 个档次，升降钻具用液压油缸进行。钻机的给进液压缸、液压卡盘、液压夹持器均可联动，以实现无塔无绞车拉送钻具、给进及拧卸钻具的机械化。

表 8-4　DK-150 钻机不同方向孔的钻进深度

条　件	上　仰　孔	水　平　孔	下　垂　孔	备　注
钻头直径(mm)	36　46.5　59.5	36　46.5　59.5	36　46.5　59.5	适用于相应的系列
钻杆直径(mm)	33　43.5　55.5	33　43.5　55.5	33　43.5　55.5	适用于相应的系列
钻孔深度(m)	100　75　50	150　100　75	200　150　100	

2. 钻石 100A-F 型钻机

钻石 100A-F 钻机的主机和支架(图 8-1)配备两台风动马达，分别驱动主机和油泵，风动马达通过配气阀改变供气量，以调节马达的功率、转速和扭矩。该钻机具有如下特点：

(1) 采用机械式动力头，液压给进(拉送钻具)；

(2) 配备液压夹持器，其动作原理是弹簧夹紧，液压松开；

(3) 采用液压卡紧和液压松开的液压卡盘；

(4) 在液压系统中，液压卡盘、液压夹持器和拉送液压缸实现联动，完成钻杆的拉送工序和钻杆的拧卸工序，以满足地下钻探的特殊要求；

(5) 钻机安装在双立柱上，通过立柱上的回转套和回转头，可以调整钻机的安装角，以钻进不同方向的钻孔；

(6) 传动系统中采用 3K 行星减速机构，以获得快速正转和慢速反转，可满足钻进和拧卸钻杆的要求。

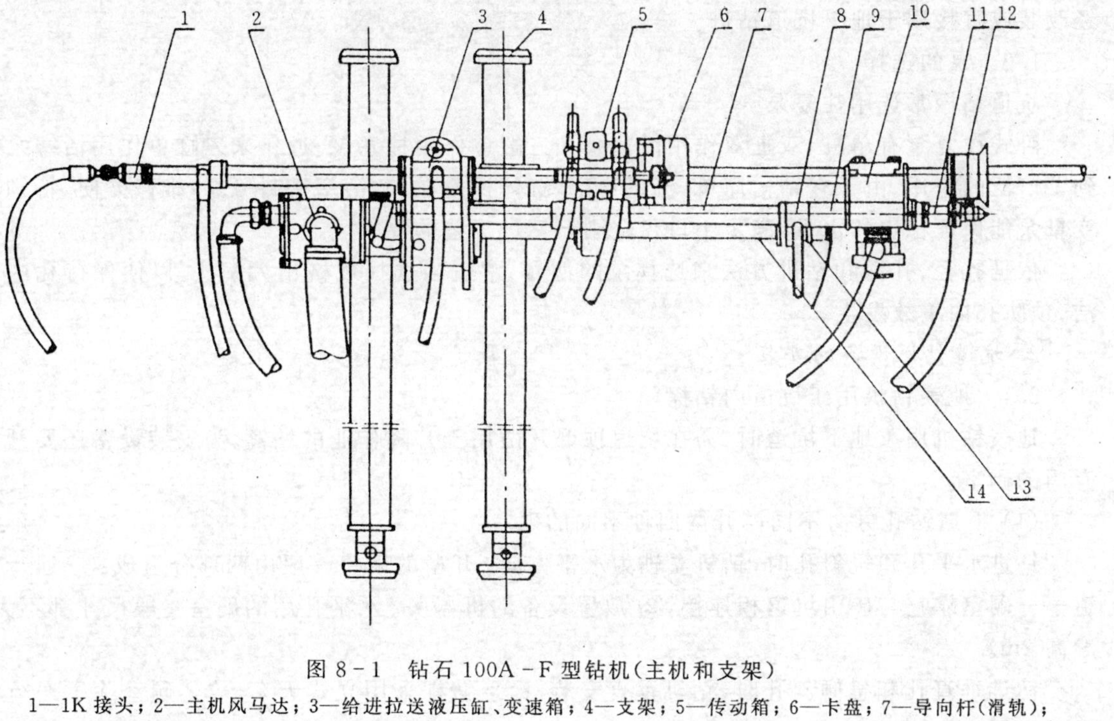

图 8-1　钻石 100A-F 型钻机(主机和支架)

1—1K 接头；2—主机风马达；3—给进拉送液压缸、变速箱；4—支架；5—传动箱；6—卡盘；7—导向杆(滑轨)；8—托架；9—垫套；10—夹持器；11—张紧顶杆；12—引水罩；13—测速发电机；14—传动轴

3. MK-300 型钻机

MK-300 型钻机由主机、操纵台、动力机组和油箱四大部分组成，彼此之间用软管连接，

便于在不同场地安装使用。

钻机的最大特点是全液压传动，钻孔直径较大，钻机转速较低，具体特点如下：

(1) 钻机主轴通孔直径为78mm，配用不同内径的卡瓦，可以使用不同规格的钻杆；

(2) 液压马达装有变速阀，可实现高低两档无级调整，借助油缸链条倍速机构使回转器沿机身导轨往复移动，实现钻具的给进或起拔；

(3) 钻机前端的液压夹持器用于固定孔内钻具，与液压卡盘配合可拧卸钻杆；

(4) 回转器、扶正器、夹持器均带有侧向开合装置，以便在必要时让开孔口，还可在机身上反向安装，以满足钻进不同倾角钻孔时起拔力与给进力的不同要求；

(5) 钻机采用双立柱与滑履底座相结合的安装方式，还备有4个伸缩爪，用作辅助支柱，以增加钻机的稳定性。

二、坑道钻探设备的选择和安装

1. 坑道钻探设备的选择

选择钻探设备应综合考虑坑道施工的客观条件、工作量的大小、钻孔深度及现有设备等情况。

1.1 钻机的选择

通常在100m以内的钻孔，选用DK-150型、钻石100型或MK-100型钻机；100～300m的钻孔选择钻石300或MK-300为宜。大于300m的地下钻孔，目前尚无专用钻机，在工作量不大时，可考虑采用地表钻机。在没有坑道钻探专用钻机的情况下，对于浅孔亦可用地表钻机经改装或直接用于地下坑道钻进。

1.2 泵的选择

坑道钻探常选用往复泵。

卧式往复泵有单缸、双缸双作用活塞泵和三缸单作用柱塞泵。近年来三缸单作用活塞泵得到了广泛的应用。由于它结构简单，流量稳定，缸体裸露在外，活塞密封可靠，维修方便，特别是变量泵能保证稳定的水量，满足小口径金刚石钻进工艺的要求。

依据孔径、孔深和钻进方法来选择泵的型号，常适当选择规格稍大一些，以便保持孔内清洁，预防孔内事故发生。

2. 坑道钻探设备的安装

2.1 地表钻机用于坑道内钻探

地表钻机用于地下坑道时，需在坑道顶部开凿用于升降作业的钻窝，为安装设备还要开凿专门的硐室。

(1) 根据钻孔方向不同需开凿四种不同的硐室：

钻进水平孔和缓斜孔时，钻机立轴为水平方向。开凿的硐室一般由两部分组成：① 通行坑道——硐室靠它与矿山坑道相连接；② 放置设备的机器房。水平孔用的硐室一般尺寸都不大，净高2m。

钻进垂直孔和急倾斜孔时，钻机垂直安装，提下钻杆采用立式天车，故其硐室除了通行坑道和机器房外，中间有凸出部分，即开凿有暗井，在暗井中装天车、滑车组。硐室的高度和尺寸决定于孔深和采用的立根长度。

钻进大倾角孔时，钻机倾斜安装，硐室与垂直孔相似，在中间开有暗井，在暗井中安装升降系统的装置。

钻进上仰孔时，必须在坑道底板上开凿浅坑，当升降作业时，向浅坑内下入水龙头和立轴钻杆。

为降低噪音和提高生产效率，往往将钻探用泵安装在另开凿的一个小硐室中。

(2) 深孔和浅孔的设备布置方案有所不同：

钻进浅孔时(＜100m)设备布置如图 8-2 所示，坑道与设备之间的通道应在不运转一侧，钻机左侧和端头应留 0.7m，操作者所在一面应留 1.8m。基台木用 4 根支撑立柱固定在坑道中，立柱与坑道顶板接触处用硬木垫实。在水平孔和缓斜孔钻进时，为保护主动钻杆，可用直径 127mm 套管制成专门保护槽，槽的前端焊有两条腿，其高度可调，后端固定在立柱上边，进行升降工作时，可方便地将保护槽移至一边。

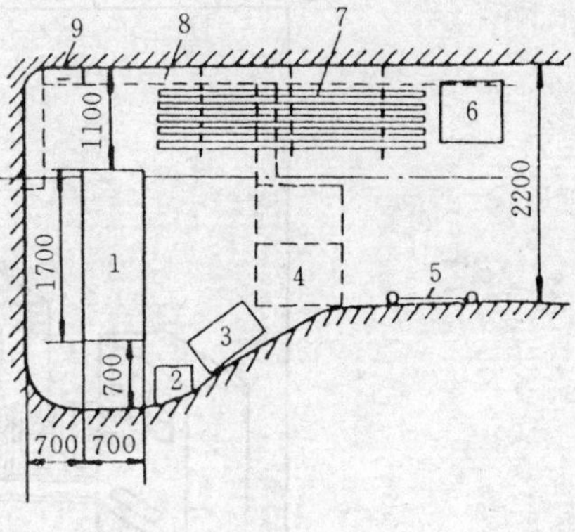

图 8-2　钻进深 100m 以内的钻孔时设备布置图

1—钻机；2—柜桌；3—泵；4—沉淀池；5—防火器；6—岩心箱；7—钻杆；8—循环槽；9—钳子架

钻进深孔(＞100m)时设备布置如图 8-3 所示。

2.2　专用坑道钻机的安装

坑道专用钻机需要开凿的硐室尺寸小，具体硐室规格尺寸如表 8-5 所列，有些小型设备还可直接在坑道中钻进。

DK-150 型等钻机是靠双立柱支撑钻机的，安装时先计算好前支柱到孔口的距离，然后依次安装，在支柱的上下端均垫厚木或枕木，底部用水泥固定。

钻石 300 型钻机是靠伸缩支腿将钻机按需要位置支撑在岩壁上，也可与钻机底盘配合使用。钻机前端的卡盘有一锚杆，可用活动涨套与预先在岩壁上钻好的锚孔固定在一起，并用水泥封固。另有两根螺杆可以顶固在掌子面上，形成两顶一拉的稳定结构，避免了钻机工作时的摆动，具体安装示意图如图 8-4 所示。这种固定方式不用支柱，因而不受坑道空间的限制，钻机直接固定在掌子面上。

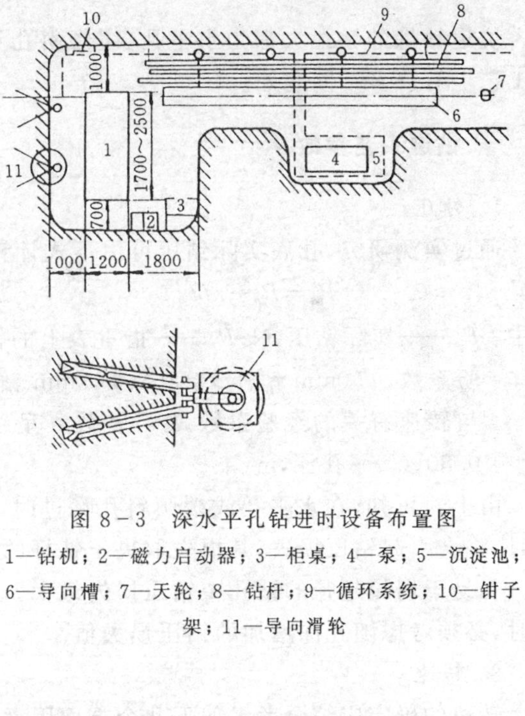

图 8-3　深水平孔钻进时设备布置图

1—钻机；2—磁力启动器；3—柜桌；4—泵；5—沉淀池；6—导向槽；7—天轮；8—钻杆；9—循环系统；10—钳子架；11—导向滑轮

表 8-5　不同类型钻机所需硐室规格表

钻机类型	水平钻孔　$L\times W\times H$(m)	倾斜(俯、仰)钻孔　$L\times W\times H$(m)
150m 以内钻机	4×2.5×2.2	5×3×2.5
300m 钻机	4×3.5×2.2	5×4×2.5

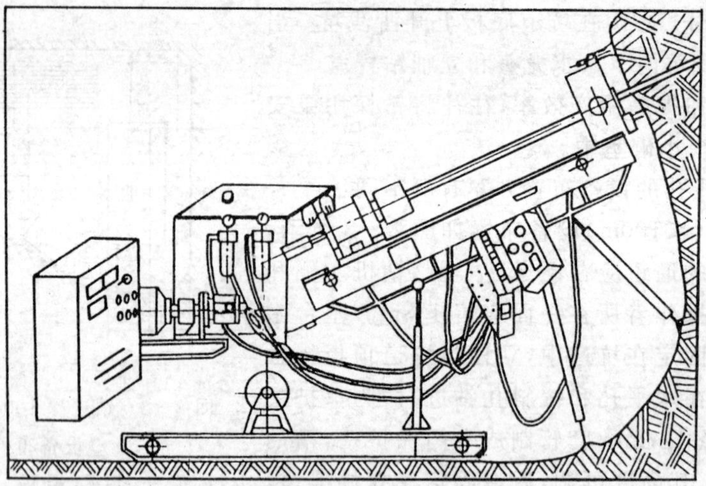

图 8-4 钻石-300 钻机安装示意图

§3 坑道钻进工艺

坑道钻探的钻孔大都为水平孔，缓倾斜孔和上仰孔，与以垂直孔为主地表钻探相比，在钻进工艺上有许多不同之处。

一、钻进工艺参数

1. 钻压

通过实测研究，孔底实际钻压可由下式计算：

$$P_k = P_n - abl \tag{8-1}$$

式中：P_k——实际钻压，N；P_n——指重表上的钻压读数，N；a——与孔径和钻杆直径有关的经验系数，Φ50mm 钻杆 $a=2.1$，Φ42mm 钻杆 $a=1.6$，Φ54mm 轻合金钻杆 $a=1.58$；b——与转速有关的经验系数，b 与转数 n 呈线性关系，当 $n=100\sim700$r/min 时，$b=0.95\sim0.80$；l——孔深，m。

由上式可知，在水平孔或缓倾斜孔钻进时，由于孔内平卧的钻杆柱，由孔口向孔底传递钻压时，将会引起钻压损失，其损失取决于钻杆的质量和长度、径向孔壁间隙、所钻岩石以及转速等。在易于坍塌超径的钻孔中钻压损失最大。因此，在根据岩石硬度、磨料种类等确定轴向压力时，必须考虑随孔深增加的钻压损失值。

2. 转速

转速的确定应综合考虑如下几个方面因素：

(1) 钻进时，全部钻杆柱卧躺在孔壁上，回转钻杆柱的功率消耗量显然要比垂直孔大，在其他参数不变时，随转速增加，功率消耗增加。

(2) 钻进时，由于钻杆柱对孔壁的压力增加，使摩擦力也增大，故随着转速的提高，钻具的磨损也增大。

(3) 为提高水平孔的机械钻速，应当采用高转速钻进，它可降低轴心压力的损失，稳定钻孔的轨迹，但为获得最大的回次进尺和钻头进尺，转速又不应超过某一限度，例如，ϕ46～76mm 的金刚石钻头转速不应超过 500r/min。

3. 泵量

水平孔，上仰孔钻进时，孔底冲洗条件与垂直孔和斜孔有很大区别，钻头端部几乎不会有岩粉层或很少，岩粉迅速从钻头唇面处排出，因此金刚石钻头胎体磨损很小。有的研究者提出，在低和中等研磨性岩石中上仰孔金刚石钻进效率决定于冲洗液量，并得出钻头圆周线速度与单位冲洗液量的关系式：

上仰孔：$Q=0.6V$；　斜孔：$Q=1.56V$　(8-2)

式中：Q——钻头端部每平方厘米上冲洗量，L/min·cm²；V——钻头圆周线速度，m/s。

二、钻孔弯曲与测量

1. 钻孔弯曲的某些规律

(1) 在水平孔或微倾斜孔钻进时，钻孔方位角变化不大，主要是钻孔倾角变化。

(2) 钻孔较浅时，依水平孔所钻岩石埋藏情况不同(岩石倾角、钻孔遇层角、岩石各向异性等)，随着钻孔加深其倾角大都呈上漂趋势。

(3) 在片岩、片麻岩等层理明显的变质岩地层中钻进较浅的钻孔时，钻孔倾角呈下垂趋势。

(4) 钻孔较深时(300～1 000m)钻孔弯曲规律分成两段，开始段倾角上漂，其后逐渐经直孔段到倾角下垂。

(5) 钻孔弯曲的原因同样是由地质因素和工艺技术因素联合作用产生的。

2. 钻孔弯曲的预防

为预防钻孔弯曲，可根据该地区钻孔弯曲的规律用提前向相反方向预扭一个角度或在钻具配合上采用必要的防斜措施来解决。

3. 钻孔弯曲的测量

施工大倾角的钻孔可使用地表钻探用的常规测斜仪，而在水平孔及微倾斜的钻孔中，必须采用专门的测量仪器。如国产的XJS-35型专用水平测斜仪(用于非磁性矿体)，主要技术参数如下：

仪器外径×测具总长：Φ30mm×1 100mm；

倾角测量范围：0°～60°(仰，俯)，分度值2°，误差±1°；

方位角测量范围：0°～360°，分度值2°，误差≤±2°。

三、水平孔钻进的功率消耗

水平孔钻进功率消耗主要是在钻进过程中，升降工序时功率消耗较小。

钻进功率消耗与许多因素有关，其中包括岩石物理力学性质，钻孔倾角及其弯曲强度、孔径、钻杆直径及连接方式、孔壁扩大程度、钻进规程等。综合考虑这些因素并作理论计算较困难，通过实测可得出一些定性的规律。

(1) 当其他参数不变时转速的增加导致功率消耗增大，增大程度随径向间隙增大而加剧，如在Φ76mm钻孔中使用Φ42mm钻杆，因间隙过大功率消耗成正比增长；轻合金钻杆的功率消耗比钢钻杆小得多，有些条件下减小1/2。

(2) 随着钻压的增大，传递钻压时的附加功率亦增长。

(3) 孔底碎岩功率取决于钻压和转速大小，但后者对碎岩功率的影响更显著。当钻压为6～12kN，转速从100r/min增至1 000r/min时，在花岗岩中的碎岩功率从0.72kW增至9.36kW。

(4) 水平孔钻进的总功率消耗主要决定于所使用的转速，其次才是孔深。

四、孔内复杂情况与处理

1. 钻具的防震与润滑

水平孔及微倾斜孔钻进时，钻杆柱的工作情况如同两端支承的梁，受自重作用中点处弯曲挠度最大，钻杆柱的中心偏离钻孔轴线，产生纵向、横向和扭转震动。此外，孔壁间隙大，主动钻杆偏心夹持，也是导致震动的部分原因。由于钻具回转时与孔壁产生较大的摩擦阻力，使扭矩增大（尤其在干孔中）。而扭矩增大则摩擦阻力更大，不仅使回转功率增加，还会造成钻杆柱严重磨损。

在冲洗液中加入适量的润滑减阻剂，造成乳化冲洗液或在钻杆上涂上润滑脂，不仅能防震和降低钻杆磨损，而且可降低功率消耗，提高机械钻速、钻头寿命和回次进尺。此外，还会使孔壁趋于稳定，降低孔内事故率。

2. 孔内事故的预防与处理

2.1 事故产生的原因

(1) 钻杆折断　由于钻杆柱在钻进和升降过程中都是平躺在孔壁上，磨损严重，导致钻杆或接头螺纹处严重磨损而折断。此外，孔内不清洁，钻具润滑不良，压力过大，孔内有超径孔段等，也易使工作中的钻杆折断。

(2) 烧结　由于冲洗液量不足，钻杆接头漏水，孔底形成干钻而导致烧钻。

(3) 卡、埋钻　由于孔内不清洁，孔壁不稳定，钻孔上部岩石在自重作用下掉落而卡埋钻。

2.2 事故预防和处理

为预防上述孔内事故，要经常检查钻杆及接头的磨损情况，及时更换磨损严重的钻杆。因孔内无液柱压力，几乎不使用泥浆，一定要采用润滑冲洗液或在钻杆上涂润滑脂。当钻进遇到裂隙发育的破碎地段时，要及时用“干”固孔法进行处理。

孔内事故的处理方法类似于地表钻进，不再赘述。

3. 孔内复杂情况的预防及处理

3.1 孔内复杂情况及产生原因

孔内复杂情况将导致难以继续钻进。水平孔及微倾斜孔钻进的孔内复杂情况主要是：不稳定岩层中钻进时的孔壁坍塌，孔内严重涌水。

水平孔及微倾斜钻孔中无液柱压力，难以用泥浆来稳定孔壁，孔壁上帮岩石在自重作用下掉落的可能性增大，特别是裂缝（交错裂缝）发育的破碎带，孔壁最不稳定。孔壁的稳定与钻孔直径有关，在同样的条件下，小直径钻孔的稳定性比大直径钻孔要高许多。

3.2 孔内复杂情况预防及处理

依据坑道钻探的情况，岩石可按稳定性分为3类，对各类岩层的预防和处理措施如表8-7所列。

表8-7　岩石稳定性分类与预防和处理措施

岩层分类	岩石状态特征	保持岩石孔壁稳定的措施
稳定	致密的、粘结性岩石，或被同一方向的裂隙交割的岩石，裂隙面与钻孔以大交角相遇	不需要专门措施
弱稳定	上述岩石，但为小交角定向裂隙交割的岩石，数组不同方向裂隙交割的岩石，但裂隙间距大于孔径	小口径钻进，采用“干”固孔法
不稳定	数组裂隙交割，裂隙间距小于孔径，破碎岩石，岩石块尺寸小于孔径，松散无粘结性的岩石	采用“干”固孔法，下套管。采用合理的钻孔结构

第九章　钻孔冲洗介质

§1 概　述

钻孔冲洗介质是钻进中在地表和孔内循环使用的液体、气体或泡沫介质，由于绝大多数情况下使用的是液体，故又称“钻井液”。

一、钻孔冲洗介质的用途及其性能要求

钻孔冲洗介质的主要功用是：及时排除钻进中产生的岩粉并携带至地表，冷却钻头，润滑钻具，保护孔壁。另外，冲洗介质还有平衡地层压力，辅助破碎岩石和提供所钻地层的有关信息等功能。为此，针对不同的地层条件和钻探目的，要求冲洗介质具有下述性能：

(1) 良好的冷却散热能力和润滑性能；

(2) 良好的剪切稀释性能(利于排粉)；

(3) 良好的护壁、防漏和抗御外界影响(盐钙浸、粘土浸、温度影响等)的能力；

(4) 具有自身不发酵变质和不腐蚀钻具的性能。

二、冲洗介质的种类

(1) 清水　在稳定岩层中钻进使用清水洗孔，钻进效率高，钻头冷却效果好，使用简便。

(2) 泥浆　泥浆是粘土分散在清水中形成的冲洗介质。钻进不稳定岩层时，使用泥浆可得到良好的护壁效果。通过性能调节，泥浆还可以对付涌水、漏失等复杂情况。

(3) 乳化液及乳化泥浆　小口径金刚石钻进时，为了使钻具能开高转速，多采用水包油型乳化液、乳化泥浆或表面活性剂水溶液(又称为润滑冲洗液)冲洗钻孔。

(4) 空气　采用压缩空气或天然气冲洗钻孔，有利于提高机械钻速，并适宜在缺水地区及漏失地层中采用。若采用高压空气作为介质，既可作为动力，又可冲洗钻孔。

(5) 其他　盐水泥浆、泡沫冲洗液、雾化冲洗介质等。

三、钻孔冲洗方式

1. 全孔循环

(1) 全孔正循环　来自泵的冲洗介质通过钻杆柱中心进入孔底，由钻头水口处流出，经钻杆与孔壁环状间隙上返至孔口，流入地面循环槽中。由于孔底介质流动的方向与岩粉在离心力作用下的排出方向一致，故有利于排除岩粉。正循环方式在钻进施工中用得最多。

(2) 全孔反循环　来自泵的冲洗介质由钻杆与孔壁环状间隙进入孔底，由钻头水口进入钻具和钻杆柱中上返至地表，经胶管返回循环系统或水源箱中。全孔反循环孔口必须密封，并允许钻杆柱能自由回转和上下移动。由于孔底介质流动的方向与岩心进入方向一致，故它有利于提高岩矿心采心率或进行连续取心，但钻孔漏失时则不适用。

2. 孔底局部反循环

孔底局部反循环包括喷射式反循环、无泵钻进法和空气升液器钻进法等循环方式。其中，前两种方式在第七章第2节中已介绍过。

§2 钻井液护壁原理

随着钻孔加深，一方面岩石连续暴露形成新的孔壁，失去了原始状态的平衡；另一方面钻具不断在孔内回转、升降，都会摩擦和碰撞孔壁。因此，保护孔壁是钻井工程的关键技术之一，除了在特殊孔段下套管外，最常用的办法是用钻井液护壁。

一、不稳定岩层的分类

在钻井过程中常遇到孔内掉块、坍塌、缩径、超径等孔壁不稳定现象，就护壁而言不稳定的岩层主要包括：

1. 力学不稳定岩层

力学不稳定岩层是指受岩层成因或受构造运动影响，一旦被钻穿以后，破坏其原来的相对稳定或平衡状态，使孔壁失去约束而产生不稳定的那些岩层。属于浅部的力学不稳定岩层有风化残积层、冲积层、洪积层、流沙层等；属于深部的主要有硬脆碎岩层、断层破碎带等。造成力学不稳定的原因主要是地质因素。

2. 遇水不稳定岩层

岩层被钻穿以后，随着与钻井液接触，逐渐出现分散、溶胀、坍塌、剥落等复杂情况的岩层属于遇水不稳定岩层，常简称为水敏性岩层。根据遇水产生的情况又可分为：

(1) 遇水溶解地层，如岩盐、钾盐、石膏、芒硝及天然碱等。

(2) 遇水溶胀地层，如粘土、泥岩、软页岩和绿泥石等。

(3) 遇水松散地层，如风化黄铁矿、泥质砂岩、风化大理岩和风化花岗岩等。

(4) 遇水剥落地层，如剥落页岩、片岩、千枚岩、滑石化高岭土化板岩、硬煤层等。

除岩层本身性质、结构等决定性原因外，水的存在是遇水不稳定岩层的主要客观因素。力学不稳定与遇水不稳定岩层既有区别又互相联系，因为水的存在可使力学不稳定加剧。

二、钻井液对孔壁失稳的影响

1. 钻井液对岩层的水化作用

钻井液引起岩层遇水不稳定的水化机理主要是表面水化作用和渗透水化作用，由于水化作用将造成孔壁坍塌、剥落、塑性滑动、膨胀、脆碎掉块、造浆等复杂情况。

2. 钻井液对岩层的直接冲刷

钻井液对岩层的直接冲刷使孔壁失稳破坏的程度取决于流体循环时的流速和流态。当环空上返速度过高，形成紊流时，对孔壁的冲刷作用大，不利于孔壁稳定(小口径钻进尤为突出)。

3. 滤液的抑制性

钻井液滤液的成分直接影响膨胀型粘土矿物的交换容量、分散作用、亲水性和其他特性。钻到以蒙脱石矿物为主要成分的粘土岩层时，这些影响就特别显著。因此，可以认为抑制性钻井液滤液对孔壁上粘土矿物的影响，对于护壁有着重要的意义。

试验发现，在用含有 K^+、NH_4^+ 及其他离子的电解质溶液处理蒙脱石时，在一定程度上会使蒙脱石转变为伊利石型矿物。由于水溶液中钾离子的直径(0.266mm)恰好与二氧化硅层的氧离子形成的空腔(0.28mm)直接相适应,所以钾离子会存在于晶层之间,并进入氧化硅层氧离子形成的空穴内,而完成蒙脱石向伊利石的转变,显示出最大的憎水作用。

三、稳定孔壁的综合措施

保护孔壁稳定的实质是充分利用孔壁岩石自身的强度,并在此基础上调整钻井液柱压力及其他工艺参数,来维护力学不稳定地层。对于遇水不稳定岩层,则应尽量避免水对岩层的影响。

1. 保持钻孔与地层间的压力平衡

利用孔内液柱维持钻孔形成之后的压力平衡,是保持孔壁稳定的基本方法。计算钻井液柱静压力与岩层的侧压力的公式分别为

$$P_w=9.81\times10^{-3}H\gamma_w \quad (\mathrm{MPa}) \tag{9-1}$$

式中:P_w——钻井液柱静压力,MPa;H——液柱垂直高度,m;γ_w——液柱的密度,kg/L。

$$P_c=\lambda P_s=9.81\times10^{-3}\lambda H\gamma_{rm} \quad (\mathrm{MPa}) \tag{9-2}$$

式中:P_c——岩层的侧压力,MPa;λ——侧压力系数;γ_{rm}——岩石基质的密度,g/cm³。

(9-1)和(9-2)式相等时,就能维持孔壁平衡。即

$$\gamma_w=\lambda\gamma_{rm} \tag{9-3}$$

于是,只要知道岩层本身的密度及其侧压力系数,就可定出相应的钻井液密度。值得注意的是一般复杂岩层多少总具有一定强度,因而可利用岩石自身强度承担部分侧压力,钻井液柱只要能够抵抗剩下的那部分压力就够了。以某些松散岩层为例,流砂层的$\gamma_{rm}=2.3$,$\lambda\approx0.35\sim0.41$,按照(9-3)式计算出的钻井液密度是$\gamma_w=\lambda\gamma_{rm}=0.41\times2.3=0.934\mathrm{g/cm^3}$,结果表明,使用轻密度钻井液就可以与砂层平衡。但由于钻进中还受到其他因素影响而不能保持稳定,故这时还应适当提高钻井液的密度。为了使孔壁易于形成泥皮,有利于孔壁稳定,平衡条件可改写为:

$$P_w=P_c+P_e$$

式中:P_e——考虑平衡安全的附加压力,岩心钻可取0.3~1MPa。

在钻进过程中,钻孔的静平衡变为动平衡,这时环形空间还有一个附加压力,上式应变为:

$$P_w+P_a=P_c+P_e \quad (\mathrm{MPa}) \tag{9-4}$$

式中:P_a——液流上返时作用在孔底的循环附加压力,可用下式计算

$$P_a=\frac{14.35v^2\gamma_wL_s}{(\mathrm{R_e^*})^{0.64}2gL_j} \quad (\mathrm{MPa}) \tag{9-5}$$

式中:v——液流上返速度;γ_w——钻井液密度;L_s—钻具长度;L_j——钻杆接头间的距离;g——重力加速度;$\mathrm{R_e^*}\leqslant1\,600$时为层流。

这个附加的压力换算成密度,再加上使用的钻井液密度,称为当量循环密度γ_B

$$\gamma_B=\gamma_w+\frac{P_a}{0.81\times10^{-3}H} \tag{9-6}$$

当量循环密度可以从孔底算起,也可以从任何其他深度计算,当量循环密度与钻井液的真实密度之间的差值应力求尽量的小,以便减少孔内静态和动态之间的压力差。

对于易塌地层,如能经常维护和调整好这个压力平衡关系,在很大程度上是可以保持孔壁稳定的。此外,起下钻时容易破坏这个平衡关系。因此,既要控制合理的起下钻速度,又要坚持提钻灌浆制度,尽力维护钻孔与地层的压力平衡。

2. 防塌钻井液

维护孔壁稳定是一个复杂的问题,应着眼于具体钻孔的地质条件。没有任何一种钻井液能

适应所有地区，即离开具体地层就谈不上防塌钻井液。

2.1 关于防塌钻井液的性能要求

一般要求防塌钻井液具有低失水、高矿化度、高滤液粘度、适当的密度和适当的粘度，亦即“一低、二高、二适当”。其中，低失水和高矿化度是主要的。有了这二条，可以减少水敏性地层的水化膨胀压力。要注意，在对付水敏性地层的水化时，仅仅控制钻井液的失水量阻止不了钻井液中水分向孔壁岩层内移动，还必须提高钻井液的含盐量（矿化度）才能改变渗透水化压力的作用方向，使原来从钻孔向地层运移变为从孔壁岩层向钻孔运移或彼此间停止移动。

对孔壁岩层破碎、地层压力大的钻孔，钻井液密度是重要因素，只有适当提高密度，加大液柱压力才能平衡地层侧压力。高的滤液粘度是为了减少进入泥页岩的水量和增大水在泥页岩中的渗流阻力，使钻井液中的水不能进入岩层很远。

钻井液的粘度要适当，过小了，钻井液冲蚀孔壁的力量大，垮塌物在钻井液中沉降得也快。过大又会使泵压升高，钻速下降，压力激动增大，不利于防塌。另外，pH值过高的水基泥浆会引起泥页岩类地层的水化，一般认为水基泥浆的pH值取8～9较合适。

2.2 防塌泥浆的几种类型

历史上曾广泛使用石灰泥浆、石膏泥浆、氯化钙泥浆和钾基泥浆等抑制泥浆，在对付水敏性地层方面曾起到应有的作用。随着科学技术的发展，各种高分子化合物在钻井液中大量推广应用，近年来发展到以高聚物为主的新型泥浆。下面介绍目前防塌效果较好的几种泥浆类型。

（1）聚合物钻井液　在第五章§1中曾讲到，钻井液中固相含量过高，分散程度过细，不仅影响机械钻速，还可能造成孔内事故。而且在钻进过程中，由于钻屑的水化、膨胀及冲蚀作用，会在钻井液中分散，随着钻井液的循环，钻井液中的固相含量会越来越高。理论研究和实践证明，聚合物钻井液能减少钻屑在钻井液中的累积和分散，能提高钻速，满足钻进工程的需要。所以聚合物钻井液体系在近二十多年发挥了很大作用。目前常用的聚合物钻井液有：聚丙烯酰胺体系、KCl-聚合物体系、三磺泥浆体系、磺酸钾-水解聚丙烯酰胺体系等。

（2）钾盐泥浆　钾盐钻井液具有明显的防塌效果，目前已成为护壁、防塌最有效的钻井液之一。常用的类型有：KCl-聚合物钻井液、腐殖酸钾钻井液。

（3）油包水乳化泥浆　油包水乳化泥浆是油基泥浆的一种类型，它是以油为连续相，水滴以很细液滴形式均匀地分散在油中，由5%～50%的水相体积再加其他添加剂组成。油包水乳状液泥浆是专门克服膏盐地层、泥页岩坍塌层高温影响问题的一种特殊泥浆体系。它能有效地防塌、防卡，钻进时孔径规则，有很好的热稳定性，利于钻进低压油层，但成本较高。

§3 钻井液性能、影响因素及其测试

一、钻井液的密度

钻井液的密度是指单位体积钻井液的质量（g/cm^3）。密度大小主要取决于钻井液中固相含量和固相密度。一般加入重晶石粉等加重剂可增加密度；采用充气发泡等方法可减少钻井液密度。

凡精确度达到±0.01g/cm^3的密度测量仪器，都可用来测量钻井液的密度。目前用得最多的是钻井液密度称（图9-1）。测量时将钻井液杯装满钻井液，加盖并擦净从小口溢出的钻井液。然后置于支架上，移动游码，使杠杆呈水平状态，读出游码左侧所示刻度，即为钻井液的相

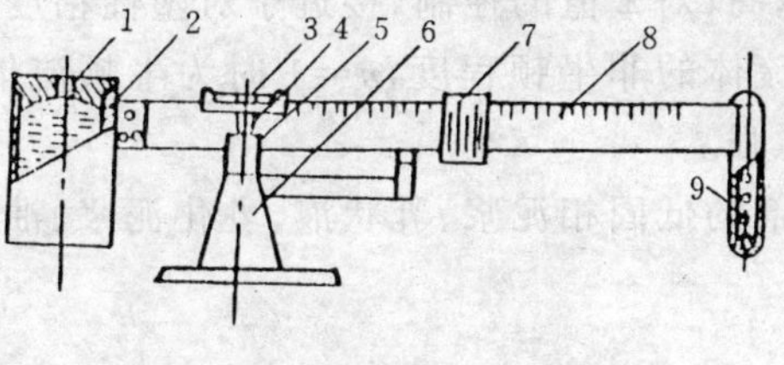

图 9-1　泥浆密度称

1—杯盖；2—泥浆杯；3—水平泡；4—主刀口；5—主刀垫；6—支架；7—游码；8—杠杆；9—金属颗粒

对密度。该仪器测量范围从 0.96～2.00g/cm³，刻度分度值为 0.01g/cm³。使用前要用清水对仪器进行校正，如读数不在 1.0 处，可用增减杠杆右端的金属颗粒来调节。

二、钻井液的流变性能

钻井液流变性是指它流动和变形的特性，即研究钻井液的粘度、动切力、静切力和触变性等性能的变化。

1. 钻井液的基本流型(图 9-2)

1.1　牛顿流型

牛顿流型的流变曲线为通过原点的一条直线，表示加上很小的剪切力时即会产生流动。其流速梯度与剪切应力成正比关系，它遵循牛顿内摩擦定律(9-7 式)。

$$\tau=\eta\frac{\mathrm{d}v}{\mathrm{d}x} \tag{9-7}$$

式中：η——比例常数，称为液体的粘滞系数，即内摩擦系数或简称为粘度(动力粘度)；τ——单位面积上的内摩擦力，称为剪切应力。

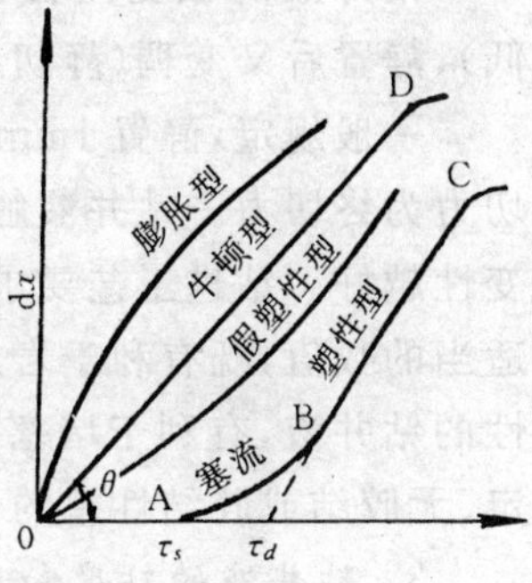

图 9-2　基本流型图

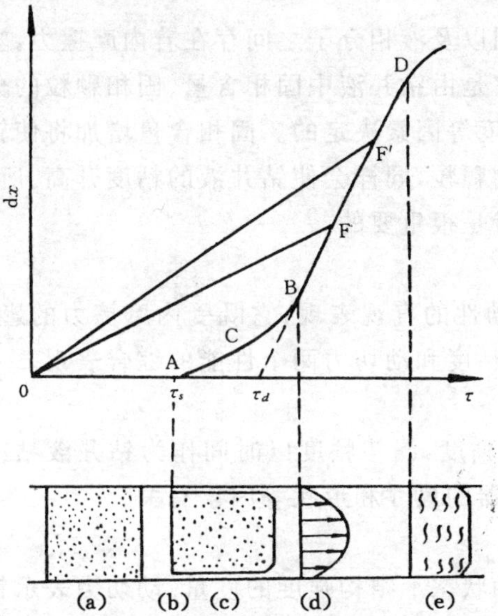

图 9-3　塑性流型流变曲线和各种流动状态

(a)—不流动；(b)—塞流；(c)—塞流向层流过渡；(d)—层流；(e)—紊流

钻井液中清水、低分子化合物溶液以及稀溶胶均属于牛顿流型。

1.2　塑性流型

塑性流型是有结构的塑性流体(宾汉流体)所具有的流型，它不服从于牛顿定律。塑性流型的流变曲线和所代表的流动状态如图 9-3 所示。它不是通过原点的曲线，当加上很小外切力时，开始流体静止不动，直至外力超过 τ_s 时才开始流动。τ_s 称为"静切力"或叫"凝胶强度"。开始流动后一段时间粘度随剪切力 τ 的增加而降低(ACB 曲线段)，继续增加切力(BD 段)，粘度值不随切力而变化，此时的粘度称为塑性粘度，以 η_p 表示。BD 线段是不通过原点的直线，它的延长线与横坐标轴的交点为 τ_d，称为"动剪切应力"或叫"动切力"、"屈服值"、"屈服点"。

钻井液中的各种泥浆均属于塑性流体。

1.3　假塑性流型

假塑流型的流变曲线是通过原点的曲线，如图 9-3 所示。它没有静阻力 τ_s 值。其表观粘度是随剪切力的增加而减少的。若高分子溶液很稀或速度梯度很高时，也有可能成直线关系。假塑流体(它是幂律流体的一种)服从如下幂函数

$$\tau=k\left(\frac{\mathrm{d}v}{\mathrm{d}x}\right)^n \tag{9-8}$$

式中：k——与粘度有关的稠度系数，k 值越大，粘度越高，对 k 值的控制，接近于对塑性粘度的控制；n——流性指数，表示在一定流速范围内流体的非牛顿程度，$n=1$ 时为牛顿流体，假塑流体在 0～1 之间，n 值愈低，非牛顿程度愈强。

采用高分子化合物溶液、高分子处理剂为主处理剂的低固相泥浆、乳状液、乳化泥浆、油包水反相乳化泥浆等均属假塑性流型。

2. 钻井液的静切力和触变性

钻井液的静切力 τ_s 是钻井液开始运动时，需要的最低切力值。它表示钻井液静置时形成内部结构的强度，又称为凝胶强度。

钻井液的触变性表示钻井液内部具有触变结构的性质，或者说搅拌后变稀(静切应力降低)，静置后又变稠(静切应力升高)的特性。

一般规定，静置 1min(API 标准为 10s)后测得的静切力为初切力，静置 10min 后测得的静切力为终切力。钻井液触变性的好坏，一般以终切力和初切力的差值大小来表示，差值越大触变性越好。钻进工艺要求钻井液应具有良好的触变性，在停止循环时，切力能迅速增大到某个适当的数值，既有利于岩屑的悬浮，又不致于恢复循环时开泵泵压过高。具有一定切力和触变性的钻井液，有利于堵塞孔壁岩石的小裂隙通道，防止和减少钻孔漏失，也有利于使胶结不稳定、无胶结或胶结性差的岩层孔壁稳定。

3. 钻井液的粘度和动切力

粘度是流体流动的阻力，是表征流体粘滞性大小的物理量。与钻井液有关的粘度概念有：

3.1 塑性粘度

钻井液内部固相颗粒间、固相颗粒与周围液相间以及液相分子之间存在着内摩擦力，塑性流体由于内摩擦造成的这部分阻力称为塑性粘度。它是由钻井液中固相含量、固相颗粒的分散程度，固相颗粒的形状、表面润滑性及液相本身的粘度等因素决定的。固相含量增加将使钻井液的粘度升高，大颗粒不断地分散或研磨成更细小的颗粒，同样会使钻井液的粘度升高。所以，为了控制钻井液的塑性粘度，控制钻井液的固相含量是很重要的。

3.2 表观粘度

表观粘度(也称视粘度、有效粘度)是钻井液流动性的直观表现，它既受内摩擦力的影响，也受结构强度的影响。即钻井液的表观粘度是塑性粘度和动切力两个性能的综合表现。

3.3 漏斗粘度

在钻进施工中常用漏斗粘度计来测定钻井液的粘度，漏斗粘度以时间作为钻井液粘度的量纲，漏斗粘度值与钻井液的塑性粘度、动切力及仪器的尺寸和形状等因素有关。

3.4 动切力

动切力也叫屈服值或屈服点，它是钻井液在流动状态下结构强度的度量。动切力表示钻井液在层流流动时形成结构的能力。钻井液中的固相含量、粘土颗粒表面电化学性质和水化程度、固相颗粒周围介质中离子的浓度和类型都影响动切力。一般固相含量高则动切力大。在实际生产中，主要是通过加入降粘剂来降低动切力，加入化学絮凝剂来提高动切力。

3.5 钻井液的剪切稀释指数

钻井液表观粘度随剪切速率增大而降低的特性称为钻井液的剪切稀释特性，它的大小可用剪切稀释指数来衡量。剪切稀释指数 I 定义为剪切速率为 1 与无穷大时表观粘度之比，即

$$I=\eta_{A1}/\eta_{A\infty} \tag{9-9}$$

钻井液剪切稀释能力的大小取决于它的动塑比或高粘比。

4. 流变性能调节

（1）控制固相含量　降低固相含量可以降低钻井液的塑性粘度和切力。

（2）添加化学降粘剂　一般添加化学降粘剂对钻井液的塑性粘度影响不大，但可以降低表观粘度、漏斗粘度和动切力等。

（3）添加化学絮凝剂　化学絮凝剂对钻井液的流变性能有一定的影响，特别是加入化学絮凝剂可提高钻井液的静切力。

（4）加水稀释　钻进过程中在条件许可的情况下，可以适当加水降低粘度和切力。

5. 流变参数的测量

日常测量的流变参数有钻井液的静切力、动切力、表观粘度、塑性粘度、稠度系数、流性指数等指标。常用的仪器有：

5.1　旋转式粘度计

旋转式粘度计的工作原理是利用内圆筒或外圆筒的高速回转造成的速度梯度，使内、外筒之间的钻井液受到剪切力，并带动扭力弹簧（或钢丝）、刻度盘扭转一个角度，直到摩擦力矩和扭力弹簧力矩平衡时，可读出指针所指刻度盘上的读数，即反映钻井液的粘度大小。利用这种仪器的慢速回转，也能用它来测量钻井液的静切力。

目前国外常用范氏粘度计，国产的类型有 D6-ZNN 电动六速粘度计和 ZNN 手摇旋转粘度计等产品（图 9-4）。

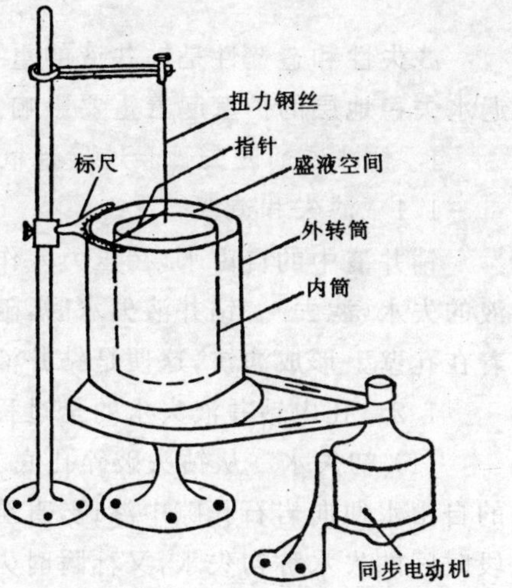

图 9-4　转杯型粘度计

流变参数的计算公式如下：

（1）塑性粘度

$$\eta_p = \phi 600 - \phi 300 \quad (\text{mPa}\cdot\text{s}) \qquad (9-10)$$

式中：ϕ—仪器的扭转格数。

（2）表观粘度

$$\eta_A = \phi 600/2 \quad (\text{mPa}\cdot\text{s}) \qquad (9-11)$$

（3）动切力

$$\tau_d = 0.511(\phi 300 - \eta_p) \quad (\text{Pa}) \qquad (9-12)$$

（4）流性指数

$$n = 3.32\lg\frac{\phi 600}{\phi 300} \qquad (9-13)$$

（5）稠度系数

$$k \approx 0.1 \times \frac{5\phi 300}{500^{n}} \quad (\text{Pa}\cdot\text{s}^{n}) \qquad (9-14)$$

5.2　野外漏斗粘度计

野外施工中常用的粘度计如图 9-5 所示。量杯 3 中有隔板，使杯分为两部分，一端容积为 500ml，另一端容积为 200ml，漏斗下端的管子内径为 5mm、长度 100mm，上面用来筛除杂物和粗颗粒的筛网规格为 16 孔/in①，钻进液杯容积为 1 000ml。

该粘度计测得的是钻井液对水的相对粘度。因此，在使用前应用水进行校正。其方法是先

① 1 in（英寸）＝2.54cm。

往漏斗中注入 700ml 清水，而流出 500ml 的标准时间应为 15s，如有误差可以修正仪器或使用校正系数：$k=\frac{15s}{测得清水粘度数(s)}$。在漏斗中注入 700ml 钻井液，流出 500ml 的时间即为漏斗粘度。

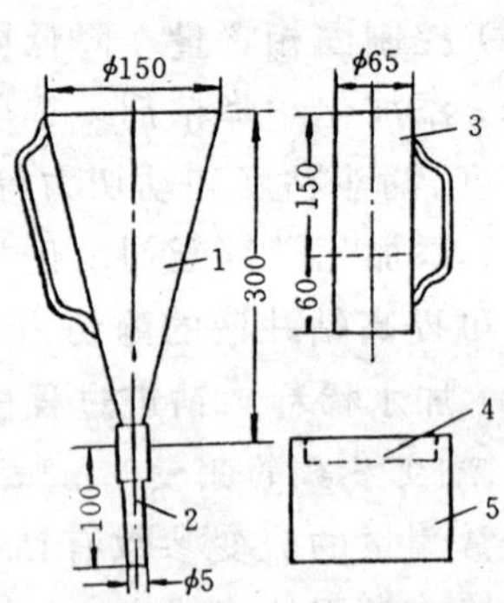

图 9-5 野外漏斗式泥浆粘度计

1—漏斗；2—管子；3—量杯；4—筛网；5—泥浆杯

国外(美国 API 标准)使用的是马氏漏斗粘度计。目前国内常用的仪器还有旋转粘度计和 RV-2 流变仪、无级变速流变仪等。

三、钻井液的滤失性能及造壁性能

滤失性和造壁性是钻井液的重要性能，对松散、破碎和遇水失稳地层的护壁起着重要影响。

1. 钻井液的滤失性和造壁性概念

1.1 滤失和造壁

钻井液中的自由水，在压力差作用下向孔壁岩石的裂隙和孔隙中渗透，这种现象称为钻井液的失水(滤失)。钻井液失水时，随着钻井液中的自由水进入岩层，钻井液中的固体颗粒便附着在孔壁上形成滤饼，这便是钻井液的造壁性。

1.2 孔内钻井液失水的全过程

(1) 初失水 从钻头破碎孔底岩石形成新的自由面开始，钻井液接触到新的自由面，其中的自由水便向岩石孔隙中渗透，直至钻井液中的固相颗粒及高聚物在孔壁上开始出现滤饼，这段时间的失水称初失水，又称瞬时失水。

(2) 动失水 在初失水之后，钻井液在循环过程中继续失水，滤饼不断增厚直至滤饼增厚的速度与被冲刷下来的速度相平衡时，滤饼不再增厚而继续失水，这段时间的失水称为动失水。

(3) 静失水 停止循环时，钻井液仅在静液柱压力和地层压力之差作用下，发生的失水称为静失水。

(4) 失水的全过程 停止循环时，随着静失水的发生泥饼逐渐增厚，泥饼的增厚又使得单位时间的失水量逐渐减小；钻井液继续循环时，失水现象由静失水转为动失水。这种交替进行周而复始的动失水和静失水过程，便是孔内失水的全过程。

1.3 滤失性能和造壁性能的调节

影响钻井液静失水的因素有：钻井液滤饼的渗透性、压差、滤液粘度、时间、温度和岩层的渗透性等。而影响动失水的因素则是钻井液在环空的流速与流态。温度与岩层的渗透性是客观存在的，其余的因素则可人为调节。降低钻井液滤失量和改善造壁性能的方法是：

(1) 使用优质膨润土或人工钠土造浆；

(2) 加入一些降滤失的有机处理剂，提高水化膜的厚度和滤饼的可压缩性；

(3) 加入一些极细的胶体粒子堵塞滤饼孔隙，减少渗透性。

2. 钻井液滤失性能的测量

2.1 常温滤失量测定仪

气压式失水仪(图 9-6)采用压缩空气，压缩氮气，或液态 CO_2 加压，国内外常用 0.7MPa 的标准压力过滤器。国内有 CO_2 气弹加压或打气筒加压的失水仪，有氮气瓶加压的单联或多联失水仪。测量时把钻井液装在被上、下垫圈密封的钻井液罐内，用刻度玻璃量筒收集 30min

内滤出的滤液，其毫升数即为滤失量。若在7.5min内测得的数据须乘以2。

2.2　高温高压失水仪

为了适于深井钻进的需要，必须用高温高压失水仪测量。国产的有GGS42、GGS71、ZNS－4型等高温高压失水仪，其温度、压力一般为180～260℃、3.5～5MPa。

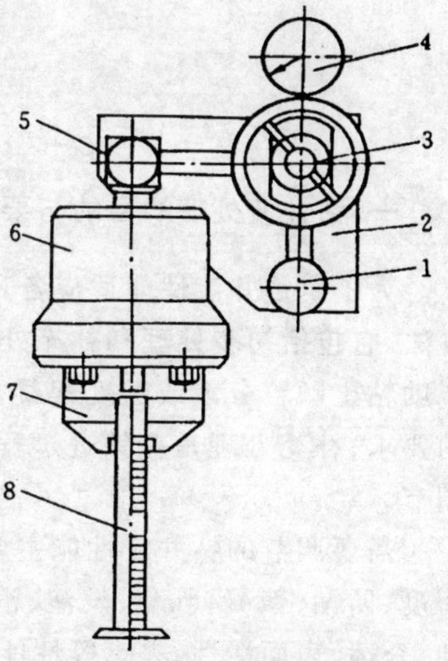

图9－6　ZNS型失水测定仪

1—气源；2—安装板；3—减压阀；4—压力表；5—放空阀；6—泥浆杯；7—挂架；8—量筒

四、钻井液的含砂量

含砂量是指钻井液中大于74μm的砂粒占钻井液总体积的百分含量。砂粒一般为非粘土矿物，采用含砂量仪来测定钻井液的含砂量，一般认为钻井液含砂量应不大于4%。

五、钻井液的固相含量和液相含量

钻井液的固相含量即钻井液中的固体颗粒含量，液相含量即为除去固相成分后的那一部分，它们可以用蒸馏器来测量。把一定体积液试样放在一个耐腐蚀的容器中加热，使其液相成分完全蒸发，蒸汽经过冷凝器，用一个带有刻度的量筒收集蒸馏出的液体，从而可测出液相的体积，把钻井液体积减去液相体积的值便得出了悬浮于钻井液中的固相总含量。

六、钻井液的pH值

由于在泥浆中粘土颗粒带负电，要在碱性条件下才能稳定，所以泥浆的pH值应控制在8～10之间，钙处理泥浆的pH值还应高一些。多数处理剂必须在一定的pH值下才能发挥很好的效用。

往钻井液中加入烧碱、纯碱等成分，可提高其pH值；加入HCl或酸式盐则可降低其pH值。

pH值的测定一般使用pH试纸，精确测量可用pH电位计。

七、钻井液的润滑性能

钻井液的润滑性能对钻进工艺（尤其是金刚石钻进）影响较大。测量钻井液的润滑性能可用LEM钻井液润滑仪、极压润滑仪或相对摩擦系数测定仪等。

八、其他性能

1．胶体率和稳定性

钻井液（尤其泥浆）的胶体率是其中固相（粘土）颗粒分散和水化程度以及保持悬浮状态的粗略衡量。胶体率与粘土的分散度、含量及处理剂种类、加量有关。测量时是将100ml钻井液置于有刻度的量筒内，静止24h，观察量筒内钻井液析出水的情况。

稳定性表示钻井液静止时固相颗粒沉降的倾向，它以钻井液上下两层的密度差值来衡量。

2．滤饼的粘滞性

滤饼粘滞性是衡量钻进过程中钻具回转与升降时受滤饼阻尼的特性。滤饼粘滞性大时，往往造成起钻困难或形成粘附卡钻事故。滤饼粘滞性可用滤饼粘附系数测定仪测定。

§4 钻井液添加剂

一、钻井液处理的目的与要求

为了使钻井液性能适应各种地层的要求，必须对钻井液进行处理。通常主要采用化学处理方法，它包括初步处理和补充处理两个阶段。初步处理在泥浆造浆时进行，通过加入化学药剂帮助粘土颗粒分散或适度絮凝，使新配制出的不同类型的钻井液各种性能指标都能达到钻进的要求；补充处理是在钻进过程中，根据钻进工艺的要求，加入化学处理剂对钻井液性能进行调节。

需要调节的钻井液性能主要包括：降低钻井液的滤失量，增加或降低钻井液的粘度、切力、密度、防漏、絮凝、乳化、发泡、消泡性能，调节钻井液的 pH 值，增加钻井液的润滑、防卡、防腐蚀、杀菌、表面活性、去钙等性能。

二、钻井液添加剂的作用机理

1. 无机处理剂的作用原理

无机处理剂都是水溶性的无机碱类和盐类，其中多数可提供阳离子和阴离子，也有一些在水中生成胶体和络合物。无机处理剂的作用原理大体可归结为：

1.1 分散作用

淡水钻井液受钙污染后，由于粘土水化减弱，颗粒之间互相联结成空间网架结构，粘度和切力上升。在钻井液稠化的同时，滤失量也增大。此时若加入烧碱或纯碱，通过离子交换可增大粘土颗粒表面吸附的 Na^+ 与 Ca^{++} 离子比例，从而增强粘土颗粒的水化，形成的网状结构就被削弱或变得容易拆散。这种分散作用的结果，使钻井液的流动性增大，滤失量降低。

在用钙膨润土或酸性粘土配制钻井液时，加适量纯碱除去过多的钙离子，可加速粘土颗粒的分散，提高粘土的造浆率。

1.2 控制絮凝作用

控制絮凝作用是指将钻井液中的粘土颗粒控制在适度絮凝状态，即粘土既不分散成个别的颗粒，又不高度絮凝成团块，而是絮凝成由少数晶体颗粒联结成的较粗颗粒。因此，控制絮凝实际上是有机高分子化合物的分散和保护作用与电解质的絮凝作用适当配合的结果。它们的作用：一方面通过吸附架桥作用和降低粘土颗粒表面的水化，使粘土晶体絮凝成较粗的颗粒，减少钻井液中的颗粒浓度或增大颗粒之间的间隔；另一方面能抑制孔壁泥岩和岩屑的水化膨胀与分散，既能稳定孔壁，阻止剥蚀掉块和坍塌，又能抑制造浆或粘土污染。

1.3 调节 pH 值

无论何种泥浆，都有各自的最佳 pH 值。在钻进过程中，由于污染会使 pH 值发生变化。加入烧碱等材料可使钻井液处于弱碱性。而加入氯化铁、三氯化铝和硫酸铝能降低 pH 值。

1.4 离子交换作用

粘土表面吸附的离子不是固定不变的，它可以与钻井液中添加的处理剂离子进行交换，这种现象称为离子交换作用。例如 Na^+ 可以置换粘土颗粒表面吸附的 Ca^{2+}，使粘土颗粒表面吸附的 Na^+ 与 Ca^{2+} 数量之比的比值升高，这样就使粘土颗粒的水化程度提高，电动电势增加，进而分散成更细小的颗粒，于是钻井液的粘度、切力升高，滤失量降低。

相反,某些提供Ca^{2+}的处理剂可以置换粘土颗粒表面上的Na^{+},降低粘土表面吸附离子的钠-钙比例,从而控制粘土的水化和分散,使粘土颗粒聚结成粗颗粒。总之不同的无机处理剂可以通过离子交换作用,或促进或减弱粘土颗粒的水化和分散。

1.5　有机处理剂的溶解或水解

许多有机处理剂(如腐殖酸、丹宁酸等)在水中的溶解度小,粘土不易吸附它们。如果加入适量的烧碱水溶液,使其变成腐殖酸钠或丹宁酸钠后,就成为水溶性处理剂了。这样它就容易被粘土所吸附,起稀释剂和降失水剂的作用。为了使具有可水解极性基(如酯基、腈基、酰胺基等有机处理剂)变为水溶性处理剂,可先进行水解和中和反应。如聚丙烯腈在水中不溶解,而经烧碱加热水解和中和后,就变为水溶性水解聚丙烯腈了,它可用作抗高温降滤失剂。

1.6　沉淀作用

如有过多的Ca^{2+}或Mg^{2+}侵入钻井液,将会削弱粘土的水化和分散能力,这时可加入纯碱或烧碱,生成含钙或镁的化合物沉淀,除去有害的Ca^{2+}或Mg^{2+}。这种沉淀作用也可以使某些由于污染而失去作用的有机处理剂恢复作用。

1.7　络合作用

由分子与分子结合形成的,在溶液中只能部分电离或基本上不电离的复杂化合物称为络合物。其中离子与其他分子(或离子)结合形成的复杂离子叫络离子。形成络离子或络合物的过程称为络合过程。如钻井液中加入足量的六偏磷酸钠,可使其与钻井液中的Ca^{2+}或Mg^{2+}进行络合。利用络合作用,还可以提高用煤碱液或木质素磺酸盐处理过的钻井液的抗温性能,消除老化。

1.8　抑制溶解作用

在钻穿可溶性岩层时(例如岩盐、芒硝和石膏层),为了防止其溶解,可选用饱和盐水钻井液和石膏钻井液等,使可溶盐对钻井液预饱和,抑制岩层的溶解,从而防止钻孔超径。

1.9　形成溶胶作用

某些无机处理剂能在钻井液中起化学反应生成溶胶或粘稠性絮凝沉淀。它们对钻井液中的钻屑和其他粗固体颗粒有促进沉淀的作用;它们参加滤饼的形成,可降低滤失量,增加滤饼的强度和润滑性能;亲水性的溶胶颗粒吸附于粘土颗粒表面,还可以增加水化,提高絮凝稳定性。

上述只列举了无机处理剂的主要作用机理,这些作用机理并不是孤立的,而往往是互相联系的。因此,在实际施工问题中应用时,对这些作用机理要全面辩证地加以分析。

2. 有机处理剂的作用机理

有机处理剂对泥浆的作用是多方面的,它在钻井液中的应用比无机处理剂更广泛。

2.1　降滤失量作用

带多官能团的有机高分子化合物中,有些官能团能与粘土表面吸附,有些官能团能和水结合(水化)。这样就为提高粘土颗粒的聚结稳定性,保持粘土颗粒粒度的适当分布,降低滤失量,提供了下述两种方式。

(1) 在粘土颗粒表面形成吸附溶剂水化层　这种吸附水化层,厚度大,使得粘土颗粒不易互相接触而粘结。具有空间结构的结构性吸附水化层在低的剪切速率下的结构粘度,要比钻井液中自由水的粘度高许多倍。因此,它使整个钻井液体系具有很强的聚结稳定性。这对于浓的溶胶和悬浮体(如高粘土含量的钻井液、高密度钻井液、高矿化度钻井液等)是很重要的。

(2) 高分子化合物的保护作用　线形高分子化合物的分子链长度比粘土细颗粒大好几倍,因此,细分散的粘土颗粒容易粘附在长分子链的某些链节上,从而阻碍细粒子的直线运动,使它们不易互相接触而粘结，对钻井液起了聚结稳定作用。但是，这种粘附作用把许多颗粒连成一串，易使颗粒沉降。因此高分子化合物的保护作用在于，当高分子化合物的浓度达到一定值时，除了高分子化合物的每个分子与一些粘土细颗粒粘附外，每个粘附有粘土细颗粒的大分子链还通过细粘土颗粒的桥接，形成布满整个体系的混合结构网，在这样的混合结构网中的粘土颗粒就不易粘结和沉降了。

以上两种作用使钻井液中细的粘土颗粒能保持聚结稳定性，因而泥浆中的粘土颗粒在循环中能保持适当的分散性，足以形成致密而薄的低渗透性泥饼，使泥浆的滤失量降低。其次，水溶性高分子化合物会提高溶液的粒度，这也引起钻井液滤失量的下降。此外，高分子化合物的络合物还有堵孔作用，从而显著地降低泥饼的渗透性。

2.2 絮凝作用

在泥浆中加入高分子絮凝剂，可通过其链节对粘土颗粒的吸附，使粘土颗粒贴接在一起，由细粒变为粗粒，最后引起颗粒的絮凝与聚沉。然后通过钻井液净化系统除去，起到减少或清除泥浆中的岩屑，保持低固相的作用。同时，高分子水解聚丙烯酰胺的分子链间易形成网状结构以提高泥浆的粘度。此外，絮凝作用还具有抑制水敏性岩层水化造浆和稳定孔壁的功能。

2.3 减稠作用

当钻井液中固体颗粒过多，粘土颗粒形成网状结构时，钻井液将变稠。减稠剂可优先吸附于粘土颗粒边缘水化弱的地方，用亲水基的水化增加这些地方的水化层，削弱或拆散粘土颗粒之间的网状结构，放出自由水。同时减少粘土颗粒之间的流动摩擦阻力，从而降低钻井液的切力和粘度。减稠剂吸附于钻屑表面，也有利于抑制钻屑水化膨胀和分散，降低粘度，提高流动性。

2.4 增稠作用

增稠作用一般多用于低固相和无固相水基钻井液，以提高由于缺乏固相而降低了的悬浮力和携带力。高分子增稠剂（如高粘度羧甲基纤维素、高聚合度水解聚丙烯酰胺）分子链长，分子可变形，分子间相互作用大，又能在长分子链之间形成网状结构，故可大大提高钻井液的粘度。

2.5 乳化作用

不论水包油或油包水乳化泥浆，都需要乳化剂。许多泥浆处理剂（如木质素和腐殖酸类处理剂）和表面活性剂（如烷基苯磺酸钠）都可起到乳化剂的作用。

2.6 减摩润滑作用

有些钻井液处理剂（如磺化妥尔油沥青、皂化溶解油）可增加钻井液的润滑性和减少泥饼粘滞性，起防卡、解卡和减摩润滑钻具的作用。

2.7 发泡和消泡作用

有些表面活性剂（如木质素磺酸钙、十二烷基苯磺酸钠）能在气泡膜的内外两个液气界面上形成强而韧的吸附层，使气泡不容易破坏，起到发泡作用，可用于配制泡沫泥浆。反之，在某些情况下需要加入消泡剂（如醇类、硬脂酸铝等）。

三、钻井液添加剂

1. 密度调节剂

密度调节剂为不溶于水的惰性物质，它本身密度大，硬度低，磨损性小，经研磨加工成极细的粉末，不溶或难溶于钻井液，且不与钻井液中的其他成分发生化学反应。必要时在钻井液里添加密度调节剂，可提高钻井液的密度，以便对付高压地层。常用的增加密度添加剂有：

(1) 重晶石 密度≥4.20g/cm^3，不溶于水和有机溶剂、酸或碱，可使钻井液的密度提高到

1.8～2.0g/cm³。

（2）石灰石粉　可将钻井液密度提高到 1.5g/cm³ 左右。

（3）钛铁矿粉　钛铁矿粉优于重晶石，具有密度大，可酸化，虽然含铁，但对电测无电磁干扰，是一种有发展前途的增加密度添加剂。

（4）磁铁矿粉　可将钻井液密度提高到 2.5g/cm³ 左右。

2. 降滤失剂

2.1　纤维素类

纤维素类主要有羧甲基纤维素钠盐（高、中、低粘型），羟乙基纤维素等。

羧甲基纤维素钠盐也叫钠羧甲基纤维素，代号 CMC，是由棉花（或木屑）纤维用碱处理成碱纤维素，在空气中干燥老化后再与氯乙酸反应制得羧甲基纤维素钠盐。它是一种白色粉粒状或纤维状物质，无味、无臭、无毒，易溶于水，水溶液呈中性或弱碱性反应。羧甲基纤维素钠盐是将羧甲基（$—CH_2COOH$）通过醚键与纤维素分子结合的化合物（聚合度比纤维素低），应重视它的聚合度和取代度。

（1）聚合度　聚合度是 Na－CMC 分子的环式葡萄糖链节数。同一种产品中各分子的链长也不一样，所以聚合度也不一样。聚合度是决定其水溶液粘度的主要因素，对于同样浓度的溶液，其粘度随聚合度的增大而增大。

（2）取代度　取代度是指纤维素链节中三个羟基中的氧被钠羧甲基取代的程度。从理论上讲，三个羟基均可被取代，而实际上多数产品取代度小于 1（在 0.4～0.85 之间）。由于羧钠基亲水，因此取代度越大，Na－CMC 的水溶性越好。用作钻井液处理剂时取代度最好在 0.85 以上。

羧甲基纤维素钠盐是一种良好的降滤失剂，同时还具有一定的抗盐、抗钙和抗温能力（抗温 130～140℃），也可作为增粘度剂。

羟乙基纤维素（代号 HEC）是一种非离子纤维素，一般为白色或淡黄色纤维状或粉状固体物。无臭、无味、无毒、不易燃烧，可溶性好，是良好的降滤失剂和增稠剂。

2.2　腐殖酸类

腐殖酸不是单一的化合物，而是由分子大小不同，结构组成各异的羟基芳香羧酸组成的混合物，主要来源于褐煤和风化煤。钻进生产中常用的是煤碱剂或相近的改质产品，目前市售的腐殖酸钠、腐殖酸钾产品，加量 3% 左右可提高钻井液的分散度、降低滤失量和稀释作用，还有较好的抗盐、抗钙、抗温性能。

2.3　丙烯酸类

丙烯酸类及其衍生物是低固相不分散钻井液的主要处理剂之一。其主要原料是丙烯腈、丙烯酰胺，丙烯酸及丙烯磺酸等，经过聚合之后再引入其他官能团，便可合成出许多种分子量不同、水解度不同、基团不同以及不同盐类的一系列钻井液处理剂，以满足钻进中的各种需要。

1）水解聚丙烯腈

水解聚丙烯腈是腈伦废丝，废布等经碱水解反应后的白色粉末产物，密度 1.14～1.15g/cm³，平均分子量 12.5 万～20 万，其水解反应为：

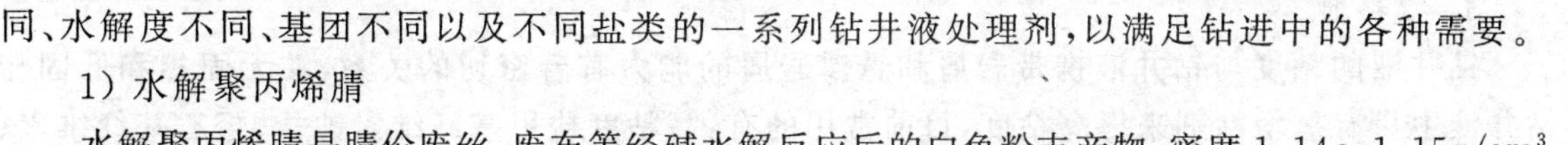

聚丙烯腈　　聚丙烯酸钠　　聚丙烯酰胺　　聚丙烯腈

腈基（$—CN$）和酰胺基（$—CONH_2$）的存在有利于该共聚物在粘土颗粒上的吸附，可与羧钠基(—COONa)的水化作用相配合。在配制水解聚丙烯腈时,可稍加一点烧碱(聚丙烯腈∶烧碱=1～2.5∶1),以保留一部分腈基和酰胺基。实践表明,聚丙烯腈完全水解时其降滤失性能有所下降。用作降滤失剂的水解聚丙烯腈,水解度为60%左右。水解聚丙烯腈除降滤失作用外,还具有好的抗温(达240～250℃)、抗盐能力,但抗钙能力较弱,且有一定的絮凝和抗菌作用。加量一般取0.2%～1%。

为了更好地发挥水解聚丙烯腈的各种效能,目前已经生产出水解聚丙烯腈钙盐,水解聚丙烯腈钠盐,水解聚丙烯腈钾盐,水解聚丙烯腈铵盐等多种产品。

2）丙烯酸衍生物多元共聚物

(1) 丙烯衍生物多元共聚物是丙烯酸,丙烯酰胺,丙烯腈,丙烯磺酸钠等多元单体共聚物,代号PAC142。主要用于淡水、海水和饱和盐水钻井液作降滤失剂,且有降粘作用及抗盐污染能力。推荐用量为0.2%～0.4%(淡水),1.0%～1.5%(盐水)。

(2) 乙烯基单体共聚物是由多种乙烯基单体及其盐类共聚而成的水溶性高分子聚合物,代号PAC143。它作为水基钻井液的降滤失剂,兼有增粘作用,有较好的胶体稳定性和耐高温性能,并且有抑制泥页岩分散的能力和较好的剪切稀释特性,适用于淡水、海水和饱和盐水钻井液体系。推荐用量0.2%～0.5%(淡水),0.5%～2%(海水)。

(3) 共聚型聚合物降滤失剂是多种丙烯衍生物与腐殖酸的接枝共聚物,代号PAC144。主要用作水基钻井液的降滤失剂,且抗盐、抗钙能力强,抗温能力为180℃,具有一定的防塌作用。

3）丙烯酸盐SK系列

丙烯酸盐SK系列为丙烯酸盐的多元共聚物,主要用于水基钻井液作降滤失剂。SK-1可配合$CaCl_2$、NaCl等无机盐加重,作为无固相钻井液及低固相钻井液的降滤失剂,兼有增粘作用。SK-2是不增粘的降滤失剂,且具有较高的抗盐、抗钙能力。SK-3作为聚合物钻井液受无机盐污染后的降粘剂,可改善钻井液高温分散的稳定性,降低高温高压滤失量。

2.4　树脂类

此类产品是以酚醛树脂为主体,经过磺化或引入其他官能团或与其他聚合物进行共聚或接枝而成,用于降滤失的产品主要有:

(1) 磺甲基酚醛树脂　代号SMP,Ⅰ型用于矿化度≤100g/L的水基钻井液,Ⅱ型可抗盐至饱和。是抗高温、抗盐的超深井钻井液降滤失剂,并兼有防塌性能,其加量为1%～3%。

(2) 磺化木质素磺甲基酚醛树脂　代号SLSP,是一种抗盐、抗钙、耐高温(达200℃)的降滤失剂,加量为3%～5%。

(3) 磺化褐煤磺化酚醛树脂共聚物　代号SCSP,主要用作水基钻井液抗高温降滤失剂,且有一定的抗盐、抗钙、防塌能力。

3. **增粘剂**

钻井液的粘度与钻井液携带岩屑和悬浮岩屑的能力有着密切的关系,在无固相和低固相钻井液中只有靠增粘剂来提高粘度,目前常用的有:高粘度羧甲基纤维素钠盐、羟乙基纤维素、生物聚合物(代号XC)、复合离子型聚丙烯酸盐(代号PAC141)、磺化聚丙烯酰胺(代号SPAM)、改性石棉(代号HN-1)等。

4. **降粘剂**

降粘剂也叫稀释剂、分散剂、解絮凝剂等,种类很多。

4.1　单宁酸类

单宁酸又称鞣酸或鞣质,它是一大类多元酚的衍生物,属于弱有机酸,主要用作钻井液的降粘剂，也兼有一定的降滤失作用。生产中常用的品种有：单宁酸钠（代号 NaT）、栲胶碱液、磺甲基五倍子单宁酸钠（代号 SMT）、磺甲基橡碗单宁酸钠（代号 SMK）、磺化改性胶酸等。

4.2　铁铬木质素磺酸盐

铁铬木质素磺酸盐简称铁铬盐，是用硫酸、硫酸亚铁及重铬酸钠等对亚硫酸盐酒精废液进行处理所得的产品。它抗盐、抗钙、抗温能力强（达 170～180℃），与粘土吸附后能拆散泥浆网状结构，起良好的降粘、降切力稀释作用，也有降滤失作用。同时具有抑制粘土岩的水化膨胀、稳定孔壁和一定的乳化作用。使用时其 pH 值应在 9～10 之间，加量为 0.1%～1%（淡水），5%（盐水）。

4.3　低聚物降粘剂

低聚物降粘剂是聚丙烯酸和丙烯磺酸的钠盐，代号 X-B40。主要用作不分散聚合物钻井液的降粘剂，兼有降滤失作用，能改善泥饼质量和抗钙能力。

4.4　共聚型聚合物

共聚型聚合物是聚丙烯磺酸盐与聚磺腐殖酸的接枝共聚物，代号 PAC145。具有降粘、降滤失作用，有较好的抗盐、抗钙能力。

4.5　高温降粘剂

高温降粘剂由橡碗栲胶、氢氧化钠、亚硫酸铁、甲醛等组成，是淡水钻井液良好的降粘剂，抗温达 180℃，加量为 0.5%～2%。

5.　絮凝剂

通过吸附、交联等作用，把钻井液中细小的粘土颗粒联结成粗颗粒和絮状团块，加速粘土颗粒下沉以除去固相颗粒的作用称为絮凝作用。凡是能起絮凝作用的处理剂统称为絮凝剂。无机絮凝剂主要通过高价阳离子使粘土颗粒水化膜变薄，斥力减小达到絮凝。有机絮凝剂是高分子化合物，其分子链长，能溶于水，并能在粘土颗粒之间"架桥"，使粘土颗粒聚结变大变粗，从而起到絮凝作用。

絮凝剂分为完全絮凝和选择性絮凝两类。如果聚合物使钻井液中所有的固相颗粒都发生絮凝沉淀，这种聚合物称为完全絮凝剂。要想部分絮凝，只有通过调节絮凝剂的浓度来实现。选择性絮凝剂是只能絮凝无用固相颗粒（钻屑、劣质粘土和粉砂）的聚合物，对膨润土则无絮凝作用。

5.1　聚丙烯酰胺

聚丙烯酰胺是由许多丙烯酰单体经过聚合反应合成的长链大分子聚合物（代号 PAM），主要用作絮凝剂，并兼有改善钻井液流变性能，减少摩阻和防塌等效能。其反应式为：

$$\underset{\text{丙烯酰胺}}{n\cdot \underset{\displaystyle \mathrm{CONH_2}}{\mathrm{CH_2{-}CH_2{-}}}} \longrightarrow \underset{\text{聚丙烯酰胺}}{[\underset{\displaystyle \mathrm{CONH_2}}{\mathrm{{-}CH_2{-}CH{-}}}]_n}$$

其中：n——链节数，又称聚合度。每个丙烯酰胺的链节分子量为 71，所以聚丙烯酰胺的分子量为 $71n$，一般为几万至几千万不等。

5.2　水解聚丙烯酰胺

水解聚丙烯酰胺是 PAM 在一定温度下与一定量的 NaOH 溶液进行水解反应的产物（代号 PHP 或 HPAM），其反应式为：

$$\underset{\text{聚丙烯酰胺}}{\left[\begin{matrix}\mathrm{{-}CH_2{-}CH{-}}\\ \mathrm{CONH_2}\end{matrix}\right]_n} + a\,\mathrm{NaOH} \longrightarrow \underset{\text{水解聚丙烯酰胺}}{\left[\begin{matrix}\mathrm{{-}CH_2{-}CH{-}}\\ \mathrm{CONH_2}\end{matrix}\right]_n \left[\begin{matrix}\mathrm{{-}CH_2{-}CH{-}}\\ \mathrm{COONa}\end{matrix}\right]_y} + b\,\mathrm{NH_3}\uparrow$$

水解产物是聚丙烯酸钠和聚丙烯酰胺的共聚物，水解度越大，表示聚丙烯酸钠含量越大，水溶性也越好。

PHP 有粉状和胶状两种，水解度一般为 5%～30%，主要用作不分散低固相水基钻井液的絮凝剂，并兼有改善钻井液流变性能、降低摩阻等效能，水解度 30%时，选择性絮凝效果最好。

5.3 丙烯酰胺与丙烯酸钠共聚物

丙烯酰胺与丙烯酸钠共聚物是由丙烯酰胺与丙烯酸钠共聚而成的，代号 80A－51。它分子量为 400 万，是水基钻井液的絮凝剂，兼有增粘、改善流变性能、抑制地层造浆和防塌等效能。

5.4 醋酸乙烯-顺丁烯二酸酐共聚物

醋酸乙烯酯-顺丁烯二酸酐共聚物是由醋酸乙烯酯和顺丁烯二酸酐共聚而成的聚合物，代号 MV，是一种优良的选择性絮凝剂。

6. 乳化剂

一种液体呈微小液滴的形式分散在另一种互不相溶的液体中所形成的分散体系称为乳状液，能形成乳状液的作用称为乳化作用。常用的乳化剂有：平平加、斯盘－80、OP 系列、渗透剂 T、烷基苯醋酸钠和硬脂酸等。

7. 页岩抑制剂

凡是能够阻止页岩岩屑或井壁岩层破裂和水化膨胀的处理剂，统称为页岩抑制剂。常用的页岩抑制剂有：氧化沥青粉（代号 AL）、磺化沥青钠盐（代号 SAS－1）、水分散沥青（代号 SR－401）、腐殖酸钾（代号 KHm）、硝基腐殖酸钾、腐殖酸铁钾和防塌剂 K21、K23 等。

8. 润滑剂

润滑剂以它的吸附基吸附于金属和粘土颗粒的表面上，以其水化基进行水化，使粘土颗粒和金属表面形成一层流体润滑膜，降低钻具和井壁泥饼之间、粘土颗粒之间的摩擦力，提高钻井液和泥饼的润滑性，从而降低扭矩和阻力，有利于提高钻速和防止粘附卡钻。

常用的润滑剂有：直链油脂润滑消刨剂（代号 XH－1）、RT－441 润滑剂、RT－443 润滑剂、FK－1 防卡润滑剂、RH－2 润滑剂、RH－4 防钻头泥包剂、妥尔油沥青磺酸钠（代号 STOP）、磺化妥尔油（代号 ST）、塑料球润滑剂（代号 HZN－102）、石墨粉、松香酸钠、癸脂酸钠、十二烷基苯磺酸三乙醇胺、磺化油脚、无荧光液体防卡剂（代号 RH8501）等。

9. 发泡、稳泡和消泡剂

常用的发泡剂有：松油、松油醇、松节油、松针油、樟油、醇类发泡剂、醚醇类发泡剂、醚类发泡剂、蛋白质类发泡剂、阴离子表面活性剂、非离子表面活性剂和有机酸脂等。

常用的稳泡剂有：高聚物及高分子化合物、醇类等。

常用的消泡剂有：甘油聚醚、硬酯酸铝、硬脂酸铅、泡敌等。

除了上述各种钻井液处理剂外，其他常用的无机或有机处理剂还有烧碱（NaOH）、纯碱（Na_2CO_3）、工业碳酸氢钠（$NaHCO_3$）、重铬酸钾（$K_2Cr_2O_7$）、氢氧化钾（KOH）、碳酸钾（K_2CO_3）等。

§5 钻井液的类型

一、水基钻井液

1. 细分散钻井液体系

1.1 细分散钻井液的组成及特点

由淡水、粘土和常用降粘剂、降滤失剂、pH 调节剂等组成的钻井液，叫细分散钻井液，也叫淡水钻井液。是钻进工程中使用最早，应用最广泛的钻井液。

用纯碱或烧碱处理的泥浆便是最简单的细分散钻井液，在多数情况下，都是采用自然造浆的办法。所谓自然造浆，就是钻井时直接将清水泵入孔内，清水和被钻下来的地层粘土相混合而在孔内自然形成细分散钻井液。这种方法是钻地表层最简便的方法，较少进行化学处理。但是它仅限于在所钻地层含有造浆性能良好的粘土并有淡水水源的条件下使用。

如果用钙膨润土造浆，采用纯碱处理，根据胶体化学中的双电层理论，当吸附的阳离子由 Ca^{++} 变为 Na^{+} 后，可使扩散层变宽，水化后膜变厚，有利于粘土在水中的分散和稳定，从而使泥浆的滤失量降低，完全可以满足岩心钻探一般地层钻进的要求。但如果钙膨润土不加纯碱处理，则不能分散。此时，泥浆的稳定性差，滤失量高，不能使用。如果配浆用水硬度较高时，因为有一部分纯碱被用来软化水质，故纯碱用量也要增加。一般用量为粘土质量的6%左右。如果用非膨润土造浆，有时要用烧碱处理才能得到很满意的效果，一般烧碱加量相当于粘土用量的0.5%。

细分散钻井液的特点是：通过粘土在水中的高度分散来获得钻井液所需要的流变性能。细分散钻井液的这种组成和特点就决定了它的性能不稳定，容易受粘土、泥沙和可溶性盐类的侵污。

1.2 细分散钻井液的污染及其处理

在钻进过程中，淡水细分散钻井液容易受盐、钙和粘土侵污的影响而质量变坏，这种现象称为钻井液的污染。

(1) 粘土污染 钻进粘土质造浆地层时，由于粘土颗粒不断进入钻井液中，使钻井液粘度上升，严重时达到流不动的状态。因此，钻进造浆性岩层时，最好采用钙处理泥浆、聚丙烯酰胺泥浆或盐水泥浆，同时配合除砂、除泥措施。处理粘土污染的主要方法是使用大量的清水稀释或改换泥浆类型。

(2) 钙污染 钻水泥塞或石膏层时，由于 $Ca(OH)_2$ 或 $CaSO_4$ 能电离出钙离子，使钻井液中钙离子大增。于是，钙离子置换粘土颗粒表面的钠离子，压缩双电层，使粘土颗粒水化膜变薄。特别是粘土颗粒边角部分水膜变薄时，钻井液中易形成网状结构，使钻井液的粘度、切力和滤失量大大增加，从而引起粘土层析水聚沉。为了处理钙污染，可以采用纯碱降钙，用稀释剂降粘度和切力，用 Na－CMC 降低滤失量，或者同时加入烧碱使之转化为钙处理钻井液，进行钻进。

水泥侵和石膏侵同属钙污染，但它们之间有不同之处。水泥侵时，由于向钻井液中提供的不仅是钙离子，还会增加氢氧离子，使钻井液的 pH 值升高，水泥污染后钻井液的性能变为：滤失量增大，泥饼增厚，而且松散，粘度、切力增大，pH 值升高。水泥污染一般是钻大段水泥塞所引起的，是预先知道的。因此，一般在钻水泥塞前要进行钻水泥塞的试验工作，以确定如何处理。处理方法都是加纯碱和低碱比的单宁酸钠。纯碱的作用是沉淀去除钙离子，低碱比单宁酸钠的作用是和氢氧化钠结合成适宜碱度的单宁酸钠，以改善钻井液的性能。当然也可用清水钻水泥塞，然后废弃返出钻井液。

石膏污染后不仅使钻井液的粘度、切力和滤失量升高，而且 pH 值降低。可以采取纯碱配合烧碱的方法处理，也可使用高碱比的混合剂处理，高碱比混合剂是由褐煤、烧碱、单宁酸、纯碱和水组成的，它们的配合比为 5：3～4：1：2：50。

(3) 盐污染 在钻进岩盐层时，由于提供了大量的钠离子(Na^{+})和氯离子(Cl^{-})，也会起压缩双电层的作用，使钻井液的粘度、切力和滤失量增加，通常采用降粘剂和降滤失剂处理，或用盐水钻井液进行钻进。

除上述常见的三种污染外，还有砂污染、水污染、石油钻中的油、气污染等情况。

2. 粗分散钻井液

粗分散钻井液又叫抑制性钻井液。所谓抑制性就是能够通过某些絮凝剂和降粘剂的物理-化学作用来减缓甚至抑制粘土、岩屑的水化与分散。形成抑制性钻井液的方法有两种：① 添加各种适当的无机电解质；② 加入足够量的某种有选择性的降粘剂以减缓水化。

粗分散钻井液有许多特点，它能使高度分散的粘土颗粒变粗，成为适度絮凝的粗分散体系，既能满足对滤失量的要求，又具有较低的粘度、切力。尽管颗粒较粗，却有良好的流动性，并且能抗各种盐类的污染，有利于防塌和防止盐岩溶解而扩径的现象，使孔壁稳定。

2.1 钙处理钻井液

钙处理钻井液中除加入钙盐（石灰、石膏或氯化钙提供钙离子）外，还加入有机护胶剂（稀释分散剂）。一方面使粘土颗粒适度絮凝为较粗颗粒；另一方面使之分散而不形成网状结构。

钙处理钻井液与细分散钻井液相比有如下优点：① 容易在高密度情况下维持较低的粘度、切力，流动性好，有利于提高钻速；② 稳定性高，具有抗粘土和钙污染的能力，同时抗温性能强，对油层渗透率损害较小；③ 滤失量小，可抑制泥页岩水化膨胀，泥饼坚韧光滑，有利于固壁，防止地层坍塌；④ 由于抑制造浆，减少稀释用水量，可以降低处理剂和原材料的消耗，从而降低钻井液成本。

这种钻井液的机理如图 9-7 所示，钙处理钻井液需要的状态是(c)或(d)，而石灰乳增粘钻井液是状态(b)，若不加有机分散剂时，会絮凝成状态(e)。

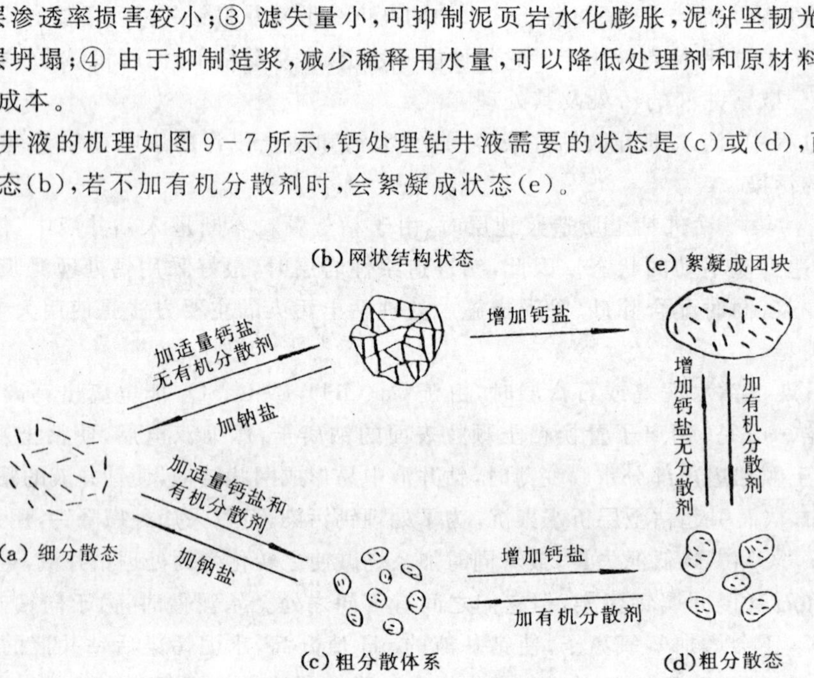

图 9-7 钙处理泥浆的机理

最常用的钙处理钻井液是石灰钻井液、石膏钻井液和氯化钙钻井液，它们所提供的钙离子数量是不相同的。

(1) 石灰钻井液　石灰钻井液用石灰作絮凝剂，用单宁酸钠或铁铬木质素磺酸盐作降粘剂，滤液中 Ca^{2+} 含量一般为 0.0075%～0.02%，目前已经研究成功的石灰钻井液有三种：① 低石灰、低 pH 值石灰钻井液；② 一般石灰钻井液；③ 高石灰、高 pH 值钻井液。当遇有污染或钻进造浆地层不宜用加重钻井液时，经常用高石灰钻井液和一般石灰钻井液。而高石灰钻井液和一般石灰钻井液在高温时会发生固化，钻井液急剧变稠，失去流动性，这时宜采用低石灰钻井液。

简单的石灰钻井液的配方是：石灰加量为钻井液体积的 0.3%～0.5%，栲酸碱液（2：1，

1/5)为 0.5%～15%，烧碱液(浓度 20%)加量为调节钻井液 pH 值达 11 左右为止，Na－CMC 为 0～0.1%。

(2) 石膏钻井液　石膏钻井液以石膏和少量氯化钙作为絮凝剂，分别用铁铬木质素磺酸盐和 Na－CMC 作降粘剂和降滤失剂，其 pH 值的正常范围为 9.5～10.5，滤液中的 Ca^{2+} 含量约为 0.06%～0.12%。石膏钻井液在抗高温、抗盐污染、抗石膏污染及对付泥页岩坍塌和保持油层渗透层渗透率方面都比石灰钻井液优越。可以用来钻进情况复杂的页岩地层，尤其是大段硬石膏地层。但由于石膏比石灰溶解度大，滤液中的 Ca^{2+} 含量高，钻井液的絮凝程度较大，所以在处理时，需要大量的降粘剂或高效降粘剂，并配合一定的降滤失剂，才能使钻井液的性能稳定。

配制时，首先在低 pH 值淡水钻井液中加水，所需水量可根据实验确定。然后加烧碱、铁铬木质素磺酸盐和石膏，最后再加降滤失剂。维护时，每班用烧碱，木质素硅酸钙、石膏和降滤失剂来调节钻井液性能。

(3) 氯化钙钻井液　氯化钙钻井液以氯化钙作絮凝剂，用铁铬木质素磺酸作降粘剂和降滤失剂，以石灰调节 pH 值(保持在 9～10 之间)，且保持 Ca^{2+} 含量在 0.05%以上。由于氯化钙溶解度大，可以配制含钙量高的钻井液。近年来，氯化钙钻井液，多用于易卡钻、易坍塌的泥页岩地层。

钙处理钻井液的不足之处在于有高温固化效应，而且配制、维护比较复杂。所以近年来有逐渐被铬木质素钻井液取代的趋势。

2.2　盐水钻井液

钻井液中含盐量大于 1%时，称为盐水钻井液，含盐量达到饱和状态(含盐 35%左右)时，称为饱和盐水钻井液。钻井液中 Na^{+} 浓度大幅度增加，会挤压颗粒双电层，使其电动电势 ζ 下降，水化膜变薄，粘土絮凝成一定程度的大颗粒，由细分散体系转变为不稳定的粗分散体系。在钻井液中加入一定的降粘剂和降滤失剂，它们吸附在粘土颗粒周围，形成稳定的粗分散体系。盐水钻井液具有抗盐污染，抑制泥页岩水化防止坍塌，流动性好，稳定性高，悬浮能力强等优点。

(1) 一般盐水钻井液　含盐量在 10 000mg/L 以上直至饱和的水基钻井液都属于一般盐水钻井液。这种钻井液的形成有几种可能：地面加盐配制，高压盐水层侵入或用盐碱加水配制。含盐量的多少对于护胶和降粘具有不同的影响，含盐量越低，降粘的问题越突出；含盐量越高，护胶的问题越重要。处理这种钻井液的降粘剂以铁铬木质素磺酸盐为最好，单宁酸钠、栲酸碱液和磺甲基褐煤等也有一定的效果。

(2) 饱和盐水钻井液　含盐量达到饱和状态的钻井液除具有性能稳定、抗污染和抗温能力强外，其最突出的优点是防止可溶性盐类地层溶解。因此一般用于岩盐层或含盐量高的地区。钻进盐层时，可以先使用淡水钻井液，让盐在钻进过程中逐渐溶解在钻井液中，直至钻井液中含盐量达到饱和，再用降粘剂和降滤失剂调整性能。也可将循环的钻井液加盐处理，并调整性能转化为饱和盐水钻井液。

3. 不分散低固相钻井液

不分散低固相钻井液是用高分子聚合物处理低粘土含量原浆的产物。“不分散”是指高聚物絮凝剂能将泥浆中钻屑和劣质粘土絮凝成团，不分散于钻井液中；“低固相”是指包括粘土和钻屑的固相含量少。因为它固相含量低、密度小、性能优良，也称“优质轻泥浆”。

3.1　不分散低固相钻井液的优点

(1) 钻井液密度低，固相含量少，有利于发现油气层，不易压死和堵死油层，同时可提高钻速；

(2) 润滑性能好，可以减轻钻具及设备磨损，并减少卡钻事故；

(3) 由于剪切稀释能力强,携带岩屑能力强,抑制性好,使得孔径规则,孔内事故少;

(4) 粘度低,流动性好,钻头有可能获得较大的水力功率,有利于破碎岩石和清洗孔底;

(5) 对泥页岩和粘土不起分散作用,可以保持孔壁稳定,并且可以防止粘土污染;

(6) 减轻了农田和环境的污染,改善了钻井液管理人员的劳动强度。

3.2 不分散低固相钻井液的组成和性能指标

不分散低固相钻井液一般由淡水、膨润土和选择性絮凝剂组成(用选择性絮凝剂来提高膨润土原浆的粘度、动切力,并降低滤失量)。只在某些特殊情况下才加入一些降滤失剂,但尽量不要使用分散剂。因为分散剂不仅削弱聚合物絮凝岩屑(劣质粘土)的能力,还能使钻井液中亚微米颗粒含量增多,降低动/塑比值和剪切稀释能力,从而降低钻速。因为分散剂的作用是使钻井液能够容纳更多的岩屑,而不能清除岩屑。不分散低固相钻井液的性能指标应满足:

(1) 钻井液中总固相含量应维持在4%(体积)以下;

(2) 岩屑和膨润土的比例应不超过2:1;

(3) 动/塑比值($\tau_0/\eta_{塑}$)应为0.36~0.48(τ_0单位为Pa,$\eta_{塑}$单位为mPa·s);

(4) 动切力τ_0保持在1.5~2.9Pa能有效地携带岩屑,若超过2.9Pa不仅不能提高携带岩屑能力,而且不能发挥钻头水力因素来提高钻速,同时易产生压力激动,对在地面清除岩屑也不利;

(5) 滤失量应从孔壁稳定和钻速考虑;

(6) pH值应控制在7~8.5之间。

3.3 不分散低固相钻井液的工作原理

1) 有机高聚物的絮凝原理

前面讲述聚丙烯酰胺时已提到絮凝作用,由于高分子链节上吸附粘土颗粒,并通过“桥联”作用联结起来(图9-8),最后絮凝成团并沉淀。分子量越大的高聚物,絮凝作用越明显。絮凝作用可分为全絮凝和选择性絮凝。选择性絮凝又可分为增强型和非增强型,如图9-9所示。

2) 不分散低固相钻井液工作原理

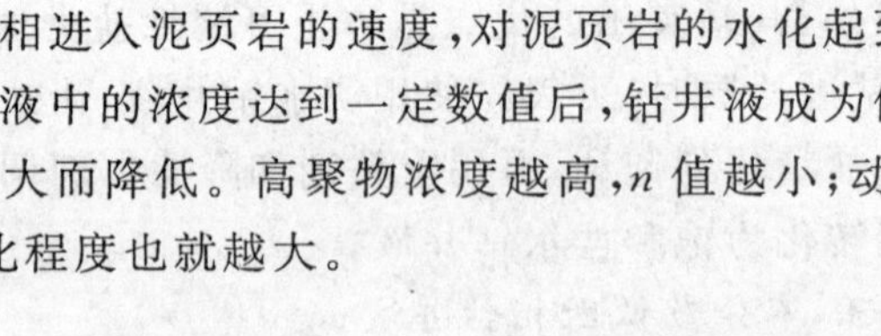

图9-8 高聚物絮凝原理示意图

如前所述,不分散低固相钻井液具有絮凝作用和很好的防塌作用。防塌的原理是:长链聚合物在泥页岩表面上发生多点吸附后贴附在孔壁的微裂缝上,可以阻止泥页岩的剥落,同时HPAM或PAM的浓度较高时,在泥页岩孔壁表面上形成较致密的吸附膜,可以降低液相进入泥页岩的速度,对泥页岩的水化起到一定的抑制作用。再者,水溶性长链高聚物在钻井液中的浓度达到一定数值后,钻井液成为假塑性流体,在层流时的表观粘度随着剪切速率的增大而降低。高聚物浓度越高,n值越小;动/塑比值越大,剪切稀释能力越强,流速剖面的平板化程度也就越大。

3) 不分散低固相钻井液的配制

由于各种处理剂的分子量、官能团和结构的不同,它们在钻井液中所起的作用也不同,所以必须了解各种处理剂的性能特点,取长补短,进行合理搭配。例如,作为降滤失剂,要求其分子量小一些,一般分子量在5万~20万左右,同时要具有水化能力较强的阴离子官能团。而作为降粘剂,则要求比降滤失剂分子量更小一些,同时要具有更多的水化基团。如作为流型改进剂时,则要求分子量较大,同时具有吸附性较强的非离子官能团,或一定数量的阳离子官能团。当使用高矿化度水配制钻井液时,则应选用含有磺酸基团和非离子基团极性较强的处理剂,而

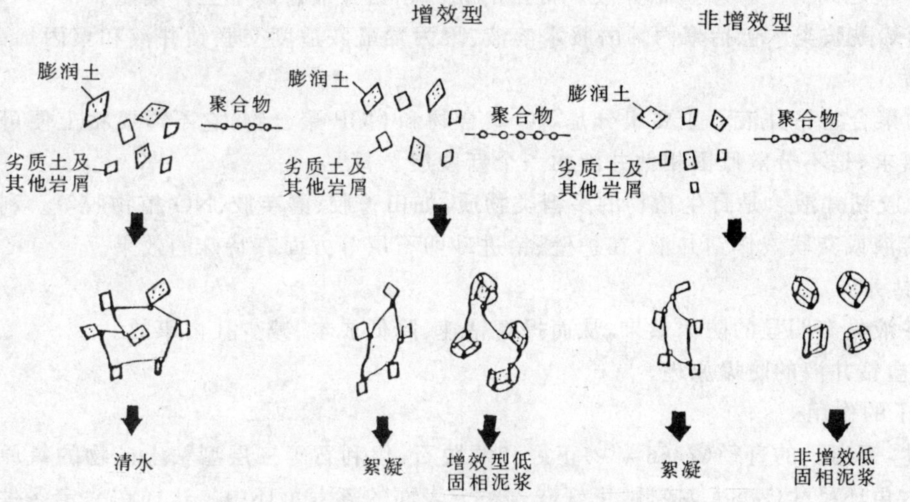

图 9-9　絮凝过程示意图

尽量不用含有羧基的处理剂。当钻井液处于高温时，则应选用带有苯乙烯和适当烷基链的乙烯基单体，而不用醚链胶结的聚合物。

为了适应各种不同的钻进条件，经过多年的实践和总结，已经形成了不少的配方：例如，PHPM＋Ca－HPAN＋HPAN；PHPM＋HMP_{21}＋HPAN；KPAH＋KPAN 等。

配浆时膨润土要预水化。如用钙膨润土，则应加纯碱预水化一天以上，使之完全转为钠膨润土并水化。使用硬水造浆时，应采用纯碱或碳酸钡来降低水的硬度，使钙离子含量低于 0.015％。

4）不分散低固相钻井液的维护与管理

（1）钻井液中不要加入有机分散剂，以避免抵消絮凝作用，使钻井液密度上升。降滤失的有机处理剂可用非分散性的 HPAM 或 HPAN。

（2）如岩粉中存在膨润土成分，使钻井液密度增加时，可加水稀释，加入钙盐来絮凝或加入 PAM 来处理，以减少钻井液中的膨润土含量。

（3）要配合机械除砂、除泥装置，把絮凝颗粒从钻井液中除去。

（4）补加絮凝剂时，要在钻井液出孔口处慢慢加入，且不要过量。

（5）在有效携带岩屑的前提下，应尽可能降低钻井液的动切力、表观粘度和静切力，以便保持低固相、低密度、净化好，从而提高钻速。

（6）要向钻井液中补充膨润土时，不能依靠增加膨润土含量来调整岩屑与膨润土的比值（2：1），而是要先除去泥浆中的劣质土及岩屑。

4. 无固相钻井液

无固相钻井液广泛应用于碳酸盐岩类中，它有助于提高钻速和钻头寿命。简单说来，无固相或超低固相体系，就是改良的清水或盐水。主要是在清水或盐水中添加聚合物，使岩屑在水中不分散，这样几乎全部岩屑可以在地表清除掉。无固相体系的原始组成中不包含膨润土或其他粘土，在钻进过程中（即使在造浆地层中钻进）不产生岩屑积累，始终保持钻井液体系中基本无固相，就能保持清水钻进的高钻速。此外聚合物还能显著改善清水或盐水的防塌能力和流变性，在某种程度上克服了清水或盐水的缺点，扩大了使用范围。可以认为它是介于清水和不分散低固相钻井液之间的一种新型钻井液。常用的无固相钻井液有以下三种类型。

(1) 聚丙烯酰胺类　包括聚丙烯酰胺水溶液、聚丙烯酰胺适度交联钻井液和聚丙烯酰胺-氯化钾钻井液。

(2) 生物聚合物钻井液　主要组分是XC聚合物和OCP聚合物,它不需要粘土便可满足钻进工艺的要求,是不分散低固相钻井液的一个新发展。

(3) 植物胶钻井液　是野生植物的多糖类物质,如田菁胶、蘑芋胶、NG植物胶等。利用它们配制的水溶液或交联液作钻井液,在护壁、钻进砂卵石层等方面有特殊的效果。

5. 钾盐钻井液

钾盐钻井液具有明显的防塌效果,从而提高钻速、降低成本、减少孔内事故。

5.1　钾盐钻井液的防塌原理

1) 钾离子的作用

如前所述,钾离子的直径(2.66Å①)正好和蒙脱石、伊利石等三层型粘土矿物的氧原子层中形成的正六角环尺寸(2.8Å)接近,正好嵌入粘土表面的氧六角环中。这样在一定条件下就使粘土变成了钾粘土,加之钾离子比其他交换阳离子有更强的吸附能力,所以它极易把粘土表面的其他阳离子置换下来而吸附在粘土表面上。钾盐对泥页岩的作用可归纳为:

(1) 钾离子吸附能力强,但水化差,吸附在粘土表面后嵌入粘土晶格,因而它比其他吸附阳离子更为靠近粘土负电荷中心,降低了粘土的负电位,削弱了粘土吸附阳离子和水化的能力,而K^+本身又是水化很差的离子,这样就会使粘土脱水并不再吸水,可以有力地抑制粘土水化。

(2) 钾离子嵌入粘土晶格,增强了晶层间的联结力,使粘土不易膨胀和分散。

(3) 钾离子嵌入粘土晶格,使粘土层面形成封闭结构,防止粘土表面水化。

2) 聚合物和钾褐煤的作用

钾盐钻井液中的聚合物是絮凝剂而不是分散剂,聚合物吸附在粘土表面上,包住粘土颗粒,从而起到封闭隔水作用,抑制粘土的水化。钾褐煤除上述作用外,还可提供钾离子,使泥浆致密坚韧,并可降低钻井液的滤失量,从而起到保持泥页岩防止坍塌的作用。

5.2　钾盐钻井液的类型

(1) KCl-聚合物钻井液　KCl-聚合物钻井液用KCl提供K^+以抑制页岩水化,用聚合物和预水化膨润土作增粘剂,使钻井液具有一定的粘度、切力,以携带和悬浮岩屑。可以用XC生物聚合物、高分子量水解聚丙烯酰胺、改性淀粉等高分子聚合物和聚合物絮凝剂与KCl一起配制钾盐钻井液。在这种类型的钾盐钻井液中,应加入一定数量的预水化膨润土,以便控制和调整钻井液的粘度、切力和滤失量;用淀粉和CMC控制滤失量;用少量的铁铬木质素磺酸盐使泥饼致密坚韧,或必要时用来降低粘度、切力;使用KOH控制pH值,而不使用NaOH。

(2) 腐殖酸钾钻井液　腐殖酸钾钻井液的抗温能力在200℃以上,比KCl-聚合物钾盐钻井液具有更强的抗粘土侵、抑制页岩吸水的能力。而且可以有效地调整粘度、切力和滤失量等性能。因此,具有更高的防塌效果和更广的适应范围。腐殖酸钾的作用:① 提供钾离子;② 吸附在页岩表面上,起密封隔水作用,削弱页岩的表面水化;③ 降低滤失量,避免滤液进入泥页岩裂缝。

使用钾盐钻井液时,必须保持有足够的K^+含量,一般不少于钻井液中KCl质量的3%;必

① 1Å=0.1nm。

须使用预水化膨润土；尽量不使用分散剂来调节钻井液性能；另外还应注意固相控制和消泡。

6. 混油钻井液

这是一种水包油型乳化钻井液。在水基钻井液中加入一定量的油品（原油、柴油或机油），配以必要的稳定剂，经机械作用后便生成了这种钻井液。它具有性能稳定、滤失量低、泥饼薄而坚韧，有利于孔壁稳定、流动性好、利于大排量钻进、可提高钻速、对钻具有润滑作用、利于保护油气层等特点。混油量一般为10%～20%。

7. 泡沫钻井液

这是一种轻密度（一般0.7g/cm^{3}左右）钻井液，能减轻或解决钻孔漏失问题，有利于钻进低压油层。泡沫钻井液配制时，先用搅拌机将泥浆搅拌好，使之粘度达到25s以上，然后加入发泡剂（例如OP－7、OP－10、十二醇硫酸钠等）和稳泡剂（例如月桂酰二乙醇胺），再搅拌15～20min即可。

8. 抗高温水基钻井液

地热井和深孔中存在着的高温会促进粘土颗粒分散，使处理剂降解，发生交联作用，使钻井液的粘度、切力和滤失量等性能完全遭到破坏。所以，应选择高温水基钻井液来对付这类情况。高温水基钻井液首先要选用合适的粘土种类和加量（如海泡石、凹凸棒石）；其次要使用抗高温处理剂。要求抗高温处理剂的高温稳定性好，对粘土颗粒有较强的吸附能力，受温度影响小，有较强的水化基团，使处理剂在高温下有良好的亲水性能，有抑制粘土高温分散的能力，在pH值较低时（7～10）也能充分发挥效力，利于控制高温分散，防止高温胶凝和高温固化。

常用的抗高温钻井液有：SMC－膨润土低固相钻井液（可达250℃）、含铬钻井液体系（可达235℃）、三磺钻井液（可达180～200℃）、聚磺钻井液体系（可达180℃）、铁铬盐-CMC体系（可达150℃左右）、磺化褐煤-磺甲基酚醛树脂型盐水钻井液（可达220℃）等。

二、油基钻井液

油基钻井液主要用在石油钻井中。它一般以柴油为分散介质，以氧化沥青（普通油基钻井液）、水（油包水乳化钻井液）、粘土或石灰石粉等作分散相，以硬脂酸钠皂、妥尔油皂、环烷酸皂或表面活性剂等作为乳化剂，再配合降滤失剂、稳定剂等组成的钻井液。具有防塌，抗温，不受盐、钙等污染，润滑性能好，有利于防止卡钻等特点，但配制成本高，配制工艺较严格。

三、阳离子聚合物钻井液

阳离子聚合物钻井液是近年来发展的一种新型钻井液，具有成本低、钻速快等特点，在淡水、硬水、盐水中均可使用。这种钻井液是为了稳定粘土、防止粘土水化和运移而设计的。由于阳离子聚合物能包住岩屑，防止其分散，因而保持了岩屑的稳定。这种聚合物可中和（减少）粘土表面的负电荷，因而降低了粘土的水化和运移。聚合物的这些性能有效地增加了孔壁的稳定性。有关资料表明，阳离子聚合物稳定粘土的能力远远超过了无机盐类（如钙盐、钾盐）和一些有机聚合物类（如聚丙烯酸盐类等）。同时，它具有加量少（仅千分之几），效能高（可长期稳定粘土），适用于各种地层（蒙脱土、伊利土、高岭土）、各种溶液（酸性、中性、碱性），配制简单，成本低等优点。

目前主要使用的阳离子处理剂是有机聚季铵盐类，其稳定粘土的效果最好。其他类型的粘土稳定剂有：树脂类、有机硅类、非离子乙烯吡咯烷酮和阳离子乙烯醚聚合物等。

四、乳状钻井液

为了适应小口径金刚石钻进开高转速，对钻井液的润滑性提出了高的要求。我国解决这一问题用得最多的方法是采用乳状钻井液，其次是采用表面活性剂水溶液。

1. *表面活性剂*

表面活性剂是指那些加量很少就能大大地降低表面张力的化合物。表面活性剂最显著的特性是具有亲水端和亲油端的两亲结构。其分子基本上呈线状，亲油端为一定长度（8～20个碳原子）的碳链（即分有碳环），亲水端是一些能电离或不能电离的极性基。图9-10是阴离子活性剂烷基磺酸钠和非离子活性剂聚乙烯烷基醇醚分子在水中的状况。

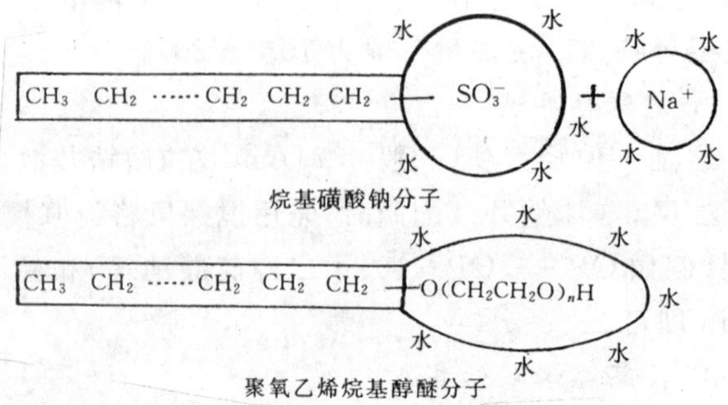

图 9-10　表面活性剂分子在水中的状况

亲油基（又叫憎水基）能与油或空气相连接，而亲水基能与水分子相连接。根据亲水基的不同，表面活性剂可分阳离子型、阴离子型及两性表面活性剂，以及非离子型表面活性剂。

1.1　阴离子型表面活性剂

阴离子型表面活性剂是表面活性剂分子的新水基电离出阳离子后，以阴离子和活性剂的碳链亲油基R相连接的一种活性剂（图9-10）。烷基磺酸钠分子的亲水基是磺酸钠，在水中可电离出钠（阳）离子，剩下磺酸基SO_3^-与碳链R相连接。

阴离子表面活性剂是应用最广泛的一种活性剂，它有乳化、发泡等作用。由于它只含一个官能团，因此不易与粘土颗粒相吸附，不能作为粘土的分散剂和稳定剂。它具有耐碱性，能在pH值较高条件下工作（但pH值太高时，会影响润滑性），它在水中的溶解度是随温度上升而增加的。缺点是它易受阳离子影响而减效（被沉淀、络合等）。

阴离子表面活性剂可分为羧酸盐、硫酸盐和磷酸盐三种类型。属于羧酸盐的有羧酸钠、羧酸钙、羧酸镁等的盐类，如油酸钠、松香酸钠、环烷酸钠皂、皂化蓖麻油等，它们主要起乳化、减摩润滑等作用。属于硫酸盐的有脂肪醇硫酸钠、硫酸化油、硫酸化脂肪酸脂、硫酸化脂肪脂等，它们主要起乳化、润滑作用；属于磷酸盐的有单酯磷酸盐、双脂磷酸盐等。

1.2　非离子表面活性剂

非离子型表面活性剂也是应用很广泛的一类表面活性剂。其乳化、发泡等性能都很好，用量少，能抗硬水的影响。目前使用的有醚类和酯类两类，属于前者的有聚乙二醇型、聚氧乙烯醚类；属于后者的有失水梨醇脂肪酸酯，烷基醇酰胺等。

1.3　阳离子表面活性剂

阳离子活性剂电离出的是阴离子，阳离子与亲油基相连。阳离子活性剂具有抗硬水的优点，并同样具有乳化、润滑等性能，可以用来配制乳状液。此外，阳离子活性剂也可用作金属缓蚀剂和粘土防膨剂，配制亲油粘土等。常用的有脂肪酸盐和季铵盐两种类型，属于前者的有氯化十二烷基胺、氯化十六或十八烷基胺、氯化双十六烷基二甲基胺等；属于后者的有十二烷基三甲基氯化铵，十八烷基三甲基氯化胺，溴化十八烷基三甲基铵等。

1.4　两性活性剂

两性活性剂一般是指同时具有阳离子和阴离子活性剂。即在酸性溶液中呈阳离子性质，在碱性溶液中呈阴离子性质，而在中性溶液中又有类似非离子的性质。广义来说，两性活性剂包括非离子与阳离子，非离子与阴离子结合的两性活性剂，两种活性剂主要用于缓蚀、乳化、杀菌等作用。

2. *表面活性剂的主要功用*

表面活性剂的功用主要有润湿、乳化、发泡与消泡、分散作用和增活作用等方面。

首先介绍一下亲水亲油平衡值(H.L.B 值)。它表示表面活性剂亲水亲油性的大小，其范围一般在 1～20 之间(有的高达 40)。当 H.L.B 值=7 时表示亲水亲油性相近；H.L.B>7 时，表示亲水性比亲油性强，H.L.B 值越大，亲水性越强；H.L.B<7 时，亲油性大于亲水性，H.L.B 值越小，亲油性越强。

对于非离子表面活性剂，可依其亲水基质量所占百分数来计算 H.L.B 值

$$H.L.B=E/5 \tag{9-14}$$

式中：E——亲水基在活性剂分子中所占的百分数。

对于阴离子型和非离子型表面活性剂，也可采用基数(参见表 9-1)计算法算出 H.L.B 值

$$H.L.B=7+\sum H-\sum L \tag{9-15}$$

式中：$\sum H$——活性剂中亲水基基数的总和；$\sum L$——活性剂中亲油基基数的总和。

表 9-1　亲水亲油基的基数

亲水基	H	亲水基	H	亲水基	H	亲油基	L
酯(失水山梨醇酐)	6.8	—OH	1.9	—COONa	19.1	$—C_1H—$	0.475
酯(游离)	2.4	—COOH	2.1	—COOK	21.1	$—CH_2—$	0.475
—O—	1.3	N(四价铵)	9.4	$—SO_4Na$	38.7	$—CH_2—$	0.475
—OH(失水山梨醇酐)	0.5	$—SO_3Na$	11.1			—CH—	0.475

不同的活性剂由于 H.L.B 值不同所起的作用也不同。

消泡作用 H.L.B 值为 1.5～3；　　油包水软化作用 H.L.B 值为 3～6；

润湿作用 H.L.B 值为 7～9；　　水包油乳化作用 H.L.B 值为 8～18；

洗涤去污作用 H.L.B 值为 13～15；　　增溶作用 H.L.B 值为 15～18。

为了得到 H.L.B 值合适的活性剂，可以采用复合的方法，即将互不起化学反应而 H.L.B 值高低不同的活性剂复合使用。

2.1　润湿作用

液体能在固体表面扩散，并使固体表面润湿时，称为润湿作用。但有时会出现不能润湿的情况，如水在石蜡表面上。但加入某些表面活性剂情况就不同了，原来亲水表面会变为亲油表面，原来亲油表面会变为亲水表面。欲使固体表面特性转化，必须是表面活性剂亲水基的带电性的符号要正好和固体表面带电性相反。从润湿作用和表面活性剂结构性质的关系来分析，碳氢链较短(C_{8-12})或带支链的，亲水基位于碳氢链中间的，以及临界胶束浓度高的活性剂具有较好的润湿作用。由于润湿作用，还会产生渗透作用和岩石的“软化”作用。

2.2　乳化作用

不加入表面活性剂，油水混合时是分层的，即使强力搅拌，还是会产生分层。但加入表面活性剂(乳化剂)并强力搅拌后，由于油珠和水界面上吸附了表面活性剂，降低了界面张力，使油

珠能分散于水中，即成为水包油乳化液。这种作用称为乳化作用。

2.3 发泡与消泡作用

要使泡沫稳定，则必经加入发泡剂(稳泡剂)。低分子发泡剂易起泡，但稳定性差；高分子发泡剂难起泡，但稳定性高，阴离子活性剂发泡性和稳定性均比非离子活性剂强。发泡剂要求活性剂碳链有一定长度(C_{12-16})，且亲水基的亲水性也要强。

与发泡作用相反，消泡作用是破坏液膜吸附层的强度。消泡剂可选用表面张力低，溶解度较小，碳氢链短且分支的化合物，如醇类、环氧丙烷和环氧乙烷聚合的聚醚型表面活性剂等。

2.4 分散作用

固体表面产生吸附活性剂后，使固体分散在溶液中的作用。

2.5 增溶作用

表面活性剂使难溶物质的溶解度显著增加的作用，叫增溶作用。如油不溶于水中，但加活性剂后，可使油的"溶解"增加。这种增溶作用和一般的溶解或乳化均不相同，增溶作用是指溶质分子(如油)集中分布于表面活性剂形成的胶束内部。随着胶束离子浓度增加，增溶作用增强。

3. 几种钻井液

3.1 表面活性剂水溶液

只要往清水中加入千分之几的表面活性剂——主要是阴离子活性剂，如松香钠皂等，可以使润滑性得到改善，钻具回转工作电流下降很多。

3.2 乳状液的配制

1) 乳化剂和基础油

应根据所配乳状液类型的需要来选用乳化剂。配制阴离子型乳状液时，需要合适的阴离子型表面活性剂作为乳化剂，如脂肪酸钠(特别是油酸钠)、十二烷基苯磺酸钠、松香酸钠和环烷酸钠等；配制复合型乳状液时，可采用部分非离子乳化剂，如OP-10、司盘-80与吐温-80配合，聚氧乙烯蓖麻油等。乳化剂的用量视情况不同可以少至1%，多至10%～20%。

配制乳状液，还必须加入基础油。常用矿物油作为基础油，如柴油、废机油或原油。

2) 乳化油配方

(1) 皂化溶解油　油酸10.5%、松香97%，浓度为波美度37°Be′的烧碱液5.4%，酒精2%，亚硝酸钠0.1%(防锈用)，30#机油(其中10%为0#柴油或20#机油)71.4%。配制时分别用加热并搅拌的方法配制乳化剂和皂化溶解油。

(2) 太古油　太古油又名红油。基本配方为：蓖麻油70%，硫酸15%，食盐15%，用烧碱或纯碱中和。太古油的亲水基有—COONa及—OSO_3Na各一个，另有双键一个，属阴离子型乳化油。

3) 乳化油的配制方法

有下述四种配制方法：① 剂在油中法；② 剂在水中法；③ 剂、油、水一次加入法；④ 先配"引子"，然后轮流加油加水的方法。其中，第四种方法乳化效果最好，即先用少量乳化剂、油和水进行乳化，配成少量"引子"，然后，再继续在搅拌加热条件下加油、水、剂，扩大乳化油的量。所用乳化设备包括：搅拌设备、齿轮泵、胶体磨、超声乳化器、均化器等。

3.3 乳状液的物化性能测定

(1) 稳定性　在量筒中加入100ml蒸馏水，再加入10g乳化油试样，搅拌使乳化油稀释于水中，静置8h，以析出油量不超过1%为合格。

(2) 显微镜观察　油珠直径越小越稳定，最好不超过3μm。

(3) 粘度　用毛细管粒度计或旋转粘度计测定，0.5%左右浓度的乳状液粘度应为

1～2MPa·s。

(4) 表面张力 一般取在某一温度下已知表面张力值的液体(如水在20℃时表面张力为7.275Pa)对仪器进行标定，然后求出未知液体的表面张力。

(5) 摩擦系数 可用摩擦系数测定仪测得，摩擦系数小，则乳状液的润滑性好。

此外，还可测定电动电位、电导等指标。

3.4 乳状液的破乳问题

使用乳状液冲洗小口径金刚石钻孔时常出现“破乳”现象。轻度破乳时，乳状液在水源箱钻井液面上形成一层夹有岩粉和油的泡沫，在钻具表面有薄薄一层粘性油泥。严重破乳时，在钻具内外有厚厚一层油垢，甚至造成水路不通和烧钻，同时钻具转速开不上去。出现“破乳”的原因：

(1) 由于大部分亲水岩粉都能吸附阴离子乳化剂，并通过它的非极性端再吸附油，因而产生岩粉强烈吸附乳化剂分子的现象。由于乳化剂和油被吸附，因此产生破乳现象。

(2) 水质的影响。当水中CO_2存在时，会使碳酸盐类岩石在水中溶解，而提供钙、镁离子，从而使脂肪酸钠盐变成钙、镁盐而产生聚沉，失去乳力作用，造成严重破乳。

在生产中，可通过软化水质或采用复合型乳化剂来解决破乳问题。

§6 钻井液的配制与选型

一、粘土及处理剂的选择

1. *粘土矿物*

配制钻井液的粘土主要有钙膨润土、钠膨润土、凹凸棒石、海泡石等。粘土矿物的种类很多，经常遇到的有：高岭石、蒙脱石(也叫微晶高岭石)和伊利石(也叫水云母)。以高岭石为主的粘土叫高岭土，以蒙脱石为主的粘土叫蒙脱土或膨润土。各种粘土矿物的主要特点如表9-2所列。 、

表9-2 三种常见粘土矿物的主要特点

矿物名称	化学组成	结晶型	晶格间距	晶层排列情况	阳离子交换容量	膨胀率(%)	密度(g/cm^3)
高岭石	$Al_2(Si_2O_3)(OH)_4$	1∶1	7.2Å	OH层与O层相接	3～5	<5	2.58～2.61
蒙脱石	$(Al_{5/3}Mg_{1/3})(Si_4O_{10})(OH)_2W_{1/3}$ W为Na，Ca，Li等	2∶1	9.6～21.4Å	O层与O层相接	80～150	90～100	2.35～2.74
伊利石	$K_x(Al,Fe^{3+},Fe^{2+},Mg)_y(Si,Al)_4O_{10}(OH)_2\cdot nH_2O$ 其中$x=1-0.5$，$y\approx2$	2∶1	10.0Å	O层与O层相接中间有K^+	10～40	2.5	2.65～2.69

注：阳离子交换容量的单位为毫克当量/100克土。

粘土矿物是一种极其复杂的无机盐，根据化学分析知道，粘土的主要化学成分是Al_2O_3、SiO_2和H_2O，次要成分是Fe_2O_3、CaO、MgO、K_2O和Na_2O等。粘土在钻井液中的作用主要是由晶体构造引起的物理化学作用，而不是化学作用。因此，对其分子式和成分不加评述，主要研究其晶格构造。不过了解各类粘土矿物化学成分的特点，有助于用化学方法鉴别粘土矿物类型。

2. 粘土矿物的晶体构造

不论哪种粘土矿物，其晶格的基本构造单位是相同的，有硅氧四面体和铝氧八面体两种。

硅氧四面体［图 9-11(a)］的中心是硅离子(Si^{4+})，四角是 4 个氧离子(O^{2-})，它们的离子半径分别为：Si^{4+}——0.39 Å，O^{2}——1.32 Å (1 Å $=10^{-10}$m)，叠加在一起也是很小的。每个氧离子以其一个负电荷和硅离子连结。硅氧四面体在大多数粘土矿物中排列成六角形的网格，可以任意向外延伸。6 个硅氧四面体结合在一起，其中 6 个共用的氧原子可以连成六角环，六角环内切圆的直径为 2.66 Å，硅氧四面体在纵横方向上可以连成片，称为硅氧四面体晶片［图 9-11(b)］。

铝氧八面体［图 9-12(a)］由两层紧密堆叠的氧离子(O^{2-})和氢氧离子(OH^-)(离子半径 1.45 Å)组成，八面体中央是铝离子，六个顶点均为氢氧原子团。铝离子与氢氧原子团之间以离子键相结合。在粘土矿物中，铝氧八面体也可以在纵横方向上排列成片状构造，称为铝氧八面体晶片。

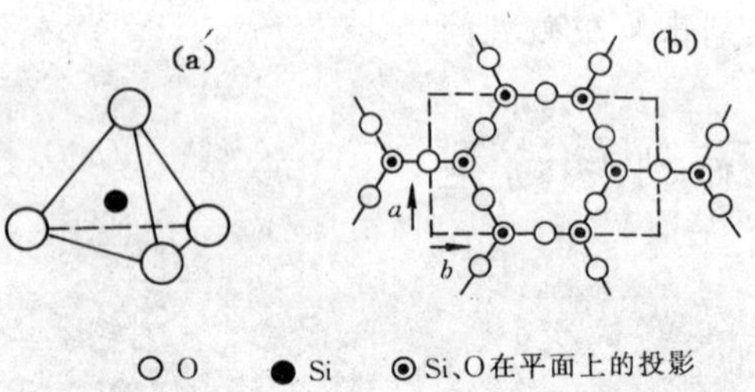

图 9-11 硅氧四面体结构示意图
(a)—硅氧四面体；(b)—硅氧四面体六角环片状结构平面投影

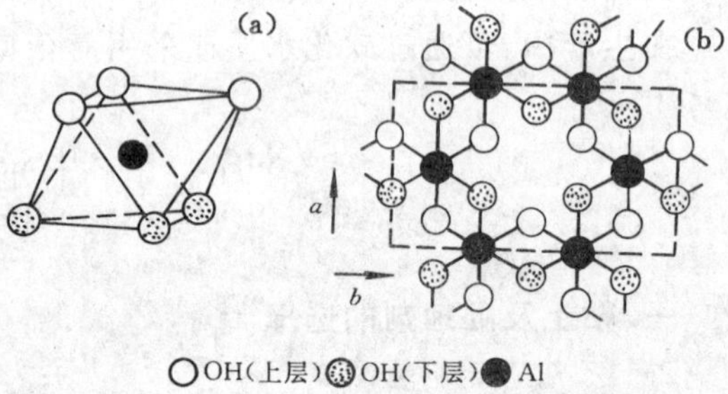

图 9-12 铝氧八面体结构示意图
(a)—铝氧八面体；(b)—铝氧八面体片状结构平面投影

在这两种基本构造单元的基础上，可以组成不同结晶特点的粘土矿物。

2.1 高岭石

高岭石的晶格由一个硅氧四面体晶片和一个铝氧八面体晶片组成一个单元晶层，所有四面体的顶尖都朝着同样的方向，指向铝氧八面体。硅氧四面体和铝氧八面体由共用的氧原子联结在一起。许多单元晶层上下重叠构成粘土矿物的晶体，单元晶层上下两面，一面为氧原子层，一面为氢氧原子团层(图 9-13)，各层之间以氢键联结，联结力强，晶格间距为 7.2 Å。

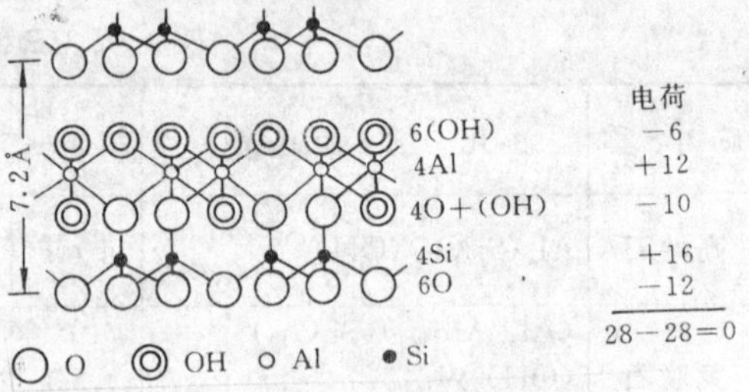

图 9-13 高岭石晶体结构示意图

2.2 蒙脱石

由两个硅氧四面体晶体中间夹一个铝氧八面体晶片组成一个蒙脱石的单元晶层，硅氧四面体和铝氧八面体由共同的氧原子联结在一起。三个晶片组成一个单元晶层，许多单元晶层上、下重叠构成蒙脱粘土矿物的晶体(图 9-14)。蒙脱石单元晶层上下均为氧原子，各晶层间以分子间力联结，联结力弱，干燥的蒙脱石晶格间矩为 9.6 Å。

2.3 伊利石

伊利石是水化云母向蒙脱石过渡的中间矿物，其晶体构造与蒙脱石相似也是三层型粘土矿物，由两个硅氧四面体晶片中间夹一个铝氧八面体晶片组成一个单元晶层。但伊利石的晶层之间有钾离子，钾离子的直径为 2.60Å，而硅角四面体所组成的氧六角环其内切圆直径为 2.66Å。由于钾离子的大小正好与氧六角环直径相近，所以，钾离子容易落在晶层间相互对应的两个六角环空穴中，使晶层之间联结得很紧，这是与蒙脱石不同之处。

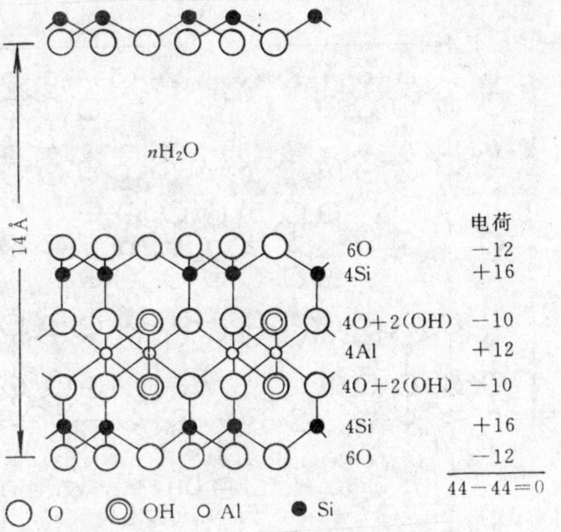

图 9-14　蒙脱石晶体构造示意图

2.4　海泡石族

海泡石族包括海泡石、凹凸棒石、小软木岩等矿物，它们是含水铝硅酸盐，其中 SiO_2 和 MgO 的分子比约为 1.5，化学分子式的通式可表示为 $4MgO \cdot 6SiO_2 \cdot 2H_2O$ 或 $2[SiO_2 \cdot 4MgO \cdot 6SiO_2 \cdot 2H_2O]$。其晶体构造为链状、棒状和纤维状，晶体构造的重要单元是角闪石硅氧双链（图 9-15，图 9-16），其特点是硅氧四面体所组成的六角环都以上下相反的方向对列，并且互相间被其他的八面体氧和氢氧原子团所连接，铝或镁居于八面体的中央。同时，在构造上保留了一系列的晶道，具有极大的内部表面，水分子可以进入内部孔道，所以含有较多的吸附水，具有较高的热稳定性（可达 350°C）和抗盐污染的能力，可以用来配深井和抗盐钻井液。

3. 粘土的有关性质

3.1　粘土颗粒在水中的带电现象

粘土颗粒带负电荷的现象已为电泳实验所证明。在粘土-水分散体系中，粘土颗粒表面上的阳离子由于热运动而产生一种向水中解离、扩散的趋势，而连接在粘土颗粒晶格构造边缘上的 OH^- 也可解离出 H^+，其结果使粘土颗粒带负电。它能吸附体系中的阳离子。这些阳离子与粘土电性相反，又称为反离子，这些反离子一方面受粘土层而负电荷的场电吸引，它们之间又互相排斥。此外，还因其本身的热运动，使得这些吸附的阳离子在粘土颗粒周围一定距离内呈扩散的形式存在。离粘土表面越近，粘土的吸引力越强，反离子的密度越高，随着高粘土表面距离的增加，反离子的密度逐渐降低。一部分反离子单离子层紧紧地吸附在粘土颗粒表面上，称为吸附层，而其余的反离子呈扩散状态分布，离粘土表面越远，离子浓度越低，这些离子组成一个扩散层（图 9-17）。因为反离子平衡了粘土颗粒的负电荷，所以反离子的电量等于吸附层电量和扩散层电量的总和，在粘土颗粒处于静电场或剧烈运动的情况下，吸附层的反离子团与粘土颗粒吸引力较强，它和粘土颗粒一起运动，而扩散层的反离子，因吸引力弱，可能会脱离粘土颗粒，扩散层与吸附层的交界面称为滑动面。这样，粘土颗粒在运动中可能去掉扩散层反离子而显示出一定的电势，这个电势就称为粘土颗粒的电动电势，用 ζ 表示

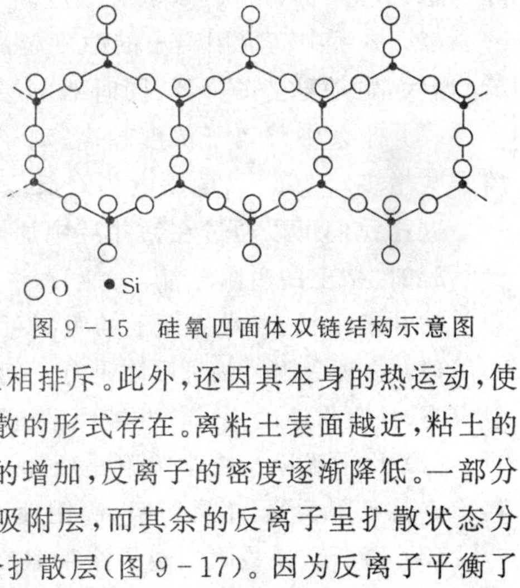

图 9-15　硅氧四面体双链结构示意图

$$\zeta = E_{总} - E_{吸} \tag{9-16}$$

一般来说，粘土颗粒的总电势是不变化的，而电动电势的大小取决于吸附电量 $E_{吸}$ 的大小，$E_{吸}$ 越大，电动电势 ζ 就越小。所以说，电动电势 ζ 是粘土颗粒在分散体系中的具体条件下实际带电量多少的表示，它在衡量钻井液稳定性方面是一个非常有用的性能指标。

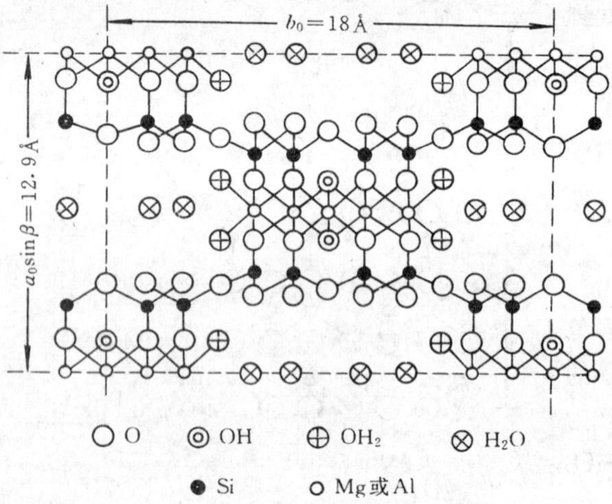

图 9-16　凹凸棒石晶体构造示意图

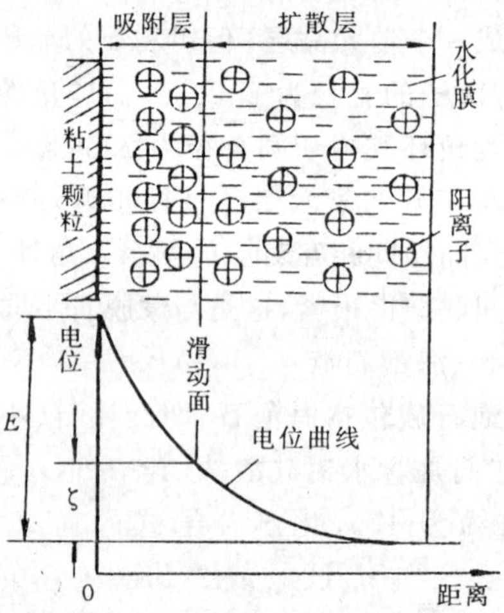

图 9-17　粘土双电层示意图

粘土颗粒的扩散双电层和电动电势受粘土分散体系中电解质的影响，当体系中阳离子的浓度和类型发生变化时，其扩散双电层和电动电势都会发生变化。其变化规律为：

(1) 体系中阳离子浓度越高，则进入吸附层的阳离子数越多，使 $E_{吸}$ 增大，电动电势 ζ 下降。这种现象称为挤压双电层效应。

(2) 体系中高价阳离子的浓度越高，进入吸附层的高阶阳离子数就越多，则使吸附层电势 $E_{吸}$ 增大，电动电势 ζ 降低，同时双电层厚度减小。

(3) 体系中阳离子浓度越高，离子分化程度降低，水化阳离子体积变小，吸附层内容纳的离子数增多，$E_{吸}$ 增大，电动电势降低。

这样我们可以通过在钻井液中加入电解质的方法改变粘土的带电状态。

3.2　粘土的吸附性能

钻井液中粘土-水界面上的吸附可分为物理吸附、化学吸附和离子交换吸附三种。

(1) 物理吸附　物理吸附是分子间相互作用力所产生的吸附，是分子表面能所引起的，其吸附力弱，且吸附速度快。钻井液中粘土颗粒处理剂分子或离子之间广泛存在着物理吸附现象。

(2) 化学吸附　化学吸附是吸附物质间存在化学键力（离子键、共价键、配价键）的吸附，其特点是吸附力强，不易解吸，吸附速度较慢，钻井液中也广泛存在着化学吸附。

(3) 离子交换吸附　离子交换是在钻井液中广泛存在的物理-化学吸附，它是钻井液进行化学处理和性能调整的依据。由于粘土颗粒表面带负电荷，能吸附阳离子，且所吸附的阳离子是可以进行交换的，即和钻井液中存在的其他阳离子进行交换。粘土吸附阳离子的属性、数量对粘土颗粒在钻井液中的分散和稳定有很重要的影响。

(4) 阳离子交换容量　粘土的阳离子交换容量叫吸收容量，是指在 pH 值为 7 的中性条件下，粘土所能吸附离子的总量，包括交换性氢和交换性盐基（抗钙、镁、钠、钾）在内。一般以每 100g 粘土所能吸附阳离子的毫克当量来表示交换容量的大小。

各种粘土矿物的阳离子交换容量有很大的差别（表 9-3），对粘土的胶体活性影响很大。例如，蒙脱石的阳离子交换容量大，膨胀性也大，在低浓度下就可以形成较稠的悬浮体，特别是钠蒙脱石，水化膨胀性更强。而高岭石的阳离子交换容量低，则惰性较强。

3.3　粘土的水化作用

粘土的水化作用是指粘土颗粒表面吸附水分子形成水化膜，使晶格层面间的距离增大发生膨胀的作用。它是影响钻井液性能和孔壁稳定的重要因素。

粘土矿物存在水分的状态主要有自由水(液态水、重力水)、吸附水(层间束缚水)和晶格水。粘土水化作用主要是粘土表面直接吸附水分子而水化和间接吸附水分子而水化。粘土晶体表面的水化膜厚度是不均匀的。由于粘土晶体所带的负电荷大部分都集中在层面上，这里吸附的阳离子也较多，因而水化膜较厚；而在粘土晶体的棱角边缘处所带的电荷较少，所以水化膜也薄。

表 9-3　各种粘土或粘土矿物阳离子交换容量

名　　称	阳离子交换容量(mol/100g 粘土)
蒙脱石	70～130
蛭　石	100～200
伊利石	10～40
高岭石	3～15
绿泥石	10～40
凹凸棒石，海泡石	10～35
钠膨润土(夏子街)	82
钙膨润土(维坊小李家)	74
钙膨润土(高阳)	104
钙膨润土(四川李渡)	100

阳离子的水化能力大小取决于离子半径的大小和电价的高低。对同价离子来说，离子半径越小水化能力越强。当离子半径相近时，电价高的对水分子的吸力大，水化能力也强。但换算成相当于一价离子的水化数后却较低(表 9-4)。

表 9-4　各种阳离子分化情况

离　　子	Li^+	Na^+	K^+	NH_4^+	Mg^{2+}	Ca^{2+}	Ba^{2+}
离子半径(Å)	0.78	0.98	1.33	1.43	0.78	1.06	1.43
一个离子的水化数(个)	12.6	8.4	4.0	4.4	13.3	10.0	4.1
相当于一价离子的水化数(个)	12.6	8.4	4.0	4.4	6.65	5.0	2.05

如粘土颗粒吸附一个水化钙离子(Ca^{2+})时，所吸附水分子数是 10 个，吸附一个水化钠离子(Na^+)时，吸附水分子数为 8.4 个，看起来后者要小一些。但是，按等当量计算，粘土颗粒能吸附一个二价的 Ca^{2+}，就能吸附两个一价的 Na^+。这样吸附水分子数为 16.8 个。因此，吸附钠离子的粘土颗粒的水化能力要比吸附钙离子的强得多，如钠膨润土充分水化时，晶胞底面间距可达 17～40Å，它的膨胀性很高(可达原体积的 10 倍以上)，泥浆造浆率也高。而钙膨润土的水化能力小，其膨胀性较差。

3.4　粘土的分散与聚结

(1) 钻井液的沉降稳定性　钻井液的沉降稳定性是指在地球重力场的作用下，钻井液中的粘土颗粒抵抗自重引起的沉降，而稳定分散在钻井液中的能力。用普通粘土配制的淡水钻井液，粘土颗粒很细，稳定性往往不好，放置一段时间后，粘土颗粒逐渐下沉，上部析出一部分清水。若在这种钻井液中加入少量 Na_2CO_3，经过充分搅拌，粘土颗粒变得很细，静置一段时间后，也不会析出水或产生沉淀，即稳定性提高了。沉降的快慢和固体颗粒密度与溶液密度的差值、颗粒的形状、溶液的粘滞性等有关。提高钻井液的粘度和利用钻井液的网状结构，可减少钻井液中较粗粘土颗粒和外加重剂颗粒的沉降速度，即保持粘土颗粒的悬浮，增加钻井液的沉降稳定性。

(2) 钻井液的聚结稳定性　聚结稳定性指分散相颗粒是否容易自动聚结变大而沉降的性

质。由于分子引力等作用，钻井液中的粘土颗粒会相互凝聚或聚结，使小颗粒变成粗颗粒，使得钻井液失去聚结稳定性。粘土颗粒表面的水化膜厚度、吸附阳离子的电价高低等对凝聚和聚结都有重大影响。由双电层理论知，当钻井液中存在较多高价阳离子时，会引起双电层的压缩，ζ电位降低，水膜变薄，而引起凝聚和聚结。

(3) 粘土颗粒间的作用力　理论推导表明，在作用范围内，颗粒之间的吸引力比分子之间的吸引力大得多，颗粒越大吸引力也越大。粘土颗粒间一方面由于其电动电势ζ使层面间表现出静电斥力；另一方面由于粘土颗粒表面的水化膜表现出弹性斥力。此外，粘土颗粒的棱角边缘处带电量小，水化膜较薄，在断裂处有的带正电荷，有的带负电荷，会显示出异性电荷的吸引力。

(4) 粘土颗粒在钻井液里的联接方式　当粘土颗粒上的电动电势ζ不大时，颗粒间的斥力也不大。在这种情况下，粘土颗粒在钻井液中相互接近时，随其电动电势ζ的大小、颗粒层面和棱角边缘处水化膜的厚度的不同，将以三种方式结合：① 两个粘土颗粒接近到一定距离时，以边-边的方式连接起来；② 在粘土颗粒边缘局部带正电荷的位置上会和其他粘土颗粒的层面相连接；③ 面-面连接。

二、钻井液的配制

1. 钻井液配制的计算

钻井液的总量等于孔内钻井液量、循环系统钻井液量、钻井液损失量和钻井液储备量之和。

1.1　配制钻井液所需粘土量W

$$W=\frac{V\gamma_1(\gamma_2-\gamma)}{\gamma_1-\gamma}\quad(\mathrm{kg})\tag{9-17}$$

式中：γ_1——粘度密度(2.2～2.6)；γ_2——所配钻井液的相对密度；γ——水的密度(淡水为1.0，海水为1.03)；V——所需钻井液量，L。

1.2　配制钻井液所需水量V_1

$$V_1=V-\frac{W}{\gamma_1}\quad(\mathrm{L})\tag{9-18}$$

1.3　配制加重钻井液所需加重剂量$W_{加}$

$$W_{加}=\frac{V\gamma_3(\gamma_4-\gamma_5)}{\gamma_3-\gamma_4}\quad(\mathrm{kg})\tag{9-19}$$

式中：γ_3——加重剂的密度；γ_4——欲加重钻井液相对密度；γ_5——原钻井液相对密度。

1.4　降低钻井液相对密度所需加水量V_1

$$V_1=\frac{V(\gamma_5-\gamma_6)}{\gamma_6-\gamma}\quad(\mathrm{L})\tag{9-20}$$

式中：γ_6——加水稀释后的钻井液相对密度。

1.5　钻井液中所需化学处理剂的配制与用量

(1) 无机、有机处理剂用量的计算　无机处理剂加水量一般按干粉量计算，然后配成一定浓度的水溶液。如用纯碱或烧碱对粘土进行改性时，应按粘土质量计算其用量。例如，用6%的纯碱处理钙膨润土，即每100g钙膨润土中应加6g纯碱。

有机处理剂的加量(如钠羧甲基纤维素、腐殖酸钠、腐殖酸钾、铁羟盐、聚丙烯酰胺等)是按钻井液体积百分比计算出干粉的用量。有些处理剂(如铁铬盐、腐殖酸钾、腐殖酸钠等)，可以将干粉直接加或配成一定浓度的水溶液加入钻井液中。而有些处理剂(如钠羧甲基纤维素、聚丙烯酰胺、聚丙烯酰酸钙等)应将计算出的干粉用量事先配成一定浓度的水溶液，再加入钻井液中。有些处理剂(如丹宁碱液、煤碱剂、栲酸碱液等)应按钻井液体积百分比计算处理剂的体积用量。

例:欲使用0.01%的水解聚丙烯酰胺处理10m³钻井液,需要多少HPAM?若用浓度为1%的HPAM又需要多少用量?

解:需要1kg干粉HPAM,需要100kg浓度为1%的HPAM溶液(按体积质量百分比计算)。

例:欲配2∶1的栲酸碱液2m³,需固体烧碱和栲酸粉各多少?

解:栲酸烧碱总量$=\frac{1}{5}\times 2=0.4(t)=400(kg)$,烧碱量$=400\times\frac{1}{2+1}=133(kg)$,

栲酸量$=400-133=267(kg)$,

将栲胶、烧碱放入容量桶内,加入少量水搅拌,使其溶解后再加水至2m³。

(2) 聚丙烯酰胺水解的有关计算　计算烧碱用量W_{NaOH}

$$W_{NaOH}=W_{PAM}\times H\times 40/71 \quad (g) \tag{9-21}$$

式中:W_{PAM}——聚丙烯酰胺的干粉总量,g;H——要求的水解度,%;71——聚丙烯酰胺链节的分子量;40——烧碱的分子量。

(9-21)式只适用于水解度30%以下的情况,超过30%者需加大理论数值。如果要把7%浓度的胶状聚丙烯酰胺配成水解度为30%,浓度1%的水溶液,可按下式进行计算:

$$PAM : NaOH : H_2O=1 : 0.12 : 6$$

聚丙烯酰胺的水解方法:① 高温水解法——将需要水解的聚丙烯酰胺、烧碱及配成0.5%～1%浓度所需的水量一并加到容器中,加温到90～110℃,搅拌3～4h即可;② 常温水解法——按PAM∶NaOH∶H_2O=10∶1∶60的配比混合,搅匀后,放置2～3d即成为水解度30%,浓度为1%的水解聚丙烯酰胺。

(3) 聚丙烯腈水解的有关计算　一般按腈纶废丝∶烧碱∶水=10∶0.3～0.7∶5～10的配比(质量比)混合,加温到90～100℃,不断搅拌,经3～4h即可。

2. 钻井液的配制

钻井液的配制可采用分散配制或集中配制两种方式。由于多数情况是钻机分散施工,因此采用分散配制的较多。在现场最好采用优质粘土粉造浆,把粘土粉加入水力搅拌器(图9-18)的漏斗中,利用液流与粘土粉混合配浆,可以达到快速配浆的目的。如使用膨润土造浆,必须进行预水化,把膨润土粉用水浸泡1d(对钙基土要用纯碱水浸泡),然后用喷枪冲搅配浆的方法,也能取得较好的效果。

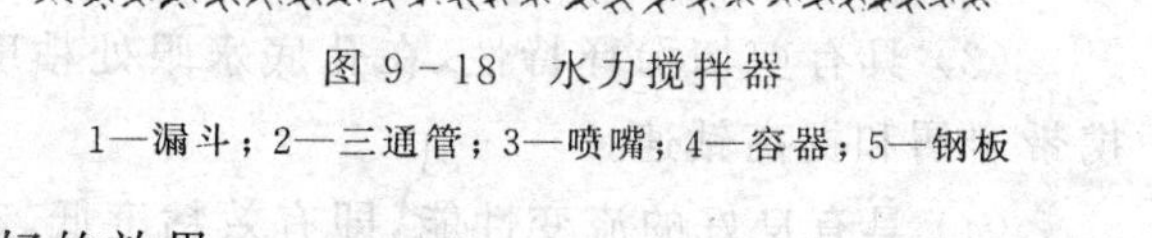

图9-18　水力搅拌器

1—漏斗;2—三通管;3—喷嘴;4—容器;5—钢板

三、钻井液的净化

由于钻进中岩粉不断进入钻井液,使其密度、粘度和含砂量增加。因此,必须及时进行除砂净化工作。而钻进造浆地层时,由于细的粘土颗粒不断进入钻井液中,使钻井液固相含量增加。为此,需通过絮凝等方式,使细粒絮凝成较大颗粒,再通过净化设备除去。也就是说,钻井液的净化应包括除砂和固相控制的内容。

最简单的净化装置是钻井液从孔口返出后,进入沉淀槽和沉淀箱中除砂,最后进入水源箱中。钻探用沉淀槽的坡度 1/100 左右,使钻井液在槽中保持 15～18cm/s 的流速(空气泡沫钻井液要求 30～35cm/s)。在沉淀槽中每隔 1.5～2m 设一块挡板,以造成局部涡流。这样,钻井液流动时其内部结构受到破坏,使岩粉沉淀下来。

为了清除较细的岩粉须使用旋流分离器(图 7-15),泵送的液流以 9～12m/s 的速度从切线方向进入圆筒体后,在离心力作用下使较粗固相从钻井液中分离出来,沉入锥体下部,并由排砂嘴排出。此设备可清除 20μm 左右的颗粒。为了进一步除去小至 10μm 的颗粒,可以使用除泥器。除泥器的结构与旋流分离器基本相同。

在石油钻井中,由于钻井液中粗的岩屑颗粒多,通常在采用絮凝剂的同时,还采用泥浆筛、旋流分离器、除泥器、离心分离机等装置进行固相控制,收到良好的效果。

四、钻井液的选型

1. 不同岩性对钻井液的要求

(1) 粘土层　一般粘土层都易造浆使钻井液的密度和粘度升高,所以要求入井钻井液的粘度尽量低些。

(2) 砂岩　砂粒易侵入钻井液,使钻井液的密度和粘度升高。所以要求入井钻井液具有较低的密度、粘度和适当高的切力,并应采用一些防塌性能较好的钻井液,并严格控制钻井液的含砂量。

(3) 砾岩　砾岩胶结性极差,没有粘土充填,要求钻井液有较高的粘度和切力,并且要采用防塌效果较好的钻井液。

(4) 盐膏层　要求钻井液具有一定的抗盐、抗钙能力,并适当提高钻井液的密度,增大静液压力,以保持孔壁稳定。

2. 地层物理性质对钻井液性能的要求

(1) 低渗透性地层　要求钻井液具有较低的滤失量,否则形成厚泥饼则会使孔径缩小。

(2) 高渗透性地层　要求钻井液具有较低的密度和较高的粘度,并且防漏效果较好。

(3) 高压油气水层　要求钻井液具有低滤失量和高密度,以提高静液压力防止井喷。

3. 钻进工艺对钻井液性能的要求

3.1　喷射钻进对钻井液性能的要求

(1) 低密度、低含砂量和低固相含量,以减小孔底的静压持效应;

(2) 低粘度、低切力和低摩擦系数,以减少循环系统中的功率损失;

(3) 具有剪切稀释特性,在孔底水眼处粘度低,在环形空间里能形成平板型层流,有利于携带岩屑和提高钻速;

(4) 具有良好的流变性能,即有效粘度低,动/塑比值高和具有适宜的触变性。

3.2　回转钻进对钻井液性能的要求

要求低密度,减小井底压差,压差越小,钻速越快。同时要求低粘度、低含砂量和适当的切力,而且滤失量要低,泥饼质量要高。

第十章　钻孔弯曲与测量

§1　概　述

在钻进(井)工程中,为了达到一定的地质目的或工程目的,必须根据地质、地形条件和技术条件合理设计钻孔的轨迹。但是在工程施工中,由于自然因素和技术因素的影响,实际的钻孔轨迹往往偏离设计轨迹。这种现象称为钻孔弯曲或钻孔偏斜。要完全避免钻孔弯曲是很困难的。但是,应当采用一切可能的措施,把钻孔弯曲程度控制在允许的范围之内。

由于钻孔弯曲,可能造成矿体打丢、打薄或打厚,将直接影响地质资料的准确性和矿床储量的计算,或根本达不到预期的地质目的(造成钻孔报废)。所以国家有关部门规定钻孔弯曲程度是评价钻探工程质量的重要依据之一。同时,钻孔弯曲对钻进施工的危害也很大。弯曲的钻孔将增大钻具与孔壁的摩擦阻力,造成钻具回转及升降的困难,也容易引起钻杆折断和钻进无用功率的消耗增大。在弯曲严重的孔段,常因钻杆的剧烈敲击而造成孔壁不完整岩矿层的坍塌掉块,引起卡、埋钻事故的发生。并且在弯曲钻孔中发生的事故比较复杂,不易处理。

为了研究钻孔的空间位置,一般采用三维空间坐标系。坐标系的原点为孔口,x 轴取正北方向(在矿床勘探中常取为勘探线方向),y 轴取正东方向(在矿床勘探中取与勘探线垂直的方向),z 轴铅垂向下(图 10-1)。借助测斜仪,可以测出钻孔各个深度 L 上(即测点)的方位角 α 和顶角 θ(或倾角 γ)。顶角 θ 是测点处钻孔轴线切线与铅垂线的夹角,顶角与倾角 γ 互为余角。通常我们把孔深、方位角和顶角叫做孔斜三要素,有了孔斜三要素便决定了钻孔轨迹。

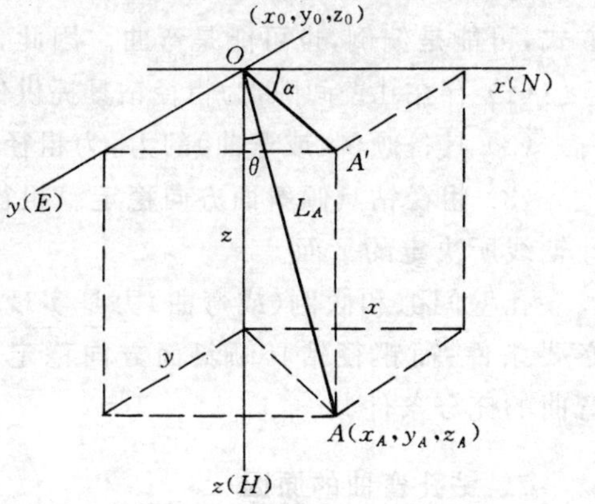

图 10-1　直线型钻孔轨迹图

如果钻孔是一条直线,则钻孔轴线上任一点的坐标为:

$$\left.\begin{aligned} x_A &= x_0 + L_A\sin\theta\cos\alpha \\ y_A &= y_0 + L_A\sin\theta\sin\alpha \\ z_A &= z_0 + L_A\cos\theta \end{aligned}\right\} \tag{10-1}$$

式中:x_0,y_0,z_0——孔口坐标;x_A,y_A,z_A——钻孔轴线上点 A 的坐标;θ——开孔顶角;α——开孔方位角(在矿床勘探中通常就是勘探线方位角);L_A——孔口至测点 A 钻孔轴线的长度。

在实际生产中,绝大多数钻孔的轨迹并非直线而是空间曲线。这时钻孔轨迹上各点的顶角和方位角可能不相同。

如果钻孔轨迹只有顶角变化,而方位角不变,则该钻孔轨迹是位于垂直平面内的曲线,亦称为顶角弯曲。顶角增大时称为钻孔上漂;顶角减小时称为钻孔下垂。这种类型钻孔轨迹的水平投影是一条直线,而它的孔身剖面是一条曲线。

如果钻孔轨迹既有顶角变化，又有方位角变化，则该轨迹既可能是一条空间曲线，也可能是一条位于倾斜平面上的平面曲线。方位角变化称为方位弯曲。方位角增大时，方位弯曲为正值，否则为负值。在这种情况下，钻孔轨迹的水平投影和孔身剖面都是曲线。

如果钻孔轨迹只有方位角变化，而顶角不变，则该钻孔轨迹呈螺旋状，是一条空间曲线。

为了说明曲线型钻孔轨迹的弯曲程度，采用弯曲强度（简称弯强）的概念。单位孔身长度的顶角变化，称顶角弯强。单位孔身长度的方位角变化，称为方位角弯强。弯强与数学上曲率的概念等同。前者的单位是(°)/m；后者的单位是 rad/m。如果把既有顶角变化，又有方位角变化的钻孔轨迹看成是钻进速度向量变化的轨迹，则在某一孔段这种向量方向的变化，可用钻孔全弯曲角表示。单位孔身长度的全弯曲角变化，称全弯强。全弯强值越大，表明钻孔弯曲程度愈强烈。

处理钻孔弯曲问题时要注意：① 及时测量钻孔弯曲，准确测知钻孔的空间位置，在处理地质资料时加以校正；② 研究钻孔弯曲规律和原因，采取措施进行钻孔弯曲的防治（防斜和治斜）；③ 结合施工条件采用定向钻进技术。在进行防斜、治斜和定向钻进时，都必须定期测斜。

§2 钻孔弯曲的原因与规律

一、钻孔弯曲的条件

造成钻孔弯曲的根本原因是粗径钻具轴线偏离钻孔轴线。粗径钻具轴线偏离钻孔轴线的方式，可能是偏倒，也可能是弯曲。因此，产生钻孔弯曲必要而充分的条件是：

(1) 存在孔壁间隙，为粗径钻具提供偏倒（或弯曲）的空间。此条件主要影响钻孔弯曲强度。

(2) 具备倾倒（或弯曲）的力，为粗径钻具轴线偏离钻孔轴线提供动力。

(3) 粗径钻具倾斜面方向稳定。粗径钻具倾斜面是指偏倒（或弯曲）的粗径钻具轴线与钻孔轴线所决定的平面。

孔壁间隙和倾倒（或弯曲）力是实现钻孔弯曲的必要条件；而粗径钻具倾斜面方向稳定是产生钻孔弯曲的充分条件。

二、钻孔弯曲的原因

形成钻孔弯曲条件的原因或因素大致可分为三类，即地质、技术和工艺因素。

1. 地质因素

影响钻孔弯曲的地质因素主要是岩石的各向异性和软硬互层。地质因素是客观存在的，只能通过工艺技术措施来减弱甚至抵消它的促斜作用。

1.1 岩石的各向异性

某些具有层理、片理等构造特征的岩石，其可钻性具有明显的各向异性。如图 10-2(a)所示，钻头沿垂直于岩层方向钻进的岩石破碎效率最高，而平行于层理的方向，效率最低，倾斜方向的破岩效率居

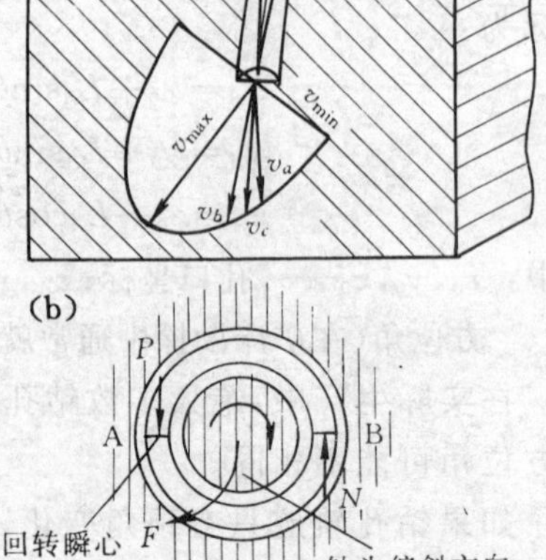

图 10-2 在各向异性岩层中钻进示意图

中。因此，在倾斜岩层中钻进时，极易产生钻孔向垂直于层面的方向弯曲（俗称顶层进）。同时钻头在岩层片理和层理的作用下，产生偏离钻孔中心的旋转，也是造成孔斜的重要原因。当钻头与岩层斜交时[图 10-2(b)]，钻头切削具在孔底 A、B 两点处所遇回转阻力不同。若钻头按顺时针方向旋转，则 A 点切削具逆层切削的阻力 P 大于 B 点切削具顺层切削的阻力 N，这时图中的 A 点可看作是钻头回转的瞬心，即钻孔轴线有沿 F 方向偏移的趋势。

钻孔弯曲强度与岩石各向异性强弱和钻孔遇层角的大小有关。所谓钻孔遇层角就是钻孔轴线与其在层面上的正投影的夹角。当遇层角约为 45°时，钻孔弯强最大。岩石各向异性越强，则钻孔弯强也越大。

1.2　软硬互层

钻孔以锐角穿过软硬岩层界面，从软岩进入硬岩时，由于软、硬部分抗破碎阻力的不同，使钻孔朝着垂直于层面的方向弯曲；而从硬岩进入软岩时，则钻具轴线有偏离层面法线方向的趋势。但由于上方孔壁较硬，限制了钻具偏倒，结果基本保持着原来的方向；钻孔通过硬岩进入软岩又从软岩进入硬岩时，最终还是沿层面法线方向延伸。

钻孔遇层角存在着临界值。超过此值时，钻孔顶层进；低于此值时，钻孔将沿硬岩的层面下滑（俗称顺层跑）。临界值的大小决定于硬岩的硬度和钻头的类型，通常为 10°～20°。

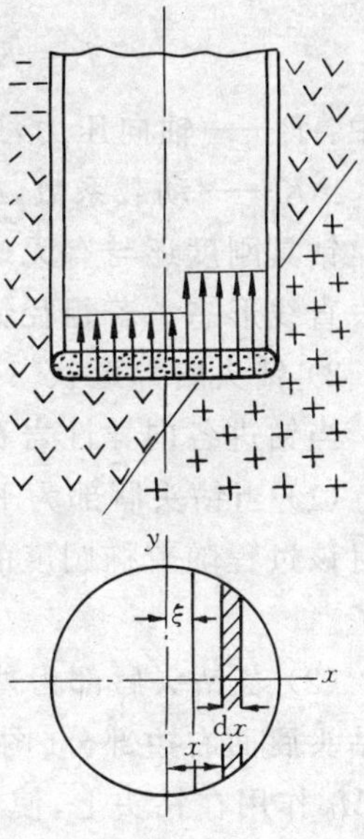

图 10-3　全面钻头底唇阻力的分布及倾倒力矩计算图

钻头以锐角穿过软硬岩层界面时（图 10-3），孔底软、硬岩层对钻头底唇的反作用力是不同的。软岩反作用力小，硬岩反作用力大。因而产生了一个作用于钻头底唇的倾倒力矩，使粗径钻具在孔内偏倒。对力矩元微分方程求积分（推导过程从略）可求出全面钻头上的倾倒力矩 M_c：

$$M_c=\frac{2}{3}(\sigma_B-\sigma_A)(R^2-\xi^2)^{\frac{3}{2}}\qquad(\mathrm{N\cdot m})\qquad(10-2)$$

式中：σ_B、σ_A——硬、软岩的抗压入阻力，N/m²；R——全面钻头半径，m；ξ——孔底软、硬岩层接触面的 x 坐标，m。

同理可以求出作用于取心钻头底唇上的倾倒力矩：

$$M_o=\frac{2}{3}(\sigma_B-\sigma_A)\left[(R_1^2-\xi^2)^{\frac{3}{2}}-\lambda(R_2^2-\xi^2)^{\frac{3}{2}}\right]\qquad(\mathrm{N\cdot m})\qquad(10-3)$$

式中：R_1、R_2——钻头的外、内半径，m；λ——系数，$\xi<R_2$ 时，$\lambda=1$；$\xi>R_2$，$\lambda=0$。

式(10-2)、式(10-3)表明：M_c、M_o 与软、硬岩层的阻力差成正比。当 $\xi=0$ 时，软、硬岩层界面通过钻头中心，M_c、M_o 有最大值。

除上述地质因素的影响以外，钻进含有卵石、砾石或漂石的岩层时，钻孔延伸受到岩石硬块的阻碍，钻孔往往朝着容易通过的方向偏斜。此时顶角和方位角的弯曲无一定的规律。钻孔遇到大裂隙、交角又不大时，孔身往往沿裂隙面的方向延伸。斜孔穿过较厚的松散岩石或溶洞及老窿时，孔身则趋于下垂。

2. 技术因素

技术因素具有人为性质，一般可以避免。属于技术因素的有设备安装、钻具的结构和尺寸等。

2.1　设备安装

钻机基础不平，立轴安装不正确，未下孔口管或孔口管方向不合要求，都会使钻孔偏离设计轨迹。这些因素主要是在开始阶段起作用，但钻孔开始的弯斜会给以后的钻孔留下严重的影响。

2.2 钻具结构尺寸

1)粗径钻具的刚度

粗径钻具直径较小而长度过长，则刚度可能不足，因而会失稳而弯曲。粗径钻具的临界长度按下式计算：

$$L_c = K\pi\sqrt{\frac{EJ}{P}} \quad \text{(m)} \tag{10-4}$$

式中：P——轴向压力，N；E——钢的弹性模量，N/m^2；J——粗径钻具截面的轴惯性距，m^4；K——动载系数，$K=0.6\sim0.8$。

钻具刚度还与有无螺纹接头有关。在钻具结构中接头越多，强度越小，则粗径钻具越容易失去直线形态。若粗径钻具弯曲，即使孔壁间隙不大也可能使钻孔产生较大的弯曲。

2) 钻头唇部形状

当钻进各向异性岩石且遇层角为锐角时，钻头唇部形状会影响钻孔弯曲方向及弯曲强度。

(1) 当钻头唇部为平面形状或椭圆形状时，孔底向碎岩阻力最小方向偏移[图 10-4(a)]。同时该过程随着椭圆度的增大而加剧[图 10-4(b)]，因为钻孔向碎岩阻力最小的侧向破碎加快了。

(2) 若钻头唇部为外锥形式，则在孔底径向对应部位上各向异性岩石的阻力是不同的。因为钻头唇面右边部分[图 10-4(c)]破岩阻力小，而在左边部分破岩阻力大。因此，有一翻转力矩 M_0 作用在钻头上，使钻孔有向左偏斜的趋势。

(3) 如果钻具唇部为内锥形[图 10-4(d)]，则孔底左边破碎较为强烈，钻孔向右偏斜。

显然，在各向异性岩石中使用内锥形或半球形唇面的钻头钻进时弯强最大。使用平面形唇面钻头钻进时，钻孔弯强小。

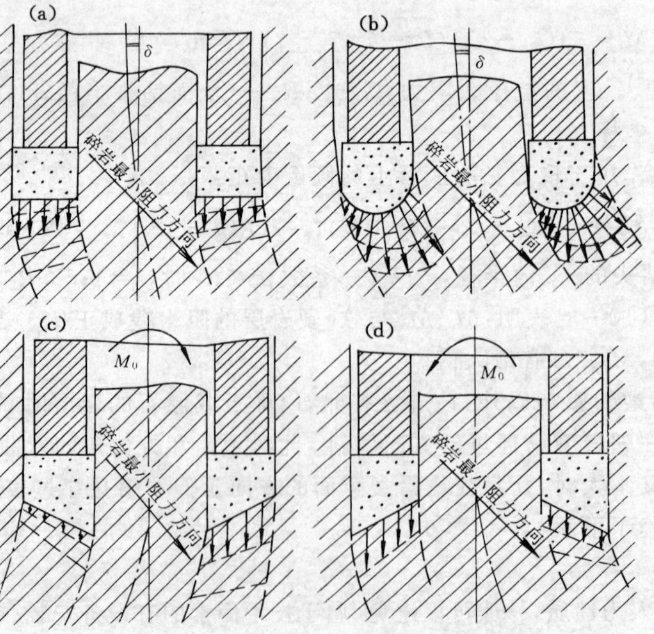

图 10-4 在各向异性岩石中钻进时钻孔弯曲与钻头唇部形状的关系示意图

3）粗径钻具的长度和孔壁间隙

孔壁间隙通常指的是粗径钻具外径与孔径间的间隙。若粗径钻具在钻孔中偏倒，则粗径钻具在孔内的偏倒角 δ（图 10－5）为

$$\delta=\sin^{-1}\frac{2D_c-D_1-D}{2L} \tag{10-5}$$

式中：D_c——孔径；D_1、D——岩心管直径及钻头直径；L——粗径钻具长度。

显然，孔壁间隙增大或粗径钻具减短，都会引起偏倒角增加，从而使钻孔弯曲强度增大。如采用肋骨钻头、外出刃大的钻头、过份磨钝的钻头及不同心的钻具，都会增大孔壁间隙。

4）钻具的组成

钻具组成指的是钻杆柱、异径接头、岩心管及钻头等的尺寸级配。

在岩心钻探中，由于粗径钻具的外径比钻杆外径大，又由第二章得知，钻杆柱在孔内工作时，往往是弯曲的。这样粗径钻具上部将起支点作用，有这个支点存在，就一定会产生力图使钻具围绕该支点转动的力矩，这就导致产生把钻具下端压向孔壁的偏斜力 N。

在垂直钻孔中，偏斜力取决于作用在力臂 OA 上的力（图 10－5）：

$$P=G_1+Q_1+Pa \tag{10-6}$$

式中：G_1——轴载的分力；Q_1——钻具质量的分力；Pa——离心力。

计算出这些数值后，可以求得力 P：

$$P=G_0\sin\delta+Q\sin\delta+5.1\times10^{-4}ql_0n^2(D_c-d) \tag{10-7}$$

式中：G_0——轴载；Q——钻具质量；δ——钻具偏倒角；q——钻杆柱单位长度的质量；l_0——弯曲钻杆的半波长度；n——钻具转速。

钻具下端在 B 点压向孔壁的力为（推导从略）：

$$N=\frac{l_1}{l}\left\{\left[(G_0+Q)\sin\delta+5.1\times10^{-4}ql_0n^2(D_c-d)\right]-\frac{\pi^2EJ}{(\mu l_0)^2}\right\} \tag{10-8}$$

由式（10－8）可知：粗径钻具 l 越短，钻杆柱单位长度质量 q、钻具质量 Q（若减压钻进只计受压部分质量）、钻孔和钻杆的直径差（D_c-d）、轴载 G_0、转速 n 越大，以及钻具刚度越小，则偏斜力 N 的数值就越大。可见，在垂直钻孔中，若钻具为公转，钻具偏斜力 N 的作用在任何方向都是一样的，不会导致钻孔弯曲；若自转则会导致钻孔弯曲。

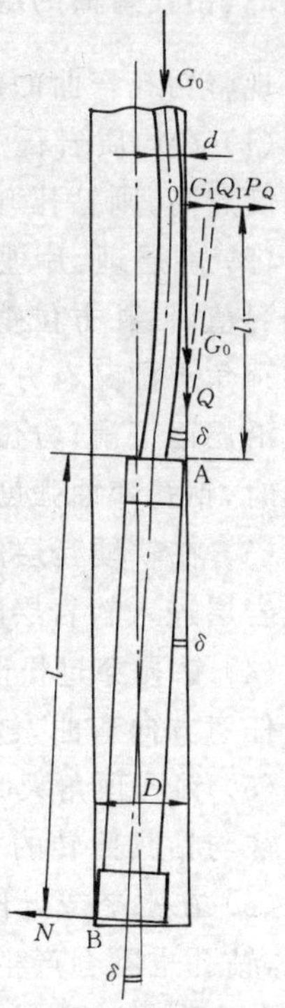

图 10－5　使钻具在垂直钻孔内偏斜的力的作用图

在斜孔中，偏斜力还与顶角 θ、钻具在孔内回转时的位置有关。若粗径钻具的质量 Q_c 不大，则在上帮方向的 N 力最大，下帮方向次之，侧向不大。这常常会导致钻孔上漂。若此时钻具为自转，向上漂的弯曲强度更大。如果粗径钻具质量 Q_c 很大，则 G_1 的作用增大，于是钻具开始较快地破碎钻孔底帮。钻孔上漂减缓或开始向顶角减小方向弯曲。因此，钻具的组成，特别是支点以下部分的组成，会影响钻孔的轨迹。

3. 工艺因素

工艺因素基本上是主观方面的因素，可以采取各种措施加以限制。

3.1　钻进方法

不同的钻进方法具有不同的碎岩特点，导致不同的孔壁间隙。钢粒钻进扩壁现象最为严重，孔壁间隙很大；硬合金钻进具有中等的孔壁间隙；金刚石钻进孔壁间隙最小。因此，一般钢粒钻进时孔斜最大，硬合金钻进次之，金刚石钻进（在钻具刚度足够时）最小。冲击回转钻进是以冲击和回转共同作用破碎岩石，采用较低的轴向压力和转数，因而钻孔有较小的弯曲强度。

3.2 钻进规程参数

钻压过大，会引起钻杆柱甚至粗径钻具弯曲，使钻头紧靠孔壁一侧，此时偏倒角可能达最大值，并且钻具的回转摩擦阻力也增加，钻具自转几率增加，此时钻具倾斜面稳定，从而导致钻孔弯曲。

转速过高，钻杆柱离心力增大，从而加剧了钻具的横向振动和扩壁作用，使孔壁间隙增大。

冲洗液量过大，会冲刷、破坏孔壁（尤其在较软的岩层中），扩大孔壁间隙。

当然，若钻进规程参数选择不合理，使得钻速过低，钻具在孔壁上长时间研磨也会扩大间隙，增加孔斜。

三、钻孔弯曲的规律

现将钻孔弯曲的规律性归纳如下：

(1) 在均质岩石中钻进时，钻孔弯曲强度小于在不均质岩石中的弯曲强度，岩石的各向异性程度越高，则钻孔弯曲强度越大。

(2) 在层理、片理发育的岩石中钻进时，钻孔朝着垂直于层面的方向弯曲。钻孔遇层角大于临界值，钻孔方位垂直于层面走向时，顶角上漂而方位角稳定；钻孔方位与层面走向斜交时，既有顶角上漂又有方位角弯曲，方位变化趋向于与层面走向垂直。钻孔遇层角小于临界值，则钻孔沿层面下滑，方位角变化不定。钻孔弯曲强度的大小与遇层角大小有关。当遇层角为45°左右时，钻孔弯曲强度最大。

(3) 在软硬互层的岩石中钻进时，由于钻孔从软岩层进入硬岩层时，弯曲强度较大，虽然从硬岩层进入软岩层时，弯曲强度较小，但最终钻孔弯曲的趋势仍是与层面垂直。

(4) 钻孔穿过松散非胶结岩石、大溶洞、老窿时，钻孔趋于下垂。钻孔碰到硬包裹体时，可能朝任意方向弯曲，包裹体越硬，弯曲越强烈。

(5) 钻孔顶角大时，方位角变化小；钻孔顶角小时，方位角变化大。按一般规律，方位角弯曲往往与钻具回转的方向一致。只是在顶角接近于零的钻孔中，方位角变化才表现不定。

(6) 在水平或近似水平的层状岩石中钻进垂直孔，即使岩石各向异性很强，软硬不均程度很大，钻孔也不会产生较大的弯曲。

(7) 孔壁间隙大，粗径钻具短，钻具刚度差，则钻孔弯曲强度大。立轴与导向管安装不正，钻孔朝安装不正的方向偏斜。

(8) 钢粒钻进斜孔时，由于钢粒多集中于孔底的左下方，所以孔身向右上方弯曲，顶角和方位角都发生变化。此种弯曲趋势可能由于地质因素的影响而加剧或减弱。

§3 钻孔弯曲的测量仪器与数据处理

一、测量钻孔弯曲的原理

1. 顶角测量原理

1.1 液面水平原理

将一个盛有液体的圆筒状容器放入钻孔（或钻具）中，容器可随孔斜而倾斜，两者的轴线方向一致，而液面却始终保持为水平状态。只要使液面在容器上留下刻痕或印痕，从钻孔中取出后便可据此测定钻孔倾角（或顶角）。

最普通、最简便的是利用氢氟酸对玻璃管的蚀痕方法测顶角。它是将浓度为20%～30%的氢氟酸水溶液注入玻璃试管中，然后将试管装入保护筒并一起下到钻孔中待测量位置，停留15～20min，提钻取出，测量试管上的蚀痕（图10-6），便可算出钻孔顶角（式10-9）。

$$\mathrm{tg}\theta' = \frac{h_2 - h_1}{d} \tag{10-9}$$

式中：θ'——钻孔顶角计算值，度；h_1——蚀痕最低点至试管基准线距离，mm；h_2——蚀痕最高点至试管基准线距离，mm；d——试管内径，mm。

由于有毛细管作用，形成的蚀痕往往为曲面，测出的顶角须按表10-1的数据进行校正，$\theta = \theta' + E$。为了避免繁琐的计算与校正，也可在有蚀痕的试管内装入等量的有色液体，当其液面与蚀痕完全一致时用倾斜仪对玻璃试管进行标定，直接读出顶角值。

表10-1　浓度20%氢氟酸的校正系数

玻璃管直径(mm)	每度校正值(E)
15～16	12′
17～18	11′
19～20	10′
21～22	9′
23～24	8′

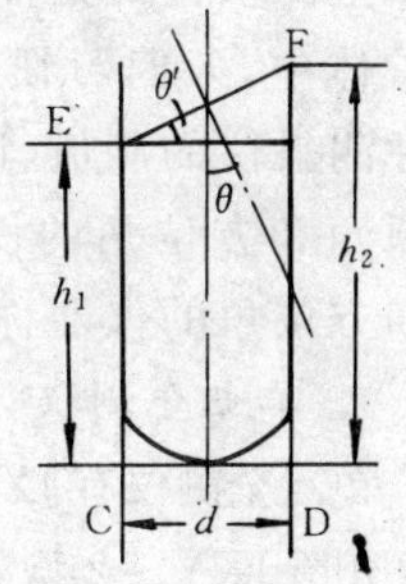

图10-6　氢氟酸蚀痕法测量顶角

还可以采用显影法、化学浆液固结法等利用液面水平原理来测量顶角。

1.2　重锤原理

悬吊的重锤因重力作用永远处于铅垂状态，它与探管轴线（即钻孔轴线）之间的夹角即为钻孔顶角。为了测量此角度，探管内大多都设计了框架。

2. 方位角测量原理

2.1　地磁场定向原理

当罗盘的磁针呈水平状态时，将永恒指向大地磁场。利用这一特性，可测钻孔磁北方位角。还可利用磁通门或其他磁敏元件，测量它们因所处位置与大地磁场的方向不同而产生的感应电动势的大小，来计算钻孔方位角。目前，测方位角大多采用磁针式罗盘。利用地磁场定向原理测量的是磁方位角，不是真北方位角，磁北方向与真北方向有一夹角（磁偏角）。因此，将磁北方位角换算成真北方位角时，必须根据测量点所处的地理位置加或减去磁偏角大小。据地磁场定向原理设计的测斜仪，只适用于无磁性或弱磁性矿区。在强磁性矿区，因磁性干扰，仪器误差大，不能采用。

2.2　地面定向原理

在地面用经纬仪，由已知坐标点导测一通过孔口中心的方向线作为定向方向，然后，将此定位方向设法传到孔内各个测点（图10-7），若钻孔轴线为斜直线，顶角为θ，水平面对钻孔的截面为椭圆O，而钻孔本身的横截面为圆O'。可以把O'看成是椭圆O在钻孔横截面上的投影。若取定位方向为OA，其方位角为α_0，OA在圆O'上的投影为$O'A'$。钻孔倾斜面的方向为OB，其方位角为α_1。令$\angle AOB = \alpha_1 - \alpha_0 = \alpha$（或$\alpha_1 - \alpha_0 = -\alpha$）。$OB$在圆$O'$上的投影为$O'B'$。若令$\angle A'O'B' = \varphi$，则此在钻孔横截面上的$\varphi$角即为终点角，是钻孔倾斜方向与定位方向在圆$O'$上投影的夹角。若钻孔顶角为 θ，则根据投影几何，可有以下的关系：

$$\mathrm{tg}\alpha=\mathrm{tg}\varphi\cdot\cos\theta \tag{10-10}$$

如果我们能把地面的定位方向传至孔内某点，保持不变，并在此点测得终点角，即可按式(10-10)求出钻孔方向与定位方向之间的方位角增量，然后用 $\alpha_1=\alpha_0\pm\alpha$ 求出该点钻孔的方位角。

图 10-7 中，$OAA'O'$ 为起点平面或定位平面，$OBB'O'$ 为终点平面或钻孔倾斜平面。因此终点角就是终点平面与起点平面之间的夹角。

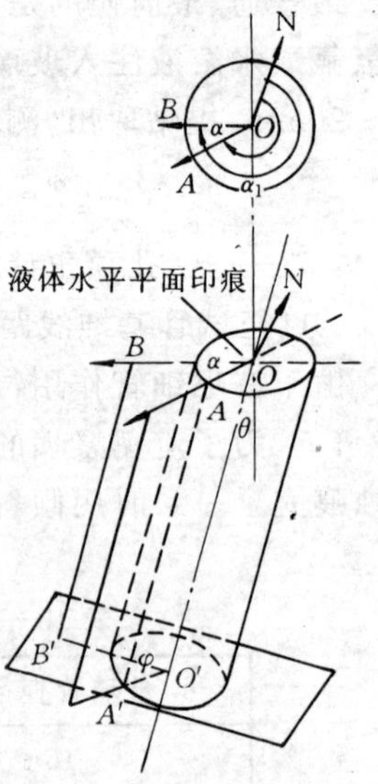

图 10-7　根据终点角求方位角示意图

二、非磁性矿体中的全测法

全测仪指的是能同时测量钻孔顶角和方位角的仪器。在非磁性矿体中，人们习惯用磁针来测量方位角，而用重锤来测量顶角。各种测斜仪的测值、读数方法不尽相同。每下孔一次只能测一个点的顶角和方位角的仪器称为单点全测仪，而一次能测许多点的顶角和方位角的仪器称为多点全测仪。

1. 单点全测仪

单点全测仪有 JXY-2、JGC-40、KXP-2、XTS-35 等型号。下面仅介绍 JXY-2 型测斜仪。

该测斜仪用罗盘测方位，用悬锤测顶角。在孔内测点处用定时钟锁卡装置固定罗盘指针和顶角刻度器，当仪器从孔内提出时即可读出顶角和方位角。该仪器结构简单，操作方便，适用于非磁性矿区直径大于 80mm 的钻孔。

如图 10-8 所示，全部测量系统装在框架 6 上。上轴 1 插入框架的轴孔中，下轴 3 则由仪器壳底轴承座 15 内的钢珠 21 支承。框架能在里套筒 7 内灵活转动。在框架一侧装有重锤 8，框架上部装有罗盘，罗盘 180°刻度与重锤同侧。在倾斜孔中，重锤 8 始终处于钻孔的下侧，使框架平面与钻孔倾斜面垂直，罗盘 0°刻度处于钻孔上侧而指向钻孔倾斜方向。

罗盘由盒盖 10 和盒底 18 组成，在其中心的磁针轴上装有磁针 11，以红色指北端作为读数依据。由于 0°～360°刻度为反时针方向，所以磁针红色端所指的读数，就是测点的方位角。

罗盘盒由水平轴承 14 支承，其下部连有带 0°～60°刻度的顶角刻度器 5。它既起重锤作用使罗盘始终保持水平；又可起悬锤作用。根据定位座 19 上标线所指的刻度器的刻度，可直接读出测点的顶角。框架的下部装有机械定时钟，在定时钟的背面装有凸轮。当定时钟走完预定时间后，凸轮推动杠杆，杠杆推动定时挺针 2 和弧形定位齿条 4，使磁针和顶角刻度器处于锁紧状态，虽有轻微震动也不会发生位移。定时钟最大走时为 110min。

仪器装入里套筒 7 后，再一起装入保护筒 13 内，保护筒上下放有防震橡皮垫 20，并用胶木盖 9 固定。最后将保护筒放入铜套管内。铜套管由上管和下管组成。每节下管中各放一台仪器，铜套管各丝扣连接处均用密封圈密封。上管仅作为伸长管，使仪器轴线与钻孔轴线更为一致，以提高测量精度。

2. 多点全测仪

多点全测仪通常采用非电量电测法。孔内由罗盘测量的方位角和用悬锤原理测量的顶角都是非电量参数值，通过电阻元件（弧形电阻件和环形电阻件）把它们转换成电量。这类测斜仪（如 JJX-2、JJX-3、KXP-1、JX641GA、SJX77、SSJX77 和 CX-3601 等型号）一般都采用直流平衡电桥测量电路，即将方位电阻和顶角电阻分别作为两个直流平衡电桥的被测电阻和一

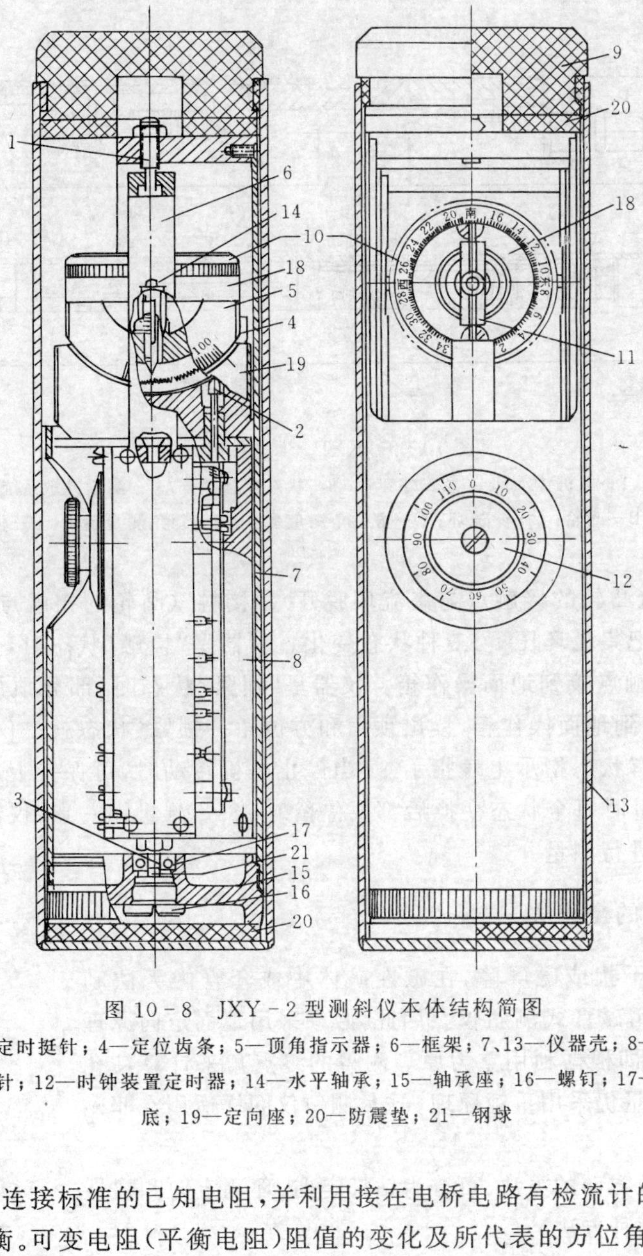

图 10-8　JXY-2 型测斜仪本体结构简图

1、3—上下轴；2—定时挺针；4—定位齿条；5—顶角指示器；6—框架；7、13—仪器壳；8—重锤；9—胶木盖；10—罗盘；11—磁针；12—时钟装置定时器；14—水平轴承；15—轴承座；16—螺钉；17—轴承；18—罗盘盒底；19—定向座；20—防震垫；21—钢球

臂，电桥的另三个臂连接标准的已知电阻，并利用接在电桥电路有检流计的对角线一端的可变电阻调节电桥的平衡。可变电阻（平衡电阻）阻值的变化及所代表的方位角或顶角值，可由地面仪器面板的刻度盘读出。多点全测仪一次下孔，可进行多点测量，效率高。下面介绍 KXP-1 型全测仪。

KXP-1 型测斜仪是一种小直径轻便测斜仪，适用于 ϕ46mm 以上的非磁性钻孔。仪器有井下探管和地面操作箱两大部分。井下探管与地面操作箱用三心电缆连接。探管（图 10-9）主要由电机传动部分 1、状态控制部分 3、测量灵敏系统 4 和外套管 2 组成。电机传动部分和状态控制部分的主要部件有电机、减速箱、凸轮、集流环。测量灵敏系统主要部分有铝合金框架、方位角测量系统、顶角测量系统。测量系统的顶角和方位角电阻分别与集流环的内环、外环相接。外套管用不锈钢材料制成，管内灌有经过过滤的 1∶1 变压器油和煤油的混合油，它可起阻尼作用。

电机传动部分和状态控制部分的作用是当直流电机转动时，其输出端经减速箱减速后，以每分钟 2 转的旋转速度控制凸轮。由于凸轮在径向对集流环有三个不同的控制状态位置，使仪

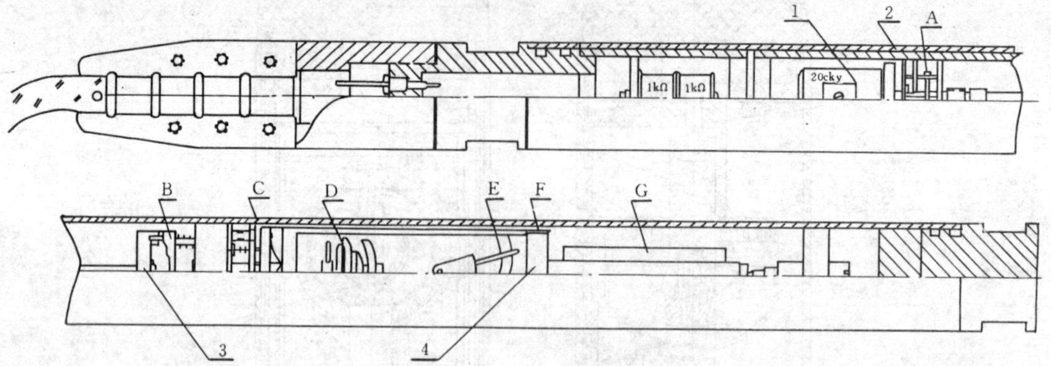

图 10-9 KXP-1型探管结构

1—电机传动部分；2—外套管；3—状态控制部分；4—测量灵敏系统

A—减速箱；B—凸轮；C—集流环；D—方位角测量系统；E—顶角测量系统；F—框架；G—重锤

器依次呈现“自由”(凸轮的接触点与集流环脱开)、“接触”(凸轮的接触点与集流环接触)、“锁紧”(凸轮的接触点把集流环压下)三种状态变化。仪器呈“接触”状态时，全部顶角和方位角电阻通过集流环和接触点接到地面操作箱。仪器呈“锁紧”状态时，部分顶角和方位角电阻被短路，另一部分电阻接到地面操作箱，读出顶角和方位角。“锁紧”状态就是仪器的“测量”状态(上述状态地面操作箱有状态指示电表指示)。当停止电机转动时，可保持上述三种状态所需的状态不变。在孔内测量时每个状态变换后都要停留 6～8s。测量完一点，仪器要呈“测量”状态下降或上升到另一点进行测量。

三、磁性矿体中的全测法

由于存在磁性干扰或磁屏障，在磁性矿体中或套管内无法利用地磁场定向和使用磁针式测斜仪。因此，必须采用地面定向原理来测量钻孔方位角，即根据利用重力原理测得的终点角来计算钻孔方位角，钻孔顶角测量仍采用重锤原理。这类测斜仪同样适用在非磁性矿体中测斜。

按传递地面定位方向的方法，可分为钻杆定向、环测定向和惯性定向。下面介绍后两种方法。

1. 环测定向法

1.1 环测原理及程序

环测法是由孔口定向，利用专用测具(定向钻杆及仪器)下入孔内，测出测点的顶角和终点角，通过换算求出测点的方位角。

测量时，测具(图 10-10)上端为钢丝绳提引接头，以下依次为上测筒、定向钻杆(包括定向接头)、下测筒及导向管。测具的长度随两测点间的距离而定。通过定向连接，整套测具的定向母线连成为一条直线。

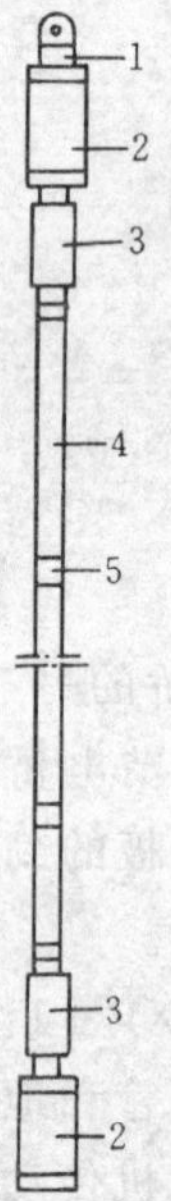

图 10-10 定向测具组装图

1—提引接头；2—导向管；3—测筒；4—测杆；5—定向接头

首环测量时，用钢丝绳将测具悬吊在孔口，使上测筒露出地表 2/3，下测筒下到孔深 25m(或 50m)处，称为第一测点的深处。然后对上测筒进行孔口定向。若开孔为垂直孔时，用定向板夹持上测筒，并使上测筒位于孔口中心，定向板的零刻度线必须对准测筒母线。用经纬仪测定的定位方向线应通过定向板零线、上测筒母线和孔口中心线，一般取真北方向为垂直孔孔口定位方向。若开孔为斜孔时，将上测筒靠在孔口下侧壁，用经纬仪按设计方向测定的定位方向线必须通过定向板零线、上测筒母线和孔口中心，即定位方向线应在起点平面内。如开孔实际方位与设计方位完全吻合，则上仪器终点角读数应为零。

经孔口定向后，确定起点方位角为 α_0。待定时钟到时后，起钻取出仪器，分别由上、下测斜仪读得 $\varphi_上$ $\theta_上$ 和 $\varphi_下$ $\theta_下$，以此可求得终点角差 $\Delta\varphi$。经换算可求得 0 点(地表)和 1 点间的方位角增量为($\pm\Delta\alpha_1$)，因而

$$\alpha_2=\alpha_0\pm\Delta\alpha_1 \tag{10-11}$$

第二环测量时，把装有仪器的上、下测筒经定向钻杆连接，分别置于孔深 25m(或 50m)和 50m(或 100m)处。不用定向，同理可读得 φ_1、θ_1 和 φ_2、θ_2，求得 1 和 2 点间的方位角增量($\pm\Delta\alpha_2$)，如此循环(一般每一循环需测两次以上)。

$$\alpha_i=\alpha_0+\sum_{i=1}^{n}(\pm\Delta\alpha_i) \tag{10-12}$$

环测所涉及的基本公式是

$$\pm\Delta\varphi_i=\varphi_i-\varphi_{i-1}\pm A \tag{10-13}$$

式中：A——测具的装合差。

$$\Delta\alpha=\arcsin\frac{\sin\Delta\varphi}{\cos\dfrac{\theta_1+\theta_2}{2}} \tag{10-14}$$

$$\Delta\alpha=2\operatorname{arctg}\left[\operatorname{ctg}\frac{\Delta\varphi}{2}\cdot\frac{\cos\dfrac{\theta_1+\theta_2}{2}}{\cos\dfrac{\theta_2-\theta_1}{2}}\right] \tag{10-15}$$

式(10－15)较式(10－14)准确。在 θ_1 与 θ_2 相差不大时，才用式(10－14)。

求测具装合差的方法是选择一块平坦的地面，将测具顺次成直线定向连接，将上、下仪器定时 10min，分别装入上、下测筒。10min 后测出上、下仪器的终点角，下仪器终点角与上仪器终点角的差值便是测具的装合差 A。为保证准确，应转动测具多次求测，取平均值。

1.2　环测式测斜仪

环测式测斜仪有 JDP－1、JXK－2、JXC－1 等型号，其中 JXK－2 和 JXC－1 型均采用非电量电测法，属多点全测仪，JDP－1 型是单点全测仪。下面介绍 JDP－1 型测斜仪。

该仪器又称定盘测斜仪(图 10－11)，它由固定架部分、活动架部分、定时锁卡机构、保护筒等组成。适用于 ϕ 66mm 以上的钻孔。

(1) 固定架部分　其上部装有带 0°～360°刻度的终点角度盘，度盘 90°与 270°处各有支撑架与定时锁卡钟座 11 联成一体。0°～180°平面与定位键槽 17 在同一平面内(即起始平面)。

(2) 活动架部分　是仪器的灵敏部分。它上下由玛瑙轴承和轴尖 5 支撑，能绕仪器轴线自由转动。当仪器倾斜顶角在 3°以上时，活动架因上偏重盘 6 的偏重作用，使顶角度盘 8 永远处于钻孔倾斜面内，并且由于顶角度盘自身的偏重，其重心处于铅垂线上。上偏重盘 6 也是游标刻度盘，它的零线也静止在钻孔倾斜面内。从而在固定盘 4 上指示出终点平面(钻孔倾斜面)与起始平面(0°～180°平面)之间的夹角，即终点角。固定在上偏重盘下面的"Π"形指针 7，在顶角度盘 8 上指出钻孔的顶角。

(3) 定时锁卡机构 15　它与 JXY－1 型测斜仪相同，当走完预定时间后，就使活动架 9 与

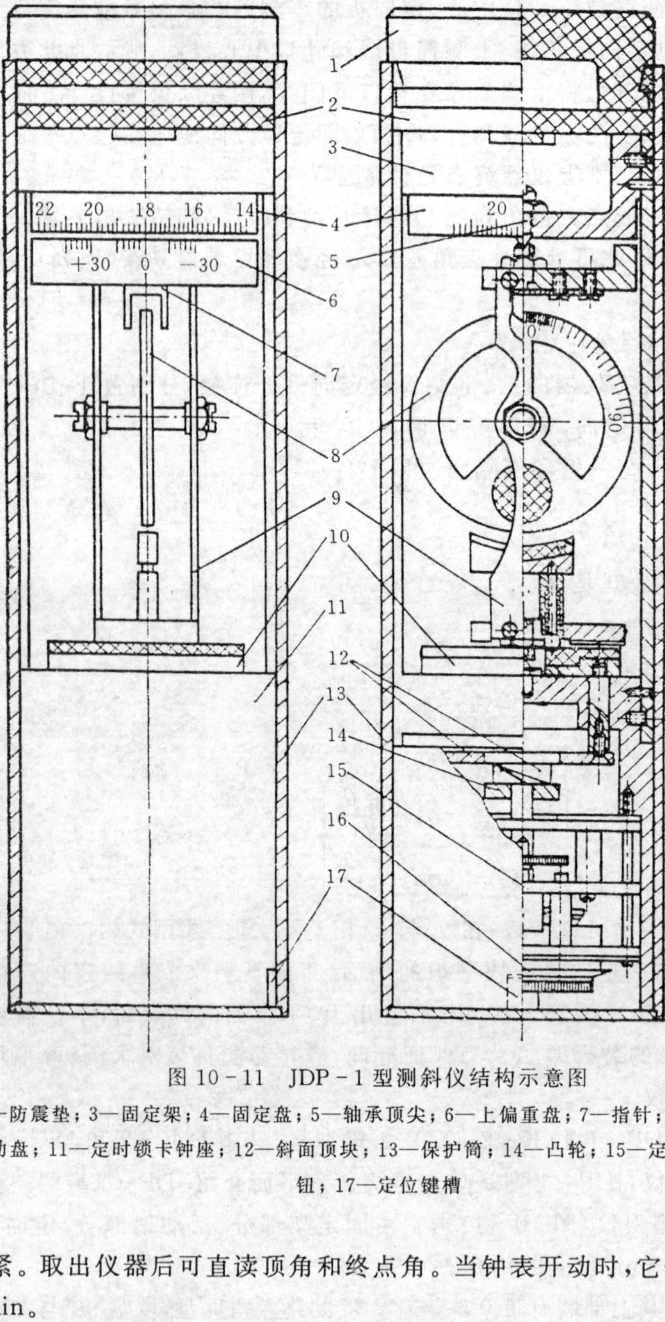

图 10-11　JDP-1 型测斜仪结构示意图

1—筒盖；2—防震垫；3—固定架；4—固定盘；5—轴承顶尖；6—上偏重盘；7—指针；8—顶角度盘；9—活动架；10—制动盘；11—定时锁卡钟座；12—斜面顶块；13—保护筒；14—凸轮；15—定时锁卡钟；16—启动旋钮；17—定位键槽

顶角度盘 8 锁紧。取出仪器后可直读顶角和终点角。当钟表开动时，它们都处于自由状态。最大走时为 120min。

(4) 保护筒 13　筒壁底部内、外侧在同一基面上有定位键。当仪器装入保护筒后，仪器的定位键槽 17 与筒底内壁的键吻合，而筒底外壁的键又与测量定位母线的键槽吻合。这样，就保证了保护筒内仪器终点角度盘 0°～180°平面与测筒定位母线一致。

2. 惯性定向法

2.1　陀螺仪工作原理

如图 10-12 所示，陀螺仪由外环、内环和陀螺电机组成。外环可绕Ⅰ轴自由旋转，外环内装有内环，内环可绕Ⅱ轴自由旋转。内环内装有陀螺电机，陀螺电机绕Ⅲ轴作高速旋转(20 000～30 000r/min)。因此，它具有三个自由度，称为三自由度陀螺仪。Ⅰ、Ⅱ、Ⅲ轴互相垂直，且交于一点，此点还应与陀螺仪的重心重合。

高速旋转的三自由度陀螺具有两个重要特性：

(1) 定轴性　当陀螺电机转子绕Ⅲ轴高速旋转时，在重心完全与三个轴的交点同一，轴承无摩擦的情况下，Ⅲ轴在空间的方向保持不变的性质就是陀螺的定轴性。此特性可用于定向测量。

(2) 进动性　当陀螺电机转子绕Ⅲ轴高速旋转时，如果在Ⅰ轴上作用一个干扰力距，此时外环不转，而内环绕Ⅱ轴转动。Ⅱ轴进动，使Ⅲ轴脱离原来位置而发生倾斜。如果在Ⅱ轴上作用一干扰力矩，此时内环不转，而外环绕Ⅰ轴转动。Ⅰ轴进动，使Ⅲ轴偏离给定方向，产生漂移。

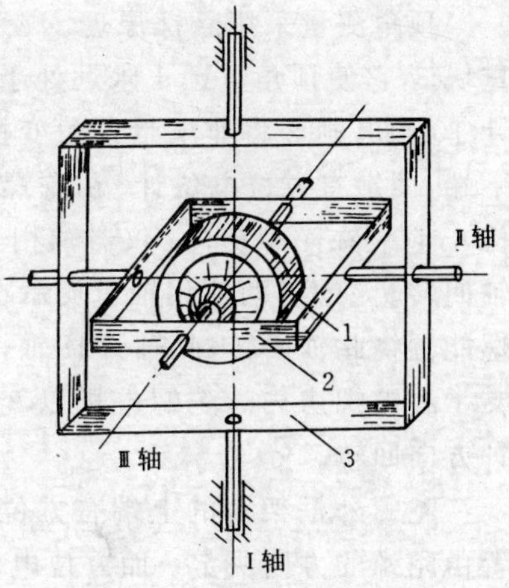

图 10－12　陀螺仪原理示意图

1—高速转子；2—内环；3—外环

在实际工作中，由于Ⅰ轴、Ⅱ轴和Ⅲ轴的交点与陀螺仪的重心很难完全重合，Ⅰ轴和Ⅱ轴轴承摩擦力也不可避免，所以Ⅲ轴的倾斜和漂移必然存在。不过Ⅱ轴上的干扰力距比Ⅰ轴上的小，故可做到使Ⅰ轴的进动控制在允许范围内，从而使Ⅲ轴的方位角漂移尽量减小。Ⅱ轴虽产生进动，但它不是测量轴，少量进动不影响方位角测量。可是Ⅲ轴倾斜后，与Ⅰ轴夹角太小时，陀螺在Ⅰ轴干扰力距作用下，会围绕Ⅰ轴迅速转动，完全丧失定轴性，为此设置一套水平修正装置，以抵消干扰力距对外环的作用，从而使Ⅲ轴保持水平。Ⅲ轴的方位漂移可以根据单位时间的漂移量进行修正。

2.2　陀螺仪测斜数据的修正

由于干扰力距的存在，所以陀螺仪的方位漂移很难避免。为了实测定位方向和漂移误差，在陀螺仪下孔之前先在地面定向。将三脚架置于钻孔附近，探管(井下仪器)放置在三脚架上，其倾斜顶角约为 10°左右，安上定向瞄准器，使瞄准器侧部的刻线对准探管外套管上的母线。在三脚架前 10～20m 处，前、后立两根标杆，使其和瞄准器在一条直线上，然后用经纬仪或罗盘，测出标杆的方位角，即为探管的定向方位。

地面定向后，探管仍放在三脚架上，并在锁紧状态下起动陀螺电机，与此同时完成调零工作。待陀螺电机全速运转后，再松开陀螺框架(外环)锁紧装置，然后将探管在近于直立的情况下移至孔口，下入孔内进行测斜，并记录下孔后每点测量的时间。测量结束后，将探管提出孔口，仍以近乎直立状态放在三脚架上，拧上瞄准器，瞄准标杆，测出终点角读数，此读数与原定方向的差值就是漂移误差。漂移误差可按每个测点的测量累计时间进行修正。

另外，在倾斜孔中陀螺仪测出的是终点角而不是方位角。因此，应进行按式(10－10)换算，这种换算称为框架误差修正。

2.3　陀螺测斜仪

陀螺测斜仪有 JDL－1、JXT－1、JTL－50、JXT－247 等型号。下面介绍 JDL－1 型测斜仪。

JDL－1 型测斜仪是由探管(井下仪器)、地面操纵箱、变流器、直流稳压电源和三脚定向架等组成的多点全测仪。

井下仪器(图 10－13)可分为三部分：上部是一组由电容和电感构成的回路，用来将电缆里的 400Hz 交流和直流测量信号分开；中部是由两个自由框架组成的测量系统；下部是锁紧及修正系统。探管最下部有一长腰形凸块，用以装人保护管底部的凹槽，以保证探管处于对准外管母线的正确位置。

顶角测量采用悬锤原理。在顶角框架11上，装有偏心重块3，它使顶角重锤1永远处于钻孔倾斜面内。顶角电位计10和电刷2将非电量顶角变换为电量变化。在框架11下端，固定有方位电位计。在陀螺外框架的中央装有陀螺电机6，它装在陀螺房内。仪器轴相当于I轴，框架5能围绕此轴回转。陀螺房两侧用轴承支承在框架5上，陀螺房带着陀螺能围绕此轴回转，此轴为II轴，陀螺电机的轴17为Ⅲ轴，支承在陀螺房内。陀螺电机以21 500r/min的高速作逆时针方向回转。

陀螺外框架5的上端有方位电位计电刷12，电刷的位置由陀螺的方向决定。而方位电位计4固定在顶角框架11的下端，因而电位计的一端永远保持在钻孔倾斜面内。电位计的一端至电刷的夹角便就是测量的终点角。在顶角较小时，此角就认为是方位角。

修正系统由接触摆锤7、伺服电机14及极化继电器等组成。当Ⅱ轴进动时，Ⅲ轴倾斜，使摆锤接触点与相应的一组接点相接触，驱动极化继电器，接通伺服电机的一组控制线圈，使电机在框架5的I轴上施加一个反力矩，从而使Ⅱ轴向相反的方向进动，使Ⅲ轴回到水平位置。

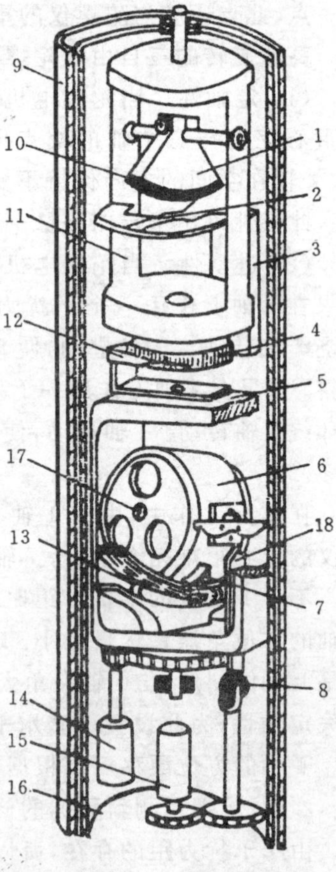

图10-13　JDL-1型陀螺仪示意图

1—顶角重锤；2—电刷；3—偏心重块；4—方位电位计；5—陀螺外框架；6—陀螺电机；7—摆锤；8—滑轮；9—仪器外壳；10—顶角电位计；11—顶角框架；12—方位电刷；13—接触摆；14—伺服电机；15—自由电机；16—仪器外壳；17—陀螺轴(Ⅲ轴)；18—顶卡杆

锁紧装置可将陀螺锁紧，一是为了减少在运输过程中陀螺各轴的振动，二是为了在地面进行定向。当把陀螺锁紧时，陀螺Ⅲ轴的方向与外管上的定向母线差90°。这对起始定向很重要。如果在定向时，陀螺装置不锁紧，Ⅲ轴将不在定向位置上，这样，将无法计算框架误差。锁紧装置的工作主要由自由电机15通过减速机构带动推杆滑轮8作上下移动。在框架5的下面装有一个凸轮(图上未表示出)，是圆弧形斜面。滑轮上移时一般先顶住凸轮，并通过凸轮带动框架5转动，直到滑轮接触到凸轮最低点时，框架5才不转动。滑轮继续上移，通过顶卡18使陀螺锁紧。要松开陀螺时，可使自由电机15反转，滑轮下移，顶卡便松开陀螺，使陀螺自由。要使陀螺全部松开，则必须使滑轮下移，直到躲开凸轮的最高点。从锁紧到自由，大约需要4min时间。

四、测斜数据处理

1. 测斜误差的产生与消除

测斜的目的是求得具体测点处钻孔顶角与方位角的真值。但是，由于仪器和操作者自身的原因，受孔内环境因素的影响，真值是永远测量不到的。只能以某种精度逼近真值。在实际工作中，存在一定的测量误差是允许的(一般顶角±0.5°～1°，方位角±4°～5°)。

根据测量误差理论可把测斜误差分成系统误差、随机误差、缓慢误差和疏忽误差4类。其中，系统误差是指服从一定规律的误差。它是由于仪器本身或测斜中使用仪器的方法不正确造成的。例如，仪器的读数出现零点漂移和温度漂移，下孔仪器的轴线与钻孔轴线不一致，磁针式测方位角的仪器用于某些磁性矿区等都可能引起系统误差。随机误差是许多因素综合影响的结果,很难分析,然而多次重复测量的随机误差服从正态分布。缓慢误差是指数值上随时间缓慢变化的误差,一般是由于电子元件老化和机械零件内应力变化引起的。疏忽误差是一种显然与事实不符的误差,没有任何规律可循。主要由操作者粗枝大叶或偶然的外界干扰引起的。

系统误差可用校正的办法加以消除,随机误差不能用校正的办法消除,但可以用重复测量取平均值的办法来减小随机误差的影响。在测斜之前用室内检验台认真对仪器进行校验;详细了解孔身结构、换径深度和孔径异常的情况,在某些孔段采取相应的措施减小测具与孔壁的间隙,增加导向器具的长度,保证仪器与测具外壳的同心度,这些措施都可能消除或减小系统误差和随机误差。缓慢误差可通过引进一个修正值加以消除,但必须经常修正。疏忽误差是不允许的,其测斜结果是无效的,必须剔除。

2. 在测斜数据的基础上绘制钻孔轨迹

钻孔测斜并非连续测量,而是每隔 25m 左右测一个点(在弯曲异常或人工造斜的孔段须加密),即测出的钻孔轨迹是由许多定长的直线线段组成的折线。为了绘出钻孔轨迹的空间曲线,首先要据剔除异常值以后的测斜资料计算出各测点的空间坐标。通常用均角全距法进行计算,即把每一段测斜间距的两组测斜数据的平均值作为该孔段的顶角和方位角值。在计算机已普及的今天,可以按式(10-16)的算法用微机快速求出各测点的三维坐标,并借助有关软件自动绘出钻孔轨迹在沿勘探线走向的垂直平面和水平面上的投影图。

$$
\begin{aligned}
X_{n+1} &= X_n + \Delta L \cdot \sin\left(\frac{\theta_n+\theta_{n+1}}{2}\right) \cdot \cos\left[\left(\frac{\alpha_n+\alpha_{n+1}}{2}\right) - \alpha_A\right] \\
Y_{n+1} &= Y_n + \Delta L \cdot \sin\left(\frac{\theta_n+\theta_{n+1}}{2}\right) \cdot \sin\left[\left(\frac{\alpha_n+\alpha_{n+1}}{2}\right) - \alpha_A\right] \qquad (n=0,1,2,\cdots,N) \\
Z_{n+1} &= Z_n + \Delta L \cdot \cos\left(\frac{\theta_n+\theta_{n+1}}{2}\right)
\end{aligned}
\tag{10-16}
$$

式中:X_{n+1}、Y_{n+1}、Z_{n+1}——第 $n+1$ 个测斜点的三维坐标,m;X_n、Y_n、Z_n——第 n 个测斜点的三维坐标,m;ΔL——第 n 个到第 $n+1$ 个测斜点之间的孔深间距,m;θ_n、α_n 和 θ_{n+1}、α_{n+1}——分别为第 n 个和第 $n+1$ 个测斜点的顶角和方位角,度;α_A——勘探线方位角,度。

3. 建立矿区(施工区)孔斜规律数学模型

业内人士一致认为,在孔斜规律明显的矿区(施工区)设计自然定向孔是解决孔斜问题的有效途径;如果已知矿区孔斜规律便可预测下一个或下一批钻孔的弯曲趋势,为优化施工设计和优选规程参数提供依据。但如何找到矿区的孔斜规律呢?以前仅靠经验分析是难以奏效的,现在我们可以在由式(10-16)得出的大量数据基础上,借助回归分析的软件建立反映该区钻孔弯曲规律的数学模型:

$$
\hat{\theta} = f_1(x,y,L) \qquad \hat{\alpha} = f_2(x,y,L) \tag{10-17}
$$

式中:$\hat{\theta}$,$\hat{\alpha}$——预测点的顶角,方位角趋势值,度;x,y——开孔点在矿区平面图上的位置坐标,m;L——预测点的孔深,m。

于是,只要已知新钻孔的孔口坐标便可预测在孔深 L 处的顶角和方位角趋势值。当然,这种预测是有误差的,随着该矿区测斜资料的积累,不断向软件中增加数据,以建立更可靠的模型,将使预测的可信度越来越高。

必须指出,根据某矿区测斜资料建立的数学模型针对性很强(不宜盲目推广),因为如果矿区变了,则影响孔斜规律的地质因素和工艺因素都会有所差异,所以还要重新建模。关于建模的具体算法及软件请查阅其他课程的教材。

§4 钻孔弯曲的预防与纠正

一、钻孔弯曲的预防

1. 在设计钻孔时应考虑预防钻孔弯曲

1.1 按照地层条件设计钻孔

(1) 布置钻孔时，尽量使钻孔垂直于岩层层面及岩层走向；

(2) 对于松软、疏松、破碎地层、厚覆盖层、裂隙及溶洞发育地层应尽可能设计垂直孔，因为在这些地层中，常因钻具自重而使斜孔产生铅垂方向的弯曲。

1.2 按钻孔弯曲规律设计钻孔

对孔斜规律明显的地层或岩层倾角较大、钻孔轴线无法与之垂直相交的地层，应充分利用造斜地层的自然弯曲规律，辅以人工控制弯曲措施，设计“初级定向孔”。

若已知钻孔弯曲规律是方位基本稳定而顶角偏离设计值较大时，应改变顶角的设计，使之能达到预定见矿点的位置。通常采用如下几种方法：

(1) 沿勘探线平移法　如图 10－14 所示，原设计钻孔拟按 O′a 方向钻至矿点 a，但按该地区钻孔弯曲规律，若由 O′点开孔，则钻孔轴线将因顶角弯曲而使见矿点偏离至 b。为了达到在 a 点见矿的要求，可在勘探线上向后移动孔位。具体方法是过 a 点引 bO′的平行线，与地面交于 o 点，o 点即为后移的孔位。

(2) 增大开孔倾角法　当移动孔位受到地形等条件的限制而按原设计又无法钻至预定见矿点时，可根据倾角弯曲规律，用增大开孔倾角的方法钻进，γ_1 是调整后的开孔倾角(图 10－15)。

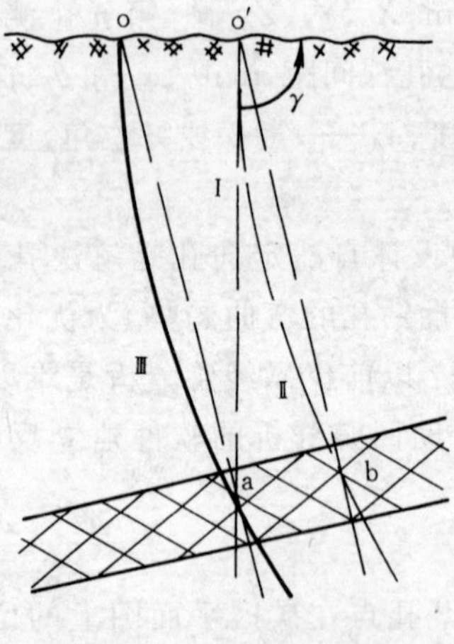

图 10－14　沿线移动孔位法

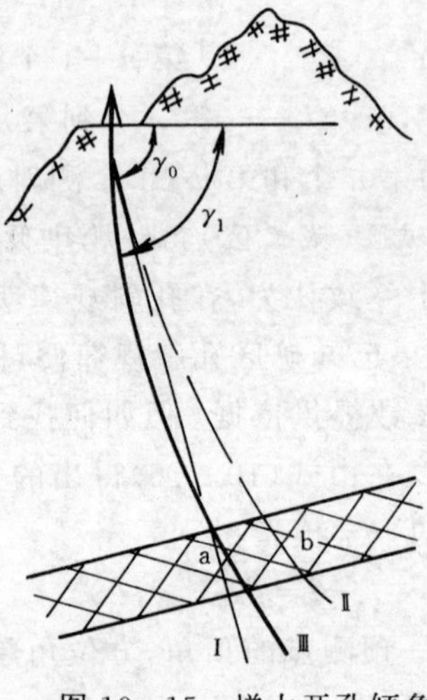

图 10－15　增大开孔倾角法

若已知钻孔弯曲规律是倾角基本稳定而方位角变化较大时，应按方位角变化规律调整钻孔设计。

(1) 离线平移法(图 10－16)　根据周围钻孔的弯曲规律，钻孔实际钻穿矿体的位置 b 与设计见矿点 a 的水平偏距为 ba，然后在地表，沿勘探线方向并按方位偏移的相反方向移动与 ba 相等的距离 oo′，按 oa 方位钻进，便可以在预定见矿点钻穿矿体。

(2) 立轴扭转安装法　立轴扭转安装法实质上是使开孔方位按周围钻孔的方位弯曲规律，向相反方向偏移。偏移的方法是扭动钻机立轴，右偏左移，左偏右移，使钻孔达到预定见矿点。

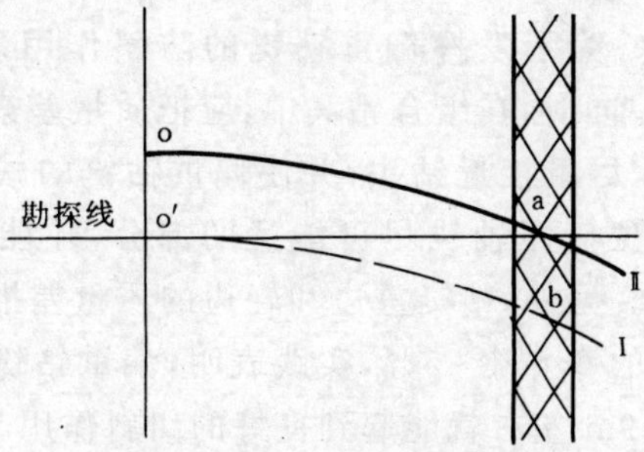

图 10-16　离线平移法

2. 保证安装质量，把好换径关

(1) 安装设备前，地基要平整、坚实、填方部分不得超过 1/3，基台木要水平、稳固。

(2) 钻机立轴倾角的方向要符合设计要求，上对塔上天车，下对设计孔位。同时，在钻进过程中还要经常检查和校正立轴方向。

(3) 要保证按设计方向开孔，粗径钻具要直，长度要逐渐加长至 10m 左右。孔口管要固定牢，其方位和倾角要符合设计要求。

(4) 换径时，应采用带导向的综合式异径钻具。

3. 采用合理的钻具结构

采用合理的钻具结构，是为了保证较高的同心度，提高钻具的刚性，减小钻具与孔壁的间隙，实现孔底加压，增强钻具的稳定性和导正作用，以改善下部钻具的弯曲形态，提高钻进时的防斜能力。

钟摆钻具、偏重钻具和满眼钻具等形式的组合钻具对防止和纠正钻井弯曲有明显的效果。

3.1　钟摆钻具

钟摆钻具的结构如图 10-17 所示。钻具中，岩心管的长度较短，约 1.5～2m，其上接钻铤。钻铤质量大于孔底所需的钻压，使中和点落在钻铤上。从图中可知，在钻具与孔壁的切点 T 以下，由钻具质量引起的横向分力将钻头推向孔壁下方，此力称为钟摆力（减斜）F_d。

$$F_d = W\sin\theta \cdot \frac{l}{L} \qquad (10-18)$$

式中：W——切点以下钻铤的质量；θ——钻孔顶角；L——孔底与切点的距离；l——切点以下钻具的重心与切点的距离。

由式(10-18)可以看出，当钻孔顶角 θ 一定时，增大减斜力的途径是：加大切点以下钻具的质量，如选用厚壁钻铤等；在略高于切点的位置上装一扶正器，提高切点的位置，或以增大切点以下钻铤长度的方法来增大钻具的质量。此外，采用扶正器还可以减小下部钻具的倾斜角和增斜力，从而进一步加大钻具的防斜能力。

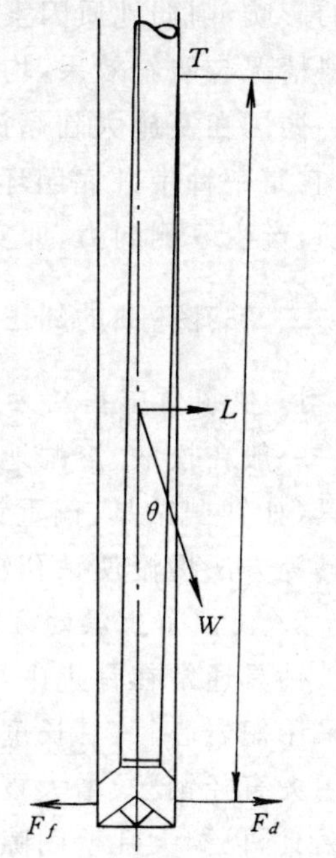

图 10-17　钟摆钻具

3.2　偏重钻具

偏重钻具是在普通钻铤的一侧钻一排浅窝（图 10-18），造成钻铤偏重。当钻具回转时，因偏重而产生一个朝向重边的离心力，且转速愈高离心力愈大。钻进时，当偏重一边朝向孔壁下侧帮时，离心力与钟摆力方向一致，可以对孔壁产生较大的冲击纠斜力，使钻孔倾角逐渐减小。同时，由于这种周期性的旋转不平衡性，使下部钻柱发生强迫振动，这种弹性的横向振动，会增大钻头切削孔壁下侧的能力。此外，由于离心力的作用，使偏重钻铤的重边在旋转时永远贴向孔壁，这样就使下部钻柱具有“公转”的运动特性，消除了自转时对孔斜的影响，从而在直孔中更具有防斜作用。

为了发挥偏重钻铤的防斜作用，宜采用高转速。同时，在组合钻具中，应把质量差集中在钻具下部，尽量接近钻头，并使偏重钻铤的减重部分的质量位于距轴线尽可能远的部分，才能有效发挥作用。另外，钻铤重边和轻边的质量差推荐为钻铤总重的 0.5%～5%，实践表明，偏重钻铤的长度一般在 9m 左右就能起到良好的纠斜作用。

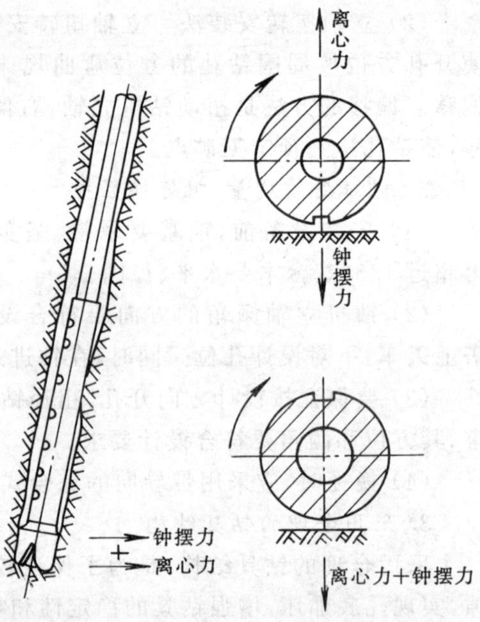

图 10-18　偏重钻铤的减斜作用

3.3　满眼钻具

满眼钻具是由 3～5 个直径与钻头直径相近的扶正器和外径较大的钻铤(如方钻铤)所组成，可以增大钻具的刚度，减小钻头倾斜角，保持钻具在孔内处于居中的位置。因此，能限制由于钻柱弯曲而产生的增斜力。

使用满眼钻具时，要注意计算扶正器的安装位置，并经常检查扶正器的磨损情况，一般应保证扶正器与孔壁的间隙小于 1mm，若大于 4mm 则扶正器完全失去“满眼”的作用。满眼钻具用于垂孔钻进时，虽然可以消除或限制工艺技术因素对孔斜的影响，削弱地质因素的促斜作用，但并不能完全避免孔斜的发生和及时了解钻进过程中的孔斜情况与防斜效果，均属被动垂孔钻进系统。

德国在实施大陆超深井钻井计划时，研制出钻高垂直度井眼的 VDS-3 主动垂孔钻进系统，它是一种带井底闭环控制线路的新型工具，当井眼一旦出现偏斜时，工具相应的导向柱塞运动，产生一侧向力，即实现随钻、随测、随纠。该垂孔钻进系统仍在进一步改进、完善之中。

二、钻孔弯曲的纠正

1. 使顶角下垂的方法

一般在松散、溶洞地层中钻进时，钻具具有自然下垂的趋势。而在其他地层，可采用组合式钻具(如钟摆钻具、偏重钻铤等)，带双弧形水口的钢粒钻头钻进，或者采用带人工支点的悬垂钻具等方法慢慢使钻孔轨迹下垂。

2. 使顶角上漂的方法

钻具通常在钻进中具有自然上漂的倾向。因此，使钻具上漂是比较容易实现的。具体措施是采用短岩心管(其长度约为普通岩心管的 2/3)，适当加大钻压与水量。采用钢粒钻进时，可选用大直径钢粒、增大投砂量的方法，或采用大一级直径的钻头配小一级直径的岩心管组成塔式钻具，以扩大孔壁间隙，促使钻具上漂。

3. 方位角偏斜纠正

对方位角偏斜的纠正，目前仍无有效措施，通常是在钻孔方位顺钻头回转方向偏斜时(右旋)，采取左旋钻具的方法纠正。这种方法对钢粒钻进具有一定效果。

4. 对顶角和方位角均有较大偏斜时的纠正

采用一般纠斜方式不能奏效时，可在弯曲异常的孔段灌注水泥，然后用导向钻具重新开孔的方法纠斜，此法适用于中硬以上岩层。此外，还可以采用在孔内下偏心楔或用连续造斜器的方法纠斜。这两种方法的详细内容将在另一门课程“定向钻进”中讲授。

第十一章　钻孔堵漏

§1　概　述

钻进过程中钻井液或水泥浆漏入地层的现象称为钻孔漏失。钻孔漏失会给钻进工作带来许多不利，但在石油钻中它往往又是发现油、气层的预兆。发现钻孔漏失，应先进行测试，取得漏层资料后再确定堵漏技术措施。

一、钻孔漏失的原因及分类

1．渗透性漏失

渗透性漏失多发生在粗颗粒的未胶结或胶结较差的渗透性良好的砂岩和砂砾岩中，这种漏失主要是孔内压力不平衡造成的，即钻井液的当量循环密度超过了地层压力系数，使钻井液漏入地层。渗透性漏失一般漏失量较小，漏失速度较慢。这种漏失一旦发生，可一直持续到钻井液中固体颗粒被地层孔隙阻挡住，钻井液在地层孔隙中逐渐形成泥饼才会停止，否则将一直进行下去。

2．天然裂缝、溶洞性漏失

钻进过程中遇到天然裂缝和溶洞时，尽管钻井液液柱压力很低，也会发生漏失。同样，钻进断层、不整合地层和地层破碎带也会发生不同程度的钻孔漏失。裂隙性漏失的特点是漏失钻井液数量多，漏失速度很快，通常只能用封堵剂或下入技术套管来解决。

3．地层被压裂造成的钻孔漏失

钻孔内压力过大，地层会被压出裂缝，造成钻孔漏失。当钻孔内压力与地层压力的压差超过地层的抗张强度和钻孔周围的挤压应力时，地层就会被压出裂缝。钻进过程中多是由于钻井液流变参数不合适，钻进工艺措施或操作不当造成地层压裂而出现漏失。

二、钻孔漏失的分析判断

(1) 从岩层结构判断　因为在钻探中，初次漏失往往发生在孔底。发现漏失后，首先应对钻探取上的岩心进行分析，观察接近孔底的岩心是否有松散、裂隙、节理发育或溶蚀等情况，完整程度如何。同时，也可以联系水文地质情况，搞清楚靠近孔底这一层位的岩性，是否是含水层、漏失层和破碎带等。

(2) 从钻进过程中判断　如果在钻进过程中突然出现漏失，并伴有钻速突然加快或钻具坠落，则应考虑是否遇到了破碎带、大裂隙或大溶洞。

(3) 从孔内水位判断　当在不含水地层中发生孔底漏失时，则孔内没有稳定水位，即所谓全孔漏失。当在含水的漏失层中发生孔底漏失，稳定水位与地下水位一致。而在孔壁产生漏失时，若漏失层为非含水层，则稳定水位将在漏失层之下；若漏失层为含水层，则稳定水位可能在漏失层之上，也可能在漏失层中，根据动水位与稳定水位可以大致判断漏失量。

三、漏失层位的测定

1. 现场简便测定法

(1) 止水测定法　利用橡皮胶囊充水把孔内漏失层隔开，来测得漏失层的顶部。

(2) 隔离压力试验法　用逐孔段开泵检查压力变化的办法来判断漏失层底部。

2. 井温测定法

利用地温梯度的突然变化，以电测井温的办法来确定漏失位置。在正常条件下，孔内水的温度总是随孔深增加而逐渐变大的。当有漏失层存在时，往孔内泵入钻井液后，由于钻井液漏入地层，而使漏失层处的井温曲线突变。

3. 钻孔测漏仪(钻孔流量计)

测漏仪可测定钻孔漏失的位置、厚度和漏失量相对大小。其井下部分就是一个涡轮流量计。常用的有 LWJ－73 井内涡轮流量计、JCL－1 型钻孔测漏仪等。

§2　堵漏用浆液

一、钻井液堵漏

1. *石灰乳泥浆堵漏*

在普通泥浆中加入 2%～10%的熟石灰，还可加入 1.5%的锯末配制成石灰乳泥浆，采用泵入或倒入孔内的方法，静止 2～4h，即可达到堵漏的目的，此方法适用于中小型漏失。

2. 冻胶泥浆堵漏

在粘度大于 50s 的泥浆中加入 5%～10%的水泥或熟石灰，再加入 1.5%～2.5%的水玻璃，也可加入一定的氧化钙或适量的锯末，即可达到堵漏的目的，此方法适用于中小型漏失。

3. 聚丙烯酰胺絮凝浆液堵漏

在原浆中加入 0.1%左右的 HPAM，并加入 5%～10%的惰性材料(如锯末、棉子壳等)配制成聚丙烯酰胺絮凝浆液，将搅好的浆液从孔口灌至漏失部位。灌注后，静候 16h 左右即可扫孔。

二、水泥堵漏

表 11－1 列出了钻孔护壁堵漏用水泥的简要情况。它们应具有流动性好、易于泵送、凝结时间适当、早期强度和终凝强度高、细度适当(保证能顺利进入岩层的微细裂隙)等特点。

1. 硅酸盐水泥

硅酸盐水泥熟料的矿物成分主要有硅酸三钙($3CaO \cdot SiO_2$)、硅酸二钙($2CaO \cdot SiO_2$)、铝酸三钙($3CaO \cdot Al_2O_3$)和铁铝酸四钙($4CaO \cdot Al_2O_3 \cdot Fe_2O_3$)。

1.1　硅酸盐水泥的凝结与硬化

水泥加水拌合后，成为可塑的水泥浆液，然后逐渐变稠并失去塑性，但尚无强度，这一过程称为水泥的“凝结”。此后，强度逐渐增长并变为坚固的水泥石，这一过程称为水泥的“硬化”。水泥浆的凝结与硬化，实际上是一个连续的、复杂的化学反应及物理化学反应过程。

1) 硅酸盐水泥的水化

水泥颗粒与水接触后，将生成新的化合物——水化物，并放出一定热量。这个过程称为硅酸盐水泥的水化。如果忽略一些次要的成分，则硅酸盐水泥与水作用后，生成的主要水化物有：

表 11-1　钻探护壁堵漏用水泥表

序号	水泥名称	主要成分及特点	应用范围
1	普通硅酸盐	硅酸钙为主加入适量的石膏，是最常用的一种水泥	325、425# 以上可用于护壁堵漏，水灰比 0.4～0.5，适量加入速凝早强剂，可泵性好，一般候凝 40h 以上
2	矿渣水泥	主要成分同普通硅酸盐水泥，加入了 15% 以上的高炉矿渣	同普通硅酸盐水泥，早期强度较低，适于堵漏为主。要求标号 425# 以上
3	快硬硅酸盐水泥	成分同普通硅酸盐水泥，铝酸盐的成分较高，一天强度可达 20MPa	主要用于紧急抢修工程，用于护壁堵漏时，需加减水剂和早强剂
4	硅酸盐类膨胀水泥	主要成分同普通硅酸盐水泥，但加入适量的膨胀组分：石灰石、石膏	主要用于防水、防渗要求高的各种工程，但也适用于护壁堵漏
5	油井水泥	是硅酸盐水泥中的特殊品种	最适于护壁堵漏，可泵性良好。井内候凝 24h
6	矾土水泥	矾土、石灰石为主料，强度较高	适于紧急抢修工程，需加缓凝剂才适用于护壁堵漏

水化硅酸钙和水化铁酸钙凝胶、氢氧化钙、水化铝酸钙和水化硫铝酸钙晶体。在完全水化的水泥石中，水化硅酸钙约占 50%，氢氧化钙约占 25%。

2) 硅酸盐水泥的凝结硬化过程

习惯把水泥的凝结硬化过程分为三个阶段：

(1) 溶解期　即诱导期，在这个阶段的物理化学反应主要是水泥颗粒表面的水化，水化物溶解于颗粒周围的溶液直到使溶液达到饱和状态后形成包围水泥颗粒的凝胶膜层。

(2) 胶化期　即凝结期，由于水泥颗粒外围的胶膜层逐渐变厚，相互联结，使水泥浆失去塑性而出现凝结现象，但这时水泥还不具有强度。

(3) 结晶期　即硬化期，此时胶体中的氢氧化钙和水化铝酸钙将逐渐转变为结晶而贯穿于凝胶体中，紧密结合起来，形成具有一定强度的水泥石。随着硬化时间的延长，水泥颗粒内部未水化的部分将继续水化，使晶体逐渐增多，胶体逐渐密实。这样，水泥石就具有愈来愈高的强度和胶结能力。因此，硬化后的水泥石是由晶体、胶体、未完全水化的水泥颗粒内核、游离水分和毛细孔组成的。它们在不同时期相对数量上的变化，使水泥石的性质随之改变。

1.2　硅酸盐水泥的主要技术指标及测定方法

(1) 密度与容重　硅酸盐水泥的密度一般在 3.1～3.2 之间；水泥在松散状态下的容重，一般为 9～13kN/m^3 之间，紧密状态时可达 14～17kN/m^3。

(2) 细度　细度是指水泥颗粒的粗细程度。硅酸盐水泥的细度，在 0.08mm 方孔筛上的筛余量不得超过 15%。

(3) 标准稠度用水量　由于加水量的多少，对水泥的一些技术性质(如凝结时间)影响很大，故测定这些性质时，必须在一个规定的稠度下进行。这个规定的稠度，称为标准稠度。水泥净浆达到标准稠度时，所需的水量(以占水泥质量的百分率表示)，称为标准稠度用水量。硅酸盐水泥的标准稠度用水量一般为 23%～31%，可用水泥标准稠度仪进行测定。

(4) 水泥净浆的凝结时间　凝结时间分初凝和终凝，初凝为水泥从加水拌合至开始失去塑性的时间；终凝为从水泥加水拌和至完全失去塑性并开始产生强度的时间。按国家标准，水泥凝结时间用维卡仪配合专用试针及试模，在规定的温度和湿度条件下对标准稠度的净浆进行测定。

(5) 水泥浆流动度　水泥浆流动度表示其流动时的难易程度，是水泥灌浆时必须测定的重要技术指标。其性能取决于水泥的品种、细度、水灰比和水泥的凝结速度。测定流动度时采用铜或不锈钢制成的，内壁光滑的截头圆锥体(图11－1)。先将圆锥体置于用湿布擦过的水平玻璃板上，再称水泥300g，加水150g，充分搅拌3min后，边搅边注入锥体，刮平后迅速垂直向上提起，取水泥浆摊开后垂直方向两直径的平均值作为水泥浆的流动度。用于钻孔护壁堵漏的普通硅酸盐水泥流动度，在常温下一般不小于160mm即可。

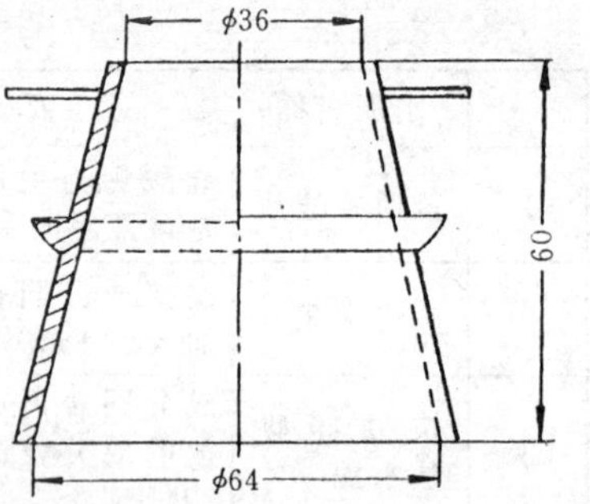

图 11－1　截头圆锥体

(6) 体积安定性　是指水泥在凝结硬化过程中，体积变化的均匀性。现行国家标准规定用煮沸法检验水泥体积安定性。用标准稠度水泥净浆做成的试样煮沸4h，经肉眼观察未发现裂纹，用直尺检验没有弯曲，则称为体积安定性合格。反之，为不合格。煮沸法只能检验由于游离CaO所引起的体积不安定性。

(7) 强度及标号　水泥的强度是指水泥硬化一定龄期后胶结能力的大小。标号则指水泥在标准条件下养护28d时的抗压强度。

2. 硫铝酸盐地勘水泥

2.1　品质指标

硫铝酸盐地质勘探水泥(简质地勘水泥)是以石灰石、矾土、石膏为主要原料，经高温烧结获得以无水硫铝酸钙和β型硅酸二钙为主要组成矿物的熟料，再配以适量石膏和混合料共同粉磨制成的。其特性是早期强度较高，初凝时间较短。根据凝结时间和强度的不同，可分为H型和R型，地勘水泥的细度要求同硅酸盐水泥，按GB13486－77标准用水浸法和沸煮法检验其安定性，其凝结时间应符合表11－2的要求。地勘水泥的水灰比为0.5时，水泥净浆的密度不大于1.8，初始流动度(即加水拌合3min的流动度)H型不小于140mm，R型不小于120mm。各龄期水泥净浆的强度不得低于表11－3中的要求，水泥中氧化镁含量不大于4.5％。

地勘水泥主要用于钻孔护壁、堵漏、封孔、止水、基础加固及坑道的喷锚支护等。

表 11－2　地勘水泥凝结时间表

型　号	水灰比	试验温度(℃)	初凝(不早于)(min)	终凝(初凝之后不迟于)(min)
H型	0.5	20±2	20	30
R型	0.5	20±3	15	10

表 11－3　地勘水泥各龄期净浆强度表

各龄期强度 / 型　号	抗折强度(MPa)				抗压强度(MPa)			
	4h	8h	1d	23d	4h	8h	1d	23d
H型		0.34	0.44	0.67		3.1	4.4	5.6
R型	0.13	0.31	0.39	0.62	1.2	2.3	3.5	4.7

2.2　水泥浆特性

地勘水泥凝结快，初、终凝时间间隔短，早期强度增长迅速，水灰比可调节范围宽，耐硫酸盐侵蚀，硬化后体积不收缩，在－10℃环境中，仍能继续增长强度胶结力强。具体资料见表11－4。

表 11-4　地勘水泥净浆早期强度增长表

编号	水灰比	抗折/抗压强度(MPa)						
		4h	5h	12h	1d	3d	7d	28d
R-DAX	0.5	0.39/2.5	0.49/2.9	0.47/3.0	0.57/3.84	0.59/4.35	0.72/4.7	0.72/5.2
R-DBY	0.5	0.22/2.7	0.5/3.19	0.56/3.4	0.59/4.46	0.62/4.75	0.71/5.1	0.72/5.3

3. 水泥添加剂

为了改善水泥浆的流动性，改变水泥的凝结时间，提高水泥石的强度，节约水泥，缩短灌浆候凝时间，混凝土及钻探行业广泛采用了水泥添加剂，主要有：减水剂、速凝剂、早强剂、缓凝剂等。

3.1　减水剂

凡能使水泥浆或混凝土显著地降低拌合用水量的添加剂叫减水剂，又称为水泥分散剂、扩散剂，过去也叫塑化剂。常用的减水剂如表 11-5 所列。其作用主要在于：

(1) 减少水泥拌和用水量，降低水灰比，改善水泥浆的流动性；

(2) 调节水泥的凝结时间，从而起到促凝或缓凝作用；

(3) 改善水泥石的密实性，相应增加水泥石的强度，提高抗渗性。

3.2　水泥早强剂

能加速水泥硬化提高其早期强度的添加剂叫早强剂，目前常用的品种如表 11-6 所列。

表 11-5　常用减水剂性能表

项目 类型	名　称	掺量(%)	技术性能
M 型	木质素磺酸钙	0.2～0.3	减水率 10%～15%，节约水泥 10%左右，加入 0.25%凝结时间延缓 1～2h，早期强度有所降低，搅拌严重起泡
NNO	亚甲基二萘磺酸钠	0.5～1	减水率 20%～25%，3d 强度可提高 60%，可提高抗渗性和密实性，对凝结时间无影响，无起泡现象
NF	β-萘磺酸甲醛缩合物	1.5～2	其性能优于 NNO
FDN		0.2～1	减水率 16%～25%，提高早期强度 20%～50%，并可提高抗渗性和致密性，可用于硫铝酸盐水泥
MF	α-甲醛磺酸钠	0.25～1	与 NNO 相似，起泡
UNF		0.8～1.4	与 FDN 相似
CRS	水溶性古马隆树脂磺酸钠	0.2～0.7	减水率可高达 40%，能提高早期强度，水灰比可降低到 22%，可提高密实性
长城Ⅰ、Ⅱ型	腐殖酸盐	0.3～0.5	减水率 8%～10%，有一定的增强作用，能改善水泥流动性

表 11-6 常用的早强剂品种

名称	加量(%)	性能及有关情况
氯化钙	1～3	凝固时间缩短 5%,天强度提高 40%～100%,最常用的早强剂
氯化钠	2～3	较 $CaCl_2$ 差,也是一种常用的早强剂
硫酸钙	>5	<3%有缓凝作用
硫酸钠	0.5～2	可使水泥反应速度加快,有利于水泥促凝硬化和早强
氟化钠	3	同 $CaCl_2$
硫化硫酸钠	3～6	早强效果略低于 $CaCl_2$,后期强度不变,无锈蚀
三乙醇胺+氧化钠	0.05～1+0.5～1	对水泥有明显的促凝作用,可提高早期强度
亚硝酸钠+二水石膏+三乙酸醇	1+2+0.05	两天强度提高 40%～50%,凝结时间缩短 1/4,后期强度提高 10%
氯化钠+亚硝酸钠+三乙醇醇	0.5+0.5+0.05	两天强度提高 6%,凝结时间缩短一半,后期强度提高 100%

3.3 水泥速凝剂和缓凝剂

速凝剂是加速水泥凝结的化学处理剂。如果使用普通水泥进行护壁堵漏,由于凝结时间太长,不能满足技术要求时,可掺入速凝剂以加速水泥的凝结。常用的凝速剂如表 11-7 所列。

能延缓水泥凝固时间的外加剂叫缓凝剂。当往较深的钻孔中泵送水泥时,为了防止它在钻杆柱内凝固可加入缓凝剂。常用的缓凝剂如表 11-8 所列。

表 11-7 常用的水泥速凝剂

名称	加量(%)	性能
水玻璃	2～3	凝结时间缩短 30%～40%,加量少于 2%时有缓凝作用
711 速凝剂	-2.5～7	速凝、早强,凝固时间可至几分钟
阳泉 I 型	2～4	速凝、早强,凝固时间可至几分钟
红星 I 型	2.5～4	速凝、早强,凝固时间可至几分钟

表 11-8 常用水泥缓凝剂

名称	加量(%)	性能
硫酸铁	0.5～1	在常温下可使水泥凝固时间延长 1.5h
氧化锌	0.2～0.3	在常温下可使水泥凝固时间延长 3h 左右
酒石酸、柠檬酸	0.03～0.1	在常温下可使水泥凝固时间延长 1h 左右
糖蜜	0.1～0.3	在常温下可使水泥凝固时间延长 1h 左右

4. 水泥浆液灌注工艺

4.1　水泵灌注法

用水泵将水泥浆直接泵入需灌浆的孔段，这种方法操作方便，不需要特殊的灌浆工具设备，适用于灌浆量大的钻孔，并且可以进行高压灌浆，将浆液压入较小的地层孔隙和裂隙中去。这种方法不受孔深限制，一次可泵送大量水泥，但要严格控制水灰比，以防堵塞钻杆和水泵。

4.2　管柱灌注法

当钻孔漏水，而地下水位又很低的情况下，可用管柱法灌浆堵漏。即利用管柱内水泥浆的自重，将水泥浆压入漏失层位的孔隙或裂隙内进行胶结堵漏。如果漏失地层地下水的流速很高，而且钻孔超径现象严重（溶洞）时，可采用布袋灌注水泥浆的方法（图 11－2）。

4.3　灌注器灌注法

大部分灌注器为活塞式。注浆时用钻杆把盛有浆液的灌注器下至漏失层位，开泵送水，利用水压将灌注器排浆阀打开，水泥浆则自动流入井内需要灌注的部位。如图 11－3 所示，盛浆管可沿活塞上下滑动，注浆时开动水泵，则高压水经钻杆进入活塞上部，推动盛浆管向上移动时，剪断阀门 8 上的销钉 9，于是阀门被打开，水泥浆从盛浆管内被活塞挤出。

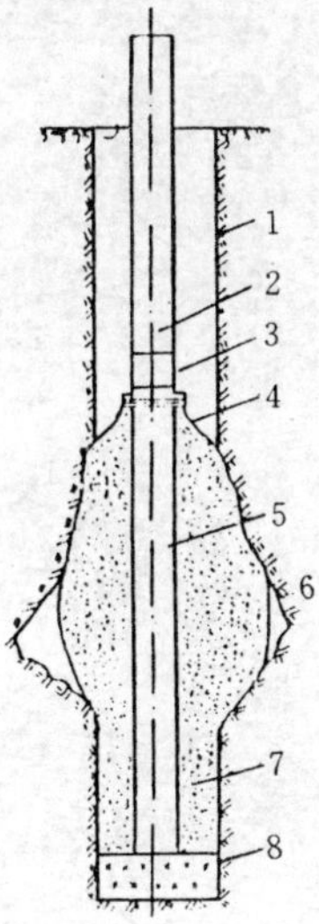

图 11－2　布袋灌注水泥浆示意图

1—钻孔；2—钻杆；3—正反接头；4—布袋；5—带孔眼的钻杆；6—溶洞；7—水泥浆；8—堵塞物

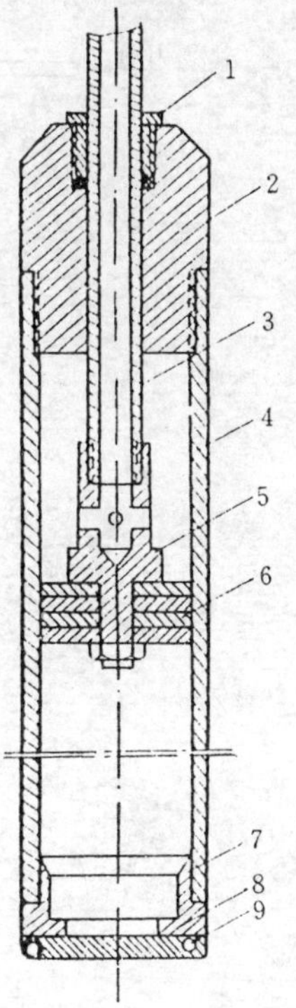

图 11－3　活塞式灌注器

1—压盖；2—滑动接头；3—钻杆；4—盛浆管；5—分水接头；6—活塞；7—接头；8—阀门；9—销针

4.4　速效混合器灌注法

对于需速凝的浆液应采用速效混合器下入孔内所需地段，使水泥浆与速凝剂按一定比例在孔内混合后注入地层破碎带或裂隙中。为满足不同的灌浆量需求，有用水压法进行局部灌浆的孔内混合灌注器（图 11－4）和用双泵双液压力灌浆的钻具（图 11－5）。前者多用于灌浆量较小的堵塞，后者则广泛应用于灌浆量很大的基础工程灌浆或钻孔护壁堵漏。

4.5　干料投入法

绝大多数钻孔中都充有水，因而水泥浆经常被稀释而长期不凝固。为此，可采用干料投入

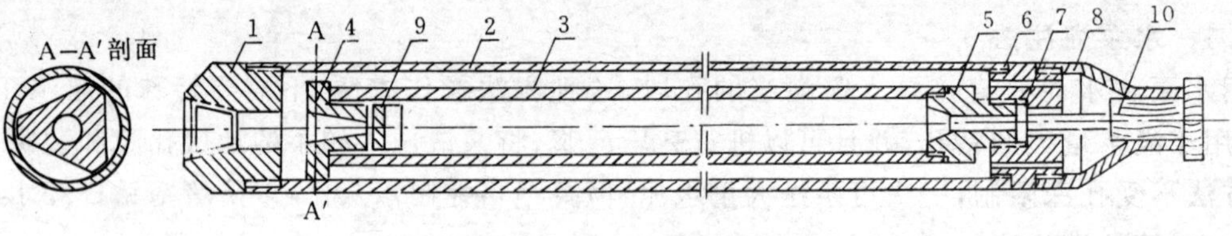

图 11-4 活塞式速效混合器

1—异径接头；2—外管；3—内管；4—定中帽；5—异径接头；6—分流接头；7—可换垫圈；8—下接头；9—活塞；10—木塞

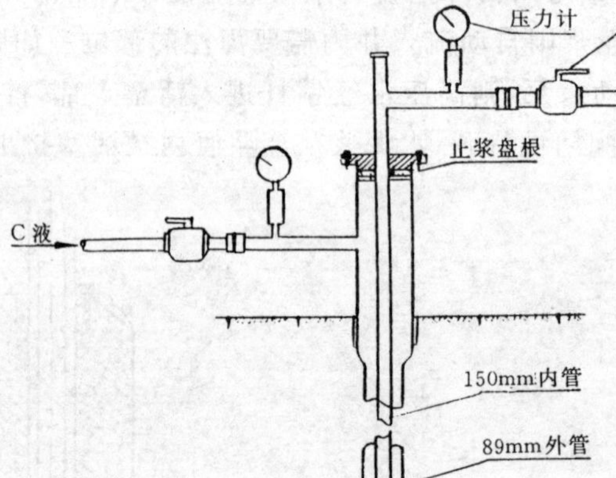

图 11-5 双泵双液压力灌浆示意图

法，再下入钻具搅拌挤压，使混凝物进入需要胶结堵塞的裂隙、溶洞中去速凝。常用的有干料投入法、水泥球投入法、袋装下料法等。

三、化学浆液护壁堵漏

1. 脲醛树脂浆液堵漏

脲醛树脂是尿素(脲)和甲醛水溶液合成的高分子聚合物。是一种水溶性树脂，在酸性条件下能迅速凝固成具有一定强度的固结体，由于性能较好，原料易得，成本较低，加工方便，因而广泛用于复杂地层的钻孔护壁堵漏。近十多年来，我国在其改性、灌注设备与工艺方面积累了大量经验。这种浆液固化时间短(十几秒至数小时)，固化后有较高的机械强度(抗压40.0～64.0MPa)，并对岩石有一定的粘结力。由于树脂固化前能溶于水，因而在地下水活动剧烈的情况下不宜采用。灌浆时专用工具须保证两液严格分隔灌注并同步混合。

1.1　脲醛树脂的制备与性能

主要原料是工业用尿素和甲醛，根据护壁堵漏要求，脲：醛＝1：1.476～1：1.523之间，可得到较高的抗压和抗冲击强度。合成后的成品应达到：树脂中固体含量50±3%；游离甲醛含量≯3%；密度1.23左右；pH值7～8；粘度(恩格勒)8～12(30℃时)。

1.2　脲醛树脂的改性

脲醛树脂虽具有很多优点，但用酸固化后强度不够高，性脆易碎。为了提高其护壁堵漏效果，必须通过改性来提高树脂的强度。

(1) 苯酚改性　在合成脲酸树脂的同时，加入与尿素加量相当的苯酚，使脲酸树脂的化学成分和结构发生变化，因而其强度和粘结能力得到一定的改善。

(2) 苯酚-聚乙烯醇改性　在合成苯酚改性脲醛树脂的后期，将聚乙烯醇(尿素加量的1.41%)加入反应釜中，并同时补加一部分甲醛，以形成聚乙烯醇缩甲醛和苯酚生脲醛树脂的混合物。

(3) 树脂中加入部分尿素进行改性　加入10%～15%尿素，树脂的强度可能成倍增长。

(4) 泡体脲醛树脂　在树脂中加入$CaCO_3$ 0.5%～1.2%时，体积可膨胀0.3～1倍，加入Na_2CO_3 0.9%～1.3%时，可膨胀0.2～2.3倍。加入表面活性剂OP－10可使泡体稳定，石灰石粉的加量取2%～4%。

(5) 脲酸树脂水泥球　按水泥：脲醛树脂＝100：23～25的比例加水做成水泥球进行堵漏。

1.3　脲醛树脂浆液的灌注方法

浅孔灌注时，可先将脲醛树脂与酸在地表混合均匀，通过灌注器注到预定孔段。如果孔比较深或所需浆液量较大，则应采用孔内混合灌注法。比较有代表性的孔内混合灌注器是86型孔内灌注器(图11－6)，灌注时先组装控制接头及喷射管等，再接上酸管和树脂管，分别装入酸液和树脂液，压上大小活塞，最后装异径接头，用钻杆把它下至钻孔所需部位，即可开泵灌注。在泵压作用下，大活塞下行，挤压树脂液，并迫使弹簧收缩。此时一部分树脂流入分水接头，压小活塞下行，使酸液经控制接头大水眼流出，大部分树脂则由两管的间隙经控制接头大水眼流出，与酸液混合喷出。开泵时要注意泵压增加情况，大活塞压至死点(即顶住分水接头，表明有效树脂液已全部压出)时，泵压会突增甚至蹩泵，这时应立即关泵，待树脂凝固后转动灌注器。

2. “氰凝”浆液堵漏与护壁

“氰凝”是近十年来用于钻孔护壁堵漏的新型材料。这种材料遇水以后能立即发生化学反应，产生CO_2气体，使浆液发泡，发热膨胀，并最终生成一种不溶于水的有一定强度的泡沫凝胶体。

2.1　“氰凝”浆液的组成

(1) 预聚体　组成“氰凝”的主要成分。

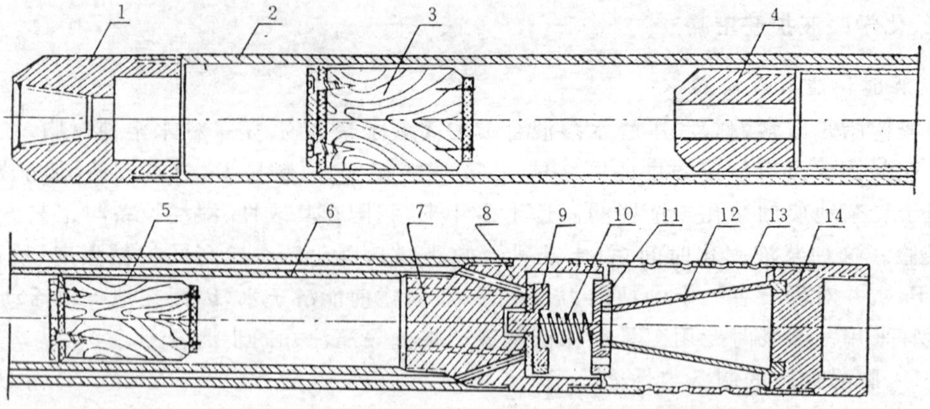

图 11-6 86 型孔内灌注器

1—异径接头；2—树脂容纳管；3—大活塞；4—分水接头；5—小活塞；6—催化剂容纳管；7—控制接头；8—胶皮垫；9—控制网；10—弹簧；11—弹簧座；12—导流管；13—喷射管；14—下接头

(2) 催化剂　三乙胺、三乙烯二胺、N-甲基吗啡、N-2 基吗啉等，加量为预聚体的 0.3%～3%。

(3) 增塑剂　可提高固结物的韧性与弹性，降低浆液的粘度，常用的增塑剂有：邻苯二甲酸二丁酯(DBP)、邻苯二甲酸二辛酯(DOP)等，加量为预聚体的 10%～30%。

(4) 表面活性剂　可降低浆液的表面张力，有利于泡沫体的形成与稳定，改善泡沫结构。常用的有硅油 201-50#、硅油 380 等，加量为预聚体的 1%～3%；

(5) 填充剂　常用的有水泥、木粉，加量为浆液的 5%～10%；

(6) 溶剂　常用的有丙酮、甲苯、磺酸乙酯、二氯乙烷等，用量为预聚体的 5%～15%。

2.2 "氰凝"浆液的改性与灌注方法

常用的改性品种有：水溶性氰凝和氰凝-水泥浆。其中，前者的预聚体由过量的多异氰酸酯与水溶性聚醚聚合而成，后者是由氰的浆液加上一定量的水泥组成的浆液，它既有水泥浆硬化后强度高的优点，又有氰凝浆液的优点。

氰凝浆液的灌注属单液灌浆，常用的孔内灌注器有水压活塞式和机械活塞式两种。

3. 聚酯浆液堵漏与护壁

常用的聚酯浆液有"301"聚酯树脂和"191"聚酯树脂。"301"是体型结构的热固性树脂，"191"是一种稳定性好的不饱和树脂，对惰性材料有良好的浸渍性能。

4. 水玻璃浆液

水玻璃是化学浆液中最早使用的一种灌浆材料，由于它的价格低廉和效果良好，所以到目前为止，仍然是大量使用的一种化学浆液材料。常用的有：

(1) 水玻璃-氯化钙浆液　水玻璃：氧化钙＝45：55，采用交替注入法进入护壁堵漏；

(2) 水玻璃-铝酸钠浆液　水玻璃(37～45 波美度)：铝酸钠(100g/L)＝1：1，采用双液注浆。

5. 铬木素浆液

铬木素浆液由亚硫酸盐纸浆废液和重铬酸盐组成，采用三氧化铁作为促进剂，其配方为：废液(浓度 35%左右)：重铬酸钠溶液(浓度 10%～30%)：三氧化铁＝40：20：4～32，可以采用双液或单液注浆。

6. 木铵浆液

尿素与甲醛直接混合，在三氯化铁、硫酸铵、硝酸铵等催化剂作用下，可凝固成具有一定机械强度的固结体。如果加入亚硫酸纸浆废液，就称为木铵浆液。采用双液注浆，其中：甲液——尿素：甲醛＝1：2(克分子比)，尿素甲醛占总浆液量的20％～30％；乙液——硝酸铵占总浆量的1％～10％。

7. 随钻系列堵漏剂

随钻系列堵漏剂以刨花楠等植物胶为主要成分，复配聚丙烯酰胺、羧甲基纤维素、腐殖酸盐、羧甲基淀粉、海泡石、凹凸棒石、海带粉、皮革粉等几种成分制造而成。具有护壁效果好，堵漏成功率高，能随钻堵漏的优点，其最大特点是几乎不需停待时间，不影响钻井液的性能，对某些性能还有所改善。目前有随钻801堵漏剂、NFF8012堵漏剂、Nhjs堵漏剂等品种。其使用量可在钻井液中加入2％～5％随钻堵漏，也可将其做成泥球堵漏，如果配合惰性材料堵大漏失会起到更好的效果。

8. 高失水性堵漏剂

原地质矿产部探矿工艺研究所研制的DTR堵漏剂具有良好的渗滤性，堵漏见效快，施工安全，成本低。

9. 凝胶堵漏

以高聚物为主体材料，配合交联剂，生成半透明，具有很好粘弹性的凝胶体堵塞漏层，它对孔壁通道有良好的适应性，具有较强的抗稀释、抗腐蚀性能，良好的流动增阻建墙性能和再堵性能等。

第十二章　岩土掘进工程概述

岩土掘进工程既是地质工程的主要内容之一，又是岩土工程施工的重要技术手段。它涉及地质勘探和基础工程坑道设计与施工的一系列技术和工程活动。

§1　勘探坑道的类型

为圈定和查明矿床、地质构造而挖掘的探槽、浅井、平巷、斜井和竖井等，统称之为勘探坑道。人们常把探槽、浅井等称为地表或浅部勘探坑道；把探矿平巷，探矿斜井和探矿竖井等称之为地下深部勘探坑道。其类型如图12-1所示。

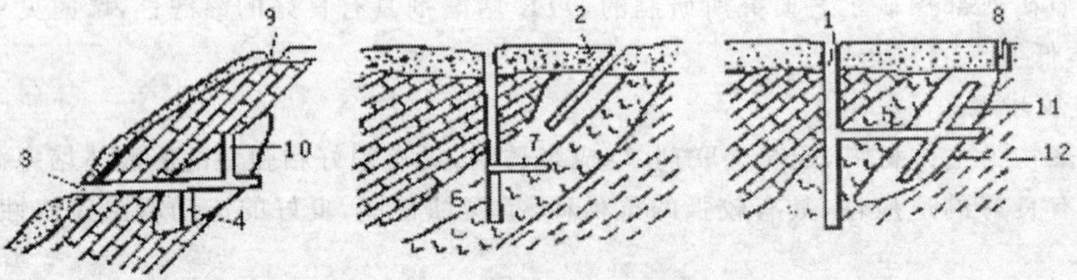

图12-1　勘探坑道示意图

1—竖井；2—斜井；3—平巷；4—暗井；5—石门；6—沿脉；7—穿脉；8—浅井；9—探槽；10—天井；11—上山；12—下山

一、地表坑道

1. 探槽

探槽通常是在厚度3m以内的浮土及风化岩层中挖掘，其断面尺寸不大，深度较浅，而长度则很长。一般采用倒梯形断面，槽底宽度为0.6～0.8m，槽口宽度根据表土层情况和挖掘深度不同，约在0.6～3m之间。探槽挖掘的主要目的是追索与圈定矿体上部的岩性特征。

2. 小圆井

小圆井是在稳定干燥的表土(岩)层内挖掘的直径为0.8～1.0m的圆断面井筒。小圆井的开挖目的主要是用来揭露土层下面的基岩或矿体，通常深度不超过5m。

3. 浅井

浅井是在20m以内的浮土及岩矿层内挖掘的垂直井筒，其断面积为0.96～2.21m^2，主要用于揭露浮土较深地区的基岩；了解砂矿和埋藏较浅的水平矿体的产状、厚度、成分及品位；探明倾斜矿体浅部的产状、成分及品位。

二、地下坑道

1. 水平坑道

水平坑道的轴向中心线与水平线几乎平行。水平坑道主要用于勘探和追索矿体，以及作为开采的技术因素。水平坑道还可分为：平巷、石门、沿脉和穿脉等数种。

(1) 平巷　平巷也叫平硐，是具有直接通达地面出口的水平坑道。掘进时可沿矿体走向，也可能与矿体走向成一定角度。为了便于运输和排水，一般保持0.3%～0.7%的坡度。

(2) 石门　石门是与地表无直接出口的水平坑道，且与矿体的走向相交。通常是与井筒相连，或者是两个水平坑道之间的通道。

(3) 沿脉和穿脉　沿脉和穿脉都没有与地表相通的出口。沿脉坑道沿着矿体走向(在矿体内或在矿体与围岩接触带)掘进，以探明矿体沿走向方向的变化。穿脉则垂直于矿体走向，以探明矿体在厚度和垂直走向方向上的变化。

2. 倾斜坑道

倾斜坑道的轴向中心线与水平线相交，倾角一般不超过45°，倾斜坑道主要包括：斜井、上山和下山。主要用于勘探倾斜状态赋存的矿体。

(1) 斜井　斜井是在岩层或矿体内掘进的倾斜坑道，它与地表有直接出口。通常在斜井内装有运输、提升设备，以便使人员和设备出入斜井通向矿体。

(2) 上山和下山　上山和下山通常是从水平坑道内沿矿体按一定倾斜角度向上或向下掘进的倾斜坑道，它与地表无直接出口，一般长度不超过300m。

3. 垂直坑道

垂直坑道的中心轴线与水平面垂直。它有竖井、天井和暗井等数种。主要用于勘探埋藏较深的复杂矿床，特别是稀有金属矿床。一般说垂直坑道的深度由矿体埋藏深度而异。

(1) 竖井　由地表向下掘进的垂直坑道，深度大于20m，地质勘探竖井的深度一般不超过100m，断面积在1.6～6.0m^{2}之间。

(2) 天井和暗井　天井和暗井是由水平坑道向上或向下掘进的垂直坑道，主要用于探明垂直距离内矿层的厚度、成分和品位，以及围岩的性质。

§2　岩土掘进工程的特点及施工工序

一、岩土掘进工程的特点

掘进工程是为掌握矿区地质构造、矿体埋藏情况或完成某种基础工程任务而进行的地下系统工程。它所施工的地下坑道在形式上与采矿坑道没有什么不同。但由于两者开掘的目的和用途不同，它们之间也存在着一定的差别。采矿坑道是在矿体已经探明的情况下，由矿山设计单位根据地质勘探报告所提供的资料，以采出矿石为目的而布置的。因此它的断面尺寸和深度都比较大，而且相互贯通，有两个或两个以上出口，服务年限比较长，这些都是由开发矿山的要求决定的。而勘探坑道则以探明矿体的产状、形态、数量、质量及地质、水文情况为目的，坑道的设计和施工具有明显的探索性。基础工程中的坑道也仅仅是为工程目的服务，目的单一。这两类坑道多为独头坑道，工程分散，互不贯通，断面尺寸和长度较小，服务年限不长。

总之，岩土掘进工程有着如下的特点：

(1) 它是一项地下多工序的综合作业。组织人们在地下进行掘进工作时，除了考虑技术、经济条件外，尤为重要的是保证劳动作业的安全。

(2) 通常它所处的施工地区交通不便、能源缺乏，从而给施工作业带来了一系列的困难和不利条件。

(3) 由于服务年限不长、断面尺寸较小,因此施工中只能使用小型机械设备或因陋就简。在小型机械设备不配套的情况下,施工强度就比较大,有时甚至不得不采用繁重的人工劳动。

(4) 坑探工程如能与矿山采矿相结合,则对于小规模矿体的开采具有特殊的意义。在我国经济体制改革中,探采结合的指导思想已显示出巨大的经济效益。

二、岩土掘进工程的施工工序

地表探槽的施工,其工序比较简单,只要揭露表土或风化层使原岩出露即可达到预计目的。地下坑道的施工则是一项较为复杂的系统工程。通常它包括:坑道掘进前的准备工作、坑道掘进和掘进后的收尾工作。

掘进前的准备工作应根据施工地区的交通情况、地理位置、能源情况及施工工程的目的完成以下工作:① 平整施工地区的生活区和坑口作业场地;② 有计划地进行工业建筑及生活建筑,其中包括各类机房、库房、办公用房和生活用房(这些建筑物大多数为临时性的);③ 解决施工现场的生产、生活用电及用水;④ 准备各种消防器材,以及制定出防火、防洪措施等。

掘进后收尾工作是指掘进任务已告完成,并经有关部门验收合格,确定不再进行施工时,必须组织人员,把物资设备转移到新的施工地点,或交移给有关部门。

一般掘进工作的各项主要工序有:凿岩、爆破、装岩运输、支护、通风排水、照明及其他工序(如铺轨)。坑道的掘进也就是这些工序的不断重复循环而使工作面不断向前延伸。这些工序(按既定计划)重复一次,称之为一个循环。完成一个循环所需的时间称之为循环时间。每班、每日或每月完成的循环次数越多,坑道的掘进速度(进尺)就越高。

应该指出,在工作面上完成的各工序,其中凿岩、爆破、装岩、支护为主要工序;为主要工序创造正常工作条件的,如通风、排水、照明、铺轨以及其他工序称为辅助工序。

§3 岩土掘进工程中岩石的分级

人类在地壳表面或一定深度上进行生产活动,如修建各种地表、地下工程,在各种不同深度上进行各种类型的地质勘探工作。虽然这些地表、地下工程千差万别,但有效破碎岩土和防止岩土体破坏是两个必须加以解决的基本问题。目前破岩方法有机械钻眼、爆破、高压水射流、热应力等,而防止岩土体破坏,保持地表、地下工程稳定的措施有构件式、衬砌式支架、喷锚加固、预留矿柱或岩柱、空区充填、注浆堵漏等。为有利于各种地表、地下工程进行设计、施工与管理,按各类工程及其工艺要求对各种岩石(其中包括土)进行分级是非常重要的。有了岩石分级,科研、设计、施工和管理部门就有了一个共同尺度。岩石分级可对各种工艺方法提供选择和设计依据,制定合理的技术和经济定额。

在岩土掘进工程中使用较普遍的是岩石坚固性分级法和锚喷支护围岩分级法。

一、岩石坚固性分级法

本书第一章曾专门讨论过岩石分级(尤其是岩石可钻性分级)的原则和分级方法,并介绍了岩石的坚固性系数分级法。为了从数量上比较各种岩石的坚固性大小,俄国学者 M.M. 普罗托吉亚可诺夫教授于1926年提出,岩石愈坚固,它的坚固性系数也愈大。他根据岩石坚固性把所有岩石分成十大类,用字母“f”来表示坚固性系数,如表 1－9 所列。

二、岩体(围岩)分类

岩体是指地下工程周围较大范围的工程地质体。围岩则是地下工程施工影响区域内的岩体。岩体中常出现各种弱面(层理、节理、裂隙等),因此,岩体强度必然比岩块强度要低。岩体分类法很多,大多以围岩稳固性来划分。稳固性是指岩体允许暴露面积的大小及暴露时间长短的性能。

岩体分类是正确进行工程设计和施工的基础。分类是为一定的目的服务的,不同的目的可以作出不同的分类。本节围岩分类是从防止岩体破坏的角度,以评价各类岩体的稳定性为前提,为选择合理的维护方法和进行支护设计提供依据。一个符合客观实际的围岩分类,对正确评价围岩的稳定性,合理计算地压(围岩压力),选择井巷、硐室的几何形状和支护结构,指导施工工艺,降低工程造价,以及保证施工和运行的安全,加快施工进度等方面都有着十分重要的意义。

根据岩体的稳固性,可分为五大类:

(1) 极稳固的　允许不需支护的暴露面积在 $800m^2$ 以上,长期不垮。

(2) 稳固的　允许不支护的面积为 $200\sim800m^2$。采掘时一般不须支护,在极个别的地方要支护。

(3) 中等稳固的　允许不支护的暴露面积为 $50\sim200m^2$,采掘时可以不立即进行支护。

(4) 不稳固的　允许有较小的不支护暴露空间,一般只允许暴露面积在 $50m^2$ 以内。随着坑道掘进工作的推进,要立即支护。

(5) 极不稳固的　是指掘进坑道时,不允许有暴露面积,否则可能产生片帮或冒顶现象。掘进时要采用超前支护方法。

锚喷支护是井巷支护的重要技术手段,为确定锚喷支护的技术经济指标,我国军工、建工、铁道、煤炭等系统,在施工地下厂房、人工岩石坑道或隧道等地下工程中都提出了各自的锚喷支护围岩分类。表 12－1 为煤矿锚喷支护围岩分类表,可作为地质勘探的围岩分类的参考。

表 12-1 煤矿锚喷支护围岩分类表

围岩分类		岩层描述	坑道开掘后围岩的稳定状态(3~5m 跨度)	岩石举例
类别	名称			
Ⅰ	稳定岩层	1. 完整坚硬岩层 $\sigma_c>60MPa$,不易风化; 2. 层状岩层层间胶结好,无软弱夹层。	围岩稳定,长期不支护无碎块掉落现象	完整的玄武岩石英质砂岩,奥陶纪灰岩
Ⅱ	稳定性较好岩层	1. 完整比较坚硬岩层 $\sigma_c=40\sim60MPa$; 2. 层状岩层,胶结较好; 3. 坚硬块状岩层,裂隙面闭合,无泥质充填,$\sigma_c>60MPa$。	围岩基本稳定,较长时间不支护会出现小块掉落	胶结好的砂质砾岩
Ⅲ	中等稳定岩 层	1. 完整的中硬岩层,$\sigma_c=20\sim40MPa$; 2. 层状岩层以坚硬层为主,夹有少数软岩层; 3. 比较坚硬的块状岩层,$\sigma_c=40\sim60MPa$。	能维持一个月以上稳定,会产生局部岩块掉落	砂岩,砂质页岩,粉砂岩,石灰岩,硬质凝灰岩
Ⅳ	稳定性较差岩层	1. 较软的完整岩层,$\sigma_c<20MPa$; 2. 中硬的层状岩层; 3. 中硬的块状岩层,$\sigma_c=20\sim40MPa$。	围岩的稳定时间仅有几天	页岩,泥岩,胶结不好的砂岩,硬煤
Ⅴ	不稳定岩 层	1. 易风化潮解剥落的松软岩层; 2. 各类破碎岩层。	围岩很容易产生冒顶片帮	炭质页岩,花斑泥岩,软质凝灰岩,煤,破碎的各类岩石

注:1. 岩层描述将岩层分为完整的、层状的、块状的、破碎的四种。

(1) 完整岩层　层理和节理裂隙的间距大于 1.5m;

(2) 层状岩层　层与层间距小于 1.5m;

(3) 块状岩层　节理裂隙的间距小于 1.5m,大于 0.3m;

(4) 破碎岩层　节理裂隙的间距小于 0.3m。

2. 当地下水影响围岩的稳定性时,应当考虑适当降级。

3. σ_c 为岩石单轴饱和抗压强度。

第十三章　岩土掘进工程的基本作业和辅助作业

在当前技术条件下，钻孔爆破法是开挖地下坑道的常规方法。它主要由钻孔、爆破、出碴三项施工过程所组成。相继完成这三项基本作业后，开挖的坑道就向前推进一段，即为一个开挖循环(或掘进循环)。土层中的开挖主要是支护问题，一般是在先行支护的保护下进行开挖，不采用钻眼爆破法。本章主要介绍钻孔爆破法开挖岩石坑道的基本作业。

开挖工程除完成上述三项主要作业外，还有为主要工序提供条件和保证安全的工作，如临时支护，测量、供气、供水、工作面通风、照明、防尘、排水和铺轨等辅助作业。

§1　凿　岩

凿岩，又称钻孔或钻眼，是在坑道开挖工程中耗时最多、劳动强度大的一项基本作业。钻孔所需的时间一般约占开挖循环时间的40%～50%，因此选择合理的钻孔设备和钻孔方法，对于缩短钻孔时间、加快开挖速度具有重要意义。

一、钻孔机具

1. 凿岩机

凿岩机按凿岩方式不同可分为回转式、冲击回转式、回转冲击式三种；凿岩机按支撑和推进方式不同分：手持式、气腿式、向上式和导轨式四种；凿岩机按主机质量分：轻型(<30kg)、中轻(30～50kg)、重型(>50kg)三种；凿岩机按冲击频率不同可分为：低频(<2 000次/分)、中频(2 000～2 500次/分)、高频(2 500～4 000次/分)和超高频(>4 000次/分)四种；凿岩机按动力不同可分为：风动、液压、电动和内燃凿岩机四类；凿岩机按排粉方式不同可分为：湿式凿岩机和干式凿岩机两种。

(1) 冲击转动式凿岩机　是当前岩石地下工程施工中广泛采用的钻孔机械，其破岩原理如图13-1所列。钎子在轴向冲击力P的作用下，钻刃部分凿碎岩石，在Ⅰ-Ⅰ处形成一条破碎槽，随后在钎子回提时，钎杆转动一定的角度β，再进行第二次冲击，在Ⅱ-Ⅱ处形成第二条破碎槽。两条破碎槽之间的扇形区在形成第二条破碎槽同时被剪切破碎，这样连续地冲击和转动钎杆，便在岩石中形成一个炮孔。旋转式凿岩机工作时，钻头在一定的轴向力(或推进力)作用下不断旋转钻入岩石而成孔。对于较软的岩石，一般将岩石破碎成岩粉排出；对于较硬的岩石，也可采用空心钻头，待钻进一定深度后，将岩心取出。

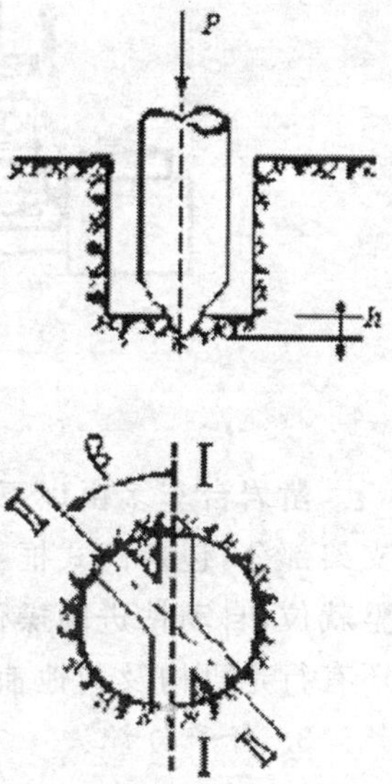

图13-1　冲击破岩示意图

(2) 旋转冲击式凿岩机　是一种具有独立旋转机构及冲击机构的钻孔机械。

(3) 风动凿岩机(图13-2)　以压缩空气为动力，在地下工程中使用较为安全，且能适应不同硬度的岩石，所以，在岩石地下工程中使用最广泛。但风动凿岩机的机械效率较低。此外还需要复杂的压风系统，投资费用较高。

(4) 电动凿岩机　是以工频电源为动力的凿岩机械，它不仅可取消复杂的压风系统，节约相应的投资费用和运营费用，且机械效率高，具有比风动凿岩机更高的钻孔效率，电力输送较压风输送简单方便，噪声也小。

(5) 内燃式凿岩机　因有废气污染，还要解决支架、湿式凿岩、防尘等问题，故不适用于地下工程使用。可用于露天边坡、路堑或硐口明堑工程。

(6) 液压凿岩机　即凿岩机的冲击，回转都是由液压动力驱动。作业时噪声小、冲击功和扭矩尚可根据岩性变化进行调节，机械效率较风动凿岩机大大提高，钻眼速度也大为提高。因此，液压凿岩机是一种具有发展前途的钻孔机械。

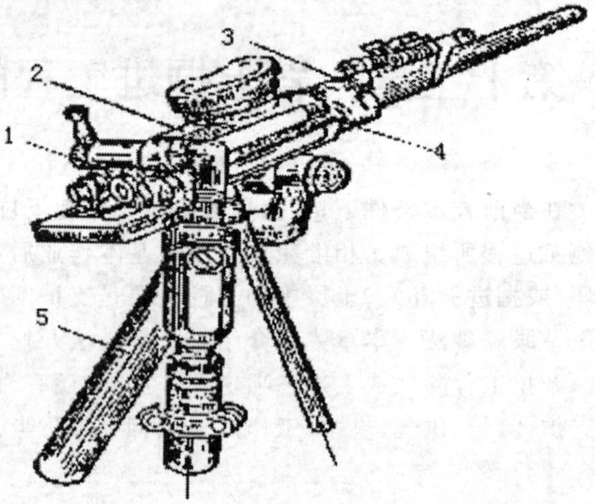

图 13-2　气腿式风动凿岩机图

1—柄体；2—缸体；3—机头；4—螺栓；5—气腿

2. 凿岩台车

凿岩台车实质上是一种能安设两台或两台以上凿岩机的可移动的支架设备。台车的主要特点是大大节约了钻孔时安拆支架和移动支架的时间；能装备重型凿岩机，适应打深孔的要求；且能多台凿岩机同时工作，充分利用了坑道空间，从而为快速钻进、减轻劳动强度、改善劳动条件、实现快速掘进创造良好条件。

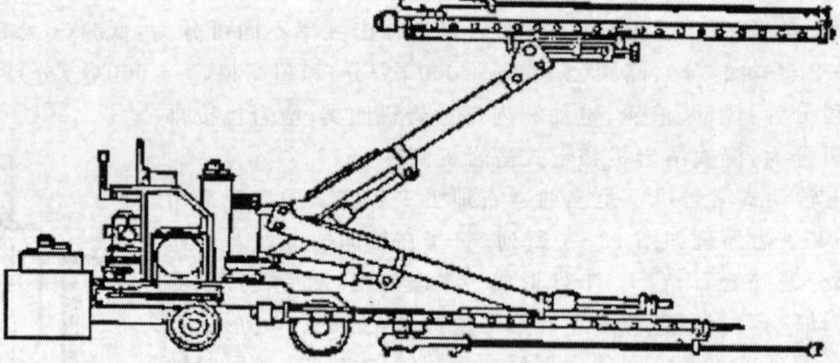

图 13-3　凿岩台车

凿岩台车多由以下基本部分组成：① 工作部分，包括凿岩机、滑架(或导轨)、推进器等；② 支架部分，包括门式框架、液压钻臂，托架、变幅机构等；③ 操作部分，包括台车行驶，钻臂的调整就位，自动钻进的操作柄、阀等；④ 动力及传动机构，包括电气、液压、压风、供水系统。此外还有行走机构及其他辅助设施等，如图 13-3 所示。

3. 钎子与钎头

1) 钎子

钎子是一种消耗性凿岩工具。它是凿岩机直接工作部分，由钎头、钎杆、钎肩、钎尾四个部分组成。钎子有可卸(活动)钎子和不可卸(整体)钎子两种,如图 13-4 所示。

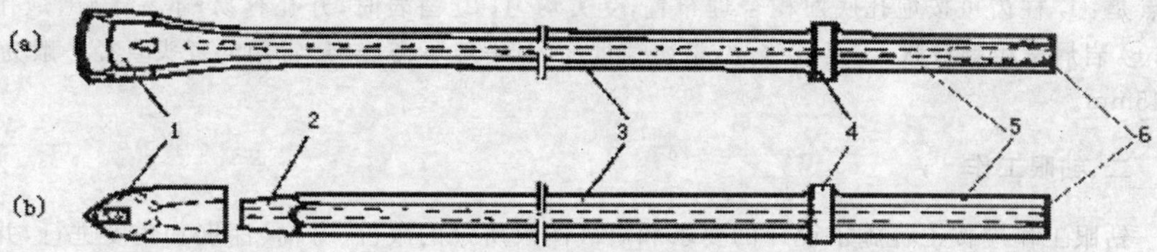

图 13-4　钎子

(a)—整体钎子;(b)—活动钎子

1—钎头;2—钎稍;3—钎身;4—钎肩;5—钎尾;6—中心水孔

(1) 活动钎子　在凿岩过程中可掉换钎头。活动钎头可成批生产,加工质量高,成本低,故当前采用最普遍。

(2) 整体钎子　其优点是冲击能量消耗少,提高钻速,但钎头修磨较困难,对钎杆材质要求高。

钎杆是用直径 22～32mm 的中空六角钢或圆形空心钢制成。中心孔是供吹洗炮孔用的压力水路。钎杆的材质为碳素工具钢及合金钢,如 8Cr、40Cr、100SiMn、95CrMo 几种。

2) 钎头

常用的活动钎头有刃型钎头和柱齿型钎头两类,各类硬质合金钎头如图 13-5 所示。

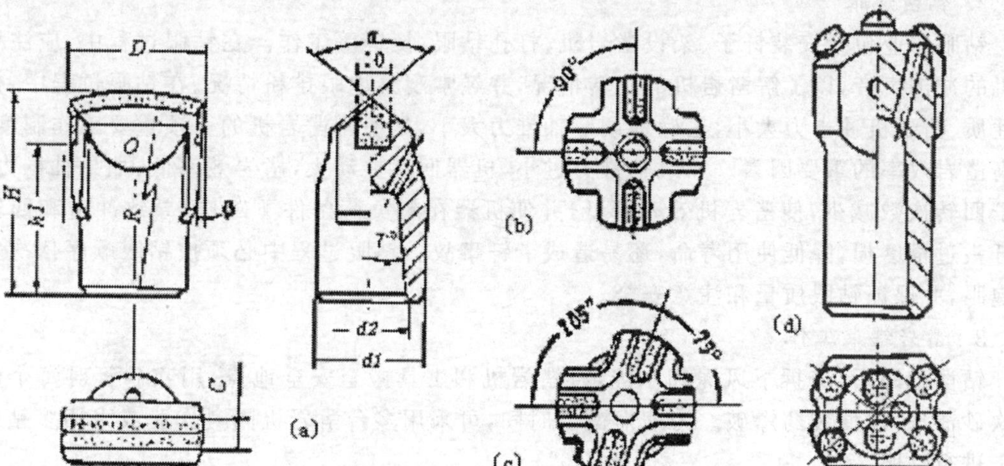

图 13-5　各式硬质合金钎头

(a)—"一"字型钎头;(b)—"十"字型钎头;(c)—"X"型钎头;(d)—柱齿型钎头

(1) 刃型钎头　多采用在钎头胎体上镶焊硬质合金(如 YGB、YHn、TG15 等)刀片方法制成。根据钎刃数目和排列形式,刃型钎头有"一"字型、"十"字型、"X"型等。

"一"字型钎头,制造和修磨简单,对岩石的适应能力强,但在裂隙岩层中钻进时易产生卡(夹)钎。"十"字型和"X"型因钎刃和岩石接触面大,影响了钻进速度,制作和维修也较复杂,但不易卡钎,宜用于多裂隙岩石中钻孔。

(2) 柱齿合金钎头　是在钎头胎体上冷压、镶焊或热嵌几颗圆柱形硬质合金柱齿而成，其特点是：① 柱齿可按炮孔底面积合理布置，受力均匀；② 凿岩时，开孔容易，不易卡钎，炮孔较圆；③ 岩屑呈粗颗粒状，重复破碎少，凿岩速度高，且一般不需修磨。常用的钎头直径一般为32～45mm。

二、钻眼工作

钻眼工作应按工程施工设计的要求和爆破图表所定的眼位、方向、深度和角度进行，并准备好凿岩机，以达到准确、快速钻眼的目的。首先要根据测量定出坑道的中心和周边轮廓线，根据轮廓再进行布孔。

在设备和其他技术条件一定的情况下，合理地组织凿岩施工工序，是提高掘进效率的主要问题之一。凿岩工序包括凿岩前准备工作、钻凿炮眼工作和凿岩结束工作。

1. 凿岩前准备工作

凿岩前准备工作包括凿岩机和凿岩工具的准备。首先要检查凿岩机，准备足够的钎子及钎头，然后检查工作面处的风、水压，应保证进入凿岩机的风压达0.5～0.6MPa，若风压过高，则操纵振动大，零件磨损快，且易损坏钻头，折断钎杆；若风压过低，则凿岩效率低，影响正常工作。水压应比风压低0.1～0.2MPa，以免水进入气缸，破坏凿岩机内部润滑，减小寿命，最后按凿岩机要求配好风绳、水绳，并连接好。凿岩作业开始前最重要的工作是对坑道工作面附近顶板和两帮的安全检查。只有确保安全后，才能在工作面上定好中心线、布置炮眼，并按拟订炮眼钻凿顺序开始打眼。

2. 钻凿炮眼

钻眼作业包括安装钎子、架设凿岩机、打孔钻眼、换钎等工作。在钻眼过程中，应注意听凿岩机的冲击声音，以了解凿岩机的运转情况，并经常观察炮眼排粉情况。在钻眼过程中，根据岩石性质、凿岩机冲击力大小，正确地调节轴推力大小，是使用凿岩机的一项重要工作制度，也是提高凿岩效率的重要因素。如果轴推力过小，机器回跳振动大，凿岩效率低；如果轴推力过大，钎子回转次数减少，使凿岩机效率降低，并使机器在超负荷条件下工作，导致冲击和回转零件及钎头过早磨损，降低使用寿命，还易造成卡钎事故。钻眼过程中必须按钻眼顺序依次完成所钻炮眼，并保证钻眼质量和注意安全。

3. 凿岩结束工作

钻凿炮眼后，应拆下风绳和水绳，将凿岩机和工具搬至安全地点，用吹砂管对每个炮眼进行吹砂清洗，以便装药爆破。为缩短凿岩时间，可采用多台凿岩机同时作业或采用多钻臂凿岩台车进行钻眼。

§2 爆　破

爆破是用炸药的爆炸能量来炸裂或破坏目的物的一种技术方法。钻眼爆破则是将炸药充填在被爆体的炮眼内的一种爆破方法。

一、爆破器材与起爆方法

1. 炸药

炸药是一种低成本、高能量密度的物质，其单位体积内能量储备很大。它在一定条件下是相对稳定的，但当吸收外界能量足够大时，平衡立即破坏，原来的稳定性即转化为化学爆炸。这种能引起炸药爆炸的外界能量叫起爆能，一般工业炸药的起爆能形式有三种：热能、机械能（如冲击、摩擦等）和爆炸冲能等。

一般炸药的组成元素为碳、氢、氧、氮。炸药所以能作功，主要是它自身具有三个特点：① 反应能释放出大量热能；② 反应过程高速进行；③ 反应过程伴有大量的气体生成。因此，凡在外部施加一定的能量后，能发生化学爆炸的化合物和混合物称为炸药。

炸药类型很多，目前还没有建立起统一的划分标准。按炸药的组成，可分为单质炸药和混合炸药两类；按炸药的用途，可分为起爆药（如雷汞、迭氮化铅等）、猛炸药（如梯恩梯、浆状炸药和铵梯炸药等）、发射药和烟火剂等四类。炸药化学反应的基本形式分为热分解、燃烧、爆炸和爆轰四种。

在正常条件下，炸药一旦在起爆点发生爆炸反应，便产生大量高温、高压和高速的气流。这种高压气流能够在周围介质（炸药药分子）中激发冲击波——特殊形式的压缩波，冲击波阵面所到之处，以其高温、高压，高速、高密度等状态所表征的高能量使炸药分子活化而产生化学反应。化学反应所释放出来的能量的一部分足以补偿冲击波传播时的能量损耗。因此，冲击波得以维持并以固有波速和波阵面压力继续向前传播，其后紧跟着一个炸药化学反应区以同等速度向前传播。这种伴随发生化学反应，在炸药中传播的特殊形式的冲击波叫做爆轰波，这个过程叫做爆轰过程。由此可见炸药的爆炸即是爆轰波在药包中传播的过程。

1.1 炸药的主要爆炸性能

（1）敏感度（简称感度） 指炸药在外界影响下发生爆炸反应的难易程度，也就是炸药对外界起爆能的需要程度。机械能（冲击、摩擦、针刺）、热能（加热、火花、火焰）、电能（电热、电火花）、光能（激光及其他光线）及爆炸能（雷管、炸药爆炸）等均可引起炸药爆炸。炸药的感度随起爆能的形式不同而有不同的表示方法，如冲击感度、摩擦感度、热感度、炸轰感度等。各种形式的炸药感度不存在等比关系。如硝化甘油的冲击感度最高，黑火药次之，硝铵类炸药、梯恩梯再次之，而对爆轰感度来说，硝化甘油最高，梯思梯次之，硝铵类炸药再次之。

（2）爆速 是炸药爆炸时爆轰波在炸药内部传播的速度。它在一定条件下是一个常数（表13-1）。爆速除了与炸药的性质和纯度有关之外还决定于下列因素：① 起爆炸药的起炸能力；② 装药的直径；③ 外壳材料的强度；④ 装药密度；⑤ 炸药颗粒大小及含水量；⑥ 附加物的影响程度等。

表 13-1 几种常用炸药的爆速

炸　药	密度(g/cm³)	爆速(m/s)	炸　药	密度(g/cm³)	爆速(m/s)
铵梯炸药	1.40	5 200	特屈儿	1.59	7 334
硝化甘油	1.60	7 450	黑索金	1.76	8 660
梯恩梯	1.60	6 850	太　安	1.72	8 083

（3）爆力 指炸药在爆炸时对周围介质的破坏能力。爆力越大，则其破坏能力就越强，破坏的范围及体积也就愈大。爆力主要反映炸药的静力作功能力，或炸药的静力效应。几种常用的猛炸药的爆力如表 13-2 所列。

表 13-2 几种常用猛炸药的爆力

炸药	密度(g/cm³)	爆力(cm³)	炸药	密度(g/cm³)	爆力(cm³)
2#岩石炸药	1.0～1.1	320	特屈儿	1.6	300
硝化甘油	1.60	600	黑索金	1.7	600
梯恩梯	1.50	285	太安	1.7	580

(4) 猛度 指炸药在爆炸后爆轰产物对周围介质破坏的猛烈程度。用以衡量炸药爆炸的局部破坏能力。猛度主要反映炸药的动力作功能力,或炸药爆炸的动力效应,猛度大小主要取决于炸药的爆速,爆速越高,猛度越大(表 13-3)。

表 13-3 几种常用猛炸药的猛度值

炸药	密度(g/cm³)	猛度(mm)	炸药	密度(g/cm³)	猛度(mm)
2#岩石炸药	1.0～1.1	12	特屈儿	1.6	21～22
硝化甘油	1.60	22.5～23.5	黑索金	1.7	25
梯恩梯	1.50	12.5～16	太安		23～25

(5) 殉爆 指一个药包爆炸时,可以使位于一定距离外与其没有任何联系的另一药包也发生爆炸的现象。起始爆炸的药包称为“主动药包”,受它影响而爆炸的药包称为“被动药包”。主动药包爆炸能引起被动药包爆炸的最大距离称为殉爆距离。引起殉爆的主要原因是主动药包爆炸产生的冲击波的传播作用。殉爆距离的大小,取决于主动药包的质量、断面积、威力、密度、被动药包的爆轰感度及它们之间的介质性质。常用的工业炸药在空气中的殉爆距离约为 2～5cm。

爆力与猛度均用相对比较的方法来测定。

爆力采用铅铸扩孔法来测定(图 13-6),将 10g 炸药装入纸筒并插入 8 号雷管,置于铅铸中心孔内,上部用石英砂充填,爆炸后铅铸中心孔被压成一梨形空洞。用水测量爆炸前、后孔洞

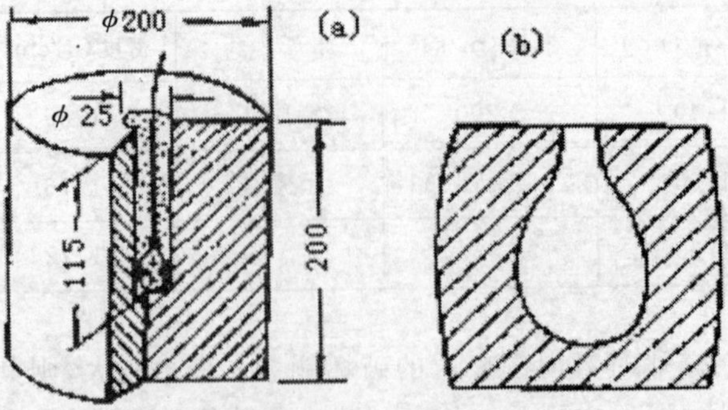

图 13-6 铅铸法

(a)—爆炸前;(b)—爆炸后

容积的大小，两者之差值表示该炸药的爆力(单位：cm^3)。猛度采用铅柱压缩法来测定(图13-7)，将50g炸药装入内径40mm的纸筒内，药柱上端插入8号雷管。将药柱置于铅柱(高60mm，直径40mm)上，中间用10mm厚的钢片隔开，然后用细绳捆绑于底部钢板上。炸药爆炸后，铅柱被压缩成蘑菇形，分别测量爆炸前、后铅柱的平均高度，其高度差即表示所试炸药的猛度值(单位：mm)。

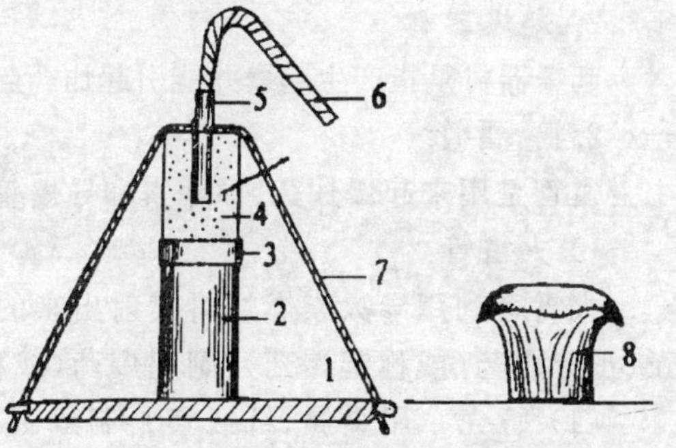

图13-7　铅柱压缩法

1—钢板座；2—铅柱；3—圆钢片；4—炸药包；5—雷管；6—导火索；7—细绳；8—爆炸压缩后的铅柱

1.2　常用的工业炸药

(1) 硝铵类炸药(简称硝铵炸药)　其主要成分是硝酸铵(氧化剂)，此外，还加有敏化剂(如梯恩梯)和可燃剂(如木粉，油类，铝粉等)。为改善硝酸铵炸药的性能，以适应各种不同的使用要求，还可加入一些附加成分，如消焰剂(食盐、氯化钾等)、防潮剂(沥青、石蜡等)及粘结剂等(表13-4)。

表13-4　常用工业炸药的组成和性能

炸药名称	成分和性能									
	硝酸铵(%)	梯恩梯(%)	木粉(%)	沥青(%)	石蜡(%)	柴油(%)	炸药密度(g/cm^3)	爆力不小于(cm^3)	猛度不大于(mm)	殉爆距离(cm)
1#岩石硝铵炸药	82	14	4				0.95～1.10	350	13	3
2#岩石硝铵炸药	85	11	4				0.95～1.10	320	12	3
3#岩石硝铵炸药	86	7	5			1	0.95～1.10	310	11	2
2#抗水硝铵炸药	85	11	3.2	0.4	0.4		0.95～1.10	320	12	2
岩石铵沥蜡炸药	90		8	1	1		0.85～1.0	240	9	1

硝酸铵是硝铵类炸药的主要成分，它在爆炸时反应如下：

$$NH_4NO_3 \longrightarrow 2H_2O + N_2 + 0.5O_2 + 121 \quad (kJ) \qquad (13-1)$$

可以看出，硝酸铵在爆炸时产生大量气体，并提供氧元素兼有氧化剂的作用；梯恩梯是一种敏化剂，可以提高炸药的感度，又能增加炸药的威力，兼起可燃剂的作用；木粉(锯末或煤粉)在铵梯炸药中既是疏松剂，能起松散及防止炸药结块作用，同时又是可燃剂；石蜡和沥青是防潮剂，有防止炸药吸潮的作用，同时兼起可燃剂作用；食盐是消焰剂，仅在煤矿安全炸药中适量加入。

常用的国产硝铵类炸药有：铵梯炸药、铵油炸药、铵松蜡炸药、铵沥蜡炸药、浆状炸药、乳化炸药、水胶炸药等。国产铵梯炸药一般都制成直径32mm、35mm和38mm的药包，每个药包质量相应为100g、150g和200g。贮存有效期一般为6个月(含有食盐者为4个月)。

(2) 硝化甘油类炸药　此类炸药以硝化甘油(或硝化甘油与硝化乙醇的混合物)为主要成分。此外，还加入硝酸钾(或硝酸钠，硝酸铵)作氧化剂，硝化棉为硝化剂，木粉可以作为可燃剂和疏松剂。还常加入少量的安定剂，如石膏等。硝化甘油类炸药是一种高猛度炸药，不吸潮、抗水性好，威力大。但其敏感性强，易因受震动、火花、摩擦、冲击等作用而爆炸。所以硝化甘油类炸药多用于潮湿多水的地下爆破工程。在一般工程中使用较少。

2. 起爆器材

起爆器材是指产生起爆并能引起炸药起爆的材料。包括雷管、导火线(索)、导爆索、导爆管等。

2.1 雷管

雷管是用来起爆炸药、导爆索和导爆管的。按其点火方式不同,可分为火雷管和电雷管两类。

1)火雷管

火雷管利用导火索燃烧时喷射出来的火焰来引爆雷管。如图[13-8(a)]所示,火雷管由管壳、正起爆药(或称起爆药)、副起爆药(或称加强药)和加强帽所组成。

(1)管壳 用金属、纸或塑料制成圆管状,一端开口以插入导火索之用,另一端封闭且有聚能穴,长35～51mm,外径6～7mm;

(2)正起爆药 常用敏感度极高的雷汞,叠氮铅、二硝基重氮酚等;

(3)副起爆药 常用敏感度稍低但爆力较大的黑索金,梯恩梯等,以加强雷管的起爆能力,加强帽为中心带孔的小金属帽,用以隔离起爆药与外界的接触,并提高起爆能力。

工业上用雷管按装起爆药量不同分为十个等级,号数越大,起爆能力越强。地下工程常用8号雷管。

2)电雷管

电雷管是用通电点火来引爆的雷管。按通电后爆发时间不同,有即(瞬)发电雷管、秒延期电雷管和毫秒延期电雷管。

(1)发电雷管 其特点是通电后立即爆炸,它与火雷管的区别是装有电点火装置。点火装置由脚线、桥丝和引火头组成[图13-8(b)]。

(2)秒延期电雷管 是通电后经一段以秒计算的延期后才爆炸的电雷管。其特点是在即发

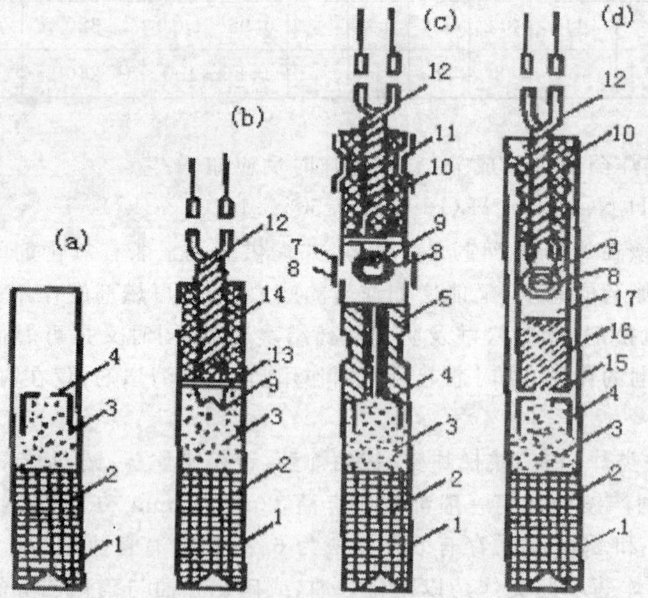

图13-8 工业雷管的结构

(a)—火雷管;(b)—瞬发电雷管;(c)—秒延期电雷管;(d)—毫秒延期电雷管。1—管壳;2—副起爆药;3—正起爆药;4—加强帽;5—导火索;6—排气孔;7—糊孔纸;8—引火球;9—桥丝;10—塑料塞;11—铁箍;12—脚线;13—纸垫;14—硫磺柱;15—延期内管;16—压装延期药;17—气室

电雷管的电点火装置与起爆药之间，装有一段用精制导火索做的延期药，由其长度来控制延期时间[图 13-8(c)]。国产秒延期电雷管共 7 段，各段间相差 1s，一般用脚线的颜色表示段数。

(3) 毫秒延期电雷管　又称微差雷管，它是通电后经一段以毫秒计量的延期后才爆炸的电雷管[图 13-8(d)]。与秒延期电雷管主要不同的是，延期药由铅丹、过氧化钡、硅铁、硫化锑等混合而成，通过改变组成成分、配比与药量来控制延期时间。国产毫秒电雷管各段的微差时间为 25～2 000ms，共有若干个系列产品，段数可达 20 段(表 13-5)。

表 13-5　国产毫秒雷管的延期时间

段　别	延期时间(ms)	段　别	延期时间(ms)	段　别	延期时间(ms)
1	<13	8	250±25	15	880±60
2	25+10	9	310±80	16	1 020±70
3	50±10	10	380±35	17	1 200±90
4	75±15/10	11	460±60	18	1 400±100
5	110±15	12	550±45	19	1 700±130
6	150±20	13	650±50	20	2 000±150
7	200±20/25	14	760±55		

2.2　导火索、导爆索和导爆管

(1) 导火索(或叫:导火线)　是用来引爆火雷管的，它是以黑火药为药心，以几层棉线、纸条及沥青等做外皮而成，直径 5～6mm，每米导火索的燃烧时间为 110～130s。

(2) 导爆索　是用来引爆炸药的，其结构与导火索相似，不同的是药心采用猛性炸药(如黑索金、太安等)，可用雷管起爆。国产导爆索的爆速为 6 800～7 200m/s。导爆索外皮涂上红色或红黄相间的颜色，以与导火索相区别。

(3) 导爆管　是一根外径仅 3mm、内径 1.5mm 的塑料管，管内壁涂有一薄层由黑索金与铝粉组成的起爆药，起爆后，管内产生以 2 000～3 000m/s 的速度传播的冲击波，它可以引爆非电毫秒雷管。

3. 起爆方法

根据使用的起爆器材不同，炸药起爆的方法分为火雷管起爆法、电雷管起爆法、导爆索起爆法和导爆管起爆法等。

1.1　火雷管起爆法

火雷管起爆法是用火雷管爆炸来引爆炸药的方法，其操作过程包括加工起爆雷管、加工起爆药包、装药和堵塞、点火起爆等。

(1) 起爆雷管加工　将按所需长度切好的导火索插入火雷管中，用雷管夹夹紧雷管口，使导火索固定在雷管中。这一工作在专门的加工室或较安全的地点进行。

(2) 加工起爆药包　先将药包一端包皮打开，用木锥在药包中心扎一小孔，将起爆雷管插入，最后将打开的药包纸绕于导火索周围，再用线捆好。

(3) 装药和堵塞　装药时先将炮眼内的岩粉和积水清除，然后用木棍将药包逐个送入眼中，其中一个是起爆药包。当炮眼内装完药包后，炮眼口留一段不装药，用炮泥(粘土加砂)堵塞。

(4) 点火起爆　首先将导火索端部切一斜口，露出药粉，然后用明火逐个点燃，若炮眼数多，可用成组点火法。

火雷管起爆法操作简单，在无瓦斯、粉尘爆炸危险的井巷或露天爆破中广泛使用。

2.2 电雷管起爆法

电雷管起爆法中用毫秒电雷管起爆的爆破法叫毫秒爆破（又称微差爆破）。与火雷管起爆所不同的是，装药后要进行联线组成电爆网路，它有串联、并联和混合联（串并联或并串联）。起爆电雷管的电源有起（发）爆器、照明或动力用交流电（127V、220V、380V）、直流电（110V 或 250V）。

起（发）爆器亦称放炮器，目前常用的是电容式起爆器，它能在很短时间（毫微秒）内放出较大的电能。起爆能力可从数十发至数千发之多。地质勘探掘进中，一次起爆雷管数目都在百发之内，故一般均采用小型起爆器。

动力和照明线路的输出电压是电力起爆中最可靠的电源。尤其是对于起爆线路长、药包多、起爆网路复杂、准爆电流要求高的大爆破，是较理想的电源。使用动力和照明线路时，应事先把电源引入到一个专用的起爆闸刀开关装置中，闸刀开关与线路联结，并装置在带锁的箱内，通常有两道开关和一个指示灯。它在构造上必须保证电源线路不可能和起爆网路发生偶然的闭合，以确保起爆作业的安全。

为保证起爆可靠，对雷管质量要进行检查，联线后要做导通检验，合格后方可合闸起爆。电雷管起爆法的优点是安全、准确、可靠，在地下和露天爆破中都得到广泛使用。

2.3 导爆索起爆法

如图 13-9 所示，起爆时雷管引爆主干导爆索再引爆支干索，从而使孔内炸药包爆炸。

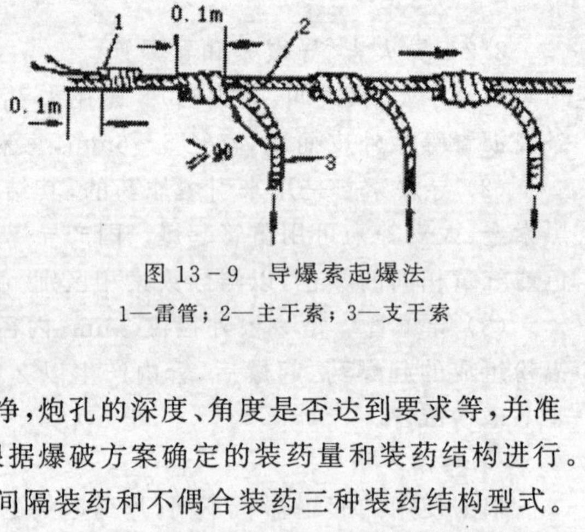

图 13-9 导爆索起爆法

1—雷管；2—主干索；3—支干索

3.4 导爆管起爆法

用起爆枪或雷管起爆导爆管，导爆管中产生的冲击波再引爆药包中的非电毫秒雷管，进而起爆炸药，这种起爆法最适用于有杂散电流、静电或雷电干扰的场合。

4. 装药与装药结构

正式装药前，应对炮孔进行检查：岩粉是否吹净，炮孔的深度、角度是否达到要求等，并准备或制作好起爆药包。向炮孔内装填药卷时，要根据爆破方案确定的装药量和装药结构进行。

根据工程爆破的需要，目前常采用连续装药、间隔装药和不偶合装药三种装药结构型式。

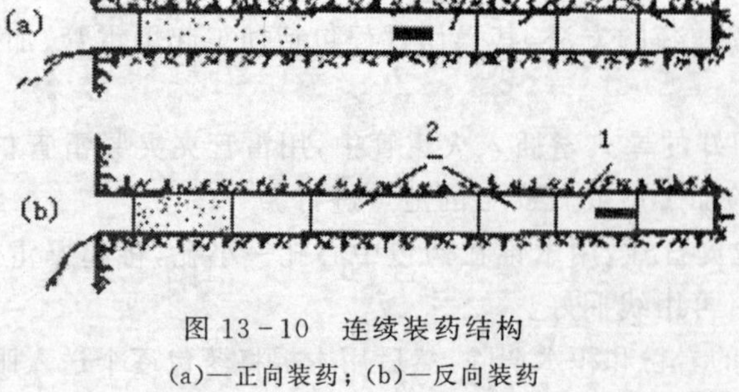

图 13-10 连续装药结构

(a)—正向装药；(b)—反向装药

1—引爆药卷；2—普通药卷；3—炮泥

在连续装药中，根据雷管聚能穴的方向不同，又可分为正向装药和反向装药两种，如图 13-10 所示。两者相同的是各药卷彼此密接，且雷管的聚能穴都朝向装药中心。两者不同的是，正向装药时，引爆药卷在炮孔口部，因而雷管的聚能穴朝向孔内。反向装药时，引爆药卷在孔底，因而雷管聚能穴朝向孔口。实践证明，反向装药可提高炮孔的利用率，减少瞎炮，提高爆破作业的安全性。炮孔愈深，反向装药的效果愈好。但反向装药不宜用于火雷管起爆及炮孔较浅(小于1.5m)的场合。

间隔装药，系在每个药卷之间留出一定的空隙，使药量分散，以便爆力沿孔长分布均匀。药卷间的距离，必须通过殉爆试验来确定。由于在地面试验的殉爆距离比在炮孔中(有体积限制的情况下)的殉爆距离要小，所以，起爆药包的殉爆距离，应通过现场炮孔中试验确定。如间隔较大时，应采用各药卷安装同段雷管或导爆索进行起爆。

不偶合装药，系将药卷置于炮孔中央，药卷与孔壁间留有空气间隙。为了保证药卷位置准确居中和固定，采用药卷定位器，如图13-11所示。此时，炮孔直径与药卷直径之比称为不偶合系数。

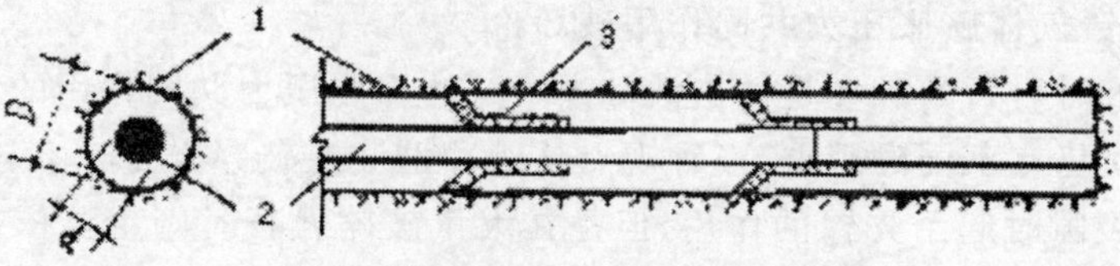

图13-11　不偶合装药结构

1—炮孔；2—药卷；3—定位器

为了使爆破作用力向预定方向发展，必须堵塞炮孔。堵塞材料一般用1∶3的粘土和砂及适当的水制成的炮泥。对于高爆速的猛炸药，在炸药附近的堵塞宜松一些，以便在爆炸初期冲击波不会将炮泥抛掷出去，而可使其维持一瞬间的压缩。然而，对于像硝铵炸药这类低爆速的炸药，应堵塞紧密为好。不管怎样，越接近炮孔口部堵塞越紧密越好，以保证炮孔内在破碎岩石开始移动时维持一定的压力。

二、岩石中爆破作用的基本原理

在岩石的挖掘工程中，目前仍然广泛利用炸药爆炸时所释放的能量来破碎岩石。由于炸药在岩石中爆破时所释出的量只有少部分用于破碎岩石，而大部分能量都消耗在产生空气冲击波、地震波、噪声和飞石等有害效应方面，炸药在岩石中爆破时它的能量利用率很低，大部分能量都白白浪费掉了。因而，提高作药在岩石中爆破的能量利用率，进而改善岩石的爆破效果是工程爆破中的一项最根本的任务，为了圆满完成这项任务，除了要通晓岩石的性质和地质条件、熟习爆破材料的性质、研究炸药的爆轰机理及如何实现炸药的稳定爆轰以外，更重要的是必须研究炸药在岩石中爆破所释放出来的能量是通过何种形式作用在岩石上；岩石在这种能量作用下处于什么样的应力状态；岩石在这种应力状态中又怎么引起它的破坏和变形的，以及这种破坏和变形存在着什么规律等等。只有了解这些作用及其规律，人们才能自觉地运用这些规律，根据具体条件来设计爆破方法和爆破方案、合理地确定爆破参数和有效地控制爆破的作用，以达到尽可能地提高炸药的爆破能量利用率、改善爆破效果和获得最优经济效果的目的。

1. 岩石爆破破坏原因的几种假说

根据测试得知，炸药在岩石中爆破时，它释放出来的能量是以冲击波和爆轰气体膨胀压力的方式作用在岩石上的，从而造成岩石的破坏。但是，研究工作者在研究和解释岩石的破坏原因时，由于他们的认识和测试的目的不同而形成三种假说。

1.1　爆轰气体膨胀压力作用破坏论

这派观点是从静力学的观点出发，认为药包爆炸后，产生大量高温高压的气体，这种气体膨胀时所产生推力，作用在药包周围的岩壁上，引起岩石质点的径向位移，由于作用力的不等引起的不同的径向位移，导致在岩石中形成剪切应力，当这种剪切应力超过岩石的极限抗剪强度时就会引起岩石的破裂。当爆轰气体的膨胀推力足够大时，还会引起自由面附近的岩石隆起、鼓开并沿径向方向推出，这派观点完全否认冲击波的作用。

1.2 应力波反射拉伸破坏论

这派观点从爆轰的动力学观点出发。认为药包爆破时，强大的冲击波冲击和压缩周围的岩石，在岩石中激发成强烈的应力波，当应力波传到自由面时，从自由面反射而成拉伸应力波，当这种波的强度超过岩石的极限抗拉强度时，从自由面开始向爆源方向产生拉伸张裂破坏作用。这派观点完全否认了爆轰气体膨胀的推力作用。

1.3 冲击波和爆轰气体膨胀压力共同作用破坏论

这派观点认为爆破时岩石的破坏是冲击波和爆轰气体膨胀压力共同作用的结果。但是在解释岩石破碎的原因时仍有不同的观点。一种观点认为冲击波在破碎岩石时不起主要作用，它只是在形成初始径向裂隙时起了先锋的作用，但是在大量破碎岩石时则主要依靠爆轰气体膨胀压力的推力作用和尖劈作用。另一种观点则认为爆破时岩石破碎谁起主要作用要取决于岩石的性质，即取决于岩石的波阻抗。对于高波阻抗的岩石[波阻抗(10～15)×10^5g/cm^2·s]，即极致密坚韧的整体性岩石，它对爆炸应力波的传播性能好、波速大。爆破时岩石的破坏是应力波起主要作用；对于低波阻抗[波阻抗(2～5)×10^5g/cm^2·s]的松软而具有塑性的岩石，爆炸应力波传播的性能较差，波速较低，爆破时岩石的破坏主要依靠爆轰气体的膨胀压力；对于中等波阻抗[波阻抗(5～10)×10^5g/cm^2·s]的中等坚硬岩石，应力波和爆轰气体膨胀压力同样起重要作用。

2. 单个药包的爆破作用分析

如图 13-12 所示，在具有一个自由面的岩体中，埋置一个集中药包，药包中心至自由面的最短距离为最小抵抗线(即埋深)。当药包爆炸后，药包周围的岩石受到炸药爆炸产生的冲击波和高温高压气体产物的冲击作用而破碎，内圈为压碎区，外圈为裂隙区[图 13-12(a)]。

如果最小抵抗线适宜，在自由面处的岩石也遭到破坏[图 13-12(b)]。当最小抵抗线小至某一临界值时，内、外破坏将贯穿连成一体，破碎的岩石鼓出自由面，但无抛掷，形成一个松动爆破漏斗[图 13-12(c)]。当再减少最小抵抗线时，爆炸的剩余气体将破碎岩石从自由面抛出，形成抛掷爆破漏斗[图 13-12(d)]。

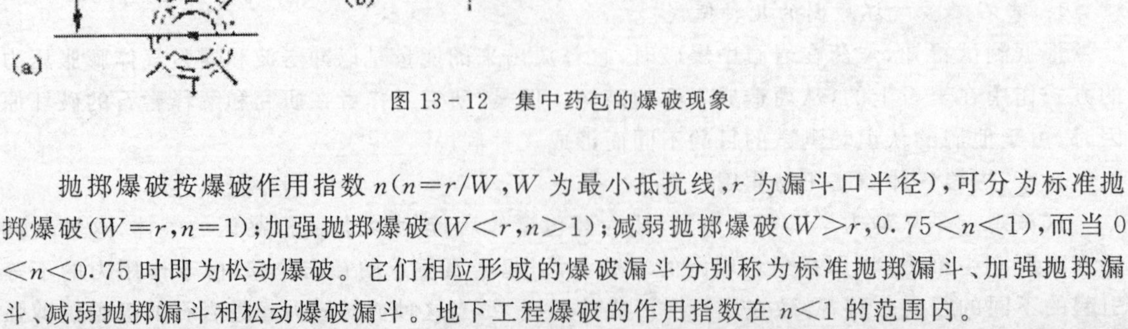

图 13-12 集中药包的爆破现象

抛掷爆破按爆破作用指数 n($n=r/W$，W 为最小抵抗线，r 为漏斗口半径)，可分为标准抛掷爆破($W=r,n=1$)；加强抛掷爆破($W<r,n>1$)；减弱抛掷爆破($W>r$，$0.75<n<1$)，而当 $0<n<0.75$ 时即为松动爆破。它们相应形成的爆破漏斗分别称为标准抛掷漏斗、加强抛掷漏斗、减弱抛掷漏斗和松动爆破漏斗。地下工程爆破的作用指数在 $n<1$ 的范围内。

抛掷爆破与松动爆破所需的炸药量分别按下式求得：

$$Q_P=(0.4+0.6n^3)qW^3 \quad (\mathrm{kg}) \tag{13-2}$$

$$Q_S=(1/3\sim1/2)qW^3 \quad (\mathrm{kg}) \tag{13-3}$$

式中：Q_P，Q_S——抛掷爆破、松动爆破的装药量，kg；n——爆破作用指数；W——最小抗抵线，m；q——标准抛掷爆破的单位炸药消耗量，kg/cm^3。

其中，n 和 W 按工程爆破要求选取，q 可按国家定额或有关经验数据选取。

影响爆破作用效果的主要有以下因素：① 炸药的装药密度、爆速、炸药的波阻抗、爆轰压力、爆炸气体体积及爆炸能量的利用率；② 炸药波阻抗同岩石波阻抗的匹配关系、间隙装药情况、堵塞质量、起爆顺序和起爆药包的位置；③ 自由面的数量与大小、空孔及岩体中的结构裂隙等。

三、坑道工程开挖爆破的基本方法

用爆破法开挖岩体坑道，不管是平硐、斜硐和竖井，开始时都是在只有一个临空面的情况下进行的。其开挖爆破程序基本有二种：① 先在开挖断面上掏槽，然后逐步扩大爆破，最后达到周边轮廓线形成坑道；② 先在周边轮廓线预先爆出裂隙，然后在断面内再分块爆裂或爆碎，最后形成坑道。因此，掏槽、布孔及有关的爆破参数、起爆顺序等是坑道开挖爆破研究的基本问题。

1. 坑道工作面炮眼布置

坑道在一个临空面的条件下爆破，首先应在开挖面上形成“突破口”，开辟新临空面的炮孔叫掏槽孔（眼）。用于扩大爆破范围的炮孔，叫扩大孔（眼），又叫辅助孔。控制开挖轮廓的炮孔叫周边孔。周边孔又按其位置不同分为顶孔、邦孔和底孔。各类炮限如图 13－13 所示。

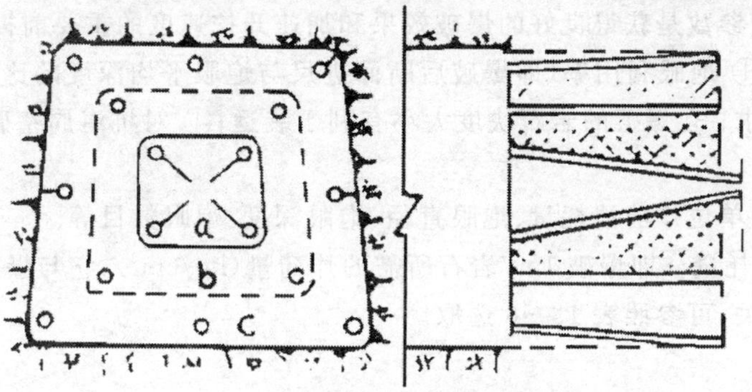

图 13－13　各类炮眼

(a)—掏槽眼；(b)—辅助眼；(c)—周边眼

掏槽眼是影响爆破质量好环的关键。掏槽方式分为斜眼掏槽和垂直眼掏槽（图 13－14），前者掏出的槽成楔形或锥形，后者为桶形或缝形。一般来说，当被爆岩石有层理时，用楔形掏槽；在较硬的均质岩石中，坑道断面较大时，应留有一个或数个不装药的空眼，作为装药眼的附加自由面。掏槽眼数一般为 3～7 个，坑道断面大或岩石坚固性大时应取多些。

斜眼掏槽的炮眼与工作面的夹角大致为 65°～75°，排距约为 0.4～0.6m，槽口眼距根据眼深与倾角，一般为 1.0～1.4m，槽底眼距为 200mm 左右，眼深应比其他炮眼深 200mm。炮眼装药系数一般为 0.4～0.5。

垂直眼掏槽的眼距根据岩石的坚固性程度和起爆先后一般为 100～300mm，同时比其他炮眼加深 200mm，炮眼装药系数为 0.7～0.8。

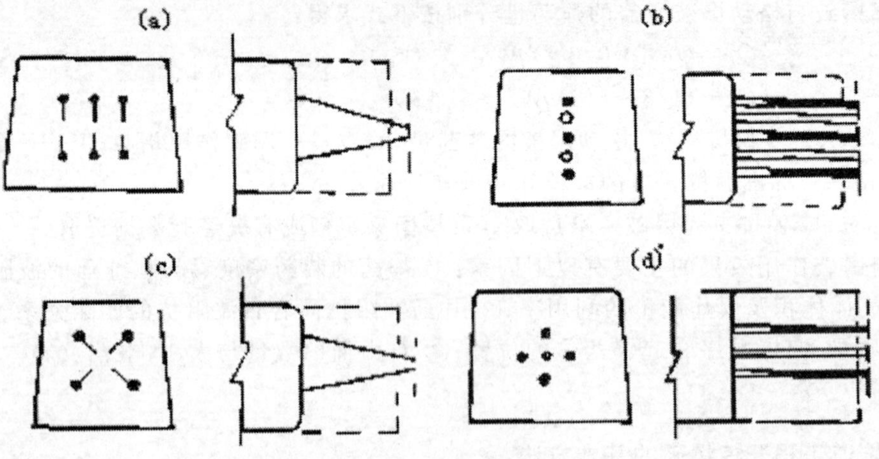

图 13-14 掏槽方式

(a)—楔形掏槽；(b)—缝形掏槽；(c)—锥形掏槽；(d)—桶形掏槽

辅助眼是布置在掏槽眼和周边眼之间的炮眼，是大量崩落岩石和扩大断面的炮眼。眼距视岩石性质而定，一般为500～800mm，炮孔装药系数为0.5～0.6。

周边眼是控制坑道成型的炮眼，眼距一般为400～700mm，眼口一般距轮廓线内100～200mm，眼底要伸出轮廓线外100～200mm。炮孔装药系数一般应以多打眼，少装药的原则确定，约为0.4～0.7。采用光面爆破时装药线密度为0.15～0.35kg/m。

2. 坑道爆破参数的确定

确定合理的爆破参数是获得良好的爆破效果和加速开挖速度的重要前提。坑道爆破效果的好坏衡量标准是：① 炮眼利用率（即爆破后断面进尺与炮眼平均深度的比值）高；② 坑道断面、轮廓符合设计要求；③ 爆下的岩石块度大小有利于装运；④ 对坑道周壁破坏少；⑤ 爆破材料消耗少等。

主要爆破参数有单位炸药消耗量、炮眼直径、炮眼深度、炮眼数目等。

(1) 单位炸药消耗量　即爆破1m^3岩石所需的炸药量(kg/cm^3)，它与爆破断面尺寸、岩石性质、炸药性能等有关，可参照表13-6选取。

表 13-6　坑道爆破单位炸药消耗量参考值　　单位：kg/cm^3

坑道断面积(cm^2)	岩石的普氏坚固性系数(f)				
	2～3	4～6	8～10	12～14	15～20
＜4	1.23	1.77	2.48	2.96	3.36
4～6	1.05	1.50	2.15	2.64	2.93
6～8	0.89	1.28	1.89	2.33	2.59
8～10	0.78	1.12	1.69	2.04	2.32
10～12	0.72	1.01	1.51	1.90	2.10
12～15	0.66	0.92	1.36	1.78	1.97
15～20	0.64	0.90	1.31	1.67	1.85
＞20	0.60	0.86	1.26	1.62	1.80

(2) 炮眼直径与深度　炮眼直径一般为 38～46mm。坑道断面大或凿岩设备能力强时，眼径可大些，炮眼深度范围一般为 1.5～5m。

(3) 炮眼数目　即一次爆破所需炮眼数目可由以下经验公式初步确定：

$$N=(2.0\sim2.7)\sqrt{f\cdot S} \tag{13-4}$$

式中：N——炮眼数目；f——岩石坚固性系数；S——坑道断面积，cm^2。

3. *光面爆破和预裂爆破*

光面爆破系指爆破后的断面整齐，岩面上保存 50%以上的孔痕，并无明显的爆震裂缝的控制爆破技术。其主要方法是：对周边眼适当加密眼数，减少每眼装药量(如采用小直径药卷)，用导爆索或毫秒雷管同时起爆。

预裂爆破是在光面爆破基础上发展起来的一项控制爆破技术，其方法是：沿着设计轮廓线打一排减少孔距的平行炮孔，减小装药量，采用不耦合装药，在工作面主爆炮孔爆破之前，首先起爆预裂孔，使被爆岩石沿设计轮廓线先形成平整的预裂缝(宽度可达 1～2cm)，然后再起爆主爆孔组，最后使坑道形成平整的岩壁。

4. *井巷掘进爆破说明书*

爆破说明书是工程施工组织设计的组成部分，是指导、检查和总结凿岩爆破工作的技术文件。

应当根据地质条件、工程设计要求、施工计划和实际施工经验，理论结合实际来编制，并要根据施工条件的变化及时修正，才能获得良好的爆破效果。爆破说明书的内容包括：

(1) 爆破作业的原始条件　包括掘进井巷的种类、断面的大小和形状、岩石性质(坚固性系数、裂隙和含水情况等)及有无瓦斯和瓦斯等级。

(2) 选用凿岩爆破器材　包括炸药、雷管的品种、凿岩机的型号和工作面同时工作的台数、凿岩生产率的大小等。

(3) 确定凿岩爆破综合工作参数　包括炮眼直径、炮眼深度、单位炸药消耗量、炮眼数目等。

(4) 炮眼布置　包括掏槽眼、辅助眼和周边眼的数量、各炮眼的装药量与装填结构、各炮眼的起爆顺序和炮眼布置三面投影图。

(5) 预期爆破效果　包括炮眼利用率、每循环进尺、每循环炸药消耗量、单位炸药消耗量、单位雷管消耗量、单位炮眼消耗量等。

(6) 爆破安全措施。

§3　装岩、运输和提升

装岩、运输和提升(简称：出碴)是勘探坑道开挖工程中另一项费工、费时的基本作业，在一般情况下，出碴作业所需时间约占开挖循环时间的 35%～50%。为要提高开挖速度，就必须快速出碴。出碴主要包括装岩、运输(包括提升)、卸碴三项作业。

一、装岩

装岩方式与装岩机械类型有关。目前勘探或工程平巷和坑道采用的装岩机械有铲斗式、蟹爪式、立爪式装岩机和装卸机等，斜井采用耙斗式装岩机，竖井装岩采用抓岩机。

1. *铲斗式装岩机*

铲斗式装岩机是一种间歇式装岩机械。按行走方式可分为：轨道式、履带式和轮胎式；按装卸载方式可分为：正装正卸式、正装后卸式(图 13-15)和正装侧卸式；按动力可分为：电动、内

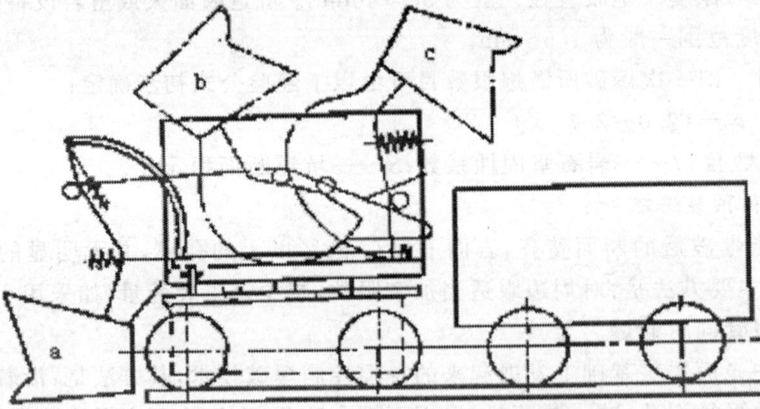

图 13-15 正装后卸装岩机构造示意图

燃、气动铲斗式装岩机。

2. 蟹爪式装岩机

这是一种连续装岩机械。机械的前端为一倾斜的受料盘,受料盘上装有一对曲轴带动的蟹爪(图 13-16)。装岩时整个装岩机低速前进,使受料盘插入岩堆,在两个蟹爪的连续交错耙动下,将岩碴耙入转载的运输机上,由它转运到机后的运输设备内。

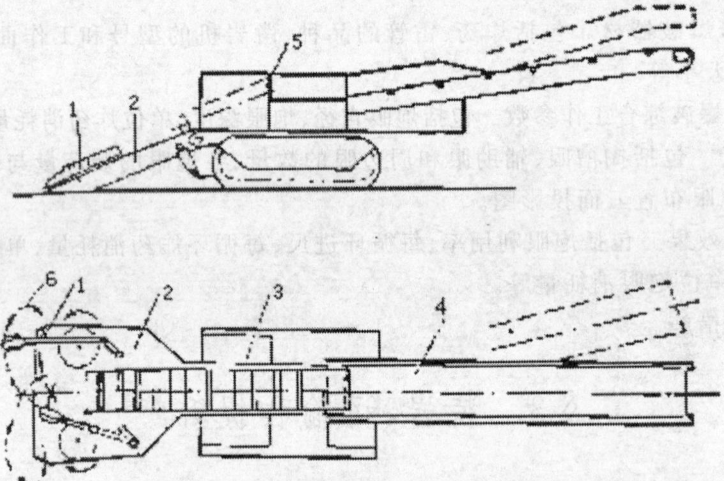

图 13-16 蟹爪式装岩机示意图

1—蟹爪;2—受料盘;3—链板输送机;4—带式输送机;5—机身;6—蟹爪动作轨迹

蟹爪式装岩机由于能实现连续装岩,机上的带式输送机尚可左右回转一定的幅度,可配合大容量运输设备使用,减少调车时间,具有较高的装岩效率。

按行走方式,蟹爪式装岩机也有轨行式、履带式、轮胎式三类,其中以前两种采用较多。

3. 立爪式装岩机

这是另一种连续装岩机械,它由机体、立爪(攫岩机构)、刮板或链板输送机三部分组成,如图 13-17 所示。安设在机体前端的一对立爪,可在前方及左右两侧方向耙碴,完成喂料动作。然后通过机上的输送机向机后的输送设备装车。

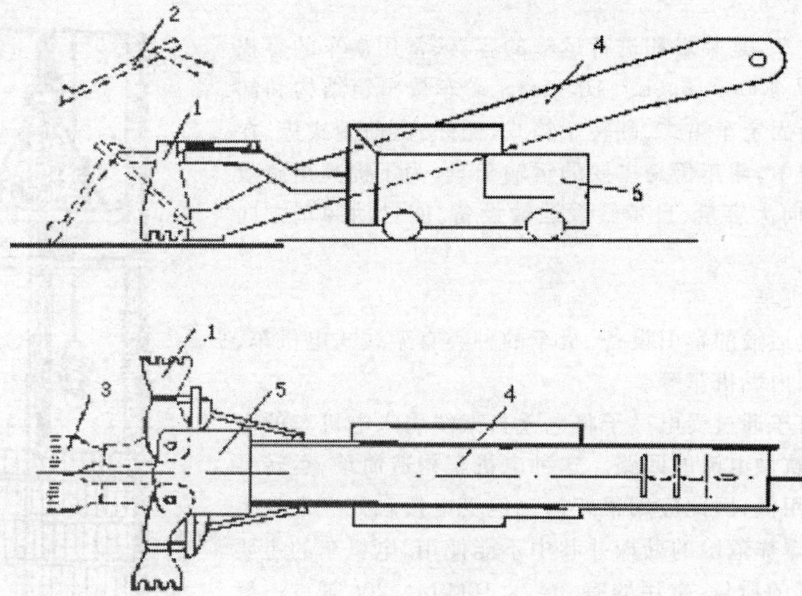

图 13-17　立爪式装岩机示意图

1—立爪(左右位置)；2—立爪(上下位置)；3—立爪(前方)；4—链板输送机；5—机架；6—机体

立爪式装岩机的主要优点是机构简单，动作灵活，对开挖断面及岩碴块度的适应性较强，尚能开挖水沟和清理底扳。但爪齿易于磨损，操作也较复杂。按行走方式不同立爪式装岩机有履带式和轨行式两种。一般轨行式采用较多。

4. 装卸机

这是一种能完成装车、运输、卸车作业的一机多能的设备。它又可分为两种类型：① 本身带有铲斗和车箱，铲斗将岩碴装在自带的车箱内，车箱装满后运到卸碴点卸碴。② 本身不带车箱，仅有一个大容积的铲斗，铲斗装满后即行走至卸碴点卸碴，这种类型一般称为铲运机。地下工程中多采用装卸机，而露天大面积土方及场地平整工程则铲运机应用较多。

装卸机多为轮胎式，它机动灵活适用于大断面坑道运距较短的工程。当运距较长时，也可采用接力装运的方式出碴。

5. 抓岩机

竖井掘进中的装岩与提升工作是最繁重的而且是占用时间最多的工序。在竖井掘进断面积不大且缺乏动力的地区，通常采用人力装岩。机械化装岩工作中，使用最多的是抓岩机。它有电动、气动和液压的多种类型。我国目前常用的 NZQ2-0.11 型风动抓岩机，其抓斗体积为 0.11cm^3，以压缩空气为动力，人工操作。抓岩机及其在工作面上的使用概况如图 13-18 所示。

当然，还有用于斜井装岩的小型耙斗装岩机，但由于勘探或工程斜井的掘进断面小，装岩工作量不大，故目前多为人工装岩。

二、运输

岩土掘进工程主要分有轨和无轨两种运输方式。

1. 有轨运输

有轨运输主要设备为轨道、斗车和机车。

1.1 斗车

斗车又称矿车，是装岩和进行运输的容器。常用矿车的容积为 $0.5m^3$、$2.0m^3$、$4.0m^3$、$6.0m^3$、$10.0m^3$。矿车按车箱结构和卸载方式不同分为固定车箱式、翻转车箱式、侧卸式、前倾式等。在中小型断面工程中，斗车仍是主要的运输工具。为了提高出碴效率，运输斗车有向大容量、自带转载运输设备、能自动卸车方向发展的趋势。

1.2 牵引机车

机车是轨道运输的牵引设备。机车的种类有架线式电机车、蓄电池电机车和内燃机车等。

架线式电机车通过受电弓子将电流自架线引入电机车的电动机，并利用道轨做电流的回路。这种电机车构造简单、运转维护方便、运输费用低，因此应用很普遍。但受电接触处经常发生火花，在有瓦斯爆炸危险的勘探井巷中不能使用。电机车的主要技术特征是机车的质量，常用的有 3t、7t、10t、14t、20t 等。一般运输量不大，运距较短时，应选用较小吨位的机车。

蓄电池电机车基本构造与架线式电机车相同，但其动力为蓄电池组供给，无需架线，不发生火花，可用于有瓦斯的井巷。但它需要专门充电设备，运输费用高，而且蓄电池容量小，故仅用于运距不大或未安装架线的坑道中作辅助运输。

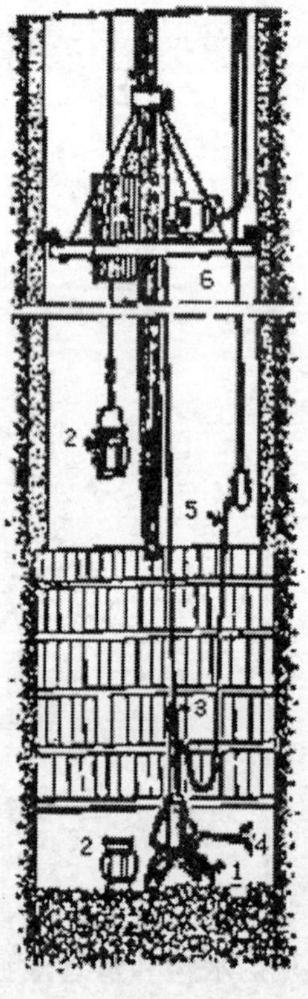

图 13-18 抓岩机使用概貌
1—抓岩机；2—装岩吊桶；3—升降器；4—操纵器；5—橡胶软管；6—提升绞车

内燃机车采用内燃机做为动力，共特点是具有独立能源，运行距离和路线不受限制，燃料便宜，但排放的废气有害成分大，目前国内主要用于露天运输，随着废气净化措施的解决，可以用于地下。图 13-19 为 CJ-12 型矿用柴油机车。它是原地质矿产部门设计的一种以柴油机为动力的轨道式小型牵引机车，轴距只有 700～750mm，可通过曲率半径为 5m 的坑道，故可适用于 $2\times1.8m^2$ 的地质勘探坑道。CJ-12 型机车由 S-195 柴油机、车体、离合器、变速箱、制动装置、操纵及电路系统、净化装置等组成。

1.3 轨道

钢轨的作用是承托和引导运行的车辆。矿用钢轨有轻型（8～24kg/cm）和重型（33～38kg/cm）两种。前者适用于小型的勘探坑道，配用小型电机车，后者适用于生产量大的矿山，配用大型电机车。轨枕的作用是固定钢轨和承受钢轨传来的载荷，并将它传递到道床上。矿用轨枕多为木质的。道床的作用是承受轨枕传来的压力，并把它均匀分配到路基上。道床由块度为 20～40mm 的碎石（道碴）铺成，厚度为 150～180mm。轨道的联接件有道钉、垫板、夹板、螺钉等。

轨道铺设时要保证轨距，轨距是指两根钢轨之顶内缘间的垂直距离。坑道掘进常用轨距为 600mm、762mm、900mm 等，轨道要有一定坡度，一般为 3‰，以满足空车上坡，重车下坡的要求，轨道弯曲部分要加宽轨距，并将外轨抬高。

根据开挖面积尺寸和运输量大小，运输轨道常有单线、双线或多线等形式。采用双线或多线时，两线间距应保证相邻两列机车或斗车间最少留有 20cm 的错车空隙。

1.4 调车

在采用小型斗车运输时，选择合理的调车方法和设备，是保证装岩机连续装岩，提高出碴

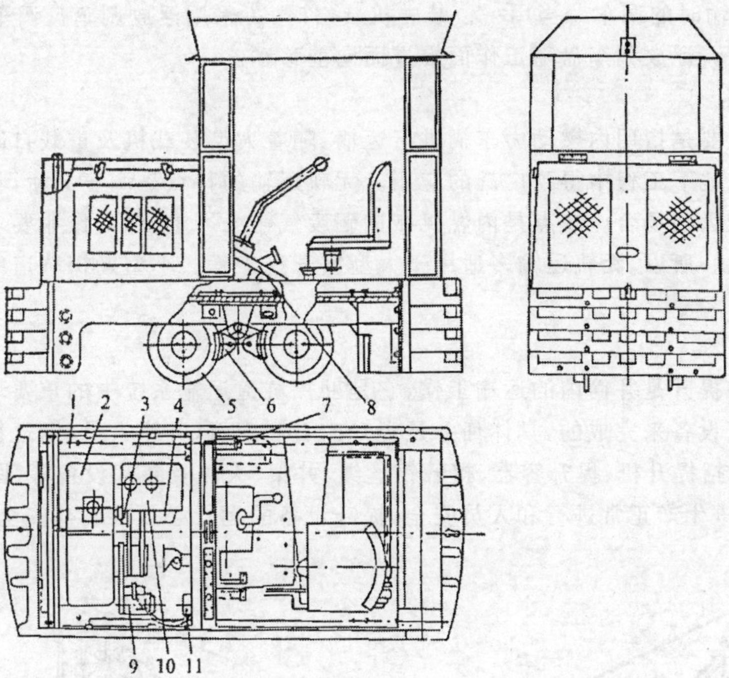

图 13-19　CJ-型矿用柴油机车

1—车体；2—柴油机；3—离合器；4—变速箱；5—轮轴部分；6—制动部分；7—油门；8—操纵系统；9—副机组；10—净化装置；11—电路系统

效率的一个重要因素。合理的调车方法和设备，应符合调车迅速、构造简单、使用灵活、移动轻便的要求。

(1) 单轨运输时的调车　基本方法是设置错车道岔(图 13-20)或平移式调车器(图 13-21)。为便于移动，错车道岔可采用扣道式浮放道岔代替固定道岔。

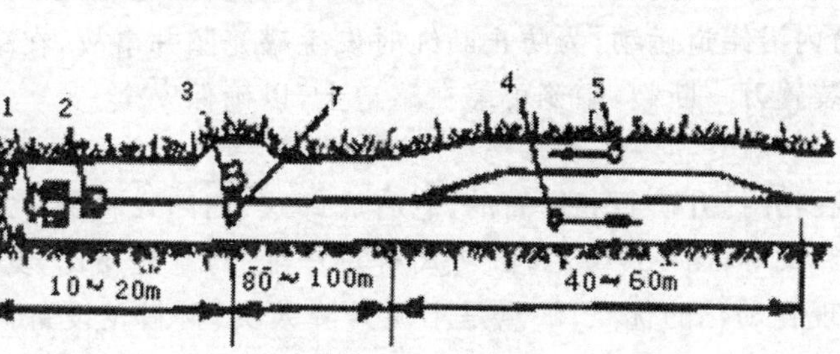

图 13-20　单轨错车道岔调车示意图

1—装岩机；2—重车；3—空车；4—重车线；5—空车线；6—电机车

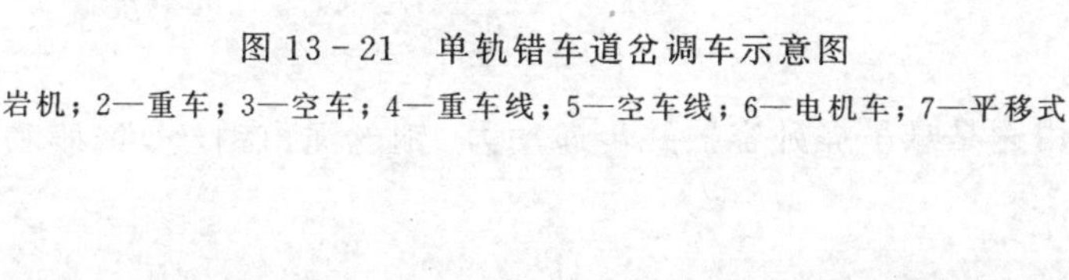

图 13-21　单轨错车道岔调车示意图

1—装岩机；2—重车；3—空车；4—重车线；5—空车线；6—电机车；7—平移式调车器

(2) 双轨运输时的调车　当用一台装岩机装岩时,可采用浮放调车盘调车。使用时扣放在轨道上并予固定。浮放调车盘随工作面推进而向前移动。

2. 无轨运输

无轨运输主要是指用内燃动力车辆进行运输,随着大型装载机及重载自卸汽车的应用,近年来无轨运输在地下工程中得到广泛的应用。无轨运输的特点是调车灵活,不需敷设轨道,能适于卸碴距离较远的场合。缺点是内燃机械进硐废气污染严重,硐内作业要求空间较大,以利调车和装车作业。所以,无轨运输多适用于大型室开挖工程。小型勘探坑道中很少使用。

三、提升

斜井或竖井提升是井筒内的运输工作,它是勘探坑道运输系统中的重要环节。斜井和竖井的提升是由提升设备来完成的,具体任务是提升矿石和废石,升降人员,运送材料、设备和工具等。提升设备包括提升机、提升容器、提升钢丝绳、井架、天轮及装卸设备等(图 13-22、图 13-23)。为保证掘进生产正常进行和人员安全,提升设备的运行必须准确与安全可靠。

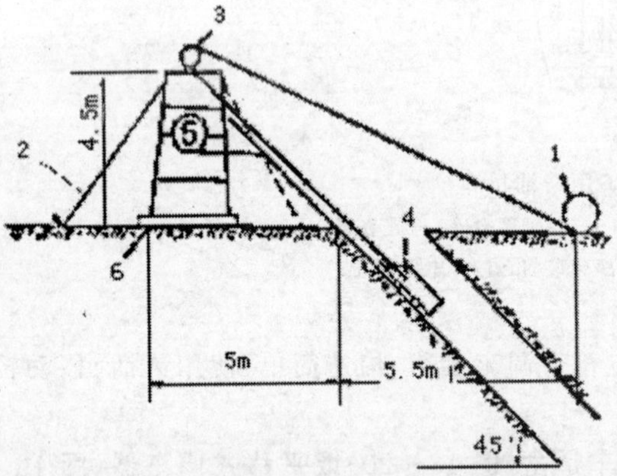

图 13-22　斜井提升示意图

1—卷扬机; 2—塔崩绳; 3—天轮; 4—箕斗;
5—天轮塔架; 6—地木梁

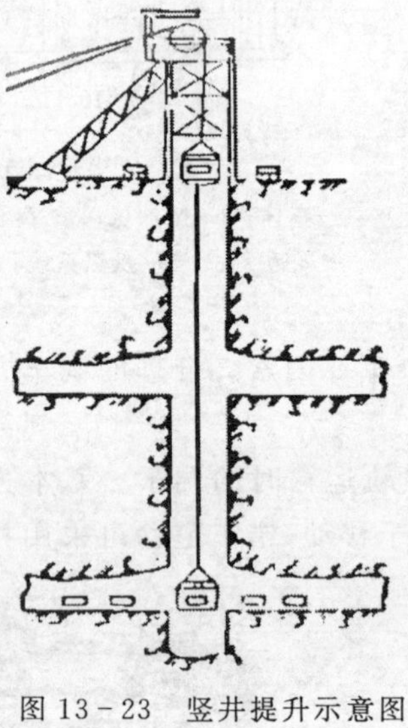

图 13-23　竖井提升示意图

1. 提升容器

1.1　罐笼

罐笼用于井筒内提升矿石或废石、升降人员及材料设备。按层数分为单层及多层罐笼;按内部容纳矿车数分单车、双车等。图 13-24 为单层单车罐笼,罐笼靠顶部连接装置与提升钢丝绳相连。罐笼在井筒内沿罐道运动,为防止断绳时发生罐笼坠井事故,在罐笼上装设断绳保险器,当钢丝绳或连接装置万一断裂,罐笼可停在罐道上,以确保安全。

1.2　箕斗

箕斗用于竖井或斜井提升矿石和废石的,它有底卸式、侧卸式和翻转式三种。斜井箕斗有前翻式、后卸式和底卸式等,图 13-25 为翻转式斜井箕斗。与罐笼相比,箕斗具有容器质量小,提升能力大,便于实现自动化的优点;缺点是不能升降人员、材料及设备,并且井上、井下均需设置转载仓。

2. 提升钢丝绳

提升钢丝绳的用途是悬吊提升容器并传递动力。钢丝绳由钢丝、绳股和绳心组成。竖井提

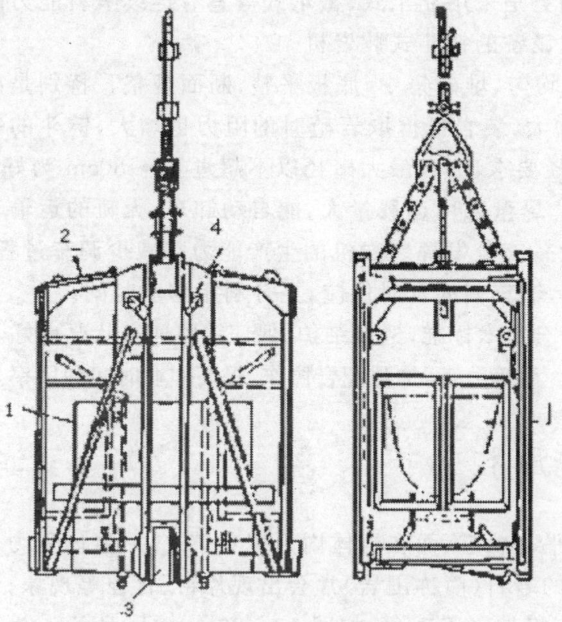

图 13-24 单层罐笼

1—矿车；2—罐盖；3—罐耳；4—断绳层保险器

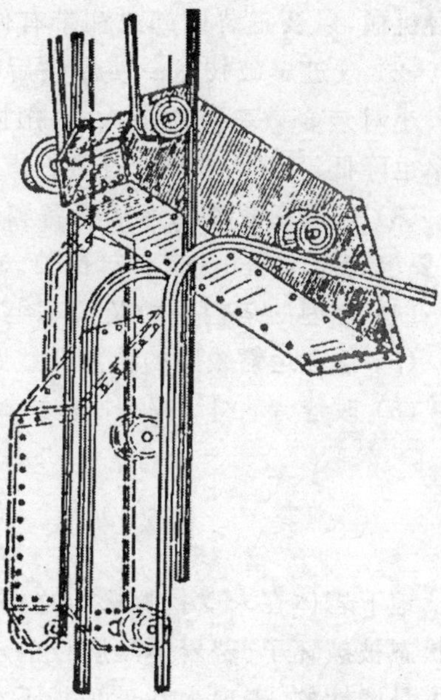

图 13-25 翻转式斜井箕斗

升一般用抗拉强度为 1 550～1 700MPa 的钢丝绳。

3. 提升机

提升机(卷扬机)是供缠绕和传动提升钢丝绳之用，以完成井筒升降重物的任务。较适用于地质勘探井筒(竖井或斜井)掘进中使用的提升机功率一般在 25kW 左右。

四、提高出碴效率的途径

1. 影响出碴效率的因素

1.1 装岩对出碴效率的影响

(1) 装岩机的构造和性能 不同类型的装岩机，装岩效率是不同的。例如，铲斗式的装载机构是属于间歇性的；而立爪或蟹爪式喂料机构攫取岩碴是连续的。此外，即使为铲斗，不同的铲斗形状和构造，其铲取能力及一次铲满率也不同。

(2) 爆破效果 岩碴的块径和均匀度、碴堆的高度、底板是否平整、断面是否规整等都影响装岩效率。

(3) 岩石本身的性质 如岩石的容重、硬度等。

(4) 有无转载设备 有转载设备时，可充分利用装岩机的有效作业时间和生产能力。

(5) 技术熟练程度 装岩操作的技术熟练则可提高装岩机的装岩能力，并缩短装车时间。

1.2 运输对出碴效率的影响

运输车辆和斗车的性能(如容积、能否自动卸车等)、运输的组织和调度、运输线路的质量及劳动组织等诸方面都对出碴效率有影响。如装岩、运输、调车、卸车各主要工序配合紧密，可减少不必要的停歇时间，提高作业时间的利用率。

2. 提高出碴效率的途径

(1) 采用高效能的装岩机械 长期以来，装岩机械以铲斗后卸式为主，但由于使用此种机械对进一步提高生产率受到限制，新的发展趋势是采用立爪式、蟹爪式等具有连续喂料能力的装岩机械，以及正装侧卸式和带有伸臂式转载设备的铲斗式装岩机。

(2) 改进爆破技术　使爆破后碴径、块度均匀，堆碴集中，底板平整，断面规整。特别是碴径大小对装岩效率影响极大，一般随着碴径增大，装岩机攫取岩碴时的阻力也增大，铲斗的铲满率也降低。不同的装岩机械都有适宜的碴径要求，一般最大碴径以不超过 40～60cm 为好。

(3) 采用高效能的运输设备和转载设备　尽量采用运载量大，能自动卸车，无轨的运输车辆，要求转弯半径小，能双向行驶。通过转载设备充分发挥装岩机的生产能力并减少调车过程。

(4) 合理的运输组织及调车组织　保证运输车辆的及时供应，充分利用作业时间。

(5) 保证运输线路的质量　线路敷设应符合技术标准，经常维护、保证线路通行状况良好。

(6) 改善劳动组织提高操作技术熟练程度　明确分工，加强配合协作，提高作业时间利用率。

§4　地压和支护

地下岩体在未受挖掘影响之前处于受力平衡状态，而在岩体内开掘巷道之后，岩体受力平衡状态被破坏了。若岩体是脆性的，巷道周围的岩石（简称围岩）常会出现片帮、冒顶等现象；若岩体是塑性的，表现为巷道顶板下沉两帮或底板鼓胀等现象，如图 13-26(a)、(b)所示。为保证巷道安全与正常使用，就要架设支架或锚固围岩以防止它发生过大变形与破坏。如果支架设计不当，或强度不足，支架也会破坏[图 13-26(c)]。

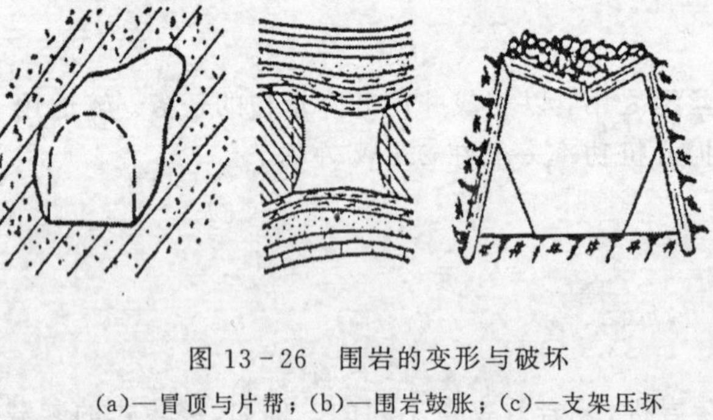

图 13-26　围岩的变形与破坏

(a)—冒顶与片帮；(b)—围岩鼓胀；(c)—支架压坏

围岩和支架的变形与破坏现象统称为地压现象。由于围岩变形与破坏作用于支架上的压力称为地压。

为了正确设计支架，需要确定地压值。而地压大小与许多因素有关，如围岩性质、巷道形状与大小、巷道开挖后的时间长短等，情况很复杂，目前尚不能准确地确定地压值。实际中常用近似计算法估算或进行现场实测。

一、水平巷道地压计算

巷道开掘后，巷道顶板所承受的压力称为顶压，而侧帮承受的压力称为侧压。其值大小一般按松散体学说来予估。该学说认为，岩体总是存在着大大小小的裂隙、节理、层理等弱面，可视岩体为有一定粘结力的松散体，巷道挖掘后，顶板将发生变形与破坏，产生岩石冒落，冒落到一定程度后形成一个拱，岩石就不再冒落了，这个拱称作自然平衡拱。如果巷道开掘后立即架设支架，作用于支架上的压力（即顶压）大小可粗略地认为是自然平衡拱内全部岩石的质量（图 13-27）。

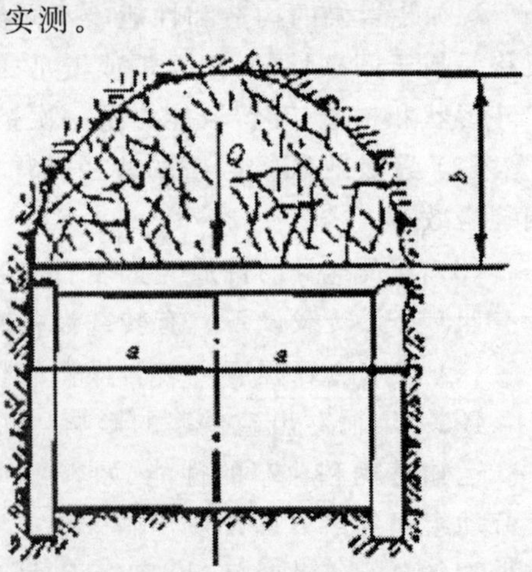

图 13-27　巷道顶压计算图

一般认为自然平衡拱的轮廓线是一条抛物线，抛物线拱形的面积 S 为

$$S=\frac{4}{3}ab \qquad (\mathrm{m}^2) \tag{13-5}$$

式中：a——巷道掘进顶宽之半，m；b——自然平衡拱的拱高，$b=a/f$，m；f——顶板岩石的坚固性系数。

设 Q 为每米巷道的顶压，其值为：

$$Q=S\gamma=\frac{4}{3}ab\gamma=\frac{4}{3}\cdot\frac{a^2}{f}\cdot\gamma \qquad (\mathrm{N/m}) \tag{13-6}$$

式中：γ——顶板岩石的容重，$\mathrm{N/m^3}$。

如果巷道两帮岩石也不稳定，两帮岩石也将塌落，使巷道宽度增大，自然平衡拱拱高也随之增高。这时不但有顶压而且有侧压（图 13-28），则每米巷道作用于支架上的顶压 Q 为：

$$Q=2ab_1\gamma \qquad (\mathrm{N/m}) \tag{13-7}$$

式中：b_1——两帮岩石不稳时自然平衡拱的高度，m；其他符号意义同前。

其中，拱高按下式计算

$$b_1=\frac{a+h\mathrm{ctg}\left(\dfrac{90°+\varphi_1}{2}\right)}{f}$$

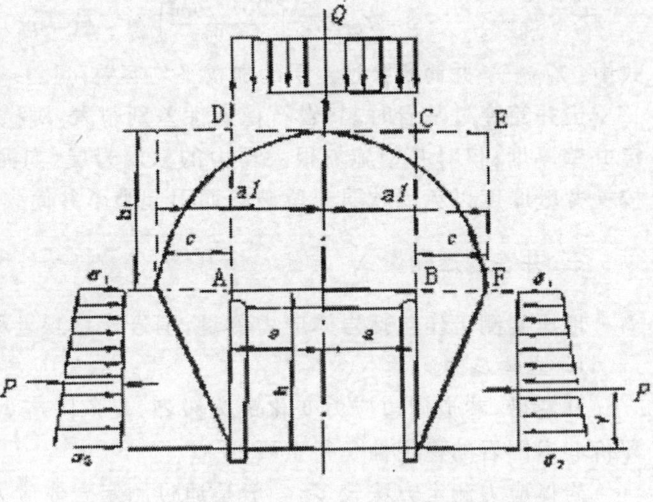

图 13-28　两帮岩石不稳定时的地压计算图

式中：h——巷道掘进高度，m；φ_1——两帮岩石的内阻力角：$\varphi_1=\mathrm{arctg}f_1$；$f_1$——两帮岩石的坚固性系数；其他符号意义同前。

沿巷道高度，侧压呈梯形分布。两帮每平方米面积上的侧压值为

$$\sigma_1=\gamma b_1\mathrm{tg}^2\left(\frac{90°-\varphi_1}{2}\right),\ \sigma_2=\gamma_1(h_0+h)\mathrm{tg}^2\left(\frac{90°-\varphi_1}{2}\right) \qquad (\mathrm{N/m}) \tag{13-8}$$

式中：γ_1——两帮岩石的容重，N/m；h_0——换算高度，$h_0=b_1\gamma/\gamma_1$，m。

每米巷道总的侧压力：

$$p=\frac{1}{2}h(\sigma_1+\sigma_2)=\frac{1}{2}\gamma_1 h(2h_0+h)\mathrm{tg}^2\left(\frac{90°-\varphi_1}{2}\right) \qquad (\mathrm{N/m}) \tag{13-9}$$

总的侧压力作用点位置：

$$Y=\frac{h}{3}\cdot\frac{3h_0+h}{2h_0+h} \qquad (\mathrm{m}) \tag{13-10}$$

二、垂直巷道地压计算

在岩层中开掘竖井后，竖井周围岩石（尤其在平原地区）常发生变形与破坏，出现坍塌、掉块等现象。

如图 13-29 所示，表土层地压可按平面挡土墙原理来计算，即作用在井筒衬砌上的地压，等于土体沿滑动面 AB 主动施加于挡土墙上的压力。在井筒 Z 深度处作用在井壁上的压力可按下式计算：

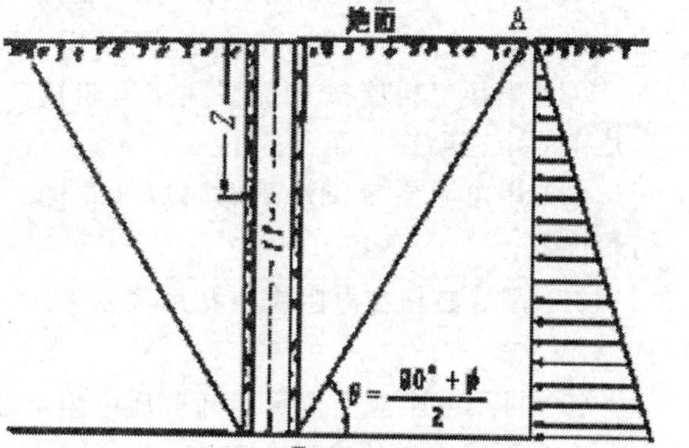

图 13-29　竖井表土地压计算图

$$p=\gamma Z\mathrm{tg}^2\left(\frac{90°-\varphi}{2}\right)\quad(\mathrm{N/m^2})\tag{13-11}$$

式中：γ——土体的容重，$\mathrm{N/m^2}$；φ——土体的内摩擦角，$\varphi=\mathrm{arctg}f$（f 为土体的坚固性系数）；

Z——计算处的井筒深度，m。

该式表明，井壁上的压力是与深度 Z 成正比，沿井深呈三角形分布。当井筒穿过多种土层时，可按加权平均容重和内摩擦角，将之折合为单一土层求地压，即

$$p=\gamma_{CP}Z\mathrm{tg}^2\left(\frac{90°-\varphi_{CP}}{2}\right)\quad(\mathrm{N/m^2})\tag{13-12}$$

式中：γ_{CP}——井筒所穿过土层的加权平均容重；φ_{CP}——井筒所穿过土层的加权平均内摩擦角。

当井筒穿过基岩时，其岩石稳定性差别很大，对稳定岩层，一般不进行地压计算，凭经验确定井壁厚度；仅对井壁施加很大压力的软弱岩层（如泥质页岩、云母片岩等）进行地压计算，并校检井壁厚度以免因软弱部位破坏而引起整个井筒失稳。

三、井巷地压测量

地压实测工作包括岩体应力测量、围岩位移测量和支架上的荷载测量。

1. 岩体压力测量

开巷后，巷道周边应力变化最为激烈，是危险应力之所在，因此，实测巷道周边应力，对于评价巷道围岩的稳定性是很重要的。

岩体应力测定方法较多，一般是通过测定岩体应力作用的效果（如测量岩体的变形、位移）而间接地计算出岩体应力的大小和方向。下面简要介绍利用应变计采用"应力解除法"测量应力的方法。

1.1 应变计

最简单的应变计是电阻应变片（关于应变片的详细知识将在《检测技术》课程中介绍）。由于每个电阻应变片只能确定一个方向的线应变，所以要确定某点的平面应力状态，必须用 3 个电阻应变片组成电阻应变花来测定 3 个方向的应变值。根据采用的电阻应变花所测定的应变值，按相应的弹性力学公式即可计算出主应变、主应力和主应力的作用方向。

1.2 应力解除法工作过程

利用应力解除法（图 13-30）测量岩体表面应力的工作过程如下：

(1) 选择不受地质构造影响、有代表性的试验地点，并将岩面打平、磨光；

(2) 用环氧树脂按布置型式将电阻应变片牢固地粗贴在岩面上；

(3) 用电阻应变仪量测电阻应变花的初始读数；

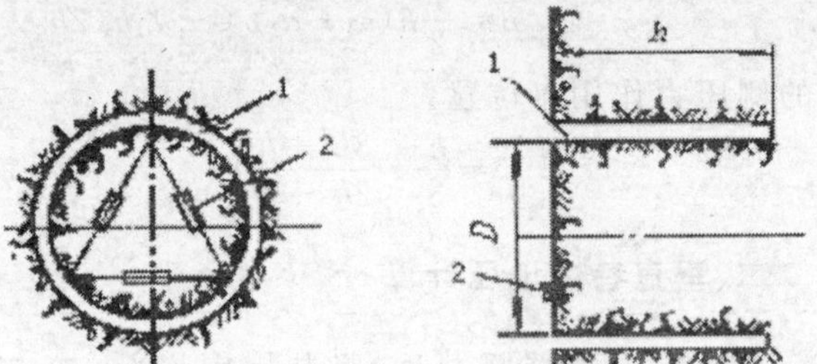

图 13-30 表面应力解除法布置图

(a)—环形槽；(b)—电阻应变片

(4) 用岩心钻在电阻应变花周围钻槽，为使表面应力完全解除，一般槽深 h 应大于环形槽直径 d；

(5) 再用电阻应变仪量测卸载后电阻应变花的读数，此读数与初始读数之差，即为岩心表面沿 3 个不同方向的绝对应变值；

(6) 取下岩心，并在实验室测定其弹性模数 E 和泊桑比 n。至此，实测工作结束；

(7) 根据实测的数据和电阻应变花的型式，即可按相应的弹性力学公式算出主应变、主应

力和主应力的作用方向。

2. 巷道围岩位移测量

实测巷道围岩的位移量，可为合理选择支护型式、结构提供依据。如果围岩位移量很小，可采用刚性较大的支架，反之，围岩位移量很大，则应采用可缩性支架。

巷道围岩的位移可分为相对位移和绝对位移两种。

围岩相对移动量是指巷道顶板、底板或两帮移动量的和。测定相对位移，多采用可伸缩的DDJ型测杆（图13－31）。实测时，一般在巷道顶、底板跨度中心（同一铅垂线上）固定一对测桩，在巷道两帮中部（同一水平线上）也固定一对测桩，用测杆定期量测两点之间的距离，前后两次测杆读数之差，就是这段时间里巷道顶、底或两帮的相对位移量。

围岩绝对位移量是指巷道顶板、底板或两帮某一部位的实际移动值。测定时，首先在围岩稳定且不受采动影响的巷道中，距实测地点适当距离的地方设置已知标高的基准点，然后按“矿山测量”的方法，定期地自基准点向实测点进行水准测量，前后两次测量的标高差，即为该处的绝对位移量。

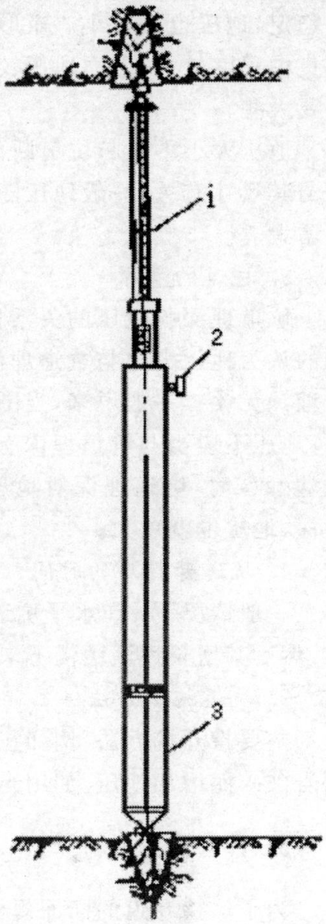

图13－31　DDJ型测杆
1—刻度尺；2—定位螺钉；3—接长杆

3. 支架压力测量

支架压力的实测值是合理选择支架结构的重要依据。

常采用ADJ型测力计（图13－32）来测定棚式支架压力。其构造原理是：支架将压力传给上盖1，通过上盖再传给中心支承的变形圆板2，圆板受力产生挠曲，带动上盖下沉，同时使固定于上盖的杠杆3的B端也随之下沉，杠杆便绕支点O转动，其A端便被抬起（为了使圆板挠曲量放大，只需使杠杆AO长度大于BO即可），抬起高度可从插入孔4中的百分表上读出。此读数减去支架未受力时的读数，即为A点的位移量。然后从预先在试验室标定好的“杠杆A端位移量-压力”关系曲线上，根据A点位移量就可查出支架所受的压力值。

棚式支架上的压力是集中压力，而整体式支架上的压力是分布压力。可将液压式测力计（它是由薄钢板制成的压力枕和压力表构成）砌在整体式支架外侧，让薄钢板紧贴围岩，液压的大小就是支架上的压力。

四、地压的主要影响因素

1. 岩石性质与岩体结构

在裂隙节理不发育的坚硬岩石中，围岩的应力一般总是小于岩石的强度。因此，岩石只有弹性变形而无塑性变形，岩石没有破坏和松动，所以，地压也就小。反之，在破碎和软弱岩石中，由于裂隙纵横切割，岩体强度很低；因此，岩石在不大的应力作用下就会破坏和塌落，所以，地压也就大。

2. 坑道断面形状与大小

前已述及坑道断面形状对于围岩应力分布的影响。可以按此推断，坑道断面的形状对地压大小也有影响。一般而言，圆形、椭圆形和拱形断面的应力集中程度较小，破坏也少，岩石比较稳定，地压也就较小。矩形断面的坑道的应力集中程度较大，因而地压较其他形状的地压也要大些。

地压大小不仅与坑道断面形状有关，而且也与其尺寸有关，一般地压随着坑道跨度增加而增大。

3. 坑道的埋深

坑道理深与地压的关系目前有各种说法。有的认为地压大小与坑道埋深有关，有的认为与埋深无关。一般说来，当围岩处于弹性状态时，地压不应当与坑道埋深有关。但当围岩出现塑性区时，坑道埋深对地压就有影响，埋深愈深，地压也就愈大。

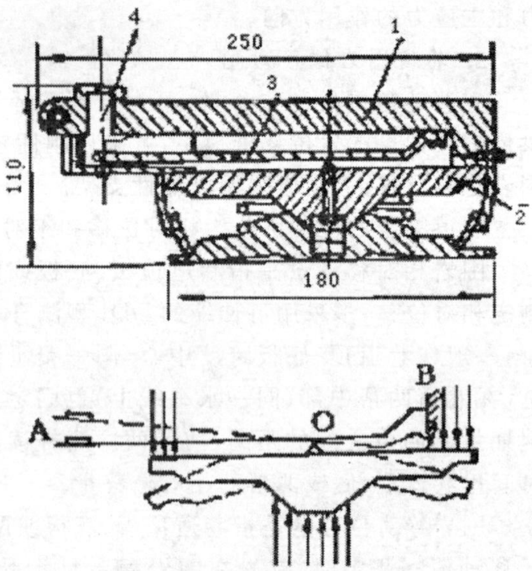

图 13-32 ADJ 型测力计构造原理

1—上盖；2—弹性变形圆板；3—杠杆；4—百分表插孔

4. 坑道开挖后的时间

一般情况下，在水平坑道开挖后，坑道顶板方面的初次地压随时间的流逝而较迅速地增长，然后其增长逐渐缓慢下来。这种压力随时间变化的规律因岩石而异。

5. 坑道施工方法

主要指开挖方法。例如在岩体较差的地层中，若采用凿岩爆破，使用高威力炸药，将会引起围岩破碎而增加地压。如用光面爆破，不仅减少超挖量，而且因减少对围岩的破坏而降低地压。

五、井巷支护材料

为了保持巷道的断面规格，防止围岩发生危险的变形和垮落，必须采用各种方法来维护巷道。这些方法主要有：① 将巷道开在比较坚固的岩层中，主要巷道要尽量避开地质构造复杂地带；② 使巷道具有合适的断面形状，例如，拱形或椭圆形断面比矩形或梯形断面有利于围岩的稳定性；③ 保留足够尺寸的护巷岩柱或保护层，这一点在软岩中布置巷道时尤应注意；④ 采用有利于围岩稳定的破岩方法，如机械化切割、光面爆破等；⑤ 使用人工构筑物——支架，它是维护巷道的主要手段，其成本常占巷道总成本的30%～50%，合理选用支架结构及其材料，具有很大的经济意义。

选用支架应首先确定作用在支架上的载荷性质和大小，即地压的大小、方向和时间，然后决定支架尺寸和用量。但是，由于井下条件多变，地质因素复杂，这个问题迄今还没有从理论上获得很好解决，支架的尺寸仍是按照经验数据选取。

支架的种类较多，按结构可分为：棚式支架、拱砌和锚喷支护。井巷支架材料有水泥、木材、金属材料、石材、混凝土、钢筋混凝土、砂浆等。

1. 水泥

水泥是水硬性胶凝材料。它除能在空气中硬化和保持强度外，还能在水中硬化，并长期保持和继续提高其强度，是在井巷支护工程中使用最普遍的材料。

硅酸盐类水泥是水泥中应用范围最广、强度较高的一类水泥。这类水泥有：硅酸盐水泥、普通硅酸盐水泥、矿渣硅酸盐水泥、火山灰质硅酸盐水泥、粉煤灰硅酸盐水泥等。这类水泥适于灌注大体积的基础工程，适合于在海水中或含矿物质地下水的水工工程中使用。要求早期强度高或低温环境施工的工程不宜应用。关于水泥的更详细内容请参阅第十一章。

2. 混凝土

井巷工程中常用的普通混凝土由水泥、砂子、石子和水组成。砂、石在混凝土中起骨架作用，小石子充填在大石子的空隙中，而砂子又充填所用石子间的小空隙，并以水泥浆将它们胶凝逐渐硬化成一个坚硬的整体。

2.1　混凝土的组成材料及其要求

(1) 水泥　水泥是混凝土的胶凝材料。在配制混凝土时，正确选择水泥品种及标号。是决定混凝土的坚固耐久性和经济合理性的主要因素。

(2) 细骨料　粒径在5mm以下的骨料称为细骨料。常用的细骨料为天然砂，以河砂为好。为了保证混凝土质量，砂中有害杂质含量必须加以限制。砂按粒度不同可分为粗砂、中砂和细砂。细砂总的表面积大，包围砂粒的水泥浆就要多，水泥用量就要增大，用粗砂则相反，能节省水泥，但混凝土在凝结前会产生泌水现象，影响混凝土质量。故理想用砂是中粒石英砂。

(3) 粗骨料　粗骨料有卵石(斑石)与碎石两种。碎石是将坚硬岩石如花岗岩、石灰岩和砂岩等轧碎而成，较天然卵石含杂质少。碎石颗粒富有棱角，表面粗糙，空隙率和总表面积较大，所以在同样条件下，碎石混凝土强度较高。粗骨料中，针、片状颗粒的含量应符合规定，因为它们对混凝土拌和物的和易性有明显的影响。对硫化物、硫酸盐含量和有机质含量的限制与砂子相同。粗骨料颗粒的大小搭配要合适，使其互相充填，减少孔隙，以增加混凝土的密实性，并节省水泥。粗骨料以5～60mm为宜。

(4) 水　一般饮用水皆可用来拌和及养护混凝土。其他水须经化验确定，要求pH>4；硫酸盐含量按SO_3计不超过水重的1%。

2.2　混凝土的主要技术特性

未成型的混凝土拌合物，必须具有良好的和易性，即合适的稠度、良好的粘滞性和保水性，以便于施工。凝结硬化后的混凝土则需具有设计要求的强度和其他技术性能。

1) 混凝土拌合物的和易性

混凝土组成材料依一定比例加以配合、拌匀而未凝结硬化以前，称为混凝土的拌合物。

混凝土拌合物的和易性，是指新拌的混凝土拌合物在保证质地均匀、各组成成分不离析的条件下，适合于拌和、运输、浇灌和捣实的综合性质。和易性好的混凝土拌合物，易于搅拌均匀；运输与浇灌时，不会发生离析泌水现象；捣实时，流动性大，易于充满模板各部空间，易于捣实。所制成的混凝土内部质地均匀致密，强度与耐久性均能保证，甚至提高。因此，它是混凝土的重要性质之一。

用坍落度测定混凝土拌和物的和易性是最普遍使用的方法。把调配好的混凝土拌和物分层装入标准圆锥筒内，将表面刮平，垂直提取圆锥筒后，拌和物将产生一定程度的坍落，量出其高度，以cm计，称为坍落度。由于坍落度只能表示混凝土拌和物的流动性，故在测定坍落度的同时，尚需结合混凝土拌和物的表面情况来观察其和易性。例如，以捣棒轻轻打击混凝土拌合物，看其坍落是否有分层离析等现象；以抹刀抹面，看其表面是否光滑，砂浆是否饱满等，以此综合评定混凝土拌合物的和易性的优劣。

2) 混凝土的强度

混凝土强度的主要指标为抗压强度，是以混凝土拌合物按标准方法做成15×15×15cm的立方体试件，在标准条件下(温度20±3℃，相对湿度90%～100%)养护28d后进行抗压强度试验,其极限抗压强度称为混凝土的强度等级。

混凝土强度等级分为 C7.5、C10、C15、C20、C25、C30、C35、C40、C45、C50、C55、C60 等,C7.5～Cl0 的混凝土多用于地基基础及设计应力不大的大体积建筑物;C15～20 是常用的混凝土,用于普通钢筋混凝土结构中;C30 以上的混凝土,用于预应力钢筋混凝土结构中。

3. 木材

用作井坑道支架的木材称为坑木。常用的坑木有松木、杉木,桦木、榆木和柞木。

木材具有纹理,平行纤维(顺纹)和垂直纤维(横纹)方向的强度是不相同的。木材各种强度的关系如表 13－7 所列。

对木材进行防腐处理,能延长其服务年限,从而节省坑木用量。坑木的防腐方法是把防腐剂(如氟化钠、氯化锌等)渗入木材内,使木材不再成为真菌的养料,同时还能毒死真菌。

表 13－7 木材各种强度关系表

抗拉		抗压		弯曲	抗剪	
顺纹	横纹	顺纹	横纹		顺纹	横纹
2～3	1/3～1/20	1	1/3～1/10	1.5～2.0	1/7～1/3	1/2～1

注:顺纹抗压强度为 1。

4. 钢材

井巷支护所用的钢材,主要是用各种普通碳素钢(低碳钢或中碳钢)的型材。如:钢轨、工字钢、槽钢和角钢等,还有专门用于矿山的特殊型钢和矿用工字钢。用型钢作成的支架,具有强度高、自重轻、体积小、容易安装与拆卸和复用率高等优点,但是,价格较贵,初期投资大。

5. 石材

将具有较高强度而又不易风化的岩石(如右灰岩、硬砂岩、花岗岩等)加工制成的砌块称为天然石材(料石)。料石按加工粗细不同,分为毛料石、粗料石和细料石三种,井下多用毛料石和粗料石。料石一般作成长方体,规格为 (250～300)mm×(200～250)mm×(150～200)mm,每块料石的质量应控制在 40kg 以下,以便于搬运和砌筑。

除天然石材外,常用的人造石材还有粘土砖和混凝土块两类。普通砖的标准尺寸为 24cm×11.5cm×5.3cm,每块砖重 2.65kg。每立方米砌体用砖 512 块,灰浆用量约为砖砌体的 20%～30%。混凝土块的形状有长方形、弧形及其他特殊形状,其尺寸按支架规格而定,每块质量为 30～40kg,其标号一般为 C20 号。

六、棚式支架

棚式支架简称棚子,是坑道常用的一种支架。当围岩十分破碎不稳定,不适宜采用锚喷支护,而且巷道服务年限不长(8～10a),衬砌又不合算时,可采用这类支架。

1. 木棚

巷道中常用的木棚是梯形棚子(图 13－33)。顶梁承受顶板岩石给它的垂直压力和由棚腿传来的水平压力,故为压弯构件。棚腿承受顶梁传给它的轴向压力和侧帮岩石给它的横向压力,也是压弯构件。背板将岩石压力均匀地传给主要构件梁与腿上,并能防止岩石垮落。根据围岩的稳定程度,背板可密集或间隔布置。木楔的作用是使棚子与围岩固定在一起,为了放炮

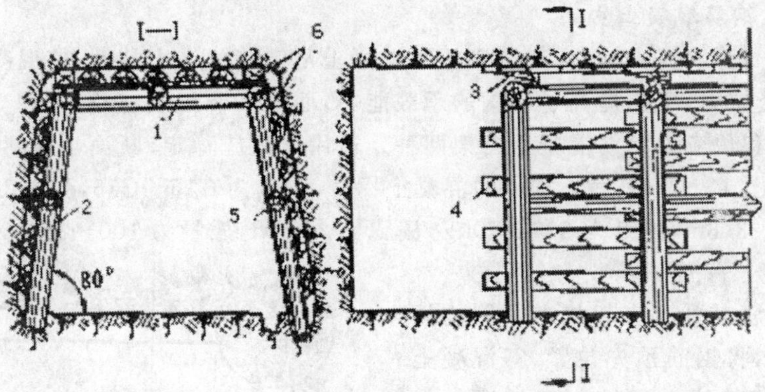

图 13-33　梯形棚子

1—顶梁；2—棚腿；3—木楔；4—背板；5—撑挂；6—角楔

不崩倒棚子，木楔应向工作面方向打紧。撑柱的作用是加强棚子在巷道轴线方向上的稳定性。

木棚质量轻，易加工，有一定强度，在构造上可做成具有一定刚性的支架，也可做成具有较大可缩性的支架，能适应多变的地质条件。当地压突增时还能发出声响警号。所以在采矿工业中用得最早，用得也最多。但木棚也有很多缺点，如强度不够高，不防火，易腐朽等。

木硼主要用于地压不大，断面较小，服务年限短的坑道，或用于维修巷道和在巷道掘进时作临时支护。

木棚的尺寸可按经验选取。计算时可按松散体学说先计算出地压，然后再根据材料力学理论，将顶梁视为受均布荷载纯弯筒支梁进行计算；棚腿按构造要求，取与顶梁同直径即可满足强度需要，一般可不计算。

2. 金属棚子

金属棚子常用 16～20 号矿用工字钢或 18～24kg/m 钢轨制成。其结构和梁、腿的结合形式如图 13-34 所示。梁腿连接要求牢固简单，拆卸方便。图 13-34(b)所示的接头比较简便，但不够牢固，支架的稳定性差，图 13-34(a)与(c)所示的接头比较牢固，但拆装不便。为了防止棚腿受压陷入底板，可在其下端焊一块钢垫板或加垫木。

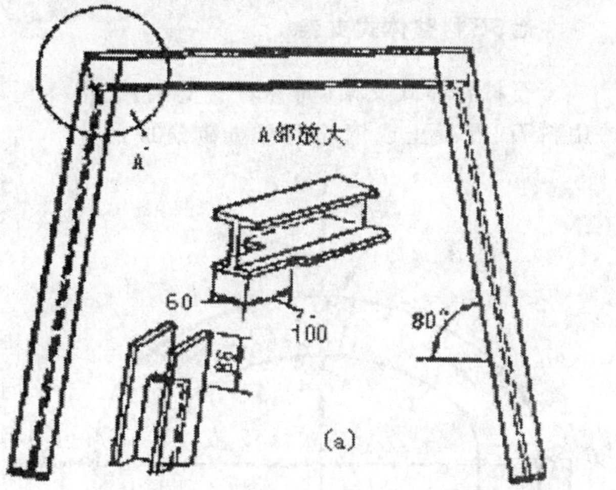

图 13-34　金属棚子的构造

金属棚子的优点是：强度大，体积小，坚固耐久，防火，可以制成各种形状的构件。虽然初期投资大，但巷道维修工作量小，且可回收复用，最终成本还是经济的。缺点是不能封闭岩石，不能阻水和防止岩石风化。

金属支架顶梁的计算，同木棚一样，按受均布荷载纯弯筒支梁计算。棚腿一般不必计算而采用和顶梁同型号的钢材。

3. 装配式钢筋混凝土支架

这种支架简称水泥支架。它充分利用了混凝土与钢筋的受力特性，使混凝土在构件中承受压力，钢筋承受拉力，不但提高了结构的承载能力，而且又节约了材料。这种支架可分为普通钢筋混凝土支架和预应力钢筋混凝土支架两种。适用于地压稳定、断面小的巷道。

其结构如图 13－35 所示。构件的混凝土标号，一般为 C15～C25，受力钢筋用 3# 或 5# 钢。顶梁长为 1.8～3.6m，质量为 90～270kg。棚腿长 2～3m，质量为 100～180kg。棚距一般取 0.5～1.2m。

预应力钢筋混凝土支架是在预制构件浇灌混凝土时，将钢筋预先拉紧，等混凝土硬化后，借助钢筋弹性回缩力而使混凝土预先受压。这种在钢筋混凝土构件工作之前预先给混凝土施加的压力称为“预应力”。这样的构件在工作受拉时，首先要与混凝土预先所受的压应力互相抵消，然后才随着受力的继续增加而使混凝土受拉和出现裂缝。亦即推迟了裂缝的出现，加大了构件的承载能力，使钢筋得以充分发挥作用。

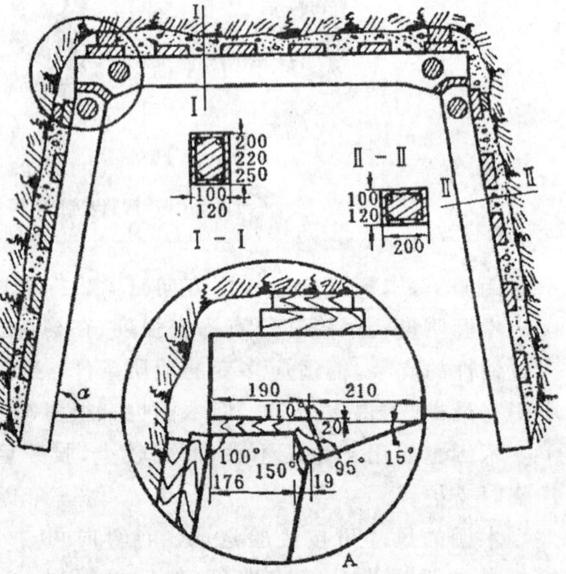

图 13－35 普通钢筋混凝土支架

七、石材整体式支架

石材整体式支架（简称石材支架）是指用料石、混凝土或钢筋混凝土砌筑成的连续整体式支架。其主要形式是直墙拱顶式（图 13－36），它由拱、墙和基础三部分组成。

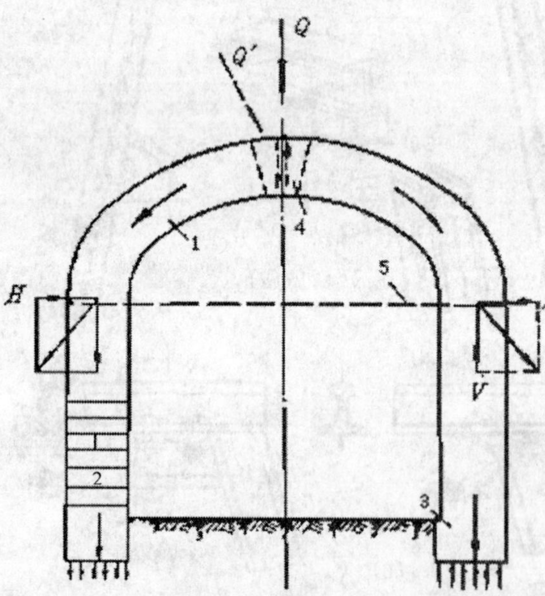

图 13－36 石材支架的组成及受力图

1—拱；2—墙；3—基础；4—拱心石；5—拱基线；Q—顶压；Q'—斜线顶压；H—横推力；V—竖压力；q—传给底板的压力

拱的作用是承受顶压，并将它传给墙和两帮。

墙的作用是支承拱和抵抗侧压。在拱基处，拱传给墙的压力是斜向的（V 与 H 的合力方向），故要求壁后必须充填密实，以防在 H 力作用下拱与墙开裂。侧压较大时，也可改直墙为弯曲的墙。

基础的作用是将墙传来的载荷及本身质量均匀传给底板。底板岩石坚硬时，墙与基础可以等厚，底板岩石松软时，基础必须加宽；在有底鼓时，还可以砌底拱。

石材支架具有坚固、耐久、防火、阻水、通风阻力小、材料来源广等优点。缺点是成本较高，施工复杂，应用于巷道服务年限长的永久性支护。石材支架在下列条件下可用于勘探坑道：

（1）围岩十分破碎，采用锚喷网联合支护的优越性已不显著时；

（2）围岩很不稳定，顶帮活石极易塌落，喷射混凝土喷不上、粘不牢，也不容易钻眼装设锚杆时；

(3) 大面积淋水或部分涌水处理无效地区，以及有化学腐蚀的地段。

八、锚杆支护

锚杆是一种锚固在岩体内的杆状支架。在巷道的顶、两帮或底板的围岩中插入锚杆后，可把松动的围岩加固起来，大大提高围岩的稳定性，起到支护的目的。

1. 锚杆支护的优越性

实践表明，锚杆支护可节约坑木和钢材、支架成本低、掘进断面减小、掘进断面利用率高、巷道的维修费用较少、施工简单、操作安全，有利于机械化操作，可以减轻架棚、衬砌的笨重体力劳动。

2. 锚杆支护的作用原理

2.1　悬吊作用

悬吊作用是指在平顶巷道把将要冒落的危岩或软弱岩层，用锚杆悬吊于上部坚定稳固的岩体上，由锚杆来承担危岩或软弱岩层的质量[图 13-37(a)]。

2.2　组合梁作用

将平顶巷道的层状顶板看做是以巷道两帮为支点的叠合梁，在载荷作用下，各层板都有各自的单独弯曲。但用锚杆将各层板固紧以后，在载荷作用下，合层之间基本上不发生离层、错动，就如同一块板的弯曲，大大地提高了板系的抗弯强度，提高了顶板的承载能力，这时锚杆起着抗剪销钉的作用[图 13-37(b)]。

2.3　加固拱作用

对于被纵横交错的弱面所切割的块状或破裂状围岩，如果及时用锚杆加固，就能提高岩体结构弱面的抗剪强度，在围岩周边一定厚度的范围内形成一个不仅能维持自身稳定、而且能阻止其上部围岩松动和变形的加固拱，从而保持巷道的稳定。

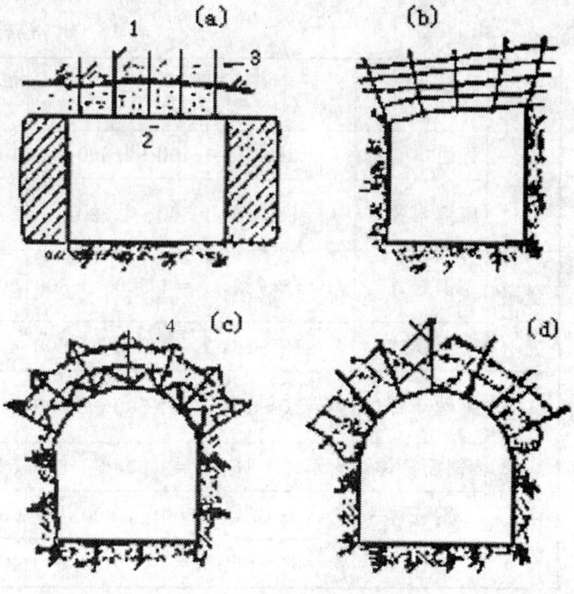

图 13-37　锚杆支护作用原理

(a)—悬吊作用；(b)—组合梁作用；(c)—加固拱作用(压缩带)；(d)—加固拱作用(联锁效应)；1—锚杆；2—松软岩层；3—坚定松软岩层；4—压缩带

如在岩体上安装具有预张力的锚杆，一方面对围岩产生压应力，增加岩体节理裂隙面的摩擦阻力；另一方面预张力将岩块夹持在一起，能防止岩块的转动滑移和裂隙的张开，保证了裂隙面间的挤压结合。因而在岩体内便以锚杆的锚头和拧紧部为顶点，形成锥形体压缩带。如将锚杆以适当间距排列，使相邻锚杆的锥形体压缩带相重迭，便可形成连续压缩带[图 13-37(c)中两虚线所夹的压缩带]，即岩石加固拱，它使巷道围岩由原来是支架上的“荷载”变成了“承载结构”。

采用非张拉的钢丝绳(或钢筋)砂浆锚杆，由于砂浆在锚杆孔的全长范围内与岩石粘结，能够阻止岩块的转动滑移，使岩块间的嵌镶、咬合、联锁效应得以保持，从而能够抑止围岩变形，提高围岩的整体刚度和结构强度，也相当于形成了一个岩石加固承载拱[图 13-37(d)]。

2.4 围岩补强作用

巷道围岩深部的岩石处于三向受压状态。靠近巷道周边的岩石则处于二向受力状态，故易于破坏而丧失稳定性。坑道周围安设锚扦后，有些岩石又部分地恢复了三向受力状态，增大了它本身的强度；另外，锚杆还可以增加岩层弱面的剪断阻力，使围岩不易破坏和失稳，这就是锚杆对围岩的补强作用。

2.5 减小跨度的作用

坑道顶板打了锚杆，相当于在该处打了点柱，减小了顶板跨度，从而增强了顶板岩石的稳定性，使岩石不易变形和破坏。

锚杆支护的上述几种作用并非各自孤立存在，往往是同时并存、互为补充，只不过在不同条件下，某种支护作用占主导地位罢了。例如在拱形巷道中用锚杆加固块状或碎裂状围岩时，加固拱的作用是主要的；而在支护平顶层状顶板的巷道中，组合梁作用就是主要的了。

3. 锚杆的类型和结构

锚杆具有多种多样的形式。依据锚固方式的不同，锚杆分为集中锚固和全长锚固两种。它们又按锚固装置的不同分为若干种。其常用类型如表 13-8 所列。

表 13-8 锚杆的种类和结构

材质	种类	规格 (mm)	锚固力 (kN)	优缺点
木锚杆	普通木锚杆	$\phi=38$, $L=1\,400\sim1\,600$	10～20	有初锚力，加工方便成本低，易腐朽，服务时间短
	压缩木锚杆	$\phi=38$, $L=1\,500\sim1\,730$	20～30	全长锚固，锚固力大，不易腐朽，加工复杂成本高，保管困难（怕潮）
金属锚杆	锲缝式	$\phi=18\sim22$, $L=1\,500\sim1\,800$	50～70	锚固力大，安装方便，钢材消耗大，孔深要求严格
	倒锲式	$\phi=12\sim16$, $L=1\,500\sim1\,800$	40～60	锚固力大，省钢材，加工复杂
砂浆锚杆	钢丝绳杆体	$\phi=10\sim14$, $L=1\,500\sim2\,000$	50～80	加工方便，锚固力大，用废钢丝绳成本低。但无初锚固力
	钢筋杆体	$\phi=12\sim16$, $L=1\,500\sim1\,800$	50～80	加工方便，锚固力大，无初锚固力
树脂锚杆	钢杆体	$\phi=38$, $L=1\,500\sim1\,800$	60 以上	有初锚固力，锚固力大，安装简单方便，成本高
	木杆体	$\phi=34\sim36$, $L=1\,500\sim1\,800$	40 以上	有初锚力，锚固力大，成本高

集中锚固型锚杆借助钻孔中锚杆头部的锚固装置和尾部的承托装置或紧固装置把不稳固岩层和稳固岩层联系在一起，或用锚杆的张力拴固岩层，抑制围岩的变形和松动，这时荷载作用在锚杆的两端。全长锚固型锚杆是用砂浆或胶结剂充填钻孔与锚杆间的空隙，使之完全胶结，以保持和加强围岩的自支承作用。

砂浆锚杆、金属锚杆和树脂锚杆的结构分别如图 13-38、13-39、13-40 所示。

九、喷射混凝土（喷浆）支护

喷射混凝土支护是用喷射机将混凝土混合物喷射到岩面上，待其凝结硬化后便可达到支护目的。喷射混凝土有干式喷射和湿式喷射两种。干式喷射混凝土是先将砂、石、水泥和速凝剂按一定比例干拌均匀，然后装入喷射机，在压缩空气的推动下，使干拌料沿管路连续地输送

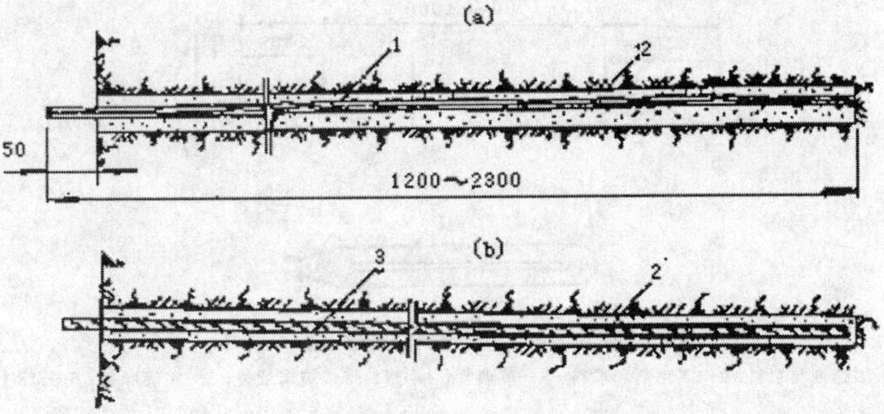

图 13-38　钢筋、钢丝绳砂浆锚杆

1—钢丝绳；2—砂浆；3—锚杆

到喷枪，再在该处与水混合，以较高的速度喷射到岩石表面，凝结硬化而成。湿式喷射是将原料湿拌均匀后再装入混凝土喷射机，进行喷射作业。

1. 喷射混凝土支护作用的基本原理

(1) 支撑作用　喷射混凝土(或喷浆)具有良好的物理力学性能，特别是抗压强度较高，可达20MPa 以上，因此能起支撑地压作用。又因其中掺有速凝剂，使混凝土凝结快、早期强度高，紧跟掘进工作面起到及时支撑围岩的作用，有效地控制了围岩的变形和破坏。

(2) 充填作用　由于混凝土的喷射速度很高，能很好地充填围岩的裂隙、节理和凹穴的岩面。大大提高了围岩的强度。

(3) 隔绝作用　喷射混凝土层封闭了围岩表面，完全隔绝了空气、水与围岩的接触，有效地防止了风化潮解而引起的围岩破坏与剥落；同时，由于围岩裂缝中充填了混凝土，使裂隙深处原有的充填物不致因风化作用而降低强度，也不致因水的作用而使得原有充填物流失，使围岩能以保持原有的稳定和强度。

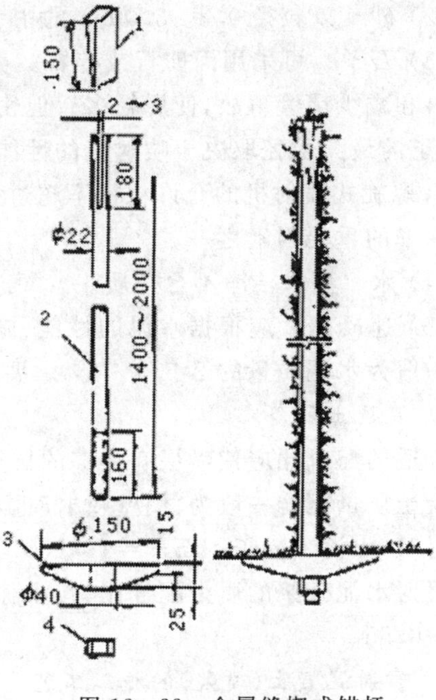

图 13-39　金属缝楔式锚杆

1—楔子；2—杆体；3—垫板；4—螺帽

(4) 转化作用　高速喷射到岩面上形成的混凝土层，具有很高的粘结力和较高的强度，混凝土层与围岩紧密结合，能在结合面上传递各种应力，再加上充填、隔绝作用的结果，提高了围岩的稳定性和自身的支撑能力，因而使混凝土层与围岩形成了一个共同工作的力学统一体，具有把岩石荷载转化为岩石承载结构的作用。从根本上改变了支架消极承压的弱点。

喷射混凝土支护作用原理的上述几个方面，是相互补充、相互联系、共同作用的。

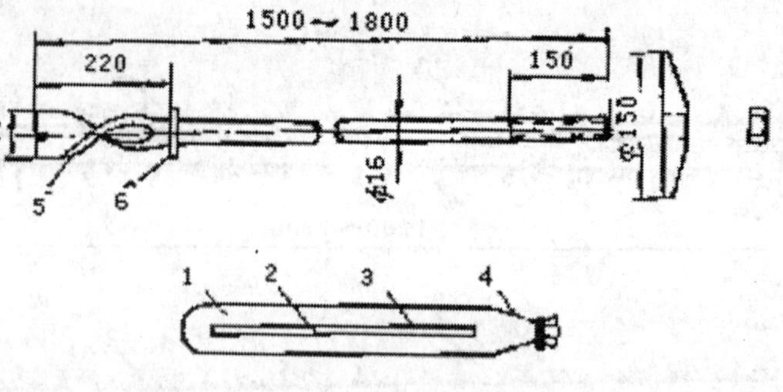

图 13-40 树脂锚杆及其药包

1—树脂、加速剂与填料；2—固化剂和填料；3—玻璃管；4—塑料带或玻璃纸袋；5—左旋麻花；6—ϕ38 档圈

2. 喷射混凝土的厚度

喷射混凝土厚度一般为 50～150mm。实验证明：当喷层超过 150mm 时，不但支护能力不能提高，而且成本明显提高。

3. 喷射混凝土（喷浆）材料

（1）水泥 喷射混凝土要求凝结快、早期强度高。应选用硅酸盐水泥或普通水泥。其标号不低于 325 号。

（2）砂 以粒径 0.3～3.0mm 的中、粗砂为好。砂的含水量以 5%左右为宜。

（3）石子 可采用河卵石或碎石。卵石表面光滑，对设备和输料管的磨损小，有利于远距离输料和减少堵管事故，使用较多。但密实性和强度不如用碎石制作的混凝土，且回弹率也较高。石子的最大粒径取决于喷射机的性能，双罐式和转子式喷射机要求石子的最大粒径不大于 25mm；螺旋式喷射机的允许粒径不超过 30mm。石子的颗粒级配是影响混凝土质量、水泥用量和回弹率的重要因素之一。

（4）水 要求洁净不含杂质。

（5）速凝剂 应根据水泥的性能、施工条件等进行水泥净浆凝结试验，来决定最佳掺量。掺量一般为水泥质量的 2.5%～4%。要求初凝时间<5min，终凝<10min。

4. 混凝土配合比

合适的配合比应使喷层有足够的抗压、抗拉和粘结强度，收缩变形值要小、回弹率要低。喷射混凝土质量配合一般为：侧壁喷射时，水泥：砂子：石子＝1：(2.0～2.5)：(2.0～2.5)；顶拱喷射时，水泥：砂子：石子＝1：2.0：(1.5～2.0)。水灰比为 0.4～0.45。

喷射水泥砂浆的质量配合比为：水泥：砂＝1：(2～3)，砂浆标号不低于 75#。水灰比为 0.45～0.55。

5. 喷射混凝土（喷浆）的施工工艺

目前，喷射混凝土施工以干式喷射法为主，其工艺流程如图 13-41 所示。

喷射混凝土之前应做的工作：① 设按设计要求检查坑道规格；② 用高压风、水冲洗岩面并清除险石；③ 埋设控制喷层厚度的标桩；④ 认真检查喷射机具和风、水、电、管线及准备好照明和防尘设施等。

混凝土喷射时应注意以下几点：

（1）严格按操作规程正确使用混凝土喷射机，尤其要注意调整好风压、水压，以减少回弹量、降低粉尘浓度，保证喷层质量。

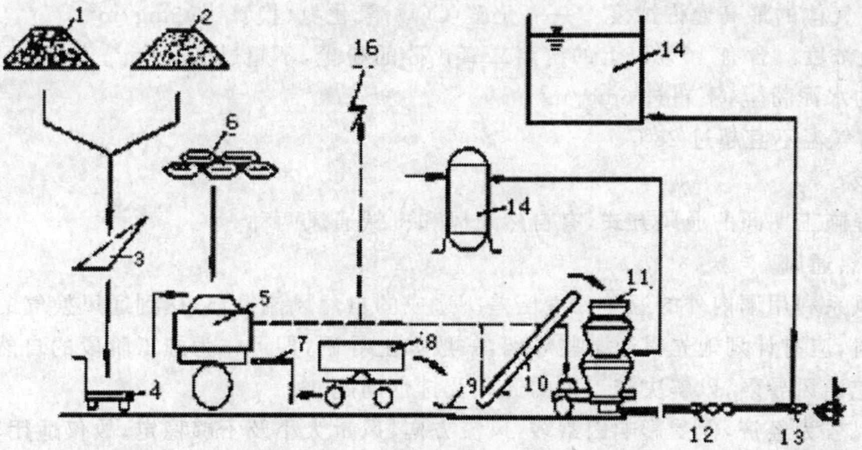

图 13－41　喷射混凝土的工艺流程

1—石子；2—砂子；3—筛子；4—磅秤；5—搅拌机；6—水泥；7—筛子；8—运料小车；9—料盘；10—上料机；11—喷射机；12—异颈葫芦管；13—喷头；14—水箱；15—风包；16—电源

(2) 喷头操作，要先给水后送料，及时调整水灰比；喷头应尽量与岩面垂直，并与岩面保持 1m 左右间距；喷射顺序应先墙后拱、自下而上呈螺旋状轨迹移动，旋转直径以 200mm 左右为宜。

(3) 为了保证喷射质量、提高工作效率，应合理划分喷射区段。一般以 6m 长为一基本段，基本段再分为 2m 长的三小段。喷墙时，每喷完 1.5m 高便依次向相邻小段前进。

喷射混凝土施工的主要工艺参数有：喷射机的工作风压、水压、水灰比、喷头与受喷面的距离及夹角、一次喷射厚度、分层喷射的间隔时间、干料拌制及拌和料静放时间等。合理调节这些参数便能取得好的喷射效果。

喷射混凝土中常遇到的问题是：喷射混凝土的回弹、喷射混凝土产生的粉尘危害、围岩渗漏水对喷射混凝土的危害及喷射混凝土的养护等。

§5　坑探工程其他辅助作业和劳动安全措施

地下施工时，在钻眼、爆破、装岩、运输、喷射混凝土的过程中，不可避免地会产生有害气体、粉尘、噪声等，危害人身健康。为改善劳动条件，施工中要采取一定的辅助措施。同时，还要解决涌水地段施工时的排水，施工中的照明、供水、供气等问题。

一、工作面通风

1. 通风的目的和要求

地下施工中，由于炸药爆炸会产生大量的余热和某些有害气体；钻孔、爆破、出碴等作业会生成大量岩尘；硐内使用内燃机械将排出大量废气及热量；加之施工人员呼出的二氧化碳，所有这些都使得硐内空气遭到严重污染。为此，必须进行工作面通风。

通风应予达到的目的是：更换硐内空气，保证新鲜空气的供给；将爆破产生有害气体，在 15～20min 内排出硐外，或冲淡至允许的浓度；稀释空气中的粉尘，达到允许浓度。

进行工作面通风后，硐内空气应达到以下卫生标准：

(1) 硐内空气中氧气　含量不得少于 20%(按体积计算)。

(2) 有害气体的最高允许浓度　一氧化碳(CO),氧化氮(换算为)5mg/m³。

(3) 粉尘浓度　含有10%以上的游离二氧化矽的粉尘,不超过2mg/m³;含有10%以下游离二氧化矽的水泥粉尘,不超过6mg/m³。

(4) 硐内气温不宜超过25℃。

2. 通风方式

地下工程施工期间的通风方式,有自然通风和机械通风两种。

2.1　自然通风

自然通风系利用硐内外的温差和气压差所造成的自然风流循环,达到通风换气的目的。采用自然通风时,应有计划地先贯通某些导硐,一般如上导硐,即可作为施工阶段的自然通风道,甚至专门开挖通风导硐,以解决施工中的通风及排烟问题。

自然通风较为经济,但受影响因素多,风流方向、风量大小及不够稳定,故仅适用于长度小于200m的水平坑道和长硐室的施工初期。

2.2　机械通风

在巷道掘进中,一般都采用局部扇风机(简称局扇)通风。通风方式有以下三种:

(1) 压入式通风　由局扇吸入新鲜空气,通过风筒将其压至工作面与污浊空气混合,再经硐室或巷道排出,如图13-42所示。为保证通风效果和工作安全,局扇和启动装置必须安设在进风巷道内,且距回风口不得小于10m,风筒口到工作面的距离不得超过5m,以保证有效地排除工作面附近的炮烟。

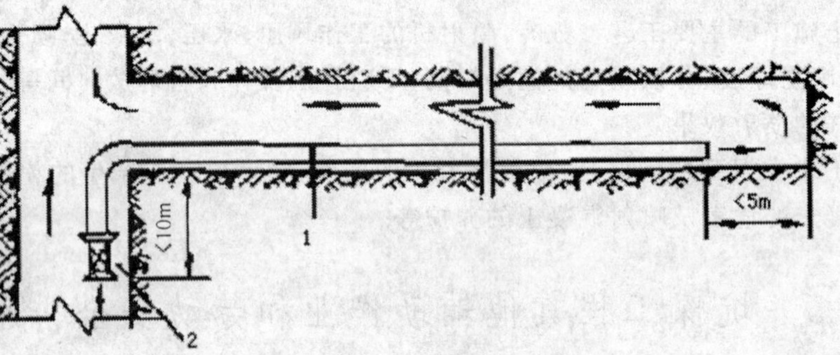

图13-42　压入式通风示意图

1—风筒;2—局部扇风机

(2) 抽出式通风　用局扇经风筒将工作面污浊空气抽出;新鲜空气则由硐室或巷道进入工作面(图13-43)。要求排风口必须处于进风口下风流,距进风口不得小于10m。

(3) 混合式通风　是压入式和抽出式的联合运用,如图13-44所示。局扇1的吸风口与抽出式风筒末端的距离不应小于15m,以免造成循环风流。两组风筒末端间距一般以40～50m为宜。

混合式通风效果最好,但需要两套通风设备,只有断面大而长的独头巷可考虑采用。

3. 通风设施和通风管理

掘进主要通风设施为局扇和风筒。局扇有轴流式和离心式两种。轴流式扇风机的体积小、效率高、使用方便,得到广泛应用。常用的是5.5kW和11kW两种。

掘进用风筒有金属、帆布、胶质、塑料等几种。金属风筒直径一般为400～600mm,每节长2.5～3m,用法兰盘连接。胶质柔性风筒每节长度有10m、20m等几种。由于柔性风筒质量轻、吊挂容易,且漏风和阻力系数都小,通风效率高,故已得到推广使用。

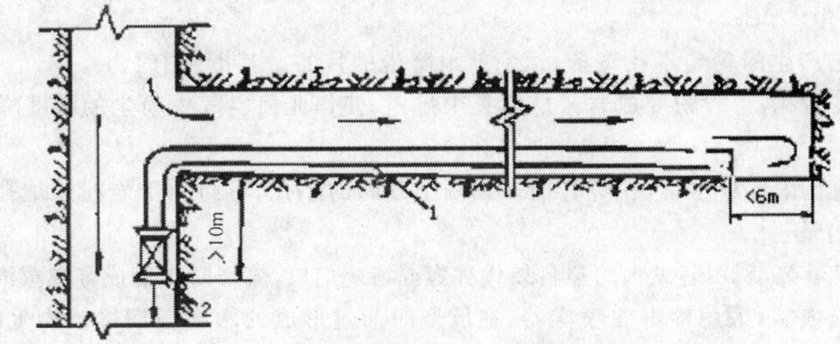

图 13-43　抽出式通风示意图

1—风筒；2—局部扇风机

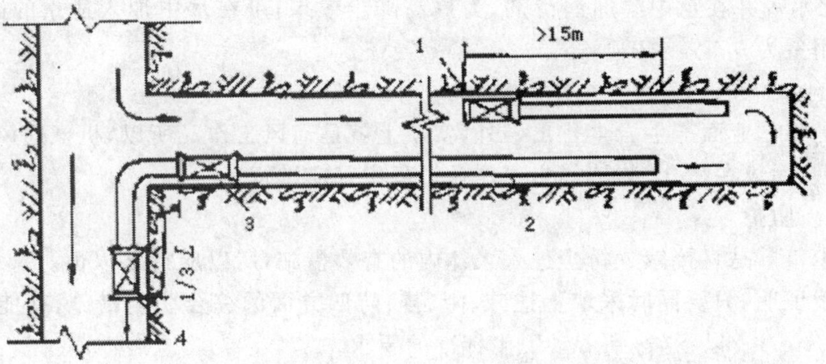

图 13-44　混合式通风示意图

1—压入式局扇；2—风筒；3、4—抽出式局扇

搞好长距离独头巷道通风，最主要的措施是最大限度地减少通风阻力和杜绝风筒漏风。这就要求在安设风筒时，必须吊挂平直，拉紧拉稳；弯道处尽量使风筒缓慢拐弯。

二、防尘

1. 粉尘及其危害

在巷道开挖阶段，由钻孔产生的粉尘约占总量的85%，爆破产生的粉尘约占10%，装碴产生的粉尘约占5%。一般含有30%～70%游离二氧化矽(SiO_2)的粉尘称为矽尘。矽尘的粒度不同，对人体的危害程度也不同。粒径大于10μm的，很快即会落地，对人体无显著危害。直径小于10μm的，能在空气中长期浮游，也最易吸入人体内，其中以小于5μm的矽尘最为有害，它可自由通过支气管进入并沉积在肺泡内引起矽肺病。

2. 防尘的技术措施

2.1　减尘

尽量在钻孔、爆破和装碴等作业中减少粉尘的产生量。主要措施有：

(1) 尽量采用高压风、小直径钻头实现快速凿岩，则单位时间产生的粉尘少；

(2) 讲究爆破技术，控制炮孔的装药，避免岩石的过度粉碎；

(3) 装碴洒水喷雾，将碴堆湿透粘结住细粒粉尘，保证湿式装碴；

(4) 净化风源，使风源中的含尘量符合每立方米低于2mg的标准。

2.2 降尘

尽量使已产生的粉尘不致飞扬，达到就地降尘的目的。其措施有：

(1) 湿式钻孔，将岩粉变成岩浆从炮孔中排出，使作业面空气中粉尘的浓度降到 $10mg/m^3$ 左右。

(2) 在炮孔内形成水幕，在钎杆前端钻两个倾斜的小孔，可防止干岩粉从炮孔中溢出增大空气中的含尘量。

(3) 水封爆破，利用装满水的塑料袋代替炮泥堵塞炮口，爆炸时水变成雾或蒸汽迅速扩散。

(4) 放炮喷雾，采用冲击波喷雾器，在放炮时通过形成的水雾湿润爆破产生的粉尘，达到就地降尘的效果。

(5) 实行旁侧式给水的钻孔方法，试验表明，用旁侧式给水比中心式给水的钻速高，降尘效果好。

(6) 净化水源并在水中添加润滑剂，为提高降尘效果，可在水中加入适量的润滑剂(如氯化钠)，一般用量为 0.5%～1.0%。

2.3 排尘

排尘就是将作业面产生岩尘排出硐外，实质上就是通风工作。所以，机械通风并不单纯是为了吹散炮烟，而应在钻孔、装碴等主要作业过程中都应进行。

2.4 个人防护

佩戴防尘口罩是直接减少粉尘进入人体内的有效措施，所以应持之以恒。

工程实践证明，只要同时采取上述减、降、排、防四方面的综合防尘措施，就能使空气中粉尘含量降到 $2mg/m^3$ 以下，达到劳动卫生标准的要求。

3. 喷混凝土施工时的防尘措施

喷混凝土施工时，混合料是在喷头处与水混合的，混合时间短，而料束的喷射速度又高，这样压缩空气瞬时扩散时，便引起粉尘。此外，在混合料的搅拌和输送过程及喷射机操作时，也会产生一定的粉尘。其防尘的措施是：

(1) 适当增加砂、石的含水率。一般要求砂的含水率为 4%～6%较适宜。

(2) 改进喷头结构，包括由一路进水改为两路进水、水环结构的改进和加长拢料管长度(到 50～80cm)等，以增加水与干料混合的均匀度。

(3) 在作业区加强通风。最好采用混合式通风。

(4) 严格控制喷射机的工作风压。如风压过大，混合料在管路中的输送速度太快，在喷头处与水混合的时间就变短。料束喷速太大，会引起射流扩散不集中，因而造成更多的粉尘。

(5) 加强个人防护，穿戴防护用具。

(6) 研制远距离操纵的喷射机械手或喷射机组，试验和研究湿喷工艺。

三、噪声及消声

噪声是人们不需要的而且有多种声强和频率的无秩序声音的综合。地下工程施工中主要的噪声源为爆破所产生的噪声(160dB，作用时间短)；局部通风机(90～100dB)；风动凿岩机及其他凿岩机(110～120dB)。后两者在工作环境中作用时间长，对人体的危害较大，尤其是凿岩机。

1. 噪声的危害

噪声对人体生理的影响比较严重，而且是多方面的。对听觉的危害最为直接，它会使听觉迟钝。长期受强烈噪声作用会造成职业性耳聋和听力损失。例如，长期暴露于 80～120dB 的噪声中，可能引起听觉器官的不可逆变化；130dB 的噪声会引起耳的痛觉；暴露在超过 140dB 的噪声中会引起恶心，眼球震颤，暂时失盲，眩晕和失去知觉等；160dB 的声强很可能导致耳膜破裂。噪声还对神经系统有显著影响，使工人工作效率降低、警觉性减退。

实际工作中噪声级允许的标准随条件而异。美国 1969 年制定的条例，从保护听力避免永久性耳聋出发，提出在任何情况下，噪声级不能超过 115dB。

科学研究表明，凿岩机噪声的主要来源是废气排至空气中的突然膨胀，约占凿岩机噪声的 90%，其声强级高于机械噪声。其余来自活塞、钎杆、岩石之间的碰撞及机体振动，机械噪声的高频成分(1 000～10 000Hz)比较丰富。因此，降低凿岩机噪声首先应从减低排气噪声入手。

噪声声强级还与同时工作的凿岩机台数和工作面大小有关。据推测，一台凿岩机在百平米范围的工作面作业产生的噪声达 117～119dB；在天井为 120dB；而在 $2.4\times2.4m^2$ 的坑道内两台凿岩机同时作业，产生的噪声达 122～127dB。在这种噪声下每天暴露几小时，在几个月内即有可能造成永久性耳聋。

2. 消声方法

消除凿岩机噪声危害的方法有两类。

(1) 凿岩机加消声器　消声器是利用增加气流碰撞、气流减速或声学的滤波原理，来降低排气速度和减少气流的脉动，从而实现消声。

(2) 个体防护　常用护耳器保护听觉，护耳器有耳塞与耳套两种。耳塞可减少噪声级 15～20dB；当噪声频率在 1 000Hz 以上时，耳套平均可减少噪声 20dB。

四、施工排水

地下施工中，由于钻孔、防尘和混凝土养护等作业，需耗用大量的水并流失在工作面。另外，若在地下水较多的地层，开挖成硐后，由于改变了地下水的流通条件，会有大量地下水主要以裂隙水形式向硐内渗漏排泄，严重的还可能出现股水。上述施工用水和大量的裂隙水在硐内流散、渗漏，轻则给施工作业带来困难，如对钻孔、出碴造成不便，容易出现瞎炮、漏电事故，影响混凝土质量等，严重的还会危及围岩稳定。

所以，为了保证施工的良好作业条件，应在摸清水情、分析危害的基础上，认真做好硐口排水、硐外地表排水、硐内地下水和施工用水的排除工作。

(1) 根据最大降雨量、山洪和地面水的情况，做好硐口的防洪和排水设施，保证地面水不致漫流或倒流入坑。

(2) 当已查明硐内地下水与地表落水漏斗、积水洼地有直接补给关系时，应在雨季前进行地表的防排水处理。

(3) 做好坑内排水。平硐一般利用设计坡降设置排水沟，其坡度不小于 0.5%，排水沟断面和大小应满足最大排水量的要求。如坑道为平坡时，一般采用分段挖向硐口为下坡的排水沟，每段下坡的终点开挖集水坑，再逐段用抽水机将水排出硐外。若坑道为反坡开挖时，斜硐即属此类，此时应分段开挖横向截水沟及反坡排水沟，并每段挖一集水坑，由抽水机逐段抽水排出硐外。为保证可靠排水，集水坑的大小一般应满足贮存 0.5h 所需的排水量，且要有备用的抽水设备。

五、照明

地下施工对照明的基本要求是应具有足够的照度，减少眩光和阴影。地下施工照明的光源有：白炽灯、日光灯、水银灯、高压水银灯、低压带罩作业灯(行灯)等。照明电压要求：手提作业灯24～36V；开挖、衬砌作业面移动灯具24～36V；成硐地段的固定灯具110～220V。作业面的光照容量为每平方米15～20W。

六、供水

地下施工供水主要用于湿式凿岩、防尘洒水及喷射混凝土用水。前两者水压一般较低，后者水压要求高些。供水方式可采用水箱(水车)供水、静压供水和水泵供水等方式。

水车供水系统较简单，可节省管路，但供水量有限。静压供水是利用施工地区自然高差，在适当位置修筑水池，利用水的静压差通过输水管送至工作面。水泵供水是指在峒口或工作面附近有水源的地方安装水泵来供水。

七、供气

1. 空气压缩机

空气压缩机(简称空压机)是一种提供压气的供气设备。在地下作业中，常用压缩空气作为动力来带动各种风动工具。用压缩空气作动力最大的缺点是成本高、效率低、噪声大，但使用压气能保证地下作业的安全可靠。

空压机的类型较多，但目前使用最多的是活塞式空压机，其组成机件大致可分为：压缩机构、传动机构、辅助机构、控制装置等四个部分，如图13-45所示。

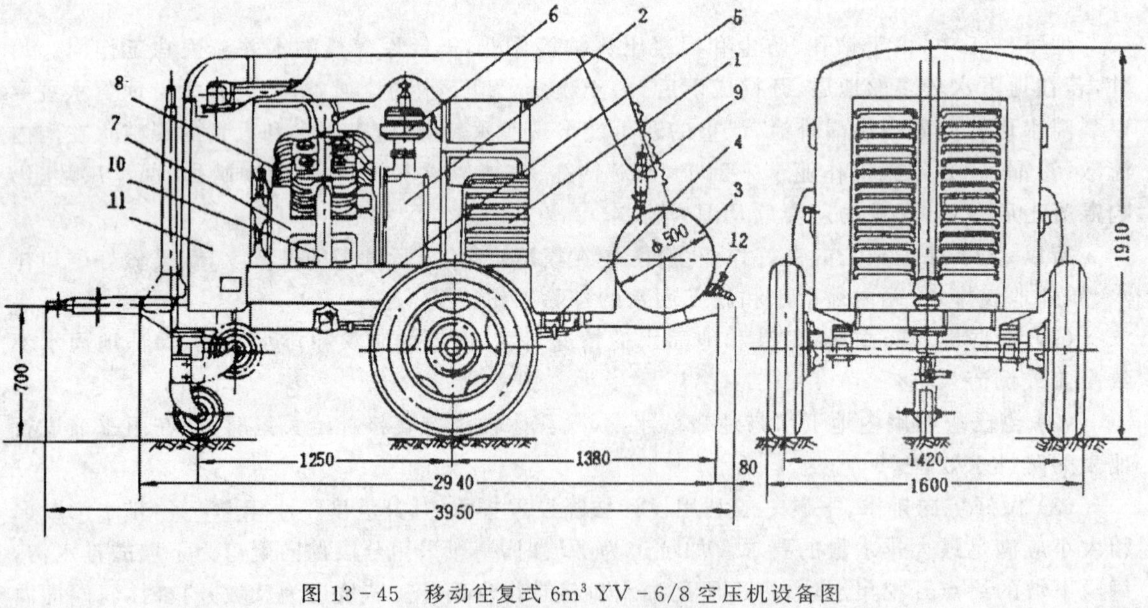

图13-45 移动往复式6m³ YV-6/8空压机设备图

1—电动机；2—压气机；3—储气罐；4—底座；5—轮架仪表架；6—空气过滤器；7—曲轴箱；8—气缸；9—安全阀；10—高压缸排气管；11—冷却风扇；12—输气管接头

活塞式空压机的结构与内燃机十分相似。空压机属从动机，因此没有燃料点火系统，同时气阀是依靠气体压力差自动开闭的，不需要凸轮定时控制。此外，空压机有风压风量调节装置、中间冷却器及风包等。

2. 供气管路

供气管路是指把压缩空气从空压机送至工作地点的整套管路系统。管路辅设的质量，直接影响着工作地点的压力和供气量，其设计步骤如下：

(1) 确定空压机所必须的排风量　所需排风量是根据风动工具和设备的总耗气量及管路中的漏失量来确定的。

(2) 选择空压机　依照"适用、经济、同一型号、备用风量"的原则来确定型号、规格与台数。

(3) 管路设计　根据管径大小、管路辅设情况（弯头、节门等）检验其压力损失，以保证工作地点有足够的压力。

在考虑管路铺设时必须注意，管道应沿最短路线设置；应尽量减少拐弯，特别是要避免急拐弯；管道上应装设最少而必须的配件；遇变径时，不应突然改变；不允许管路内存有积水现象，并在管线最低处装设油水分离器；每隔 150～250m 应设伸缩管以补偿管道受热胀冷缩量；杜绝局部漏风现象发生。

第十四章 坑道的掘进施工

§1 概 述

地下坑道的掘进方法和工艺过程及掘进工作组织具有其特殊的规律。本章根据勘探坑道的类型的不同分别对水平勘探坑道、垂直勘探坑道、倾斜勘探坑道及地表勘探坑道分别进行探讨。

根据坑道穿过的岩层性质和水文地质条件,坑道掘进方法可以概括地分为普通掘进法和特殊掘进法两大类。

一、普通掘进法

普通掘进法的基本特点是先掘进后支护或不支护,主要适用于岩层稳定和涌水量不大的地层。普通掘进法又可以根据坑道穿过岩层的坚固程度分为两种:① 直接掘进法;② 凿岩爆破法(简称炮眼法或爆破法)。前者用于松软或破碎的土石层;后者用于坚固或比较坚固的岩层。

直接掘进法可以是人工挖掘或机械挖掘。直接掘进法的最大优点是坑道围岩不受破坏,有利于维护围岩自身承载能力和坑道的稳定。因此,在可能条件下尽量采用直接掘进法。

二、特殊掘进法

特殊掘进法是先加固围岩后掘进坑道的施工方法。在岩层松软、有破碎带或断层带、含水量较大的岩层或流砂层等地质条件下,用普通掘进法很难施工时,则应采用特殊手段进行预先超前加固围岩,然后按普通掘进法的工艺过程进行施工。

坑道工程施工应按照地质要求,结合施工方便、安全、经济等条件进行设计与施工,切实保证工程质量。其质量标准规定如下:

(1) 断面规格 掘进断面规格不得小于设计要求,同时不得大于设计断面的20%。

(2) 掘进方向 任何一段水平及倾斜巷道的中线与设计中线的偏离误差不得大于坑道设计宽度的20%。垂直巷道的掘进方向必须与水平面垂直,井壁要求平整,局部井段的井壁与角线的偏差不得大于±100mm。

(3) 掘进坡度 机掘平巷坡度为0.3%~0.7%。手掘平巷坡度不得大于1%。斜井(包括上、下山)的倾斜角度应符合设计要求。斜井的底板要求平整。局部巷段的底板与设计腰线的偏离误差不得大于±100mm。

(4) 槽、井、坑道的深度 应符合地质设计及工程设计的要求。

(5) 需要保护晶体的特殊矿种 如水晶、云母、光学萤石等矿种。其质量标准应按照有关规范的规定执行。

为保证工程质量,测量人员应按规定及时测定井巷中线、腰线、角线等,并将测量结果通知坑长及工区负责人。掘进班组每班要检查井巷中线、腰线、角线等,不合要求的要及时纠正。坑道工程完工后,应由有关领导,组织有关人员进行质量检验,作出评价,填写完工验收单。凡不合要求的,应予返工,以保证工程质量。

§2　水平坑道的掘进施工

水平巷道是岩土掘进坑道中用得最多的一类巷道。如图 14－1 所示，巷道在地表的出口处称之为坑口，巷道最深处的垂直面叫做工作面，巷道顶部的岩面叫做顶板，巷道两侧的岩壁叫做侧帮，巷道底部岩面叫做底板，顶板和底板之间的距离即是巷道的高度，巷道的垂直断面叫做巷道横断面，各横断面中心点连线叫做巷道的中心线，两侧帮中点之间的距离叫做巷道的平均宽度(梯形断面则是腰线的宽度)，巷道底板每千米升高的高度叫做坡度。

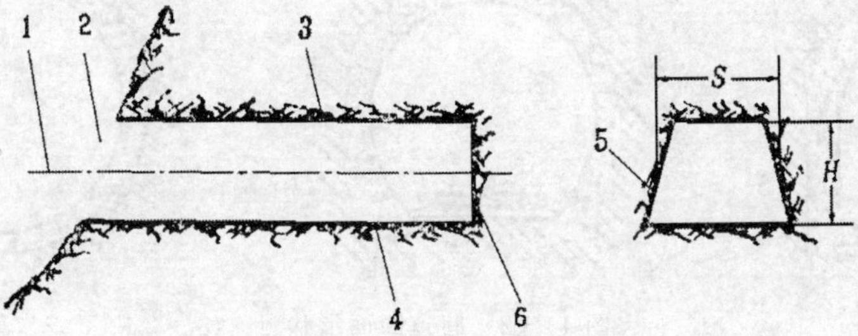

图 14－1　平巷结构示意图

1—中心线；2—坑口；3—顶板；4—底板；5—侧帮；6—工作面；S—巷道平均宽度；H—巷道高度

坑口位置应满足地质要求，并尽量选在比较坚固而稳定的岩土层中。在河谷两岸施工时，坑口必须高干历年最高洪水位，以防洪水淹没坑道。在山坡上施工，要注意滑坡对抗口的危害。此外，尚应考虑坑口各种机房、地面运输及卸碴等所需场地及位置的有效设置。

开挖时先根据定位桩挖掘坑口明槽。视岩石性质而异，明槽两帮应具有 55°～80°的坡度，当挖成高为 3～4m 的近似垂直面时，即可掘进坑口。掘进坑口应及时支护，以防上部滚石及坑口顶板坍塌。在坑口顶部的上坡，应挖掘有排水沟，以避免雨水冲坏坑口。

一、水平巷道的断面形状和尺寸

水平巷道的断面形状，主要是矩形、梯形和拱形，在特殊条件下也可以有多角形、马蹄形、圆形、椭圆形等，如图 14－2 所示。

一般说来，如果巷道使用年限不长，岩石又很稳固，巷道多为自然拱形，无须支护。梯形断面适于较稳固的岩层，巷道服务年限短可用木支架，服务年限长则用钢筋混凝土装配式支架或用混凝土整体式支护的拱形断面。后者适于不稳固岩层。

确定巷道断面尺寸时，要考虑巷道的用途、巷道中运输设备的类型、轨道数目、安全间隙、支架厚度等因素。坑道断面的尺寸有净断面积和掘进断面积之分。

净断面积的大小主要取决于坑道的用途、掘进方式、运输设备的规格和数量、人行道的宽度、安全间隙及通风要求来决定。

掘进断面积是在净断面积的基础上，考虑支护材料的尺寸等因素，分别算出掘进的高度和宽度，再算出掘进断面的尺寸。

表 14－1 为坑探规程规定的坑道断面规格。在某些特殊情况下，选择坑道断面时也应注意下述原则：

(1) 机掘坑道净高≮1.8m，运输设备与坑道一侧的安全间隙应为 0.2～0.25m，人行道的

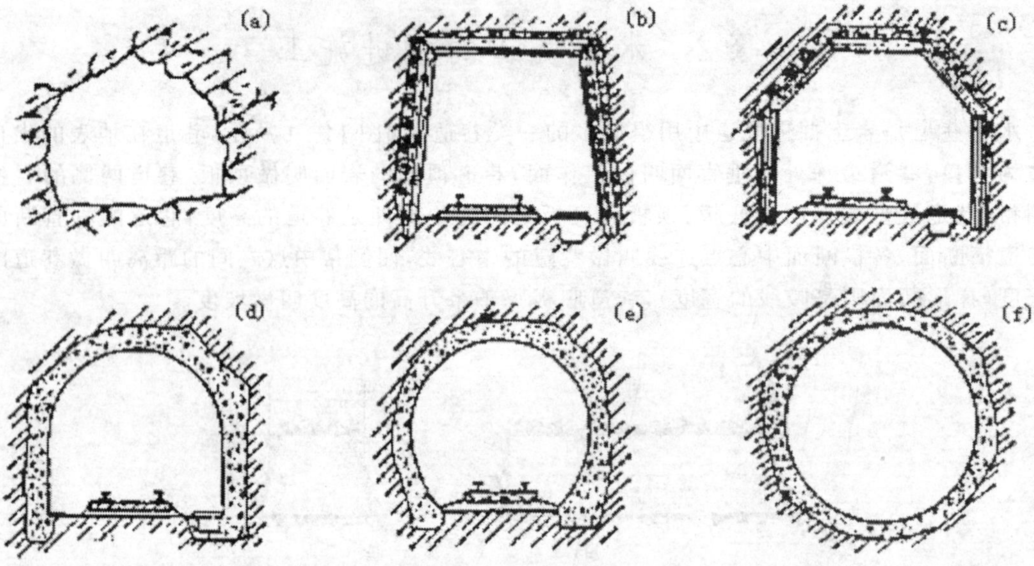

图 14－2　巷道断面形状

(a)—自然拱形断面；(b)—梯形断面；(c)—多角形断面；(d)—拱形断面；(e)—马蹄形端面；(f)—圆形断面

表 14－1　水平勘探坑道断面规格

长度(m)	净断面高×宽(m^2)	使 用 条 件
0～50	1.8×1.2	手掘沿脉、穿脉、单轨矿车运输
0～100	1.8×1.5	机掘沿脉、穿脉、单轨矿车运输
0～500	1.8×2	机掘沿脉、矿车、电瓶车运输
0～1 000	2.2×2.2	机掘沿脉、电机车运输

宽度为 0.5～0.7m。

(2) 应保证双轨运输线路上的运输设备最突出部分之间的间隙≮0.2m。

(3) 电机车架线高度自轨面起≮1.8～2.0m，与坑道拱顶或顶棚架梁间的距离≮0.2m。

二、水平巷道掘进工艺

采用凿岩爆破法掘进水平巷道时，主要工序有凿岩、爆破、工作面通风、装运岩石和支护；辅助工序有敷设风管、水管、电缆，修筑排水沟及辅设运输轨道等。从凿岩开始至支护完毕，为一个掘进循环。

1. 普通掘进法

1.1　直接掘进法

当水平坑道需穿过松软土层或混有各种碎石的地层均可采用手工工具或风镐、风铲等机械，进行直接挖掘。直接挖掘的坑道是否需要支护，主要根据工作面大小和围岩的稳固程度而定。如坑道顶板稳定性差，为防止顶板冒落，可预先超前安设临时顶梁(图 14－3)再行正常挖掘。

1.2　凿岩爆破法

当岩层坚固不能采用直接挖掘时，一般都用爆破法(即普通掘进法)破碎岩石。它的主要掘

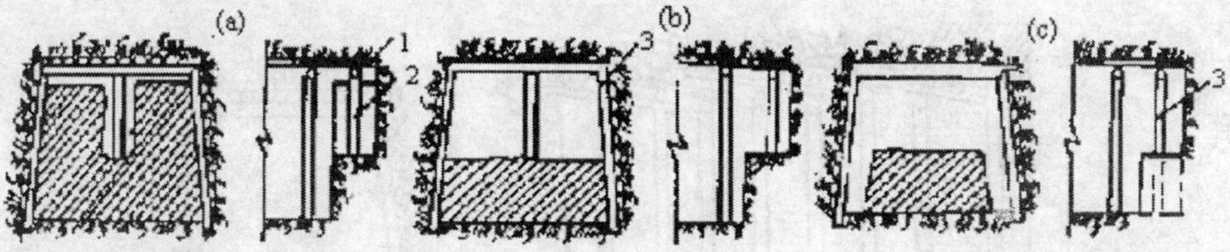

图 14－3　顶板破碎时架设支架的顺序

a、b、c 架设支架的顺序；1—临时顶梁；2—立柱；3—棚腿

进作业程序包括：凿岩（钻眼）、装药爆破、通风、装运岩石等，有时还需要进行支护（如图 14－4 所示）。在上述工作中，如果采用风动凿岩机进行湿式凿岩，则需要连接风管和水管；在掘进过程中，为了保护生产人员的健康与安全，需要不断地向工作面输送新鲜空气，特别是在爆破之后必须立即进行通风，尽快排除炮烟，以便进行下一步的掘进工作，为此还要随时连接风筒；在运输工作中，如果采用有轨运输，则需敷设轨道；此外，根据坑内涌水量的大小，需修筑排水沟等。

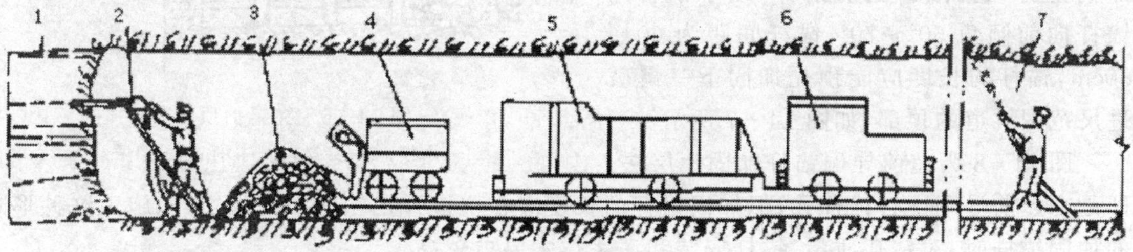

图 14－4　水平坑道掘进工作示意图

1—炮眼；2—凿岩机；3—岩碴；4—装岩机；5—梭车；6—机车；7—喷射混凝土；8—轨道

（注：一般装岩机与凿岩是难于在一个掘进工作面同时作业的，上图仅是说明掘进工作内容的示意图）

2. 特殊掘进法

在复杂地层（如松散破碎、大量含水、流砂层、溶洞等）条件下，水平坑道特殊掘进方法有多种，但以撞楔法的应用较为普遍。

2.1　撞楔法

撞楔法又称插板法或板桩法。其特点是在工作面上部或坑道两帮先用木楔或板桩强行插入松碎岩层中（见图 14－5），以控制破碎带或流砂的移动，然后向前掘进。撞楔法适用于木楔或金属楔容易被打进去的松软岩层或砂砾层，以及坑道大量冒顶时用一般方法无法通过的情况。使用撞楔法施工，每架支架均须牢固可靠，前后支架之间要用撑木、扒钉连成整体，以增加稳固性。

如果坑道两帮岩石也是破碎的，不允许有暴露面，则对两帮也要打入撞楔。当坑道四周岩层均不允许暴露时，则须采用全封闭的撞楔法掘进，即在工作面顶、帮和底板上都打入密集的木桩。

2.2　穿梁护顶法

在大断层破碎带附近，围岩往往裂隙多而破碎，放炮后工作面顶板有冒落的可能，而工作面

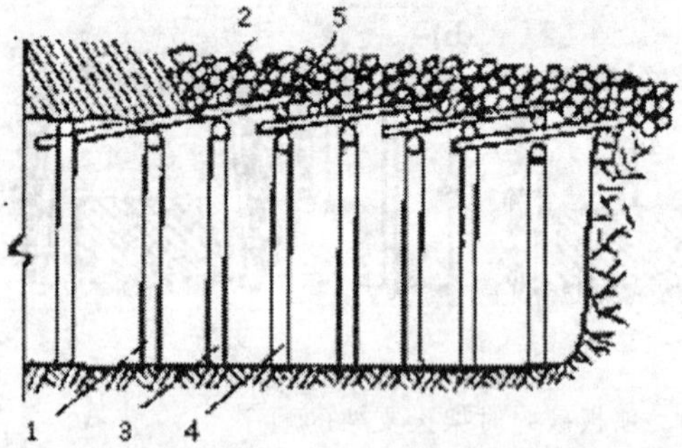

图 14-5 撞楔法通过松碎岩层

1、3、4—支架；2—撞楔；5—横梁；6—木楔

堆满岩碴，无法进行支护。在这种情况下可考虑用穿梁护顶法(图 14-6)。

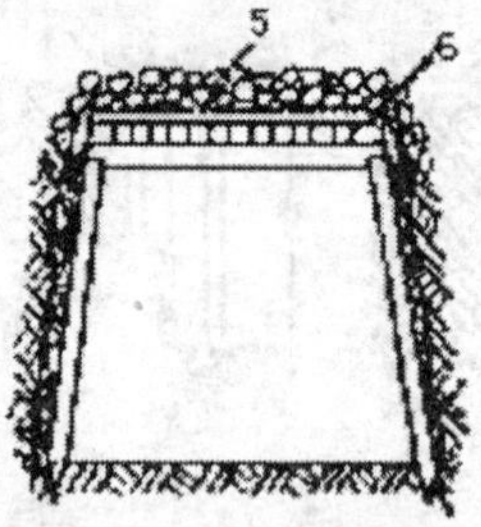

图 14-6 穿梁护顶法

1—木楔；2—穿梁；3—拉扞；4—棚子

2.3 超前锚杆加固法

在钻工作面炮孔的同时，在作业面顶部向上打一排倾斜超前锚杆(或小钢管)。锚杆向前倾角 60°～70°，锚杆间距为 60～80cm，锚杆的长度应能预先加固下一爆破进尺范围坑道的顶部，如图 14-7 所示。

图 14-8 为超前导硐锚杆加固地层法。即是在超前导硐中打锚杆孔，但加固锚杆的长度应在坑道开挖轮廓线范围之外。施工这种形式的加固锚杆时，对钻孔质量、锚杆安装和灌浆技术要求较高。

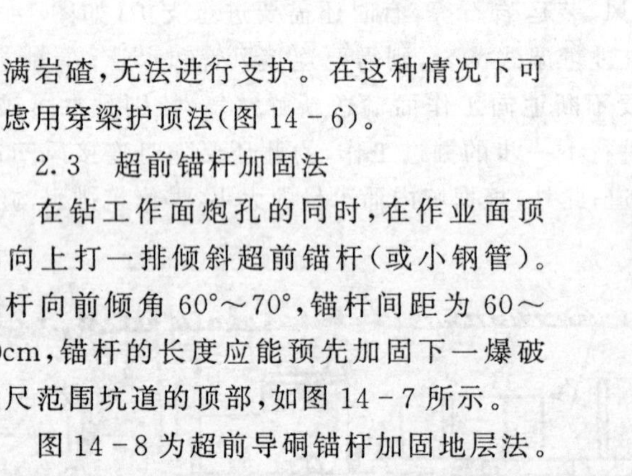

图 14-7 超前锚杆加固地层

1—钢丝绳砂浆锚杆；2—爆破进尺范围

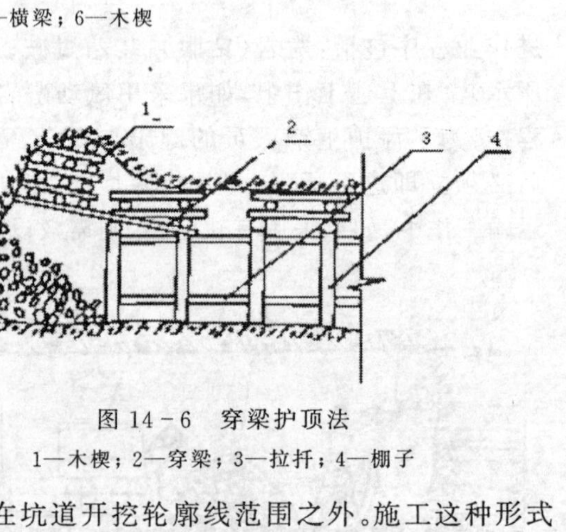

图 14-8 超前导硐锚杆加固地层法

1—超前导硐；2—开挖导硐；3—加固锚杆；4—喷混凝土；5—开挖轮廓

2.4 超前注浆加固地层法

注浆法是通过注浆设备向地层中注入凝结剂(主剂加胶凝剂)固结地层，减少地层的渗透性，提高地层的稳定性和强度。目前国内外所采用的注浆方法有：

(1) 渗入性注浆 在注浆过程中，浆液充填地层中被排出的空气和水的空隙，胶凝成固结体，以提高地层的稳定性和强度。

(2) 劈裂性注浆 在注浆压力的作用下，周围土体被劈裂并形成裂缝，通过土体中形成的浆液脉状固结作用来增强土体内的总压力，以提高其强度和稳定性。

(3) 压密性注浆　用浓稠的浆液注入土层中，使土体形成浆泡，向周围土层加压使其得到加固。

(4) 高压喷灌注浆　在高压作用下，通过从灌浆管底部特殊喷嘴中喷射出的高速浆液流及其外围的高速气流，促使土粒在冲击力、离心力及重力作用下，随着注浆管的向上抽出与浆液混合形成柱状固结体，以达到加固之目的。

坑道开挖中采用预注浆加固地层的方法大致有：① 在开挖工作面上打超前长导管或小导管注浆；② 对浅埋坑道可从地面向其所在区域打辐射状或平行状钻孔并注浆；③ 在所设置的平行导硐内向正硐所在区域钻孔注浆。

采用的注浆材料应根据加固地层的性质，特别是裂隙状况和含水情况选择。目前，采用的注浆材料主要有三种：① 以水泥为主的悬粒浆液；② 化学浆液；③ 树脂浆液。

当前采用较多的是以水泥浆为主的压浆材料。为了加速凝结可掺入5%～10%的氯化钙溶液。一般在压注水泥浆8～16h后即可进行开挖。

采用压浆法加固地层时，压浆工艺以及压浆孔的孔距、压浆材料的配合比等参数应通过现场试验后确定。

2.5　新奥法

新奥法是1964年奥地利L. V. Labcewicz教授根据本国多年隧道施工经验总结提出的，称为：新奥地利隧道施工法(New Austrian Tunnelling Method)简称“新奥法”(NATM)。它是一套综合的施工方法，更确切地说是一套适用在断面为50～150m^{2}的隧道及大断面地下坑道工程设计、掘进、衬砌、测试相结合的完整新概念。其原理同样适用于小型坑道的掘进。

新奥法的概念是按岩石力学中围岩与支架共同作用的基本原理制定的，其主要意图是调动围岩自身的承载能力，尽可能地控制围岩的变形，防止围岩松动，以达到施工隧道及硐室的最大安全度和最好的经济效果。

新奥法与传统的凿岩爆破法相比，其施工的基本要点可归纳为以下几点。

(1) 开挖作用宜采用对围岩扰动较少的控制爆破技术和较少的开挖步骤，避免过度破坏岩体的稳定性。

(2) 坑道开挖应尽量利用围岩的自承载能力，充分发挥围岩自身的支护作用。

(3) 根据围岩特征，采用不同的支护类型和参数，及时施作密贴于围岩的柔性支护(如钢拱架、喷射混凝土和锚杆等)，以控制围岩的变形和松弛。

(4) 在软弱破碎围岩地段，应使断面及早闭合，以有效地发挥支护体系的作用，保证坑道和硐室的稳定性。

(5) 二次衬砌原则上是在围岩和初期支护变形基本稳定的条件下进行修筑，使围岩和支护结构形成一个整体，从而提高了支护体系的安全度。

(6) 尽量使坑道断面周边轮廓圆顺，避免棱角突变处应力集中。

(7) 通过施工中对围岩和支护结构的动态观测，合理安排施工程序，修正不合理的设计和进行日常施工管理。

基于以上基本要点，施工时应视其规模、地质条件及安全施工的要求，充分利用现场量测信息指导施工。即通过对施工中量测的数据和对开挖面的地质观察等进行预测反馈。根据已建立的量测管理基准，对硐室及坑道的施工方法(包括特殊的辅助施工方法)、断面开挖步骤及顺序、初期支护的参数等进行合理调整，以保证施工安全、围岩稳定和支护结构的经济性。

§3 斜井、竖井的掘进施工

斜井和竖井掘进中的施工顺序与平巷完全相同。但各工序的施工特点和技术方法却随井巷而异。例如，凿岩和爆破工作基本相同，装岩、支护和排水工作就有区别，而井筒开掘中的提升、运输工作则与平巷掘进完全不同。本节简要介绍斜井、竖井掘进工作中的特点和常见的施工方法。

一、斜井和竖井掘进的特点

1．斜井掘进的特点

斜井多用于勘探产状平缓的矿体及地表地形切割不深布置平巷和竖井有困难的矿床。

勘探斜井的倾角可达35°，一般为15°～35°。斜井的施工远比平巷困难，主要原因在于：斜井内的涌水都向工作面汇流，因而需要有轻便可靠的排水设备将工作面积水向井外排出。随着工作面的推进排水设备需定期推移，从而增加了辅助时间，影响了工作效率。平巷掘进中的一些装运设备，如装岩机、牵引机车等在斜井掘进中已无法使用，需改用钢丝绳牵引矿车的运输及装载设备，它们亦需周期性地随工作面延深而向下推进。地面应设置牵引用的提升机，为了保证井下作业面工作人员的安全，防止装运设备坠井事故的发生，斜井施工中需要有安全可靠的防护装置等。

这些特点，决定了斜井施工远比平巷掘进困难复杂，对安全要求也更高，其施工效率和掘进速度一般较低。

2．竖井掘进的特点

勘探竖井与浅井不同，它主要用于揭露深部矿体，故一般深度为20～50 m，最深不超过100 m。应特别强调指出：竖井在矿山是主要的开拓巷道之一，它在开拓工程中所占工作量比例相当大(有主井、副井及通风井之分)其深度都在100m以上，且断面大，服务年限长，是矿山建设的一项关键工程。但地质矿产部门施工的竖井由于断面较小，往往只能选用矿山用的小型设备。由于竖井有：多涌水、其施工作业时工作面狭小、设备又多、工作和安全条件差及施工组织较复杂等特点，因此，竖井掘进的技术要求较高，而其施工速度却较慢。掘进竖井的投资远较平巷或斜井多得多，故万不得已，一般不采用竖井这一勘探手段。

二、断面形状及规格

1．斜井

斜井断面形状有梯形、拱形和矩形三种。缓倾斜的斜井通常采用梯形断面，急倾斜的则常用矩形断面，在稳定的岩石中掘进倾角小于30°的斜井，可以不支护而采用拱形断面。

表14－2为地质矿产部门坑探规程规定的斜井断面规格。

图14－9为梯形斜井断面布置示意图。断面的大小，除由斜井的深度、岩性、掘进方法、坑道用途及坑内提升(运输)容器的外形尺寸决定外，还要注意下列事项：

(1) 人行道的宽度取0.6～0.8m。

(2) 按斜井坡度设置人行道的台阶及扶手，坡度15°～30°时设置台阶、扶手或安全绳；坡度30°～40°时设置梯道或扶手；坡度大于45°时设梯子间。

(3) 井筒有淋(涌)水时，应设置纵向水沟。在含水层的下方及井筒与井底车场连接处附近

表 14-2　斜井断面规格表

深度(m)	净断面 高×宽(m²)	使用条件
0～30	1.6×1.0=1.6	手掘，手摇绞车提升，倾角<35°
0～100	1.6×1.2=1.92 1.7×1.9=3.23	机掘，手摇绞车或机械提升
0～200	1.7×1.9=3.23 1.8×2.2=3.96	机掘，单轨，机械提升，倾角<35°
0～300	1.8×2.5=4.50	机掘，单轨，机械提升，倾角<35°

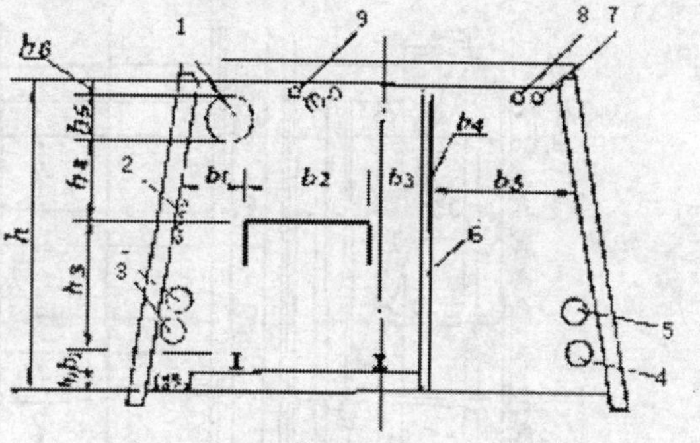

图 14-9　梯形斜井断面布置示意图

1—通风筒；2—电缆；3—排水管；4—送水管；5—压风管；6—栏杆；7—讯号电缆；8—电话线；9—照明线

设横向水沟。

(4) 可将压气管、水管及电缆等和人行道及风筒分别设置在井筒两侧。

(5) 在一般情况下，钢轨的左或右轨与坑道中心线相吻合。

2. 竖井

竖井断面形状有矩形和圆形两种。勘探竖井通常只采用矩形断面。

表 14-3 为坑探规程规定的竖井断面规格。

图 14-10 为某队竖井掘进的布置及支护结构图。该井深 88.80m，净断面 1.2×2.4=2.88(m²)，掘进断面 1.8×3.0=5.4(m²)，提升间断面 1.2×1.25=1.5(m²)，梯子间断面 1.2×1.05=1.26(m²)。

表 14-3　竖井断面规格表

深度(m)	净断面 长×宽(m²)	使用条件
0～50	1.6×1.0=1.60	无梯子间，单吊桶提升
	2.1×1.2=2.52	设梯子间，单吊桶提升
0～100	2.1×1.2=2.52	设梯子间，单吊桶提升
	3.0×2.0=6.00	设梯子间，单罐笼提升

三、井口掘进

1. 斜井

掘进斜井时，应根据斜井的倾角、井口附近地形及地表地层稳定程度，采用不同的施工方法。一般斜井倾角>45°时，其掘进方法类似竖井，倾角<45°时，其施工方法类似平巷掘进。

开掘斜井要先从建筑井口开始。建筑井口的工作量取决于井口地形和表土层的稳固性。

在平坦的地形中开掘斜井井口时，露天开挖的工作量很大，此时须先开掘井口坑。井口坑的尺寸应根据表土层的稳定性、斜井的倾角、表土的涌水量、地下水位及施工进度等因素而定。如果井口坑开在软弱不稳固的岩石中，其形状尺寸可按图 14-11(a)所示；井口坑开在平坦地带的稳固岩石中，其形状和尺寸可按图 14-11(b)所示，即它具有垂直的坑壁。但为防止井口处局部坍塌，坑壁顶部应有一定的坡度并要架设支架。

应特别指出，斜井井口位置必须高于历史最高洪水位，并尽量避开断层带、流砂层、松散地层及含水层。井口地面应有足够的平坦地带，以便于布置井口地面建筑物(井架、提升机房、压气机房、材料库、工地指挥室等)。

斜井表土施工应尽可能不在雨季破土开工。表土施工前，须在井口四周挖修(筑)排水沟，将水引向场外。挖掘井口坑(即明槽)时，其规格如下：

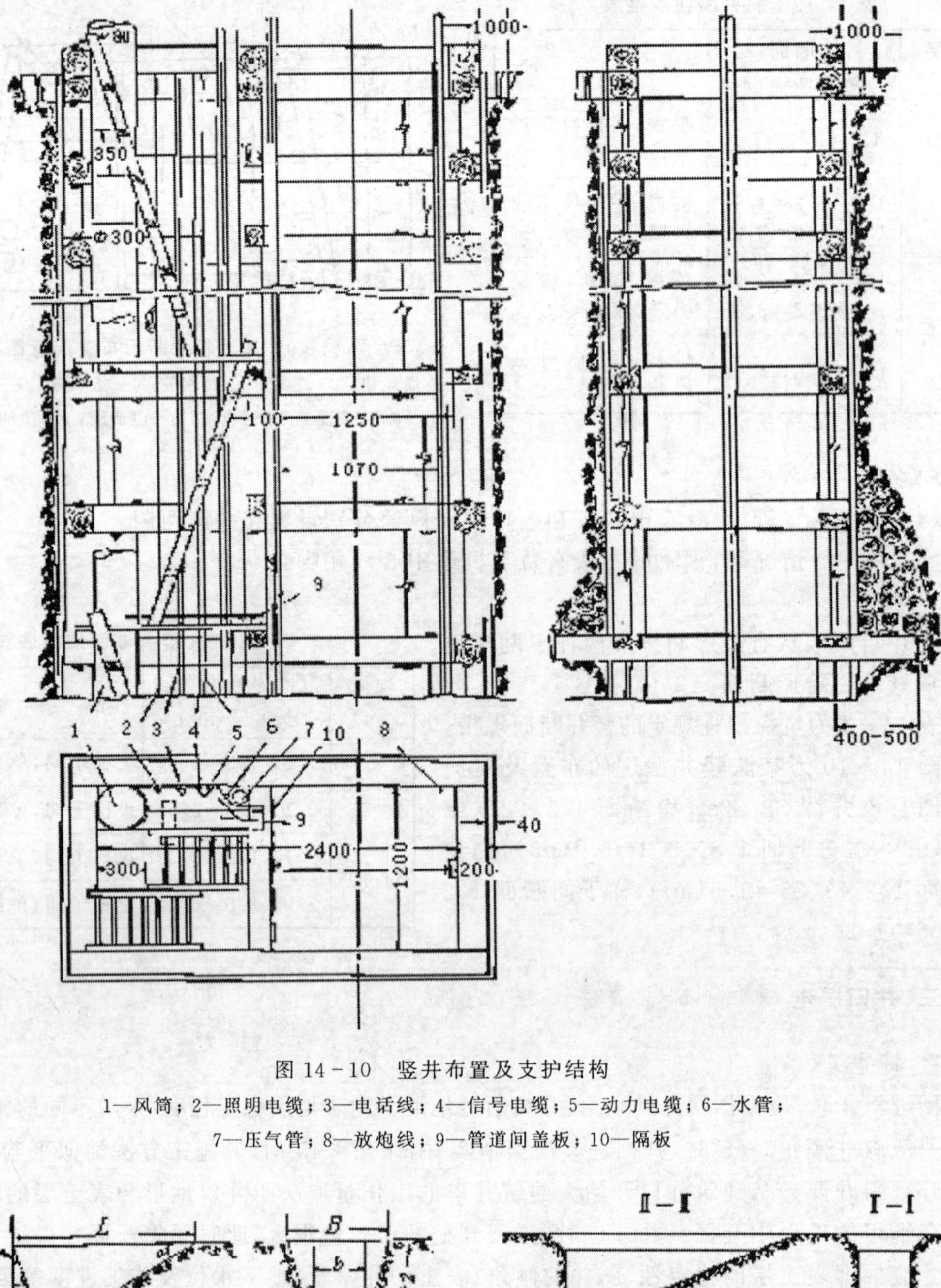

图 14－10　竖井布置及支护结构

1—风筒；2—照明电缆；3—电话线；4—信号电缆；5—动力电缆；6—水管；
7—压气管；8—放炮线；9—管道间盖板；10—隔板

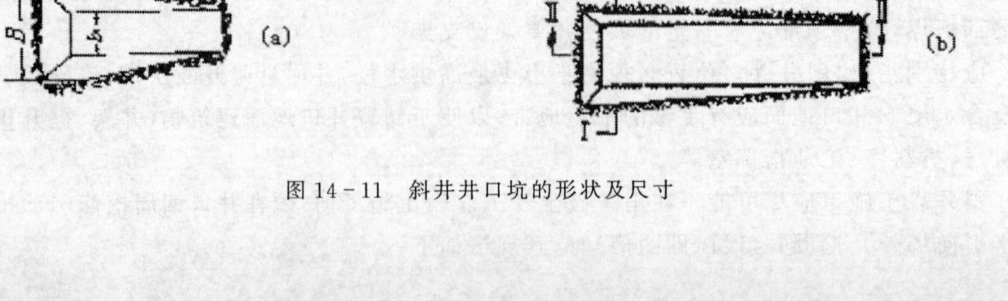

图 14－11　斜井井口坑的形状及尺寸

(1) 长度　$L=(h+2)\mathrm{ctg}(\alpha+\beta)$　(m)　(14－1)

式中：h——斜井掘进断面的高度，m；α——斜井倾角，度；β——井口坑周壁坡度角(按岩、土的内摩擦角确定)。

(2) 宽度　$B=b+2(h+2)\mathrm{tg}\beta$　(m)　(14－2)

式中：b——斜井掘进断面宽度，m。

当井口坑挖掘好以后，即砌筑永久支护并回填表土。为防止地表水渗入斜井，回填时在永久支护外面夯填三合土，回填要逐层夯实。

2. 竖井

竖井井口通常开掘在表土层中，表土层一般可分为较稳定的和稳定性差的两种。

对于较稳定的表土层(如干燥的粘土、黄土或半风化的岩层)先平整场地，竖起井架，安装好提升设备，作好各项准备工作后，便可破土开挖，进行井口的掘进与支护。在表土层不够稳定时，则常采用三角架、龙门架作为临时井架，在井口段的掘进及支护工作完成之后，才竖立井架并安装提升设备，然后继续掘进。对于非常不稳定的表土层，则须采用特殊的施工方法，如板桩法、冻结法等。

在开掘井口前，应先按测量标定的井口位置安装锁口盘，它的作用是固定井位、封闭井口、安装井盖及作为吊挂临时支架的第一道井圈。木质锁口盘是以螺栓联结 $250\times250\mathrm{mm}^2$ 或 $300\times300\mathrm{mm}^2$ 的坚固方木或圆木组成的。锁口盘的内部尺寸必须和井筒净断面相等。锁口盘安装后，应用水准仪检查，校正水平。

井口掘进一般直接用人工或风镐、风铲挖取，尽量不用爆破，以防破坏井口表土稳定，在必要时可以用浅眼及少量炸药爆破。

随着井颈掘进，应架设支架保护井颈。根据表土层稳定性不同，可采用间隔支架或密集支架进行支护。

间隔支架支护时，井框间有一定距离，它适用于较稳定地层。当掘进到一定深度时，便安装一基础井框，简称基框。它是由两根长圆木 B 和两根短圆木 C 组成，如图 14－12 所示。放入基框前，应在井壁上挖好基础框窝，其深度一般为：200～300mm。该井框的架设要水平、端正，四角与井口基框四角在一条垂直线上，并测量对角线是否相等。安装好基框后，在其四个角安上四根顶柱 D (长度一般为 0.8～1.2m)，然后再安设井框。井框与井壁间要插上背板或圆木，并用楔子楔紧。

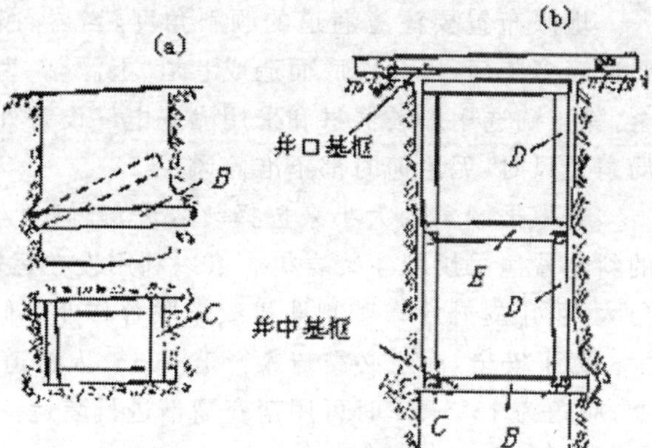

图 14－12　间隔砌框支护示意图

(a)—基础框；(b)—全图

密集支架支护常用于不稳定地层中。它是把井框紧密地排砌在井内以支护井壁。如图 14－13 所示。当向下挖掘 2～3m 后；与间隔支护一样要安设基框，基框窝为 300～800mm，然后向上排列井框。每架井框的四角用楔子楔紧，以保持稳固性。

由于勘探竖井的服务年限一般较短，通常掘进到基岩后，井口施工就结束，故无须砌筑永久支护，对于服务年限较长的竖井，则须拆除上述临时支护后砌筑永久性支护。

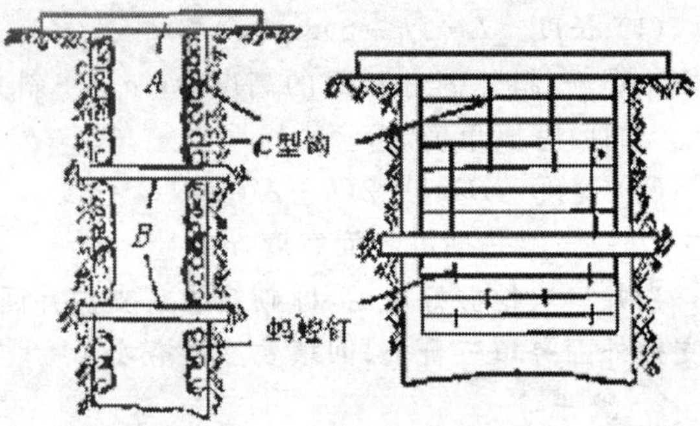

图 14-13 密集井框支护示意图

四、井身的掘进

1. 斜井

1.1 自上而下施工法

在普通施工法中，为了提高装岩效率、使钻眼与装岩平行作业，多采用抛碴爆破技术。但斜井抛碴是比较困难的。一般采取的措施是：使底眼上部辅助眼（或专门打一排抛碴眼）的角度比斜井倾角小5°～10°，加深底眼使其低于巷道底板200mm，并加大底眼装药量，让底眼最后起爆。

斜井装岩的主要设备是耙斗装岩机（见第13章§3）。使用时应特别注意安设牢固，防止下滑。耙斗机的提升和下放一般由提升绞车完成。耙斗装岩机适用于倾角小于30°的斜巷掘进装岩。

提升一般采用矿车提升或箕斗提升，井筒断面小于13m^2，长度小于200m，倾角在25°左右时，可采用矿车提升。矿车提升设备简单，井口临时设施少，但提升能力低。采用箕斗提升，可以缩短摘挂钩、甩车等辅助时间。使用大容量的箕斗，在开掘断面较大和较长的斜井时，效果尤为明显。

斜井施工，必须在井口和井筒内设置防跑车的安全装置和挡车器。工作面一般采用电动潜水泵和喷射泵将工作面的积水排出井外。

1.2 由下向上施工法

自下向上施工斜巷的前提是下部运输平巷已经贯通，施工时装岩、运输比较方便，不需要排水，没有跑车的威胁，但通风比较困难。

炮眼布置要注意巷道的倾斜角度，当岩石较硬时，底眼眼底应插入底板200mm左右，并要适当多装药，以免拉底而造成巷道"上漂"。为避免放炮倒棚，应采用底部掏槽。为了施工安全，除正确选用爆破器材和采用隔爆电气设备外，还应注意加强工作面通风和瓦斯检查。使用局扇通风时，无论何时都不准停风。

可根据倾角的大小来选择装岩设备，倾角小于6°的巷道可用铲斗式装岩机；倾角小于30°的斜巷普遍采用耙斗装岩机。可以利用设在运输平巷内的提升绞车来向上移动装岩机。如倾角大，可用提升绞车和耙斗机绞车联合作业。倾角大于35°时，爆破岩渣靠自重沿坑道底板下滑。为了安全，溜道必需与人行道隔开。人行道要设扶手和梯子。倾角为25°～35°时可用铁溜槽，倾角为15°～25°时可用搪瓷溜槽进行装运。

2. 竖井

2.1 全断面自上而下开挖法

即通常所说的正向开挖法，其方法有：

(1) 普通开挖法　采用手持式凿岩机钻孔，如有条件可采用吊架（环形或矩形吊架）悬挂凿岩机作业，以保证多台凿岩机同时钻孔。爆破采用毫秒爆破和控制轮廓爆破技术全断面一次爆破成型。出碴采用抓岩机配合吊桶（参见第13章§3）的方法，通过自动翻斗卸碴。局部围岩不稳定处要及时用喷混凝土或加钢筋网联合支护。

此种方法出碴、通风、排水都较困难。若机械化程度低或不配套时，劳动强度大，工效低，进度慢。此法适用于下部平硐未打通以前，或围岩稳定性差，深度不大的竖井工程。

(2) 深孔自上而下分段爆破法　采用深孔钻机，一次钻好符合竖井深度的全部钻孔，然后自上而下地分段爆破成竖井，其施工过程如图 14－14 所列。

分段爆破前，用砂将炮孔下部分填满，只留出爆破段高度（2.0～3.0m），爆破后用抓岩机配合吊桶出碴。爆破下一段时，用高压风将炮孔内填的砂吹出 2.0～3.0m，再装药进行爆破。如此循环直至形成竖井。

采用此法时必须：① 对钻孔质量要求高，钻孔孔距要准确，保证孔眼深度一致，互相平行；② 讲究爆破技术，装药及爆破作业要准确、仔细，装药前后，应对孔深、装药高度、堵塞高度进行测量。

2.2　先反井后扩挖法

此法适用于竖井下部的平硐已贯通，且竖井的断面较大的情况。

一般竖井工程，井底多有平硐与之相通，先反井后扩挖法是利用井底的平硐作为出碴通道，较之自上而下的普通开挖方法工效高，速度快。

先反井后扩挖法的施工顺序如下（图 14－15）：首先打通井底平硐，作为出碴通道；在平硐内自下而上地开挖导井，因系反向开挖故又称为反井，它既为竖井开挖创造了工作面，又解决了扩挖竖井时的落碴问题，且还改善了通风、排烟等条件；反井贯通后，再自上而下地扩挖成竖井。此时，反井落碴经平硐出碴。

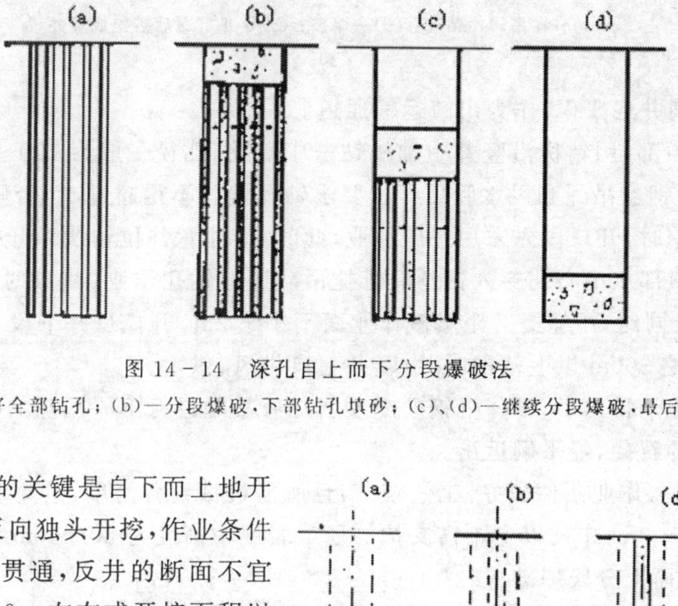

图 14－14　深孔自上而下分段爆破法

(a)—钻好全部钻孔；(b)—分段爆破，下部钻孔填砂；(c)、(d)—继续分段爆破，最后成井

可见，竖井开挖的关键是自下而上地开挖反井。反井因系反向独头开挖，作业条件差，为了使反井尽快贯通，反井的断面不宜太大，一般以直径 2.0m 左右或开挖面积以 $4m^2$ 左右为好。开挖反井常采用的方法有：

1）普通开挖法

钻孔、装药均在临时脚手台上进行。临时脚手台由插入井壁上浅钻孔（深 30～50cm）的钢筋托架支承。临时脚手台在爆破前应予拆除。

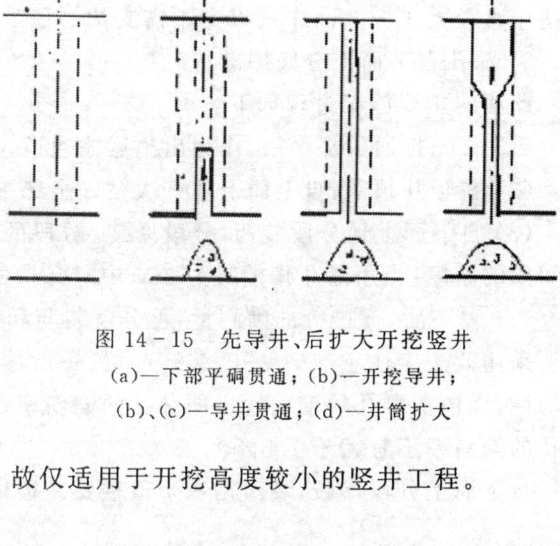

图 14－15　先导井、后扩大开挖竖井

(a)—下部平硐贯通；(b)—开挖导井；

(b)、(c)—导井贯通；(d)—井筒扩大

此法不需特殊机具，但作业条件很差，每爆破一次，均需拆除和搭设脚手架，辅助用工用料多，且通风、排烟困难，劳动强度大。故仅适用于开挖高度较小的竖井工程。

2）吊罐法

吊罐实质上是一个由钢丝绳悬吊的可升降工作台。用吊罐法开挖反井时，其主要施工过程如下(图 14-16)：

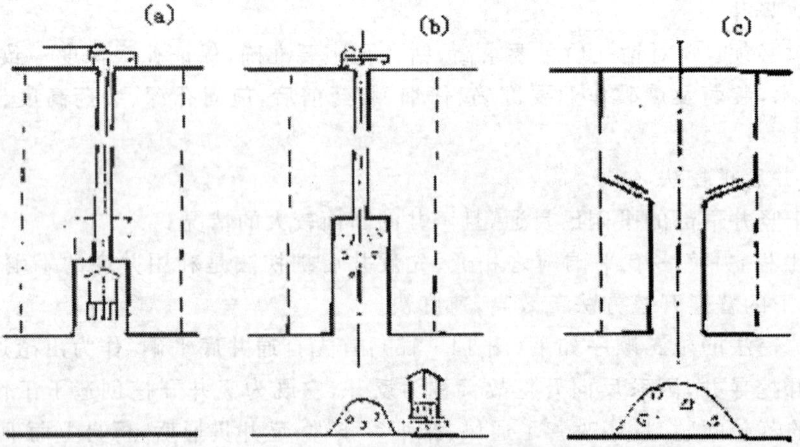

图 14-16　吊罐法开挖导井

(a)—在吊罐中钻孔；(b)—爆破；(c)导井贯通后扩挖成竖井

(1) 首先打通井底平硐，作为出碴运输通道。

(2) 在竖井顶部，用钻机沿竖井中轴线钻凿中心孔，孔径一般为 100～150mm。打穿至井底平硐，作为穿引钢丝吊绳和风水管用。故要求钻孔偏斜不得超过 1°，否则难于使用。

(3) 反井开挖时，开口段先采用登碴作业，此时，应注意井位轴线和开挖轮廓的准确。

(4) 由竖井顶部从中心孔穿入钢丝绳悬挂吊罐进行钻孔作业。爆破时放下吊罐，推入平硐或专设掩蔽硐内。同时，吊绳提升距爆破作业面不小于 2m。开挖反井下段 30m 范围内时，由井底供风、供水；开挖 300m 以上范围时，由竖井上口供风、供水。

(5) 爆破及炮烟排出后，再降下钢丝绳重新提升吊罐进行下一循环的钻孔作业。

(6) 爆破后的石碴，经平硐运出。

此法工艺简单，作业条件较好，工效较高，且所需机械设备简单，但要求中心孔位准确。一般适用直径大于 5.0m，中硬以上不需支护的稳定岩层中高度为 20～60m 的竖井施工。

3）深孔自下而上分段爆破法

此法的主要施工过程如下：

(1) 首先打通下部平硐，作为出碴运输通道。

(2) 在竖井顶部，自上而下地一次钻好全部平行钻孔，钻通至平硐。

(3) 自下而上地分段装药，分段爆破。分段的高度一般第一段与最终段可大些，约 4～6m。中间段的高度：当用漏斗掏槽时为 2m；中空孔掏槽时为 3～4m。

(4) 爆破后，需进行准确测量，再分段装药和爆破。

采用此法应注意准确钻孔、装药起爆、爆后检查这几个关键环节。准确钻孔，不仅指单孔的准确性，尚包括群孔的准确性。即钻孔的偏斜率要小，孔与孔之间要保持平行，钻孔不得交错，钻孔的倾斜率不宜大于 1.5%。

自下而上分段爆破，装药是一个很重要又很仔细的作业。装药前后，应对孔深、是否堵塞、堵塞的位置、堵塞高度、炮孔间相对距离的变化、装药高度等进行准确测量。装药时应做到装药高度一致。药孔底部的填塞高度以不大于抵抗线为宜。为了安全可靠起爆，常采用导爆索引出孔外的起爆方法。

此法较突出的优点是作业条件好，劳动强度低，施工安全，对地质条件适应性广泛。

4）爬罐法

爬罐实为一个能沿特殊导轨自行升降的工作台。导轨系由短锚杆固定在井壁上，导轨随开挖延伸，逐节接长(图 14－17)。此法不需钻凿提升绳孔，爬罐可自行升降，作业较为安全。但需专用设备，投资较大，仅用于高竖井及盲井工程。

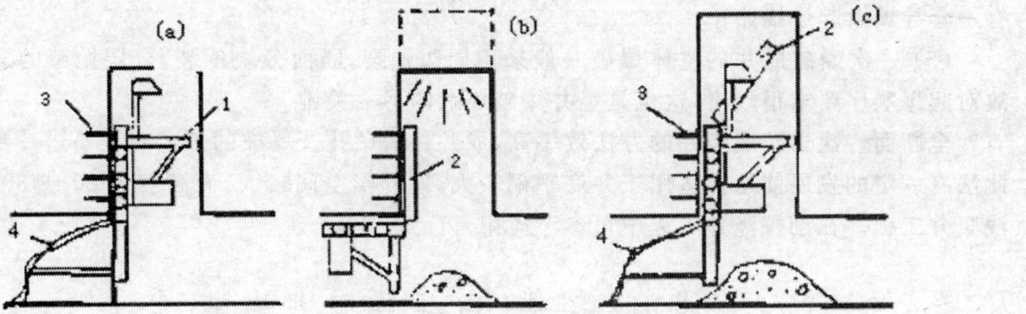

图 14－17　用爬罐法开挖竖井

(a)—在爬罐上钻孔；(b)—爆破；(c)—接长轨道；

1—爬罐；2—导轨；3—固定导轨的锚杆；4—供风、供水管

5）直接钻凿法

先在竖井中轴线上自上而下地钻一直径为 200～300mm 的导向孔，然后改用大直径的特制钻头，沿导向孔自上而下地扩大至所需的直径。扩大后的井筒即作为反井。

根据扩孔方式，钻凿法可分为“全断面”和“环状”钻凿两种。前者在扩孔时，要将岩石全部钻凿掉。后者则只沿井筒周边完成环状破碎，每隔一定长度用断裂器将岩心折断。目前扩孔后的孔径可达 1 500～2 500mm。

此法的特点是机械化程度高，成井质量好，速度快，施工也比较安全。但需大型钻机及专用特制钻头，设备费用贵，动力消耗大。而且受钻头直径限制，反井的直径较小，对扩挖竖井时的碴径要求较高，否则极易造成堵井事故。

2.3　全断面深孔爆破法

全断面深孔爆破法是开挖竖井的一项新技术。它改变了传统的竖井开挖方式，将钻孔作业移至地面进行，改善了劳动条件，提高了作业的安全性和成井效率。

1）全断面自下而上分段爆破法

此法的施工过程与开挖反井相同，只是爆破的断面较大。采用此法开挖竖井的主要技术措施是：

(1) 确保钻孔质量，控制钻孔偏斜。

(2) 保证准确装药。爆破是自下而上分段进行的，而炸药是自炮孔的上口向下装填的。故必须保证装药高度，装药的底部和上部堵塞高度符合爆破方案的设计要求。

(3) 保证按顺序、安全可靠地起爆。

(4) 每次分段爆破后，必须对爆破效果进行检查和测量。有无堵孔现象，断面是否整齐，必要时需及时处理，甚至修正爆破方案。

2) 全断面一次爆破成竖井

此法与分段爆破法相比，还简化了每爆一段、装药一段和装药前后的测量检查过程，从而具有更高的成井效率。应用此法除要求较高的钻孔质量外，由于此法的爆破工艺较复杂，还需：

(1) 进行更周密的爆破方案设计，核算一次爆破后落碴的补偿空间是否足够；

(2) 进行必要的现场试验和研究，校正爆破参数；

(3) 更细致准确地装药，装药后反复进行线路检查；

(4) 为了可靠起爆，一般采用复式起爆线路，即每一组药包既有一套电雷管起爆线路，又有一套导爆索起爆线路；

(5) 一次爆破成井的主体爆破一般采用周边预裂，断面分块龟裂，分层抛碴的爆破方案。故对起爆顺序要求很严格，这也是竖井爆破成败的另一关键。

全断面一次爆破成竖井的方法效率高，成井快。钻孔及爆破的工艺和设备进一步完善后，此法有一定的发展前途。适用于井底平硐较大，即补偿空间较大，而高度为 20 或 30m 以内的浅竖井工程。在勘探竖井工程中可参考应用。

§4　探槽、浅井的掘进施工

一、探槽掘进

探槽属于地表工程。用以在地质找矿及普查阶段揭露表土层及地表附近岩层的分布、结构及矿产的变化规律。

1. 断面形状及规格

探槽的断面形状主要取决于表土层的稳定性、厚度及其支护方法，一般为倒梯形。探槽的规格则取决于基岩埋藏深度和表土层的厚度及稳定性，并应以满足地质编录和取样要求为原则。其最大深度不超过 3m，底宽通常为 0.6～0.8m。深度小于 1m 的探槽壁可垂直挖掘。如超过 1m，其两壁坡度视土质情况而定(图 14－18)，通常可参考表 14－4 所列数据。

不支撑的长探槽，每 5～10m 可留一段隔墙起支撑作用。

表 14－4　探槽两壁倾角表

土层性质	结实土层	松软土层	松散软土层
两壁倾角 θ	70°～80°	60°～70°	≤55°

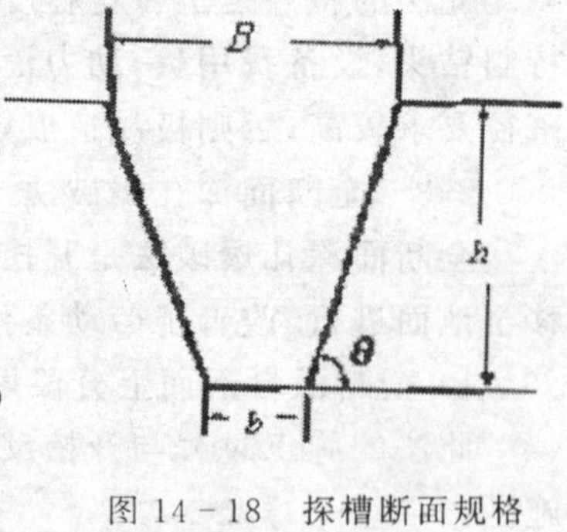

图 14－18　探槽断面规格

槽口宽度　$B=b+2h\mathrm{ctg}\theta$　　(m)　　(14－3)

式中：b——槽底宽度，m；h——探槽深度，m；θ——槽壁倾角，度。

2. 挖掘方法

2.1　人工挖掘

在挖掘时，禁止采用挖空槽壁底部使之自然塌落的方法进行挖槽。槽口两侧 0.5m 以内不准堆放土石和工具。在松软易坍塌土层内进行挖掘时，必须进行支护，图 14－19 为探槽的支护形式。

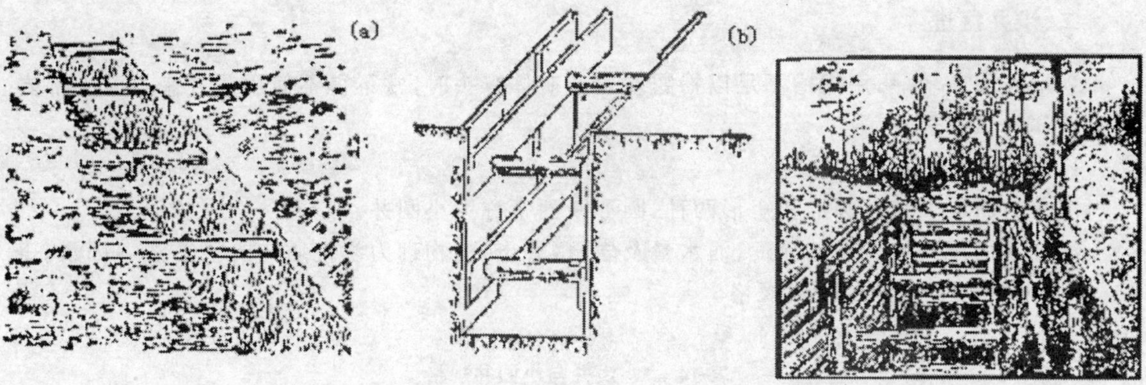

图 14－19　探槽的横撑支柱(左)及密集支柱(右)

(a)—简单的横撑支柱；(b)—带木板的横撑支柱

2.2　爆破法

采用爆破法挖掘探槽，主要是用抛掷爆破与松动爆破法进行，它可使槽内的土石被破碎并抛出槽外，从而减轻工人劳动强度，提高工效。

(1) 抛掷爆破法的适用条件　影响抛掷爆破的因素很多，有地质条件、地形条件和工程条件，在使用时可参考表 14－5。

表 14－5　探槽抛掷爆破法的适用条件

项　目	较　好	一　般	较　差
地质条件	带树根碎石的表土层，十分结实的土层，较均质无裂隙岩层	粘结性土层，胶结、结实的坡积层，一般风化岩石	松散土层，一般坡积残积层
地形条件	在 30°以上的陡坡上施工有两个以上自由面	在缓坡上施工，有效宽的自由面	在平地或凹地施工，自由面狭或抛掷距离受限制
工程条件	槽深 1～1.5m，槽较长，工程集中	槽深 1～2m，有一定长度，比较集中	槽深 2～3m，槽短，不集中

(2) 炮眼布置　应按地形及槽深和槽宽来决定炮眼的方向、深度及间距。炮眼与地面夹角可取 60°～80°，深 0.6～1.2m，炮眼间距则随直径而变化，通常为 1.0～1.4m。

(3) 探槽抛掷爆破的安全距离　在使用抛掷爆破挖掘探槽时，应十分注意安全。其安全距离如表 14－6 所列。

表 14－6　探槽抛掷爆破安全距离

方　　向	最大飞散距离(m)	安全系数	安全距离(m)
与最小抵抗线同向	200	1.5	300
与最小抵抗线反向	50～70	1.5	75～105
与最小抵抗线垂直	100	1.5	150

二、浅井掘进

当地表覆盖较厚，用探槽不足以揭露基岩或矿体露头时，常不得不使用浅井来追索下部岩层或矿体的赋存规律。

1. 断面形状及规格

浅井的断面形状有圆形和矩形两种，圆形断面常称为小圆井。

浅井断面规格取决于其深度、涌水量及岩石（表土）的物理力学性质与支护方法等因素。表14-7为坑探规程规定的断面规格。

表14-7 浅井与小圆井规格

深度(m)	净断面长×宽(m^2)	使用条件
0～10	1.2×0.8=0.96	手摇绞车提升，不需排水设备
0～20	1.2×1.0=1.20	吊桶提水，手摇绞车或机械提升
0～5	直径 0.8～1.0m	人工或摇绞车提升，不需排水设备
0～10	1.3×1.10=1.43	砂矿浅井，吊桶或水泵排水
	1.7×1.3=2.21	涌水量大，水泵排水

根据不同的岩土条件，可适当选择适宜的掘进方法来施工浅井。目前使用较普遍的有：人工掘进法和凿岩爆破法。

2. 凿岩爆破法掘进浅井

用爆破法掘进浅井时，必须在工作面上正确地布置炮眼。其方法与平巷相同。

在可塑性地层中施工小圆井时，常采用压缩爆破法，以提高掘进速度并增强其井壁稳定性。用压缩爆破法施工浅井，也叫一次成井法。使用压缩爆破法必须考虑到岩层的含水特性、炮眼直径、炸药的性质、装药的密度和长度等因素的影响。

为获得较平整的井壁，使爆破的压缩圈接近于设计断面，必须注意以下几点：

(1) 需先在地表挖进 0.8～1.5m 的井颈以保护井口；

(2) 在直径 0.8m 的小圆井中，炮眼深度以 1.1～1.6m 为宜；

(3) 土层的干、湿程度与压缩圈有根大关系，含水量在 20%～40%时，爆破效果较好；

(4) 应通过试验，调整炮眼直径、炮泥长度及装药密度；

(5) 起爆药包的位置一般倒装在眼底，以利于抛土及消减壶口。

3. 浅井提升工作

从浅井工作面挖掘或爆破下来的土石，按井深的不同，可采用人力直接抛出井口外或装入提升容器内，再用人力、畜力或机械绞车提出井外。浅井的提升容器主要是吊桶（铁皮或帆布）。浅井提升设备视井深不同可采用挑杆、手摇绞车或浅井提升机。

图14-20所示为QT-100型浅井提升机示意图。它适用于最大断面为1.7×1.3m，最小断面1.2×1.0m及深度不大于30m的浅井或竖井提升工作。它具有以下优点：能使浅井内的提升、井口的运输和自动卸碴联成一个连续动作，全部实现机械化，质量较轻，全套设备重约350kg，便于搬迁、安装，操作拆卸方便，3～4人即可工作。

QT-100型浅井提升机由井架、两脚架、卸碴架、活动导轮、滑架、吊桶、人笼、绞车、横撑、

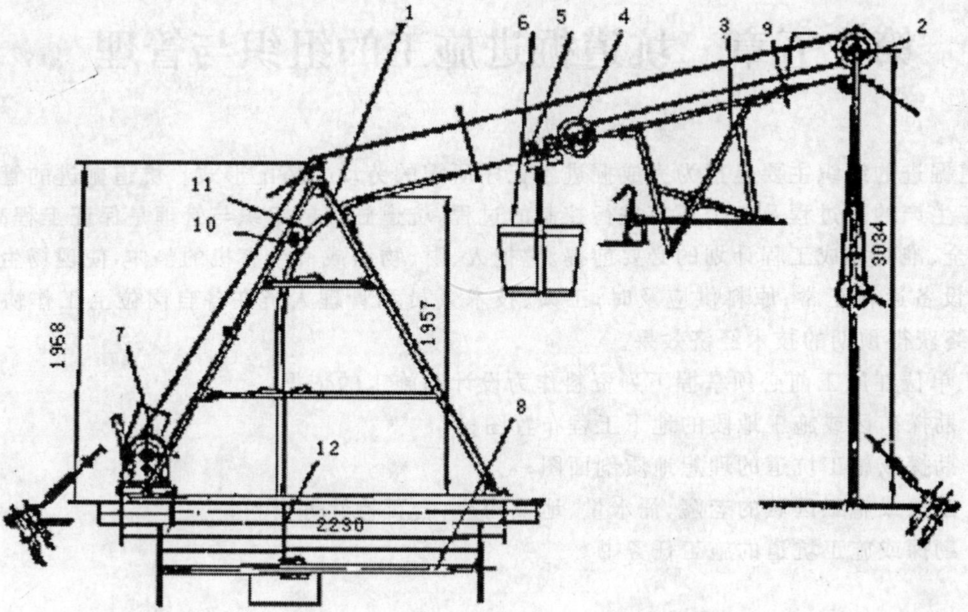

图 14－20　QT－100 浅井提升机示意图

1—井口架；2—两脚架；3—卸碴架；4—活动导轮；5—滑架；6—吊桶；7—绞车；8—横撑；9—行程开关；10—挡板；11—弯轨；12—稳绳

超高断电开关等部分组成。提升钢丝绳从绞车 7 的卷筒引出，依次经过井口架 1 的托轮，绕过两脚架 2 顶部的天轮，然后折回，再穿过活动导轮 4 及滑架 5 与提升钩相连。提升钩悬挂有吊桶。当吊桶下放井内时，先松开绞车制带，反转开动电机，吊桶借自重沿井架索道均匀速度下滑到井内。活动导轮 4 及滑架 5，也因自重跟随下滑，到井口弯轴 11 时，活动导轮被档板 10 挡住，停留在弯轨上，使钢丝绳位于井筒的中心位置，吊桶和滑架则继续下降。滑架沿着稳绳 12 滑行，使吊桶保持在井的中间，以免吊桶摆动过大而碰撞井壁。当滑架下降到横撑 8 处便停在横撑上，吊桶则继续下降到井底。待吊桶装满岩碴后，正转启动电机，吊桶便从井底上升，到横撑处将滑架带起，到弯轨处又将活动导轮带动并沿着索道上行，到卸碴架 3 处时，卸碴架的倒碴钩钩住吊桶边缘，撑杆就将吊桶撑起而翻倒。卸碴时，撑杆可将卸碴架 3 上的电源开关抖开而自动停车。卸碴完毕后，再反转启动电机，遂可进行下一次工作。

4. 其他工作

浅井掘进中的支护、排水及通风工作，可参考竖井掘进施工中的相关内容执行。

为节约木材资源，浅井施工结束之后可根据岩层坚固程度采取吊盘回收、填土回收或灌水回收等方法回收一部分支架材料。

第十五章　坑道掘进施工的组织与管理

坑道掘进的组织主要是指为完成掘进各工序所需的劳动力搭配形式。坑道掘进的管理则是对施工生产的全过程及各个环节进行控制的过程。坑道施工的组织与管理是保证工程高质、低耗、安全、准时完成工程计划的必要前提。它把人、财、物组成一个有机的整体，使现场生产有条不紊；设备运转正常；原料供应及时；工人、技术人员和管理人员在各自岗位上工作协调有序，并最终获得预期的技术经济效果。

施工单位在施工前必须掌握下列资料作为设计和施工的依据：

(1) 勘探矿区或施工地段的地下工程布置图；

(2) 勘探或施工坑道的理想地质剖面图；

(3) 勘探或施工区域的老窿、涌水量、地质构造、岩石特性等资料；

(4) 勘探或施工坑道的施工任务书。

§1　掘进施工的劳动组织

由于施工方法和作业方式不同，施工队(通常是班组)的劳动组织分为专业施工队(班组)和综合施工队(班组)。衡量劳动组织合理与否的主要标志是每个工人的技术专长能否充分发挥和工时是否能得到充分利用。

一、施工组织

1. 组织工程施工的基本程序

组织工程施工的基本程序包括施工准备、正式施工、竣工验收三大阶段。施工准备阶段的主要任务是进行工程施工调查，在此基础上作出施工组织设计并进行施工条件的准备。正式施工阶段的主要工作是保证施工组织设计的实施和施工现场的管理工作。竣工验收阶段是在工程完成后，由有关部门根据设计文件及验收标准对工程进行验收。

2. 施工准备阶段的工作内容

2.1　工程施工调查

接受坑道施工任务后，应组织力量深入工地现场进行调查研究，并提出调查报告，作为施工准备和组织施工的依据。调查研究的主要内容有：

(1) 施工地点的运输条件(铁路、公路、水路)和拟建临时运输道路的选择对比方案。

(2) 硐口可供施工使用的场地情况，以及节约用地的方案和措施。

(3) 弃碴场地布置和弃碴利用情况。应尽量减少弃碴对环境的不利影响，并注意弃碴的综合利用。

(4) 水源、水量、水质调查和拟用的供水方案，并进行水质分析。

(5) 有无可利用的动力和电源，及其供应量，拟用的供电方案。

(6) 地方建筑材料的供应情况和质量鉴定，以及采购和供应方案。

(7) 当地气象、水文情况。包括全年晴雨日、雨季和降雨量、最高洪水位和最小枯水位、夏季最高温度和冬季最低温度、冰冻期、风向和风力等。

(8) 硐外相邻的工程或企事业单位的情况，对环境保护、防止施工公害的要求等。

(9) 土地征用和建筑物拆迁的数量和有关情况。

(10) 生活供应、医疗卫生条件的调查。

(11) 施工地区的社会经济调查。如可提供的劳动力情况，可为工程服务的企事业及民居、生活习惯等。

2.2　施工条件的准备

(1) 熟悉地质资料和勘测、设计文件，作好图纸会审和设计交底工作。

(2) 施工前会同勘探设计单位根据其交付的测量资料，在现场进行地面桩位和水准基点的核对和交接，并组织测量、固定标桩等工作。为保证施工测量的精度，可在施工前进行补点测量。

(3) 障碍物的清除和硐口场地的平整。

(4) 运输道路和供风、供水、供电设施必须按计划准备就绪，以保证主体工程开工。

(5) 临时性建筑物的准备，应根据工程缓急尽可能利用原有建筑物，以节约费用。

(6) 根据工程采用的新技术、新工艺、新材料进行现场试验和技术培训，必要时制订出相应的工艺规程。

(7) 施工机具必须在使用前进行技术检查，并准备足够的备用配件。

二、劳动的组织形式

1. 专业施工队

专业施工队的主要特征是各工种严格分工，基本上是一个工种只担负某一工序的任务，同时各工种是单独执行任务的。专业施工队最大优点就是熟练工人得以发挥专长。但是，经常遇到的困难就是各工种工作量很难安排得恰到好处，且工种间的扯皮现象也时有发生，影响工效和团结。

所以，单工作面掘进时，专业施工队的组织形式弊端较多，而在多工作面掘进的情况下，专业施工队就具有很大的优越性。

2. 综合施工队

综合施工队的特点与专业施工队相反，将施工需要的主要工种(掘进、支护)和辅助工种(机电维修、运输等)组织在一起，使各工种既有明确的分工，又在统一领导下密切配合和协作，共同完成整个坑道的各项施工任务。综合队的成员既有专长又是多面手。坑道掘进实践表明，这一组织形式由于工种间互相协作，基本上消除了工人在工作班内忙闲不均的现象，充分利用了工时；由于平行作业的可能性增大，可缩短掘进循环时间。

三、巷道施工方案

1. 分次成巷

分次成巷的实质，是先以小断面掘进，架设临时支护，过一定时间后再扩大至设计断面并进行永久支护。这种方法坑木消耗量大，而且围岩长期暴露、风化、变形和破坏，给永久支护施工带来很大困难，施工速度和安全都受到很大影响。除工程上的特殊需要(如急待贯通的巷道)外，一般不允许分次成巷。

2. 一次成巷

一次成巷，是将巷道施工中的掘进、支护、掘砌水沟三个分部工程视为一体，统筹安排，在一定距离内，前后最大限度的同时施工，一次做成巷道。由于掘进后能及时对围岩进行支护，不但作业安全、有利于保证支护质量、加快成巷速度，而且材料消耗和工程成本也显著降低。勘探坑道由于断面较小，故多用一次成巷的施工方法。

按照掘进与支护的相互关系，勘探掘进一次成巷有以下三种作业方式：

2.1　掘进与支护平行作业

这种作业方式的具体安排，取决于支护的类型。若采用棚式支架，工艺过程就很简单，随着掘进而架棚即可。若采用衬砌，首先应全断面一次掘进，并架设金属拱形临时支架，随后逐步拆除并衬砌。掘、砌工作面间距一般为20～40m，以免互相干扰。若采用喷射混凝土，掘进后可先喷一层30～50mm厚的混凝土作为临时支护，随后在距工作面20～40m处再按设计厚度进行复喷。如果用锚喷支护，锚杆先作为掘进临时支护用，在工作面后20～40m处再喷射混凝土。

2.2　掘进与支护顺序作业

若围岩不稳定或巷道断面小，采用平行作业有困难时，掘进与支护宜顺序(单行)作业。这种作业方式，是先将巷道掘进一段距离(10～20m)，然后停止掘进，进行支护。在穿过断层破碎带或松软岩层时，支护应尽量紧跟迎头，即采用短段掘进支护，每段长2～4m。

2.3　掘进与支护交替作业

两条或两条以上距离较近的巷道同时施工时，可采用掘进、支护交替作业法。其特点是：由一个综合工作队负责施工，每条巷道掘进、支护顺序作业，而相邻巷道的掘进、支护工作则交替进行，互不干扰，提高了掘进设备的利用率。

在一次成巷施工中，具体采用何种作业方式，应根据巷道穿过的地质条件、巷道断面大小、支护的材料和结构、施工装备、劳动组织和管理水平等情况而定。

四、正规循环作业

1. 正规循环作业的概念

巷道掘进施工要完成不少工序，不管怎样安排这些工序，它们总是经过一定的时间周而复始地进行的。如掘进时的钻眼、装药、联线放炮、通风、装运岩石、支护等，每重复一次，就称为完成一个掘进循环。正规循环作业，是指按照掘进作业规程中循环图表的安排，在掘进工作面按规定的时间，保质保量地完成所规定的任务。实践证明，只要认真推行正规循环作业，就能全面、均衡地完成施工任务。

2. 循环图表的编制

循环图表是组织正规循环的依据，它反映了各工序的工作量、完成每一工序所需的时间和各工序之间的相互关系。编制图表的原则是：应充分利用时间和空间，确保达到先进的技术经济指标和安全施工条件。具体应考虑以下几方面：

2.1　合理选择施工作业方式和循环方式

根据我国巷道施工设备和技术水平的情况，应尽可能采用一次成巷多工序平行作业。随着掘进机械化程度的不断提高，以钻眼和装运岩石为主要工序的顺序作业，则更有利于发挥高效率机械设备的作用，而且工作组织简单。

循环方式，一般条件下可采用每班一个循环或多循环，主要取决于巷道断面大小和施工的技术装备。在断面大或地质条件差的巷道，也可采用一日一循环的方式。每班的循环次数应为整数，即一个循环不要跨班完成。

2.2　确定循环进尺

循环进尺取决于炮眼深度和爆破效率。根据当前的钻眼爆破技术水平，炮眼深度以1.5～2.0m为宜。随着高效率凿岩机、凿岩台车的使用和爆破器材的改进，宜采用2.5～3.0m的中深孔爆破。循环进尺确定后，每个循环各工序的工作量也就确定了，根据施工定额、工作制度便可求出每循环所需的时间和每班的循环次数。

2.3　循环时间的确定

根据施工设备情况、工作定额（或实测数据）和工作量计算出完成各主要工序所需的时间。在全部作业时间中，扣除能与其他工序平行作业的时间，便是完成一个循环的时间。在实际工作中，为了防止难以预见的事故和短时间停工而打乱循环，一般考虑留出10%的备用时间，根据以上确定的数据，即可着手编制循环图表。随着工人操作技术水平的提高和机具的改革，循环时间有了富裕，可作适当的调整，如加大眼深或增加循环次数。

2.4　循环图表的编制

按施工的作业顺序、各工序所需的时间（喷浆、砌水沟、辅轨等时间从略）以及平行作业情况，作出循环图表，如表15-1所列。

表15-1　顺序作业开挖循环图表（三班制）

序号	工作内容	单位	工作量	定额	劳动量	工作时间(h)	工作进展(h)							
							1	2	3	4	5	6	7	8
1	排险					0.5								
2	支护					0.5								
3	出渣	m^3				3.5								
4	钻孔	m				2.5								
5	装药爆破					0.5								
6	通风排烟					0.5								

§2　掘进施工的工程管理和技术管理

先进的技术装备、正确的施工方法和合理的劳动组织，必须与科学的管理相结合才能充分发挥作用。

一、施工管理

必须建立健全以工种岗位责任制为中心的各项管理制度。

1．工种岗位责任制

工种岗位责任制的主要内容是：任务到组，固定岗位，责任到人。使每个人自始至终按照规定的循环计划，在一定的时间内使用固定的设备或工具，在各自的岗位上完成规定的任务，形成固定人员、固定设备、固定任务、固定地点、固定时间的制度。实行工种岗位责任制，有利于调动工人的积极性和增强工作责任心，对提高技术水平和工作质量、促进任务的完成和防止事故的发生都有很大的作用。

2. 交接班制度

应作到四交——交任务、交措施、交设备、交安全。不仅每个班负责人要进行交接，各个岗位上的工人也应交接。使下一班能很快做到情况清、任务明、主动地进行工作。

3. 安全生产制度

安全生产制度是为了保护工人生命和健康、保护国家和企业财产不受损失，确保各项任务完成的一项制度。必须建立和健全安全组织，定期开展安全生产活动，对职工经常进行安全生产技术教育，建立正常的安全生产检查制度，定时、定点地检查安全生产情况，发现不安全因素，应及时纠正和处理。

4. 质量负责制度

必须严格按照质量标准和施工规范进行施工，加强对工程质量的检查，不合格者要返修并追究责任。为了切实把好质量关，应建立起班组质量自检和互检制度。

5. 生产班组原始记录制度

生产班组的原始记录制度是按规定的格式，用数字或文字对生产过程、生产技术及经济活动所做的最初的直接记录。是研究生产技术、经济活动的第一手资料，是管理生产的一项重要工作。

生产班组的原始记录内容至少应包括：① 巷道岩层性质、涌水量；② 动力供应质量（如电压、风压数据）、设备运转情况、工具材料消耗情况；③ 眼深、眼数、眼位布置图；④ 炸药与爆破材料的领用量和退还量；⑤ 爆破效果、循环数、进尺；⑥ 支护类型、数量及进度；⑦ 其他辅助工作的情况；⑧ 出勤和安全等。

原始记录必须真实、准确、全面，做到有生产就有记录。原始记录应作为技术资料保存。它是建立台账和进行统计分析的依据。凡是经过汇总分析的资料，都不是原始记录。

台账是把原始记录按时间顺序，逐日汇总在一起的记录册。统计分析比原始记录和台账更进一步，统计分析使原始记录的零星资料系统化，并整理成报表，从中可以看出本单位生产的技术经济活动状况和存在的问题。

6. 设备维护保养制度

对施工设备要建立定期的维修、保养、检修制度。使设备处于良好状态，不断提高设备的完好率。

7. 定额管理制度

定额是在一定的生产技术条件下，完成一定量的生产成品所消耗的人力、物力、财力应当达到的标准。定额主要有三种：即劳动定额、材料消耗定额和流动资金定额，它们都是以数量来表示的。

（1）劳动定额是劳动力消耗的标准　通常以单位生产产品工时消耗量（工时定额）表示，也可以用在单位时间内应完成的产品数量表示。坑道施工通常以工班效率表示，如每人每班完成的进尺数，记以 m/工班或 m^3/工班。这是施工的最低平均定额。如按工种规定则更为详细，如凿岩工人每班钻眼米数定额，装岩工人每人每班装岩的立方米数的定额等。

（2）材料消耗定额　即规定掘进单位进尺的主要材料、辅助材料的捎耗、工具消耗、燃料和动力消耗等的定额。

（3）流动资金定额　企业占用的资金分固定资产和流动资金两部分，财政部门按企业维持正常生产的需要核定生产周转中各部分占用资金的数额，确定流动资金限额。企业在管理方面必须加强资金管理，加速资金的周转，杜绝一切不合制度的开支。

8. 其他管理制度

包括财务制度、仓库保管制度、领发料制度、职工培训制度、考勤和定期考核制度、奖励制度等。

生产管理是一个系统工程，其各项规章制度应根据实际施工情况来进行修订，使生产进程有条有理，保质保量地进行。

二、施工技术管理

技术管理主要是以坑道特征和地质条件及有关技术标准和技术规模作为依据，由技术人员制订出确实可行而又比较先进的施工技术安全措施，用以指导坑道施工，并定期检查执行情况。以便不断调整、充实、提高，从而获得更高的施工速度和良好的技术经济指标。

1. 技术标准和技术规程

技术标准指成品的技术标准，对于掘进工程，主要指成品坑道的规格和质量，如坑道断面尺寸、坡度、支护的质量，轨道、电缆和管线质量等的具体规定和要求。这是技术管理、质量管理和设备管理的依据。

技术规程是为实现技术标准，保证生产高效、安全的进行，并指导生产活动而制定的。技术规程包括工艺规程、操作规程、设备维修和检修规程、安全技术规程等。

2. 施工技术管理文件的主要内容

(1) 工程概况　坑道位置、用途、工程量、断面、工程结构特点、施工条件，以及与其他坑道的关系等。

(2) 地质、水文条件　详细说明坑道穿过岩层的地质构造，坑道底板岩层名称、性质、硬度、涌水量、有害气体及粉尘情况。

(3) 施工方法　根据坑道类型及地质条件，选用先进而切实可行的施工方案和施工方法(各工序的施工方法，工序之间的平行、交叉作业及一次成巷的规定，掘进和支护之间的距离和要求等)推广新技术、新工艺的要求和措施。

(4) 施工技术和安全组织措施　有爆破说明书；循环图表；支护说明书；劳动组织形式和劳动力配备；掘进辅助工作(根据坑道作业方式及循环进度，选择合理的运输、通风、风压、供排水、供料方式等)；施工安全技术措施(顶板管理、装岩运输、放炮通风，有害气体防护及综合防尘、水患的预防等)；坑道的质量标准及保证工程质量的措施。

(5) 有关表格　施工进度计划表，主要材料、设备、工具、仪表用量计划表，主要技术经济指标(工程成本、主要材料消耗定额、劳动效率等)。

(6) 有关附图　坑道位置及平、断面图，掘进工作面设备布置图，坑道穿过不同岩层的地质预计剖面图等。

此外还必须依据坑道掘进时所遇到的各种特殊情况编制有关的施工和技术文件。

施工技术管理文件是指导工程施工、管理和工程技术总结的文件，是技术及管理人员的主要工作内容，也是施工技术管理的重要环节。在施工中必须认真贯彻执行，并不断地调整提高。

3. 施工技术管理制度

包括编制施工组织设计、机电设备管理、地质和测量管理、安全生产和工程质量管理等内容。

三、施工工程管理

完成施工准备工作，并经批准后便可正式施工。在施工期间的管理工作主要有下列各项：

1. 建立工程记录和技术档案

工程记录的内容有：施工遇到大塌方、冒顶、片帮、老窿、溶洞，重大地质构造如大断层、严重破碎带，硫化矿物的自燃现象，报废的井巷、硐室，以及可能对工程质量及将来产生影响的现象等，应有详细记录，说明情况及处理方法。对重大工程，封闭前应通知有关部门参加封闭工程。

发生工程质量事故，造成返工的，除报有关部门外，应有“返工记录”。因故停工，或停工后复工，除报主管部门批示外，应做停工和复工记录。

除上述工程记录外，还应有：永久水准点坐标位置，施工图汇审及设计修改文件，坑道围岩变形观测记录，工程质量及事故处理材料，地质与水文实测资料，竣工图纸及工程验收记录等。

2. 工程预算管理

设计单位应提前向施工单位提交施工图，使施工单位编制单位工程预算。并在开工前将批准的工程预算交给班组，搞好施工定额管理。

3. 工程调度

调度会议是指挥与维持日常生产的会议。调度会议要迅速及时地解决生产中遇到的问题。调度会议：① 检查工程进度、安全事项、工程质量；② 下达施工任务；③ 解决、协调施工中存在的问题；④ 安排长远施工计划；⑤ 提出材料、设备、技术供应，施工安全和质量保证措施，使工程持续正常进行。

四、施工成本管理

坑道的施工与建设属于工业建筑工程，其经济活动具有一定的规范和规律。生产成本集中反映企业的生产消耗，是表现企业经营管理水平的一个综合性指标。成本管理就是要尽量节约各种活劳动和物化劳动的消耗，力求以尽可能少的消耗取得尽可能多的有用效果，以降低产品的单位成本。

成本管理的重要工作是做好班组的经济核算。班组核算以工程量和工料消耗为准。劳动力的消耗是通过生产率的指标来核算。提高劳动生产率，才能降低成本。核算原材料的消耗，要做到在保证工程质量的条件下，努力节约原材料。

成本管理与核算的基本依据是工程预算的有关定额。所以对于材料的消耗，要以预算为最高定额，实行定额管理。成本管理要求：施工有预算、消耗有定额、领料有记录、完工有核销、工作有工效、工程有成本。班组要设核算员，掌握每天工料消耗，工人出勤率和进尺，并及时填表上报。

只有坚持组织正规循环作业，合理使用各种施工机械，按规程维修保养，才能充分发挥机械效能，节约施工机械费用开支，降低成本，提高经济效益。

参 考 文 献

陈庭根等,钻井工程理论与技术,2000,石油大学出版社,东营。

重庆建筑工程学院等,岩石地下建筑施工,1982,中国建筑工业出版社,北京。

杜祥麟,潜孔锤钻进技术,1988,地质出版社,北京。

段新胜等,桩基工程,1998,中国地质大学出版社,武汉。

耿瑞伦主编,多工艺空气钻探,1995,地质出版社,北京。

郭绍什主编,钻探手册,1993,中国地质大学出版社,武汉。

国家计划委员会地质局,坑探规程,1974,地质出版社,北京。

黄汉仁等,泥浆工艺原理,1981,石油工业出版社,北京。

贾铎,钻井液,1980,石油工业出版社,北京。

鞠德平主编,钻井泥浆,1988,石油工业出版社,北京。

李世忠主编,钻探工艺学,1992,地质出版社,北京。

刘广志主编,中国钻探科学技术史,1998,地质出版社,北京。

刘广志主编,金刚石钻探手册,1991,地质出版社,北京。

刘昭明等,勘探掘进学(第二分册),1981,地质出版社,北京。

刘希圣主编,钻井工艺原理(上册),1988,石油工业出版社,北京。

鲁凡,润滑钻井液,1988,中南工业出版社,长沙。

彭振斌,漏失处理对策,1992,中南工业出版社,长沙。

汤凤林等,岩心钻探学,1997,中国地质大学出版社,武汉。

同林旭,地下建筑学,1994,山东科学技术出版社,济南。

屠厚泽主编,钻探工程学,1988,中国地质大学出版社,武汉。

王人杰主编,液动冲击回转钻探,1988,地质出版社,北京。

王效祥,钻井液工艺原理,1991,石油工业出版社,北京。

吴力文等,勘探掘进学(第三分册),1981,地质出版社,北京。

吴维清,191 聚酯树脂使用效果,《探矿工程》,1986.3,北京。

肖圣泗等,钻孔弯曲测量,1989,地质出版社,北京。

修宪民等,探矿工程概论,1992,地质出版社,北京。

鄢泰宁等,检测技术及勘察工程仪表,1996,中国地质大学出版社,武汉。

鄢泰宁等,微机在勘探技术中的应用,1985,湖北科学技术出版社,武汉。

岩土工程手册编写委员会,岩土工程手册,1994,中国建筑工业出版社,北京。

杨惠民主编,钻探设备,1988,地质出版社,北京。

叶俊林等,地质学基础,1993,地质出版社,北京。

曾祥熹主编,钻孔护壁堵漏原理,1986,地质出版社,北京。

张克勤等,钻井液,1988,石油工业出版社,北京。

张天锡等,勘探掘进学(第一分册),1981,地质出版社,北京。

中国矿业学院等,井巷工程,1984,煤炭工业出版社,北京。

基谢列夫 A.T.,地质勘探井的回转冲击钻进,1985,地质出版社,北京。

奇林格雷 G.V. 等,钻井和钻井液,1987,石油工业出版社,北京。

沙姆舍夫 Φ.A.,钻探工艺与技术,1988,地质出版社,北京。

Peng Zhenbin, Leakage-plugging While Drilling and Plugging Agents, J.C.S.U.T, 1996.4

Воздвиженский Б.И. и др., РАЗВЕДОЧНОЕ БУРЕНИЕ, 1979, Недра, Москва.

Грабчак Л.Г. и др., ПРОВЕДЕНИЕ ГОРНО — РАЗВЕДОЧНЫХ ВЫРАБОТОК И ОСНОВЫ РАЗРАБОТКИ МЕСТОРОЖДЕНИЙ ПОЛЕЗНЫХ ИСКОПАЕМЫХ, 1997, Издадельство академии горных наук, Москва

Калинин А.Г. и др., РАЗВЕДОЧНОЕ БУРЕНИЕ, 2000, Недра, Москва.

Кудряшов Б.Б. и др., БУРЕНИЕ СКВАЖИН В ОСЛОЖНЕННЫХ УСЛОВИЯХ, 1987, Недра, Москва.